# 近代物理实验

主　编　高垣梅　孟祥省　蔡阳健

科学出版社
北　京

## 内 容 简 介

本书是山东师范大学国家级物理虚拟仿真实验教学中心系列教材之一，是参照近代物理实验教学基本要求确定的实验内容编写的. 本书内容涉及原子物理和原子核物理，激光与光学，微波技术，磁共振技术，X 射线、电子衍射和结构分析，真空与低温技术，现代技术实验等领域七个单元48个实验项目. 书中详细阐述了每个实验的背景知识、实验原理、实验装置、实验内容和注意事项.

本书可作为高等院校理工科本科生和研究生的近代物理实验课程的教学用书或参考书.

**图书在版编目（CIP）数据**

近代物理实验 / 高垣梅，孟祥省，蔡阳健主编. —北京：科学出版社，2023.12

ISBN 978-7-03-077264-0

Ⅰ. ①近… Ⅱ. ①高… ②孟… ③蔡… Ⅲ. ①物理学-实验-高等学校-教材 Ⅳ. ①O41-33

中国国家版本馆 CIP 数据核字（2023）第 247655 号

责任编辑：窦京涛 赵 颖 / 责任校对：杨聪敏

责任印制：师艳茹 / 封面设计：无极书装

科学出版社 出版

北京东黄城根北街 16 号

邮政编码：100717

http://www.sciencep.com

涿州市般润文化传播有限公司 印刷

科学出版社发行 各地新华书店经销

*

2023 年 12 月第 一 版 开本：720×1000 1/16

2023 年 12 月第一次印刷 印张：23 1/4

字数：469 000

**定价：79.00 元**

（如有印装质量问题，我社负责调换）

# 《近代物理实验》编委会

**主　编：** 高垣梅　孟祥省　蔡阳健

**副主编：** 史　强　陈　君　李建福　王书运

**编　委：** 岳庆炀　王　森　温增润　盖　宁
石绍华　任莹莹　王　超　韩　硕
郑萌萌　张守宝　董　键　刘晓兵
易文才　杨　冰　孙桂芳

尽量避免烦琐的数学推导，力求简明扼要、清晰易懂. 在实验操作部分除了个别技术性较强的实验外，一般不给出具体的操作步骤，重点介绍仪器的使用和实验方法，学生在掌握了实验原理和实验方法基础上，根据实验要求和仪器说明书自行设计实验步骤，以期培养学生的实验设计和实际工作能力.

实验教学是一项集体的事业，从实验室的建设、教材的编写到每个实验项目的不断完善与改进，都与广大实验教师和实验技术人员的辛勤劳动分不开. 本书总结了许多教师多年来实验教学、科研成果及教学改革的经验，是在相互取长补短的基础上集体创作编写而成. 参与编写的人员有山东师范大学高垣梅、蔡阳健、王书运、岳庆炀、王森、温增润、任莹莹（第一单元 1-0、1-2、1-3、1-6、1-7、1-10，第二单元 2-1、2-2、2-3、2-4、2-5、2-6、2-7、2-8、2-9，第三单元，第四单元，第五单元 5-0、5-1、5-2、5-3、5-5，第六单元 6-0、6-2、6-3、6-4，第七单元 7-7）；曲阜师范大学孟祥省、王超、韩硕、郑萌萌、张守宝、刘晓兵、易文才、董键（第一单元 1-4、1-5、1-11、1-12，第二单元 2-10，第五单元 5-4，第六单元 6-1，第七单元 7-1）；聊城大学史强、杨冰、孙桂芳（第一单元 1-9，第五单元 5-6，第七单元 7-2）；泰山学院陈君（第七单元 7-4、7-5）；临沂大学石绍华、烟台大学李建福（第一单元 1-1、1-8，第二单元 2-11、2-12、2-13）；德州学院盖宁（第七单元 7-3、7-6）. 全书由高垣梅、岳庆炀统稿、定稿.

本书在编写过程中还参考了部分兄弟院校的教材和个人专著(已在每个实验后的参考文献中列出). 南开大学薄方教授、苏州大学王飞教授、山东师范大学梁春豪副教授审核了部分书稿，对本书编写给予了大力的支持，在此表示深深的敬意.

在本书付梓之际，我们对本书编写的诸位老师和原教材的所有编者付出的辛勤劳动，表示诚挚的谢意. 对科学出版社的支持与帮助表示衷心的感谢.

由于编者水平有限和时间紧迫，加之本书有多人参与编写，难以整合统一，书中存在不妥之处在所难免，恳请读者批评指正.

编　者

2022 年 11 月

# 前　言

物理学是以实验为本的科学，在物理学的发展过程中，实验起着重要的作用. “近代物理实验”课程是为物理及相关专业高年级本科生开设的一门知识性、综合性和技术性较强的实验课程，其内容涉及近代物理学发展中起过重要作用的著名实验以及科学实验中一些不可缺少的现代实验技术. 本课程的学习和实验训练，对大学生了解物理学发展的历史背景，理解物理实验在物理概念的产生、形成和发展过程中的作用，领会物理学家的物理思想和实验设计方法，进一步巩固理解学过的理论知识，掌握科学实验中一些常用的实验方法、实验技术、仪器和相关知识，进一步提高大学生的实验技能，培养良好的实验习惯和严谨的科学作风，致力于科学研究，有着十分重要的作用.

高铁军、孟祥省、王书运主编的《近代物理实验》教材于 2009 年由科学出版社出版. 该书出版以来多次印刷，被山东省高师院校以及省外部分高校作为本课程教材使用，对近代物理实验课程教学和实验室建设起到了重要的作用. 山东师范大学物理实验室于 2014 年获批国家级物理虚拟仿真实验教学中心. 近年来，为了适应面向 21 世纪教学改革和人才培养的需要，我们在近代物理实验的教学中，积极开展教学改革研究，更换了一些实验项目，建立了近代物理实验课程新体系. 因此，新编的《近代物理实验》教材是近几年来教学改革成果的总结.

我们对山东部分省属高校的近代物理实验课程教学情况作了调查研究. 确定了在原出版的《近代物理实验》教材的基础上，根据党的二十大对教育、科技、人才方面的要求，集近年来各校实验室建设和教学改革成果，编写一本有特色、适用于普通高师院校的近代物理实验教材，目的是培养创新型、复合型和应用型人才，使他们具有运用实验方法去研究物理现象和规律，并将基础知识和现代高新技术相结合的能力，为解决我国面临的“卡脖子”技术问题培养生力军. 本书由山东师范大学、曲阜师范大学、聊城大学、泰山学院、临沂大学、烟台大学、德州学院等高校一些长期工作在实验教学一线、有丰富经验的实验教师共同编写.

为了方便学生学习和教师使用，本书在每个单元开始编写了实验必备的基础知识，每个实验尽量对实验的背景、实验技术应用及发展前景作了介绍. 在每个实验的开始，提出了实验预习要求，供学生在实验前预习参考. 在实验原理部分，

# 目　录

# 第一单元 原子物理和原子核物理

## 1-0 光谱分析和核探测技术基础知识

光是电磁辐射，人们按电磁辐射的波长把它分为射频波谱、微波波谱、光学光谱等几个部分. 所谓“光学光谱”是指从远红外光谱一端扩展到紫外光谱一端的光谱范围. 在自然界中，能发射光辐射的物体所发出的光都是含有多种波长的复色光. 可以利用棱镜或光栅把复色光分解为单色光，并且把这些单色光按波长规律排列起来而成为光谱. 获得和分析光谱的实验方法称为光谱技术.

1666 年，牛顿用三棱镜观察太阳光谱，揭开了光谱学的序幕. 到 19 世纪初，沃拉斯顿(Wollaston)采用狭缝分光装置获得了清晰的光谱线. 随后，夫琅禾费(Fraunhofer)设计制造分光镜，发现了太阳光谱中的吸收暗线，19 世纪 20 年代，塔尔博特(Talbot)先后研究了钠、锂、锶的谱线和铜、银、金的谱线，提出了元素特征光谱的概念. 基尔霍夫(Kirchhoff)和本生(Bunsen)改善了分光装置，并把它应用于化学分析，发现了光谱与物质组成之间的关系，确认和证实了各种物质都具有自己的特征光谱，从而建立了光谱定性分析的基础. 此后，许多分析工作者利用光谱分析，先后确认了在太阳大气中存在着钠、铁、镁、铜、锌、钡、镍等元素，鉴定了一些超铀元素. 现代科学技术和现代生产实践的不断发展，对光谱分析提出了更高的要求，因此新的方法层出不穷. 发射光谱分析现代技术发展的关键，在很大程度上取决于激发光源的发展. 19 世纪 60 年代初期，布里奇(Brech)等第一次把激光应用于发射光谱分析，制造了激光显微光谱分析仪，促进了微区分析的迅速发展，接着，格林菲尔德(Greenfield)和法赛尔(Fassel)等先后把感耦高频等离子体光源用于发射光谱分析，使发射光谱技术发生了新的变革. 在这时期，火花和弧光光源也在不断改进，使光源的可控性和稳定性都得到了提高.

光谱技术是人们认识原子、分子结构的重要手段之一，它在现代科学技术的各个领域和国民经济的许多部门获得了广泛应用.

物质的发射光谱有三种：线状光谱、带状光谱及连续光谱. 线状光谱由原子或离子被激发而发射；带状光谱由分子被激发而发射；连续光谱由炽热的固体或液体所发射.

### 1. 发射光谱分析的内容和特点

光谱分析的过程分为三步：激发、分光和检测. 第一步是利用激发光源使试样蒸发，然后解离成原子，或进一步电离成离子，最后使原子或离子得到激发、辐射；第二步是利用光谱仪器，把光源所发出的光按波长展开，获得光谱；第三步是利用检测计算系统记录光谱，测量谱线波长、强度或宽度，根据各种元素的光谱特征找出属于某一元素的谱线(灵敏线)，确认试样中的元素成分，或分析试样中元素的含量.

发射光谱分析的基本特点如下.

(1) 元素检出限低.

光谱分析的元素检出限指的是元素被检出的最低含量. 它不仅由元素的性质决定，而且受试样性质、仪器性能和分析条件的影响. 当以弧光或火花作为光源时，大多数元素的相对检出限为$10^{-2}$～$10^{-5}$g，绝对检出限为$10^{-7}$～$10^{-9}$g. 对于激光显微发射光谱分析来说，大多数元素的绝对检出限为$10^{-6}$～$10^{-12}$g，所以光谱分析所取样品很少，每次分析用量至多几十毫克，少至十分之几毫克，采用激光显微光源和微火花光源甚至仅需几微克，而化学分析法每次试样用量则需几百毫克.

(2) 快速、简便.

光谱分析一般不需要预先对所需试样进行化学处理，可以直接对粉末、块状、液体等试样进行分析，并且可以同时分析出样品中的几十个元素. 光电技术和计算机技术应用于光谱分析更进一步提高了分析效率，可以在1～2min内给出试样中几十个元素的含量结果.

(3) 资料保存方便.

光谱分析的全部数据均已记录在谱板上，谱板可以长期保存，以备检验或复查.

### 2. 光谱激发过程及影响谱线强度的因素

光谱研究所感兴趣的：一是谱线的波长；二是谱线的强度. 波长规律反映了原子能级结构，而谱线强度是光谱定量分析的依据. 因此必须了解影响谱线强度的各种因素. 此外，谱线的自吸收现象对谱线的强度、宽度以至整个轮廓都有影响，从而给分析引进误差，因此也应对它充分注意.

(1) 谱线产生的过程.

当试样在光源中蒸发为气体时，蒸气云中的原子或离子受到高速运动的粒子(主要是电子)的碰撞而激发，这些被激发的原子中的电子按照一定的规律由高能级跃迁回到低能级时就产生一定波长的光辐射. 可见，谱线的产生可分为蒸发、激发和跃迁三个过程，每个过程对谱线的强度都有影响.

(2) 影响谱线强度的因素.

谱线强度指的是对于许多原子或离子的某一波长的光辐射的统计结果.

设 $j$ 为高能级，$m$ 为低能级，电子由 $j$ 能级跃迁到 $m$ 能级时，辐射的谱线强度一般可表示为

$$I_{jm}=N_jA_{jm}h\nu_{jm} \tag{1-0-1}$$

式中 $N_j$ 是处在 $j$ 能级的原子数，$A_{jm}$ 是电子由 $j$ 能级到 $m$ 能级的跃迁概率，$h\nu_{jm}$ 为光子的能量，即 $j$ 能级与 $m$ 能级的能量差.

假定光源等离子体处于热平衡状态，那么各个能级的原子分布遵循统计力学中的麦克斯韦-玻尔兹曼(Maxwell-Boltzmann)定律

$$N_j=\frac{g_j}{g_0}N_0\mathrm{e}^{-E_j/(KT)} \tag{1-0-2}$$

式中 $g_j$ 、 $g_0$ 分别为能级 $E_j$ 、 $E_0$ 的统计权重，$N_0$ 为处于基态的总原子数，$K$ 为玻尔兹曼常量，其值为 $1.380649\times10^{-23}\,\mathrm{J/K}$ ，$T$ 为等离子体的绝对激发温度.

把 $N_j$ 代入式(1-0-1)中得

$$I_{jm}=\frac{g_j}{g_0}A_{jm}h\nu_{jm}N_0\mathrm{e}^{-E_j/(KT)}=A_{jm}h\nu_{jm}N\frac{g_j}{G}\mathrm{e}^{-E_j/(KT)} \tag{1-0-3}$$

式中 $N$ 为处于各种状态的原子总数，$G$ 为配分函数(原子所有各能级的统计权重与玻尔兹曼因子的乘积的总和). 由此可见，在一定的实验条件下，原子谱线的强度与光源等离子体中处于各个能级的该原子总数成正比.

在光谱分析中，通常将式(1-0-3)简写为

$$I=\alpha\beta C \tag{1-0-4}$$

式中 $C$ 为试样中某元素的含量，$\alpha=N/C$ 称为蒸发系数，其数值将决定于试样的性质，而

$$\beta=A_{jm}h\nu_{jm}(g_j/G)\mathrm{e}^{-E_j/(KT)}$$

经过上述变换可以看出，谱线强度与试样中元素的含量有直接关系. 式 (1-0-4)是试样中元素的含量较低时(谱线无自吸收时)光谱定量分析的基本关系式.

当试样中元素含量较低时(谱线无自吸收)，可以从两方面考虑影响谱线强度的因素. 一方面是试样的蒸发特性，它由试样中元素的含量与该元素进入光源等离子体的原子数目决定，而进入等离子体的原子数目受到试样类型的光源温度的影响. 另一方面是谱线的激发特性，它是由光源温度、激发电势、统计权重、跃

迁概率、辐射频率(或光子能量)、配分函数等因素决定，配分函数又受到统计权重和光源温度的影响. 所以，对于某一试样中确定的谱线来说，光源温度是影响谱线强度的一个极其重要的因素.

以上讨论仅限于光线通过蒸气时无自吸收的情况. 事实上，在电弧光源中，弧焰的中心温度高，而外围的温度较低. 当原子蒸气浓度较大时，弧焰中心原子所辐射的谱线，会被外围处于基态的同类原子所吸收，这种现象称为自吸，严重的自吸称为“自蚀”，自吸和自蚀都会影响谱线强度，使之减弱.

考虑蒸发特性和自吸现象，谱线强度 $I$ 和元素的含量 $C$ 之间的函数关系可用如下经验公式表示：

$$I = a\mathrm{e}^{-E/(KT)}C^{b} \tag{1-0-5}$$

式中 $a$ 与 $b$ 分别是与蒸发条件、自吸有关的常数，$E$ 为谱线的激发势能. 式(1-0-5)是光谱定量分析的依据.

### 3. 激发光源的选择

在光谱分析中，为使试样中各种元素的原子发生辐射，必须使用光源. 光源的作用首先是使物质从试样中蒸发出来，解离成原子，然后继续使原子电离并得到激发，从而发生辐射. 因此，光谱分析的光源通常被称为激发光源.

发射光谱分析对激发光源有严格的要求. 一般在选择光源时应考虑下面几个问题.

(1) 待分析元素的特性.

根据被测元素的电离电势和激发电势的高低选用电源. 对于碱金属和碱土金属等易激发元素，最好采用火焰或电弧激发；对于碳、硫、磷、卤素等难激发的元素最好采用火花激发.

(2) 待分析元素的含量.

对于低含量元素的分析，要有较低的绝对检出限. 电弧能使大量的试样蒸发，从而增加放电间隙中试样粒子的数量，因此，除了难激发的元素外，一般采用电弧. 对于高含量的元素的测定，则要求对成分变化的灵敏度高，因此宜采用火花光源.

(3) 试样的形状及性质.

块状试样，既可采用电弧，也可以采用火花. 对于粉末试样，采用火花光源时首先将粉末压成饼状，以避免火花形成的空气流将粉末从电极内溅出而导致严重的分析误差.

(4) 定性分析还是定量分析.

定性分析要求绝对检出限低，以便使微量杂质都能析出，因此一般采用直流电弧，也可以采用交流电弧或激光光源等. 火花和交流电弧的重现性较好，一般用于定量分析.

从以上讨论中可以看出，选择光源要考虑一系列问题，有时这些问题甚至是相互矛盾的. 例如，要降低分析的检出限，就应选用直流电弧或激光光源，但用这样的光源进行分析又降低了准确度. 这就要看哪种要求最重要，然后以满足最重要的要求去考虑如何选择光源.

4. 光谱定性、定量分析

由于各种元素的原子结构不同，在光源的激发下，可以产生各自的特征谱线，其波长是由每种元素的原子性质决定的，具有特征性和唯一性，因此可以通过检查谱片上有无特征谱线的出现来确定该元素是否存在，这就是光谱定性分析的基础. 由于光谱定性分析方法比化学定性分析方法灵敏、快速、简单且所需样品少，所以被广泛应用.

各种元素谱线的强度和在光源中进行激发时所形成的蒸气云中该元素的原子浓度间存在的固定关系，是光谱定量分析的基础. 被分析杂质元素在样品中的浓度越大，则辐射谱线的强度也越大. 由谱线强度来判断杂质浓度的方法叫光谱定量分析. 光谱定量分析是一种精确的分析方法，其分析结果具有较高的精确度.

(1) 定性分析.

将少量的分析样品放在火焰、电弧或电火花等光源中激发，从而发射出代表每一元素的辐射，用摄谱仪拍摄光谱，从光谱底片中查找某元素所产生的特征谱线，来识别该元素的有无，这就是光谱定性分析.

定性分析一般可分为两类：一类是检查样品中是否含有某一种或某几种元素的分析，叫指定分析；另一类是检查所有组成元素的分析，叫全分析.

原则上讲，元素周期表中的九十余种元素都能利用其特有的光谱来进行定性分析，但实际上，有些气体元素的原子很难激发，故一般能分析的元素有七十几种. 碱金属和碱土金属等一些激发势能较低的元素，用火焰光源便能激发，多数元素可用直流电弧、交流电弧及高压火花等光源进行激发，这些光源有两个职能：①提供足够的能量，使样品转化为蒸气状态而进入放电间隙中；②提供高速运动的粒子，用以碰撞蒸发出来的原子，使其获得足够的能量而受激. 实际上蒸发和激发的两个过程是不能截然分开的. 一般采用交流电弧光源的定性分析最为方便，而且它具有与直流电弧相近的灵敏度，在我们的实验室中，就采用交流电弧作为激发光源.

光谱定性分析的关键在于认识元素的光谱线，每一种元素都有很多光谱线，在进行定性分析时，要选择所谓“灵敏线”，这些线也就是“最后线”，就是当样品中某元素的含量逐渐减少而最后消失的几条谱线(灵敏线不一定是这个元素的最强线). 定性分析就是利用灵敏线来进行分析的.

仅在底片上找几条灵敏线，还不能肯定该元素的存在，因为可能在灵敏线位置上(或附近)有其他元素的谱线发生重叠干扰，故选择分析线时，要注意两个原则：①灵敏；②不重叠.

(2) 定量分析.

由于受激发原子的数目与激发能量和在分析试样中该元素的含量有关，被分析杂质元素在试样中的含量愈大，则它在受激发后所产生的辐射线的强度也愈大. 因此，可以按照杂质的谱线强度来判断杂质的含量，即定量分析.

元素的谱线强度 $I$ 和元素的含量 $C$ (即含量百分数)之间存在着函数关系，它们用经验公式表示为

$$I = aC^b \tag{1-0-6}$$

式中 $a$ 和 $b$ 在一定实验条件下为常数.

由于谱线的强度不仅与试样中杂质的含量有关，而且也与光谱的激发条件、电流强度、曝光时间、电极距离、感光板的灵敏度和光谱仪器的参数等有关，所以，若要根据杂质谱线的绝对强度来测定试样中各种元素的含量，仅在激发条件和摄谱条件完全保持不变时才有可能，实际上这是很难办到的. 因此，光谱定量分析不采用测量谱线的绝对强度，而是采用测量谱线的相对强度的“内标法”.

所谓“内标法”就是在样品中选择具有固定含量的基本元素的某一条谱线作为内部的标准谱线(简称内标线)，利用其与被分析元素的谱线(简称分析线的相对强度)之间的关系去测定含量.

以 $I_1$ 表示分析线的绝对强度，$I_2$ 表示内标线的绝对强度，则其相对强度为

$$\frac{I_1}{I_2} = \frac{a_1 C_1^{b_1}}{a_2 C_2^{b_2}} \tag{1-0-7}$$

由此可见，如果采用激发电势相近的两条谱线，且两元素蒸发条件保持一定，则 $\frac{a_1}{a_2}$ 值保持不变，并且内标元素总是以同一含量处于试样中，因此，内标元素的含量 $C_2$ 也是常数，这时式(1-0-7)变为

$$\frac{I_1}{I_2} = BC_1^{b_1} \tag{1-0-8}$$

式中 $B$ 为常数，当分析元素含量不太高时，$b_1 = 1$. 由式(1-0-8)可知，相对强度 $\frac{I_1}{I_2}$ 与被分析元素的含量 $C_1$ 成正比，由于分析线和内标线(合称为分析线对)的相对强度，只能通过比较感光板记录的黑度值获得，因此，我们必须了解光谱中某波长光的强度与它所产生的谱线黑度间的关系.

已知，曝光量$H$与黑度$S$之间有如下关系：

$$S = \gamma \lg H + R \tag{1-0-9}$$

式中$\gamma$为乳剂的反衬度，$R$为常数，已知曝光量$H$为乳剂上照度$W$与受照时间$t$的乘积($H = W \cdot t$)，而且照度$W$与谱线强度$I$成正比，即$W = A \cdot I$ ($A$为常数)，将上式代入式(1-0-9)得

$$S = \gamma \lg AIt + R = \gamma \lg I + \gamma \lg At + R = \gamma \lg I + r \tag{1-0-10}$$

对同一乳剂，在一定的波长范围内，$\gamma$、$At$以及$R$皆为常数，用常数$r$代表后两项.

该分析线和内标线的黑度各为

$$S_1 = \gamma_1 \lg I_1 + r_1$$
$$S_2 = \gamma_2 \lg I_2 + r_2$$

若两条谱线的曝光量皆落在乳剂特性曲线的直线部分，而且波长接近，则$\gamma_1 = \gamma_2$、$r_1 = r_2$，上两式相减得

$$\Delta S = S_1 - S_2 = \gamma \lg \frac{I_1}{I_2} \tag{1-0-11}$$

将式(1-0-7)代入式(1-0-11)得

$$\Delta S = \gamma \lg BC_1^{b_1} = \gamma b_1 \lg C_1 + A \tag{1-0-12}$$

这就是黑度差$\Delta S$与$C_1$含量之间的关系.

# 1-1　傅里叶变换光谱

传统的光谱测量技术是利用棱镜、光栅等光学器件对待测光进行分光，使用光传感器依次记录分光后不同频率光信号强度的仪器称为光谱仪；使用照相底版直接把色散的光谱拍摄下来用阿贝比长仪等仪器进行后续分析的是摄谱仪. 傅里叶变换光谱仪(Fourier transform spectrometer，FTS)与之不同，是一种干涉型光谱仪. 其通常由干涉仪、检测器、计算机处理系统等结构组成. 由于 FTS 记录的是光强关于时间(或者光强关于光程差)的干涉光强变化时域干涉谱，需要后期通过数学处理得到频域谱，从而再现待测光源光谱成分，这需要快速傅里叶变换等大量精确数学计算，所以傅里叶变换光谱是随着计算机技术的发展而普及的.

作为一种光谱检测技术，傅里叶变换光谱在实际光谱测量中应用极广. 比如在科研检测中广泛使用的傅里叶变换红外光谱仪(Fourier transform infrared spectrometer，FTIR)、傅里叶拉曼光谱仪等. 其中 FTIR 是将待测样品置于干涉光

路中，利用其内置红外光源照射，通过检测样品对入射红外线选择性吸收后的光谱干涉图解调出样品的红外吸收光谱、透过率、吸收系数等. 本实验中使用的FTS只具有待测样品发射光谱的检测功能.

## 实验预习

(1) 迈克耳孙干涉仪的原理.
(2) 傅里叶变换的数学原理与离散信号的快速傅里叶变换.
(3) 气体发光原理.

## 实验目的

(1) 理解傅里叶变换光谱仪的原理，了解实用仪器光路的工程设置.
(2) 掌握基本的傅里叶光谱测量和数据处理方法.
(3) 测试氙灯、He-Ne激光器、Ar、He、Ne、Hg等光源发光光谱.

## 实验原理

傅里叶变换光谱仪的原理. 傅里叶光学运用傅里叶频谱分析方法研究光学现象，傅里叶光谱仪是其在光谱分析中的重要应用. 如图1-1-1所示，FTS利用迈克耳孙干涉仪实现待测光信号的干涉. 待测光信号经准直后入射到迈克耳孙干涉仪内；迈克耳孙干涉仪的动镜可以在步进电机的带动下匀速运动；于是随着迈克耳孙干涉仪两干涉臂光程差的变化，光探测器接收到的光强也随时间在变化，形成干涉图被光强探测器记录. 图1-1-1中左下角的干涉示意图反映了光强与动镜位置间的对应关系. 最后通过计算机快速傅里叶变换数学处理得到待测光源的光谱图.

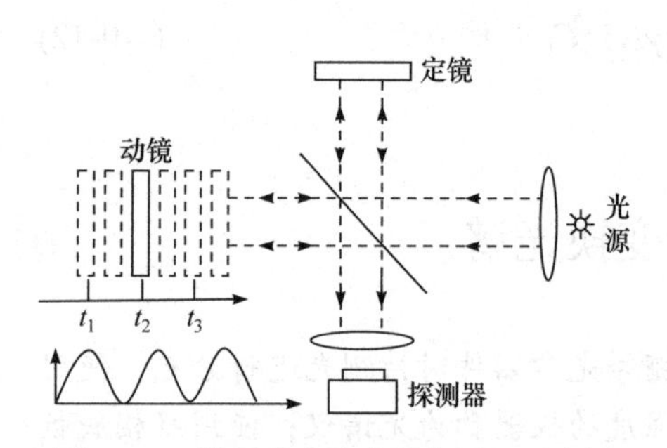

图1-1-1 傅里叶变换光谱仪原理示意图

傅里叶变换光谱仪的测量过程本质上就是先通过动镜的运动对待测光信号进行调制，然后通过数学运算对测量的干涉谱进行解调的过程.通过调制，将待测高频率的光信号变换成可以被探测器分辨、接收的低频干涉谱信号. 然后利用计算机将接收到的信号进行解调，得出待测光中的频率成分及各频率对应的强度值.

调制过程：这一步由迈克耳孙干涉仪实现. 设一单色光进入干涉仪后，它将被分束镜分成两束后在探测器处汇合而产生干涉. 假设某时刻，运动的动镜和定镜的相对位置恰好使得两干涉臂光程差为半波长奇数倍，形成暗条纹，探测器接

收到的光强$I$为零，此时定为光程差零点. 随着光程差的连续变化，探测器会测得光强的周期性变化，表示为

$$I(x)=I_0\cos(2\pi\tilde{\nu}_0 x) \tag{1-1-1}$$

其中$x$为光程差，它随动镜的移动而变化；$\tilde{\nu}_0$为单色光的波数值；$I_0$为探测器测得的明条纹最大值.

对其傅里叶变换得到的频谱为

$$I_0[\delta(2\pi\tilde{\nu}+2\pi\tilde{\nu}_0)+\delta(2\pi\tilde{\nu}-2\pi\tilde{\nu}_0)] \tag{1-1-2}$$

该频谱在频域坐标系中表现为对称的两脉冲.

如果待测光为连续光谱，其谱线随波数变化的包络线为$I(\tilde{\nu})$. 那么干涉后的时域光强变化为

$$I(x)=\int_{-\infty}^{+\infty}I(\tilde{\nu})\cos(2\pi\tilde{\nu}x)\mathrm{d}\tilde{\nu} \tag{1-1-3}$$

该式即为探测器测量得到的待测信号干涉谱. 其频域谱为

$$I(\tilde{\nu})[\delta(2\pi\tilde{\nu}+2\pi\tilde{\nu}_0)+\delta(2\pi\tilde{\nu}-2\pi\tilde{\nu}_0)] \tag{1-1-4}$$

解调过程：把从接收器上采集到的数据送入计算机中进行数据解调处理. 使用的方程就是解调方程$I(\tilde{\nu})=\int_{-\infty}^{+\infty}I(x)\cos(2\pi\tilde{\nu}x)\mathrm{d}x$，这个方程也是傅里叶变换光谱学中干涉图-光谱图关系的基本方程.

在具体计算离散信号的过程中，对于每一个波数$\tilde{\nu}$，对采集到的干涉图谱离散信号进行实际计算时，就可以利用解调方程计算出该波数处的光谱强度$I(\tilde{\nu})$. 为了获得整个工作波数范围的光谱图，只需对所希望的波段内的每一个波数反复按解调方程进行傅里叶变换运算即可.

## 实验装置

XGF-Ⅰ型傅里叶变换光谱仪光路图如图 1-1-2 所示.

(1) 系统内置的参考光源为 He-Ne 激光器(13)，利用 He-Ne 激光器突出的单色性对其他光源的干涉图进行位移校正，能有效地修正扫描过程中由于电机速度变化造成的位移误差. 另外，为了直观展示仪器运行过程，系统内置 6V 15W 溴钨灯光源(2)，在零光程附近，操作者可以通过观察窗在接收器 A(12)的端面上看到白光干涉的彩色斑纹.

(2) 仪器校准后，调整光源转换镜(17)使待测光(1)经准直镜(4)后变成平行光进入干涉仪，从干涉仪中出射后成为两束相干光，并有一定的相位差. 进入接收器 A(12). 当干涉仪的动镜(8)做连续移动改变光程差时，干涉图的连续变化将被

接收器A(12)接收，并被记录系统根据设置的积分时间记录下来.

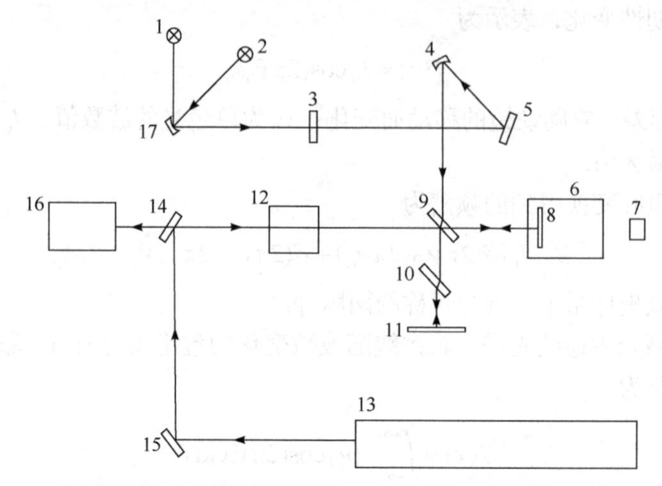


1-外置光源；2-内置光源(溴钨灯)；3-可变光阑；4-准直镜；5-平面反射镜；6-精密平移台；7-慢速电机；8-动镜；9-干涉板；10-补偿板；11-定镜；12-接收器A；13-参考光源(He-Ne激光器)；14-半透半反镜；15-平面反射镜；16-接收器B；17-光源转换镜(物镜)

图 1-1-2　XGF-Ⅰ型傅里叶变换光谱仪光路图

(3) 在实际的仪器中，光源都不可能是理想的点光源，因此在傅里叶变换光谱实验装置中，设置了可变光阑(3)，有 8 挡可供选择. 为了保证仪器分辨率，在实验过程中，需要根据待测光源辐射光的强度去选择合适的光阑.

## 实验内容

(1) 学习 XGF-Ⅰ型傅里叶变换光谱仪操作使用方法.

(2) 观察仪器光路的工程设置.

(3) 测试氙灯、He-Ne 激光器、Ar、He、Ne、Hg 等光源发光光谱，分析误差.

## 问题思考

(1) 动镜运动速度的控制对实验的影响.

(2) 动镜运动距离对实验的影响.

(3) 光阑的大小对实验的影响.

## 参考文献

[1] 高立模, 夏顺保, 陆文强. 近代物理实验. 天津: 南开大学出版社, 2006.

[2] 李志刚. 光谱数据处理与定量分析技术. 北京: 北京邮电大学出版社, 2017.

# 1-2　氢、氘原子光谱

研究元素的原子光谱，可以了解原子的内部结构，认识原子内部电子的运动，并导致了电子自旋的发现. 原子光谱的观测为量子理论的建立提供了坚实的实验基础. 1885 年末，巴耳末(Balmer)根据人们的观测数据，总结出了氢光谱线的经验公式. 1913 年 2 月，玻尔(Bohr)得知巴耳末公式后，3 月 6 日就寄出了氢原子理论的第一篇文章，他说："我一看到巴耳末公式，整个问题对我来说就清楚了. ”1925 年，海森伯(W. Heisenberg)提出的量子力学理论，更是建立在原子光谱的测量基础之上. 现在，原子光谱的观测研究，仍然是研究原子结构的重要方法之一.

20 世纪初，人们根据实验预测氢有同位素，1919 年发明质谱仪后，物理学家用质谱仪测得氢的原子量为 1.00778，而化学家由各种化合物测得为 1.00799. 基于上述微小的差异，伯奇(Birge)和门泽尔(Menzel)认为氢也有同位素 $^{2}$H(元素左上角数字代表原子量)，它的质量约为 $^{1}$H 的 2 倍，据此他们算得 $^{1}$H 和 $^{2}$H 在自然界中的含量比大约为 4000∶1，由于里德伯(Rydberg)常量和原子核的质量有关，$^{2}$H 的光谱相对于 $^{1}$H 的应该会有位移. 1932 年，尤里(Urey)将 3L 液氢在低压下细心蒸发至 1mL 以提高 $^{2}$H 的含量，然后将那 1mL 注入放电管中，用它拍得的光谱，果然出现了相对于 $^{1}$H 移位了的 $^{2}$H 的光谱，从而发现了重氢，取名为氘，化学符号用 D 表示. 由此可见，对样品的考究、实验的细心、测量的精确对科学进步非常重要.

随着科学技术的不断发展，特别是计算机技术的普遍应用，再加上光电接收和 CCD 技术的出现和完善，使得传统的光谱底片拍摄技术可以由计算机和光电接收或 CCD 技术结合来实现，省去了原来烦琐的测量及计算，使实验也变得更加简单和易于操作.

**实验预习**

(1) 氢光谱含有相互独立的五个光谱线系，它们产生的规律及名称是什么？哪个线系位于可见光区？

(2) 如何利用测量的氢、氘光谱线计算相应的里德伯常量？

(3) 了解组合式多功能光栅光谱仪的结构原理，并与棱镜摄谱仪、光栅光谱仪比较.

**实验目的**

(1) 加深对氢光谱规律和同位素位移的认识.

(2) 通过计算氢、氘原子的里德伯常量，了解精密测量的意义.

(3) 熟悉组合式多功能光栅光谱仪的测量原理，和棱镜摄谱仪、光栅光谱仪比较有何优缺点.

**实验原理**

1885年，巴耳末发现了氢原子光谱的规律，特别是位于可见光区的$H_\alpha$、$H_\beta$、$H_\gamma$和$H_\delta$四条谱线，其波长可以很准确地用经验公式(巴耳末公式)来表示.

$$\lambda_H = B\frac{n^2}{n^2-4} \qquad (n=3,4,5,6) \tag{1-2-1}$$

式中$B=364.56\text{nm}$，为一常数；$n=3,4,5,6$时，分别给出了氢光谱中的$H_\alpha$、$H_\beta$、$H_\gamma$和$H_\delta$谱线的波长，其结果与实验结果一致. 1896年里德伯引用波数$\tilde{\nu}=1/\lambda$的概念将巴耳末经验公式改写成如下形式：

$$\tilde{\nu}_H = R_H\times\left(\frac{1}{2^2}-\frac{1}{n^2}\right) \qquad (n=3,4,5,\cdots) \tag{1-2-2}$$

式中$\tilde{\nu}_H$是波数；$R_H=109677.576\text{cm}^{-1}=1.09677576\times10^7\text{m}^{-1}$，是氢的里德伯常量. 此式完全是从实验中得到的经验公式，然而它在实验误差范围内与测定值的符合非常惊人.

由玻尔理论或量子力学得出的类氢离子光谱规律为

$$\tilde{\nu}_A = R_A\left[\frac{1}{(n_1/z)^2}-\frac{1}{(n_2/z)^2}\right] \tag{1-2-3}$$

式中

$$R_A=\frac{2\pi^2me^4}{(4\pi\varepsilon_0)^2ch^3(1+m/M_A)}$$

$R_A$是元素A的理论里德伯常量，$z$是元素A的核电荷数，$n_1$、$n_2$为整数，$m$和$e$是电子的质量和电荷，$\varepsilon_0$是真空介电常数，$c$是真空中的光速，$h$是普朗克常量，$M_A$是核的质量. 显然，$R_A$随A不同略有不同，当$M_A\to\infty$时，便得到里德伯常量

$$R_\infty=\frac{2\pi^2me^4}{(4\pi\varepsilon_0)^2ch^3}$$

所以

$$R_A=\frac{R_\infty}{1+m/M_A}$$

应用到氢和氘元素有

$$R_{\mathrm{H}}=\frac{R_{\infty}}{1+m/M_{\mathrm{H}}},\quad R_{\mathrm{D}}=\frac{R_{\infty}}{1+m/M_{\mathrm{D}}} \tag{1-2-4}$$

可见 $R_{\mathrm{H}}$ 和 $R_{\mathrm{D}}$ 是有差别的，其结果就是 D 的谱线相对于 H 的谱线会有微小位移，叫同位素位移，$\lambda_{\mathrm{H}}$、$\lambda_{\mathrm{D}}$ 是能够直接精确测量的量. 测出 $\lambda_{\mathrm{H}}$、$\lambda_{\mathrm{D}}$，也就可以计算出 $R_{\mathrm{H}}$、$R_{\mathrm{D}}$ 和里德伯常量 $R_{\infty}$，同时还可计算出 D、H 的原子核质量比

$$\frac{M_{\mathrm{D}}}{M_{\mathrm{H}}}=\frac{m}{M_{\mathrm{H}}}\cdot\frac{\lambda_{\mathrm{H}}}{(\lambda_{\mathrm{D}}-\lambda_{\mathrm{H}}+\lambda_{\mathrm{D}}m/M_{\mathrm{H}})} \tag{1-2-5}$$

式中 $m/M_{\mathrm{H}}=1/1836.1527$. 氢、氘巴耳末线系可见光区波长列于表 1-2-1 中.

**表 1-2-1　氢、氘巴耳末线系可见光区波长表**

| 氢(H) | | 氘(D) | |
|---|---|---|---|
| 符号 | 波长/nm | 符号 | 波长/nm |
| $H_{\alpha}$ | 656.280 | $D_{\alpha}$ | 656.100 |
| $H_{\beta}$ | 486.133 | $D_{\beta}$ | 485.999 |
| $H_{\gamma}$ | 434.047 | $D_{\gamma}$ | 433.928 |
| $H_{\delta}$ | 410.174 | $D_{\delta}$ | 410.062 |

需要注意，式(1-2-5)中各 $\lambda$ 是指真空中的波长. 同一光波，在不同介质中波长是不同的. 我们的测量往往是在空气中进行的，所以应将空气中的波长转换成真空中的波长.

## 实验装置

本实验采用 WGD-8A 型组合式多功能光栅光谱仪，主要由光栅单色仪、接收单元、扫描系统、电子放大器、模/数(A/D)采集单元和计算机等组成. 光学系统采用 C-T 型. 入射狭缝、出射狭缝均为直狭缝，宽度范围 0～2mm 连续可调，顺时针旋转为狭缝宽度加大，反之减小，每旋转一周狭缝宽度变化 0.5mm. 光路图如图 1-2-1 所示. 光源发出的光束进入入射狭缝 $S_1$，通过平面反射镜 $M_1$ 反射到反射式准光镜 $M_2$ 上，$S_1$ 由 $M_1$ 所成的虚像正好处在反射式准光镜 $M_2$ 的焦面上. 因此，经 $M_2$ 反射后的光束为一平行光束，并投向平面光栅 G，衍射后的平行光束经物镜 $M_3$ 和半透镜 $M_4$ 后成像于位于物镜 $M_3$ 焦平面上的狭缝 $S_2$ 或 $S_3$ 上. 根据狭缝 $S_2$ 或 $S_3$ 开启宽度的大小，允许波长间隔非常狭窄的一部分光束射出狭缝. 当光栅 G 旋转时，可以在狭缝 $S_2$ 或 $S_3$ 处得到光谱纯度很高的不同波长的单色光束，这样光谱仪就将入射的复色光分解成一系列单色光. 在狭缝处放置光电倍增管或 CCD，即可获得衍射光的信息.

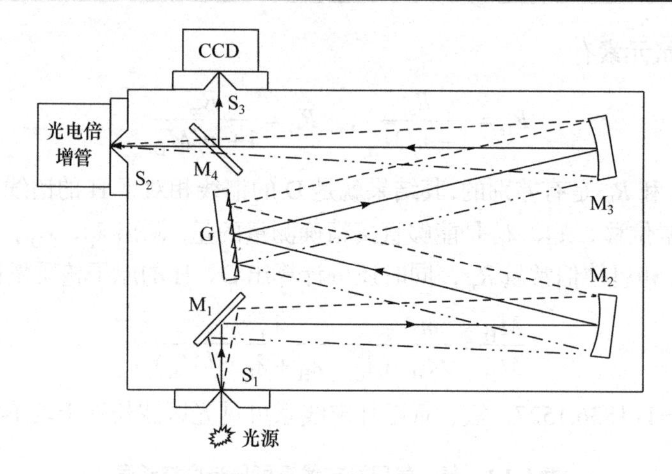


图 1-2-1 WGD-8A 型组合式多功能光栅光谱仪光路图

光谱灯有汞灯、氢氘灯. 低压汞灯点燃后发出较强的汞的特性光谱线，用作标准光谱对 WGD-8A 光谱仪进行波长标定. 汞原子标准谱波长为 365.01nm、365.46nm、366.32nm、404.66nm、407.98nm、435.83nm、546.07nm、576.89nm、579.07nm.

## 实验内容

1. 利用汞原子光谱对光谱仪进行校正，以确保测量工作的精度

(1) 检查电源及连接，启动计算机，开启光谱仪. 打开汞灯电源，预热 3min，然后将灯对准狭缝.

(2) 设定工作参数，调节“负高压调节”.

(3) 检查“起始波长”是否在当前波长之后(⩽350nm). 然后启动自动扫描.

(4) 扫描完毕后进行“寻峰”工作，并和汞原子标准谱对比，算出修正值进行修正.

2. 氢氘光谱的测量

(1) 更换氢光灯及其电源，将氢灯打开并预热.

(2) 设定工作参数及“负高压调节”.

(3) 根据参数设置进行扫描寻峰工作.

(4) 根据寻峰结果，记下氢氘谱峰对应的波长 $\lambda_{H1}$、$\lambda_{H2}$、$\lambda_{H3}$、$\lambda_{H4}$、$\lambda_{D1}$、$\lambda_{D2}$、$\lambda_{D3}$、$\lambda_{D4}$，分别计算里德伯常量 $R_{Hi}$、$R_{Di}$ 及其平均值 $\overline{R_H}$、$\overline{R_D}$，并分别计算氘氢质量比 $M_D/M_H$.

### 问题思考

(1) 氢光谱有几个光谱线系？分别是什么？

(2) 在同一$n$下氢氘谱线的波长$\lambda_H$大一点还是$\lambda_D$大一点？为什么？

(3) 根据氢氘光谱各光谱波长值，分析各谱线对应的能级跃迁，并根据上述分析，画出氢原子巴耳末线系的能级图，标出前四条谱线对应的能级跃迁和波长.

(4) 设已知氢核的质量为$M$，氘核的质量为$2M$，如何设计一个实验，来测量质子的质量与电子的质量之比？

### 参考文献

[1] 杨福家. 原子物理学. 2版. 北京: 高等教育出版社, 1990.
[2] 吴思诚, 王祖铨. 近代物理实验. 3版. 北京: 高等教育出版社, 2005.
[3] 高铁军, 孟祥省, 王书运. 近代物理实验. 北京: 科学出版社, 2009.

## 1-3　钠原子光谱

研究元素的光谱是了解原子结构的一个重要途径. 通过对原子光谱的研究，可以了解原子内部电子的运动，并导致电子自旋的发现和元素周期表的解释.

通过对氢原子光谱的研究，人们认识到电子绕原子核运动时只能处于一些能量不连续的状态，得到了关于氢原子结构的认识. 氢原子是单电子原子，结构比较简单，原子内部相互作用也比较简单. 对于多电子原子，除了原子核与电子的相互作用外，还存在着电子之间的相互作用，电子的自旋运动和轨道运动间的相互作用也更加显著. 钠原子序数为11，具有稳定的满内壳层结构，外层有一个价电子，其光谱结构比较简单，也比较典型. 在激光光谱日益发展的今天，钠原子光谱仍是人们深入研究的对象之一. 本实验以钠原子光谱为例，研究多电子原子的光谱结构. 以加深对碱金属原子的外层电子与原子实相互作用以及自旋运动与轨道运动相互作用的理解.

### 实验预习

(1) 与氢原子主量子数相同的能级相比，钠原子的能级有哪些差别？造成这些差别的原因是什么？

(2) 如何通过光栅光谱仪获得钠原子的光谱图像？

(3) 根据测量的钠光谱线结果，如何利用里德伯表求出各个线系谱线对应的上下能级的主量子数、量子缺和光谱项，进而绘制出钠原子的能级图？

**实验目的**

(1) 学习使用光栅光谱仪测量钠原子光谱的实验方法.

(2) 加深对碱金属原子的外层电子与原子实相互作用以及自旋与轨道运动相互作用的理解.

(3) 掌握计算钠原子的价电子在不同轨道运动时的量子缺的方法，学会绘制钠原子的部分能级图.

**实验原理**

1. 钠原子光谱的线系

氢原子光谱线的波数可写成

$$\tilde{\nu}=R_{\mathrm{H}}\left(\frac{1}{n_1^{\;2}}-\frac{1}{n_2^{\;2}}\right) \tag{1-3-1}$$

式中 $R_{\mathrm{H}}$ 是氢的里德伯常量. 当 $n_1=2$ ， $n_2$ 依次为 $3,4,5,\cdots$ 时，为巴耳末线系各谱线波数. 原子能级 $E_n$ 可表示为

$$E_n=-\hbar c\frac{R_{\mathrm{H}}}{n^2} \tag{1-3-2}$$

令 $T_n=R_{\mathrm{H}}/n^2$ ，则 $E_n=-\hbar cT_n$ ， $T_n$ 称为光谱项.

对于只有一个价电子的碱金属原子，例如钠原子，其价电子是在核与内层电子所组成的原子实的库仑场中运动，和氢原子有些类似. 但是，由于原子实的存在，价电子处于不同量子态时，或者按轨道模型的描述，处于不同的轨道时，它和原子实的相互作用是不同的. 价电子处于不同轨道时，它们的轨道在原子实中的贯穿程度也不同，所以受到的作用不同；还有，价电子处于不同轨道时，引起原子实极化的程度也不同. 这二者都要影响原子的能量，因此，电子所处轨道的主量子数 $n$ 相同，轨道量子数 $l$ 不同，原子的能量也是不同的. 所以原子的能量与价电子所处轨道的量子数 $n$、$l$ 都有关. 轨道贯穿和原子实极化都可以使原子的能量减少. 量子数 $l$ 越小，轨道进入原子实部分越多，原子实的极化也越显著，因而原子的能量减少得越多. 与主量子数 $n$ 相同的氢原子相比，碱金属原子的能量要小. 而且不同的轨道量子数 $l$ 对应着不同的能量，$l$ 值越小，能量越小；$l$ 越大，越接近相应的氢原子能级的能量.

对于钠原子，我们可以用有效量子数 $n^*$ 代替 $n$ ，来统一描述轨道贯穿和原子实极化的总效果. 若不考虑电子自旋和轨道运动的相互作用引起的能级分裂，可把光谱项表示为

$$T_{nl} = R/n^{*2} = R/(n-\Delta_l)^2 \tag{1-3-3}$$

上式的 $R$=109737.316$\text{cm}^{-1}$ 为里德伯常量；$\Delta_l$ 称为量子缺；而 $n^*$ 不再是整数. 由于 $\Delta_l > 0$，因此有效量子数 $n^*$ 比主量子数 $n$ 要小. 理论计算和实验观测都表明，当 $n$ 不很大时，量子缺的大小主要决定于 $l$，而与 $n$ 的关系很小. 本实验中近似认为它是一个和 $n$ 无关的量.

由此可知，电子由上能级跃迁至下能级时，发射光谱谱线的波数可以用下式表示：

$$\tilde{\nu} = R\left(\frac{1}{n_1^{*2}} - \frac{1}{n_2^{*2}}\right) = R\left[\frac{1}{(n'-\Delta_{l'})^2} - \frac{1}{(n-\Delta_l)^2}\right] \tag{1-3-4}$$

式中 $n_2^*$ 和 $n_1^*$ 分别为上、下能级的有效量子数；$n$、$\Delta_l$ 和 $n'$、$\Delta_{l'}$ 分别为上、下能级的主量子数和量子缺；$l$、$l'$ 分别为上、下能级所对应的轨道量子数. 令 $n'$、$l'$ 固定，当 $n$ 依次改变时($l$ 的选择定则为 $\Delta l = \pm 1$)，则可得到一系列的波数值，从而构成一个光谱线系. 通常利用 $n'l' \sim nl$ 这种符号来表示线系，而 $n'l'$ 能级光谱项称为固定项. $l = 0, 1, 2, 3$ 分别用S，P，D，F 表示. 钠原子光谱有四个线系.

主线系(P 线系)：3S～$n$P，$n = 3, 4, 5, \cdots$

漫线系(D 线系)：3P～$n$D，$n = 3, 4, 5, \cdots$

锐线系(S 线系)：3P～$n$S，$n = 3, 4, 5, \cdots$

基线系(F 线系)：3D～$n$F，$n = 3, 4, 5, \cdots$

在钠原子光谱的四个线系中，主线系的下能级是基态 ($3S_{1/2}$)．在光谱学中，主线系的第一组线(双线)为共振线. 钠原子的共振线就是有名的双黄线(588.995nm 和 589.592nm). 钠原子主线系的其他谱线在紫外区域. 基线系在红外区域，漫线系和锐线系除第一组谱线在近红外区域，其余都在可见光区. 漫线系和锐线系的下能级都是3P 能级，它们的上能级分别对应价电子的D 轨道和S 轨道. 前者易受外电场影响，在钠原子的电弧放电光谱中，漫线系的光谱边缘较弥漫，谱线展宽明显，而锐线系谱线较清晰，边缘较细锐.

### 2. 钠原子光谱的双重结构

电子具有自旋，共自旋量子数 $S = 1/2$. 由于电子自旋和轨道运动的相互作用，原子具有了附加能量. 这个附加能量除了与量子数 $n$, $l$ 有关外，还和原子的总角动量量子数 $j$ 有关. 因而，考虑自旋的作用，原子的一个能级会分裂为不同能级.

碱金属原子只有一个价电子，不考虑原子实的角动量(原子核的自旋影响很小，可忽略)，原子的总角动量就等于价电子的角动量. 对应 S 轨道 ($l = 0$) 的电子，其轨道角动量为零. 总角动量就等于电子的自旋角动量，所以 $j$ 可取一个数值，即 $j=1/2$，从而 S 谱项只有一个能级，是单重能级. 对于 $l$ 不为零的 P、D、F 轨道 $(l=1,2,3)$，$j$ 可能取 $j=l\pm1/2$ 两个数值，所以相应的能级会分裂为双重能级. 根据量子力学结果，发生分裂的双重能级的光谱项可以表示为

$$T_{nl,j=l+1/2}=\frac{R}{\left(n-\Delta_l\right)^2}-\frac{l}{2}\xi_{nl}, \qquad T_{nl,j=l-1/2}=\frac{R}{\left(n-\Delta_l\right)^2}+\frac{l+1}{2}\xi_{nl} \tag{1-3-5}$$

式中 $\xi_{nl}$ 是只与 $n$ 和 $l$ 有关的因子，称为单电子的分裂因子，等于

$$\xi_{nl}=\frac{Ra^2\left(Z_s^*\right)^4}{n^3l\left(l+1/2\right)\left(l+1\right)} \tag{1-3-6}$$

其中 $R$ 为里德伯常量；$a=1/137.036$ 为精细结构常数；$Z_s^*$ 为原子实的有效电荷数. 由式(1-3-5)和式(1-3-6)可以看出，双重能级的间隔可用波数差表示为

$$\Delta\tilde{\nu}=\left(l+1/2\right)\xi_{nl}=\frac{Ra^2\left(Z_s^*\right)^4}{n^3l\left(l+1\right)} \tag{1-3-7}$$

由上式可以看出，双重能级的间隔随 $n$ 和 $l$ 的增大而迅速减小. 由于能级发生分裂，碱金属原子的光谱存在着双重结构.

3. 光谱线双重结构不同成分的波数差

对钠原子光谱，主线系对应的电子跃迁的下能级为单重能级 3S 谱项，对应 $j=1/2$. 上能级分别为 $3\text{P},4\text{P},\cdots$ 双能级谱项，其相应量子数分别为 $1/2$ 和 $3/2$. 由于电子在不同能级间跃迁时，量子数 $j$ 的选择定则为 $\Delta j=0,\pm1$，因此，主线系各组光谱线均包含双重结构的两个部分，其波数差即是上能级中双重能级的波数差，如图 1-3-1 所示. 因此测量出主线系光谱线双重结构两个成分的波长，就可以确定 $3\text{P},4\text{P},\cdots$ 等谱项双重分裂的大小.

由锐线系所对应的跃迁可以看出，如图 1-3-2 所示，锐线系光谱线也包含双重结构的两个成分，但两个成分的波数差都相等，等于 3P 谱项双重分裂的大小.

漫线系谱线对应的跃迁的上下能级都是双能级，如图 1-3-3 所示. 根据选择定则 $\Delta j=0,\pm1$，每一组谱线的多重结构中应有三个成分. 但这样的一组谱线不叫三重线，而是称为复双重线. 原因在于这些谱线仍是由双重能级之间的跃迁产生的，并且这三个成分中有一个成分的强度比较弱，而且它与另一个成分十分靠近. 如果仪器的分辨率不够高，通常只能观察到两个成分，所以这两个成分的波数差近似等于 3P 谱线的双重分裂.

基线系谱线与漫线系谱线的形成原理近似，这里不再讨论.

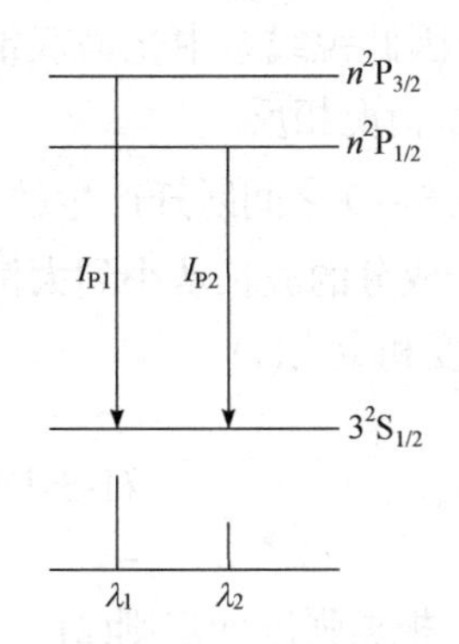


图 1-3-1　主线系双重结构

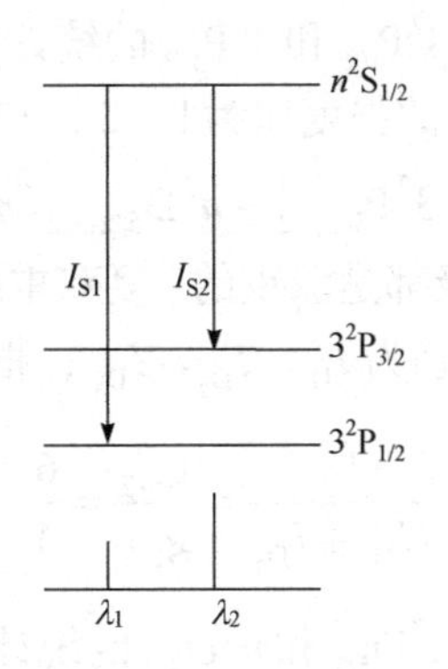


图 1-3-2　锐线系双重结构

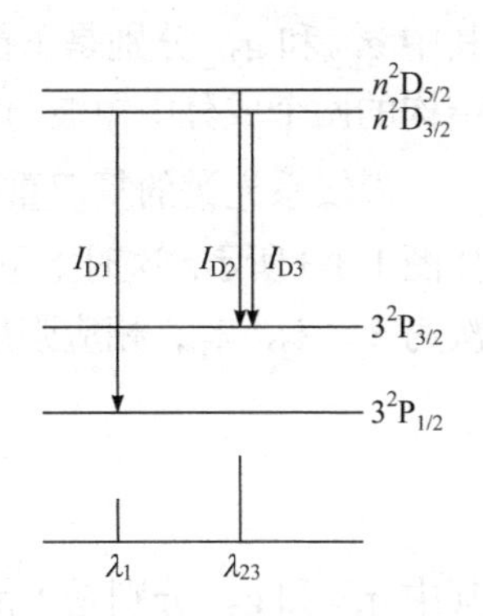


图 1-3-3　漫线系双重结构

4. 光谱线双重结构不同成分的相对强度

碱金属原子光谱不同线系的差别还表现在强度方面. 谱线跃迁的相对强度可以利用谱线跃迁的强度和定则来估算. 强度和定则是:

(1)从同一能级向下能级跃迁产生的所有谱线成分的强度和正比于该能级的统计权重 $g_{上}$. 每一能级的统计权重 $g=2j+1$, $j$ 为总角动量量子数.

(2)终于同一下能级的所有谱线的强度和正比于该能级的统计权重 $g_{下}$. 将强度和定则分别应用到钠原子光谱的不同线系，就可以得到各个线系双重结构不同成分的相对强度比.

主线系光谱的双重线是 $3^2S_{1/2}\sim n^2P_{3/2,1/2}(n=3,4,5,\cdots)$ 之间跃迁产生的，如图 1-3-1 所示. 其上能级是双重的，下能级是单重的，由强度和定则，两个成分 $\lambda_1$、$\lambda_2$ 的强度比为

$$\frac{I_{P_1}}{I_{P_2}}=\frac{g_{3/2}}{g_{1/2}}=\frac{2\times\dfrac{3}{2}+1}{2\times\dfrac{1}{2}+1}=\frac{2}{1} \tag{1-3-8}$$

其中 $g_{3/2}$ 和 $g_{1/2}$ 分别是上能级 $n^2P_{3/2}$ 和 $n^2P_{1/2}$ 的统计权重. 因此主线系中两波长成分的强度比为 2∶1. 其中 $\lambda_1$ 是短波成分，$\lambda_2$ 为长波成分.

锐线系光谱的双重线是 $3^2P_{3/2,1/2}\sim n^2S_{1/2}(n=4,5,\cdots)$ 之间跃迁产生的，如图 1-3-2 所示. 其上能级是单重的，下能级是双重的，由强度和定则，两个成分 $\lambda_1$、$\lambda_2$ 的强度比为

$$\frac{I_{S_1}}{I_{S_2}}=\frac{g_{1/2}}{g_{3/2}}=\frac{1}{2} \tag{1-3-9}$$

其中 $g_{1/2}$ 和 $g_{3/2}$ 分别是下能级 $3^2P_{1/2}$ 和 $3^2P_{3/2}$ 的统计权重. 因此锐线系中光谱双重结构的两个成分中短波与长波的强度比为1∶2，与主线系情况相反.

漫线系光谱的复双重线是 $3^2P_{3/2,1/2} \sim n^2D_{5/2,3/2}$ $(n=3,4,5,\cdots)$ 之间跃迁产生的，如图 1-3-3 所示. 这时上下能级都是双重的. 复双重线三个成分的波长从小到大依次为 $\lambda_1$、$\lambda_2$、$\lambda_3$，相应强度分别为 $I_{D_1}$、$I_{D_2}$、$I_{D_3}$，根据强度和定则(1)

$$\frac{I_{D_2}}{I_{D_1}+I_{D_3}}=\frac{g_{5/2}}{g_{3/2}}=\frac{6}{4} \tag{1-3-10}$$

其中 $g_{5/2}$ 和 $g_{3/2}$ 分别是上能级 $n^2D_{5/2}$ 和 $n^2D_{3/2}$ 的统计权重. 根据强度和定则(2)

$$\frac{I_{D_2}+I_{D_3}}{I_{D_1}}=\frac{g_{3/2}}{g_{1/2}}=\frac{4}{2} \tag{1-3-11}$$

其中 $g_{3/2}$ 和 $g_{1/2}$ 分别是下能级 $3^2P_{3/2}$ 和 $3^2P_{1/2}$ 的统计权重. 由以上两式可解得 $I_{D1}:I_{D2}:I_{D3}=5:9:1$. 由于 $\lambda_2$、$\lambda_3$ 相距很近，很难分开，所以这两个成分可以作为一个成分看待，其波长用 $\lambda_{23}$ 表示. 由此可见，漫线系双重线短波成分与长波成分的强度比也是 $1:2=5:(9+1)$，与锐线系相同. 基线系情况同漫线系相似，这里不作讨论.

在实际测量过程中，由于主线系谱线存在自吸收过程，使得主线系中短波成分与长波成分的强度比不再是 2∶1. 尽管如此，由于锐线系、漫线系不存在自吸收，所以我们仍然可以把主线系与锐线系、漫线系区分开.

## 实验装置

钠灯光源、光栅光谱仪(装置结构及使用参见实验 1-2 氢、氘原子光谱).

## 实验内容

### 1. 利用钠原子光谱双黄线校准仪器波长

检查仪器状态之后，首先找到钠的双黄线，这是钠原子光谱中最强的谱线. 通过光谱仪测量双黄线中任一谱线的波长，算出它与标准数值(588.995nm 和 589.592nm)的差值，按照仪器提供的修正方法将差值输入，完成仪器校准工作.

观察、测量钠原子光谱其他谱线的波长. 钠原子光谱中谱线强度相差较大，必须在不同条件下观测，才可以获得各波长强度适合观测的谱线. 调整的方法主要是调节入、出射狭缝的宽度，仪器控制单元的各项设置(如“负高压”和“增益”的大小)等. 按照谱线的特点寻找全部可能找到的钠的光谱线，凡是能分开的双线都需要分别单独测量.

2. 数据处理

严格的数据处理应将测量的波长换算为真空中的波长. 另外，由于同一线系双重线的不同成分对应不同能级间的跃迁，比如锐线系中长波成分的下能级是 $3^2P_{3/2}$，而短波成分则为 $3^2P_{1/2}$，因此在进行数据处理时，长波成分与短波成分应当分别处理. 但由于本实验结果计算量子缺只要求 2~3 位有效数字，故在数据处理时可直接使用空气中测得的波长，并将双重线的两不同成分波长的平均值作为该组谱线的波长值. 这都是一种近似计算.

如果不考虑谱线的双重分裂，则在每一线系中，由式(1-3-4)，相邻组谱线的波数差为

$$\Delta\tilde{\nu}=\tilde{\nu}_{n+1}-\tilde{\nu}_n=\frac{R}{\left(n-\Delta_l\right)^2}-\frac{R}{\left(n+1-\Delta_l\right)^2} \tag{1-3-12}$$

为计算方便，令 $n-\Delta_l=m+a$. 其中 $m$ 为整数，$a$ 为正小数，则上式可写为

$$\Delta\tilde{\nu}=\tilde{\nu}_{n+1}-\tilde{\nu}_n=\frac{R}{\left(m+a\right)^2}-\frac{R}{\left(m+1+a\right)^2} \tag{1-3-13}$$

波数差 $\Delta\tilde{\nu}$ 即求出，而且 $R$ 是已知量，所以由上式可算出 $m+a$ 的值. 但为方便起见，常借助于里德伯表(见附录 3)直接求出 $m$ 和 $a$. 表中列出了所有各 $m$、$a$ 对应的光谱项值及 $a$ 相同而 $m$ 相差 1 的两个项值之差 $\Delta\tilde{\nu}$. 故可由实验中所求得的 $\Delta\tilde{\nu}$，用内插法求出对应的 $m$、$a$，然后由 $n-\Delta_l=m+a$ 求出量子缺 $\Delta_l$.

例如，设实验测得主线系两条双重谱线(3S～4P)与(3S～5P)的平均波长分别为 $\lambda_1=330.266\text{nm}$ 与 $\lambda_2=285.293\text{nm}$，波数分别为 $\tilde{\nu}_1=30278.62\text{cm}^{-1}$ 和 $\tilde{\nu}_2=35051.68\text{cm}^{-1}$. 则波数差为

$$\Delta\tilde{\nu}=\tilde{\nu}_2-\tilde{\nu}_1=4773.06\text{cm}^{-1}$$

这就是 4P 与 5P 能级间的波数差. 这个数在里德伯表中介于 4727.44 和 4808.27 之间(在 $m$ 为 3 和 4 之间 34 一列上). 在 4727.44 的左侧 11130.00 对应于 $m=3$，$a=0.14$，即有效量子数 $n_1'^*=3.14$；而其右侧的 6402.56 对应于 $m=4$，$a=0.14$，即有效量子数为 $n_2'^*=4.14$. 也就是说，4727.44 实际上为 $n_1'^*=3.14$ 和 $n_2'^*=4.14$ 两光谱项之差. 同理，4808.27 实际上为 $n_1''^*=3.12$ 和 $n_2''^*=4.12$ 两光谱项之差. 设实际上测量的项差值 4773.06 为 $n_1^*$ 与 $n_2^*$ 两光谱项之差，则 $n_1^*$ 应介于 3.14 与 3.12 之间，$n_2^*$ 应介于 4.14 与 4.12 之间，差别仅在小数部分. 利用内插法可求 $a$ 的实际值

$$a=0.12+\frac{4808.27-4773.06}{4808.27-4727.44}\times\left(0.14-0.12\right)\approx0.129$$

所以$n_1^*=3.129$，$n_2^*=4.129$．由$n-\Delta_l=m+a=n^*$，当$n=4,5$(主线系第2、3条谱线)时，可以得到$\Delta_l=0.871$．

由于相邻两线可决定一个量子缺$\Delta_l$值(属于同一量子数$l$)，若在线系中测得四条谱线的波长，则可得三个$\Delta_l$值，取平均值，即可求得该线系的量子缺．

当量子缺及主量子数$n$确定后，由式(1-3-4)，根据测出的波数$\tilde{\nu}$还可求得固定项能级的光谱项数值．对每个线系均如此处理，根据所得数据，按照比例可画出钠原子部分能级图(以波数为单位)．为了便于比较，可在一侧以相同的比例画出熟悉的氢原子能级图．氢原子能级的波数按下式计算：

$$T_n = R_{\mathrm{H}}/n^2$$

式中$R_{\mathrm{H}}=109677.58\mathrm{cm}^{-1}$．

**问题思考**

(1) 实验中应怎样判断各线系和各谱线所对应的主量子数？

(2) 对不同波段的谱线，应如何调节才能得到强度合适、分辨清晰、适合测量的谱线？

(3) 根据测量的实验结果，各线系中双重线两个成分的强度比是否和理论的计算结果一致？如果不一致，会是什么原因引起的？

**参考文献**

[1] 吴思诚，王祖铨．近代物理实验．3版．北京：高等教育出版社，2005.
[2] 高铁军，孟祥省，王书运．近代物理实验．北京：科学出版社，2009.

## 1-4 光学多道分析器研究氢、氘原子发射光谱

光谱是研究物质微观结构的重要手段，它广泛地应用于化学分析、医药、生物、地质、冶金和考古等部门．常用的光谱有吸收光谱、发射光谱和散射光谱，设计的波段从X射线、紫外线、可见光、红外光到微波和射频波段．传统的光谱测量技术一般使用光电倍增管(photomultiplier Tube，PMT)作为检测器．光电倍增管由于自身的工作特点，光谱分辨率、灵敏度、时间和分析速度受到限制，已经不适应科学技术的发展和应用的需要．20世纪60年代，激光科学技术特别是可调谐激光技术的发展，新型光谱探测元件及探测技术的发展，光电二极管自校准技术、微弱光谱信息的接收技术和处理技术以及微处理机的应用，使光谱测量技术的发展产生了一个革命性的变化，进入了一个新的发展时期．传统的摄谱仪、光电分光光度计等光谱仪已逐渐被光学多道分析仪(optical multi-channel analyzer，OMA)所取代.

OMA 是近年出现的采用电荷耦合器件(charge coupled device，CCD)和计算机控制的新型光谱分析仪器，它集信息采集、处理、存储诸功能于一体. 由于 OMA 不再使用感光乳胶，避免和省去了暗室处理以及之后的一系列烦琐处理、测量工作，因此传统的光谱技术发生了根本的改变，大大改善了工作条件，提高了工作效率；使用 OMA 分析光谱，测量准确迅速、方便，且灵敏度高、响应时间快、光谱分辨率高，测量结果可立即从显示屏上读出或由打印机、绘图仪输出. 目前，它已被广泛使用于几乎所有的光谱测量、分析及研究工作中，特别适用于对微弱信号、瞬变信号的检测.

本实验通过对汞灯定标和测量氢原子在可见波段的发射光谱使大家了解 OMA 的工作原理，理解光谱测量与分析的重要性，并掌握 OMA 的操作方法.

## 实验预习

(1) 氢原子在可见光区的发射光谱及能级公式是什么？

(2) CCD 的工作原理是什么？

(3) 光谱仪的工作原理是什么？

## 实验目的

(1) 了解 OMA 的原理和使用方法.

(2) 测定氢原子巴耳末系发射光谱的波长并求出氢的里德伯常量.

(3) 了解氢原子能级与光谱的关系，画出氢原子能级图.

## 实验原理

### 1. 氢原子光谱

氢原子光谱指的是氢原子内部电子在不同能级跃迁时所发射或吸收不同波长、能量的光子而得到的光谱. 氢原子光谱为不连续的线光谱，从无线电波、微波、红外光、可见光到紫外光区段都有可能有其谱线. 根据电子跃迁后所处的能级，可将光谱分为不同的线系. 理论上有无穷个线系，前 6 个常用线系以发现者的名字命名.

图 1-4-1 是氢原子的能级图，根据玻尔理论，氢原子的能级公式为

$$E(n)=-\frac{\mu e^{-1}}{8\varepsilon_0^2h^2}-\frac{1}{n^2}\quad (n=1, 2, 3, \cdots) \tag{1-4-1}$$

式中 $\mu=m_e\Big/\left(1+\frac{m_e}{M}\right)$ 称为约化质量，$m_e$ 为电子质量，$M$ 为原子核质量，氢原子

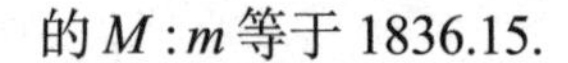
的 $M:m$ 等于 1836.15.

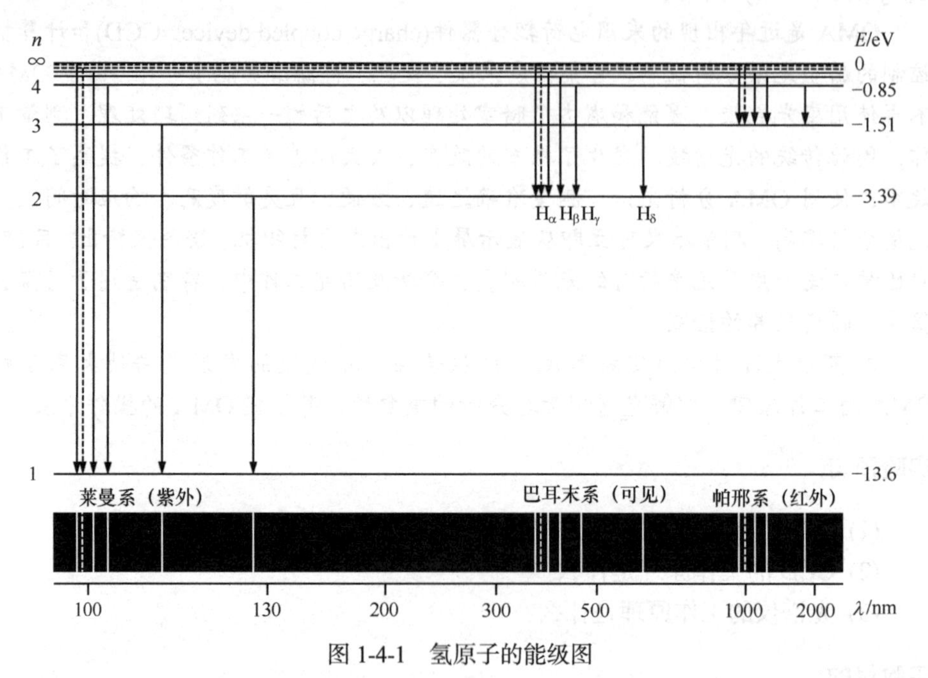


图 1-4-1　氢原子的能级图

电子从高能级跃迁到低能级时，发射的光子能量 $h\nu$ 为两能级间的能量差

$$h\nu = E(m) - E(n) \quad (m > n) \tag{1-4-2}$$

如以波数 $\tilde{\nu} = 1/\lambda$ 表示，则上式为

$$\tilde{\nu} = \frac{E(m) - E(n)}{hc} = T(n) - T(m) = R_{\mathrm{H}}\left(\frac{1}{n^2} - \frac{1}{m^2}\right) \tag{1-4-3}$$

式中 $R_{\mathrm{H}}$ 为氢原子的里德伯常量，单位是 $\mathrm{m}^{-1}$，$T(n)$ 称为光谱项，它与能级 $E(n)$ 是对应的. 从 $R_{\mathrm{H}}$ 可得氢原子各能级的能量

$$E(n) = -R_{\mathrm{H}}ch\frac{1}{n^2} \tag{1-4-4}$$

式中 $h = 4.13567\times10^{15}\,\mathrm{eV\cdot s}$，$c = 2.99792\times10^{8}\,\mathrm{m\cdot s^{-1}}$.

从图 1-4-1 中可知，从 $m \geqslant 3$ 至 $n = 2$ 跃迁，光子波长位于可见光区，其光谱规律符合

$$\tilde{\nu} = R_{\mathrm{H}}\left(\frac{1}{2^2} - \frac{1}{m^2}\right) \quad (m = 3, 4, 5, \cdots) \tag{1-4-5}$$

这就是 1885 年巴耳末发现并总结的经验规律，称为巴耳末系. 氢原子的莱曼系位于紫外，其他线系均位于红外.

2. 光学多道分析器

利用现代电子技术接收和处理某一波长范围 ($\lambda_1$～$\lambda_2$) 内光谱信息的光学多道检测系统的基本框图如图 1-4-2 所示.

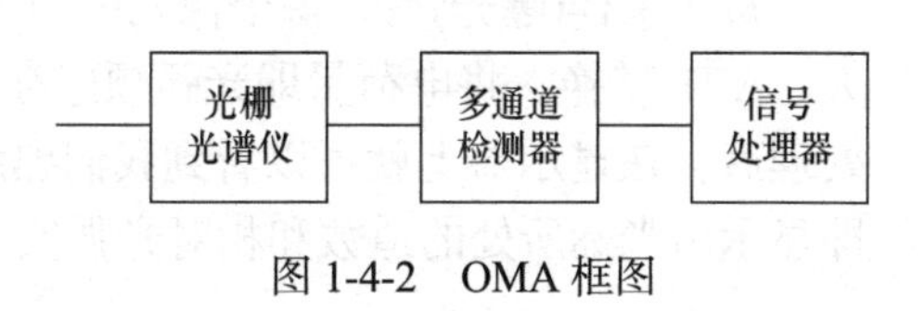


图 1-4-2　OMA 框图

入射光经光谱仪色散后在其出射窗口形成 $\lambda_1$～$\lambda_2$ 的谱带. 位于出射窗口的多通道光电探测器将谱带的强度分布，转变为电荷强弱的分布，由信号处理系统扫描、读出、经 A/D 变换后存储并显示在计算机上.

OMA 的优点是所有的像元($N$个)同时曝光，整个光谱可同时取得，比一般的单通道光谱系统检测同一波段的总时间快 $N$ 倍. 在摄取一段光谱的过程中不需要谱仪进行机械扫描，不存在由于机械系统引起的波长不重复的误差；减少了光源强度不稳定引起的谱线相对强度误差；可测量光谱变化的动态过程.

CCD 是电荷耦合器件的简称，是一种以电荷量表示光强大小，用耦合方式传输电荷量的器件，它具有自扫描、光谱范围宽、动态范围小、体积小、功耗低、寿命长、可靠性高等优点. 将 CCD 一维线阵放在光谱面上，一次曝光就可获得整个光谱. CCD 的结构如图 1-4-3 所示，衬底是 P 型 Si，硅表面是一层二氧化硅薄膜，膜上是一层金属作电极，这样硅和金属之间形成一个小电容. 如果金属电极置于高电势，在金属面积累了一层正电荷，P 型半导体中带正电荷的空穴被排斥，只剩下不能移动的带负电荷的受主杂质离子，形成一耗尽层，受主杂质离子因不能自由移动对导电作用没有任何贡献. 在耗尽区内或附近，由于电子的作用产生电子-空穴对，电子被吸引到半导体与 $SiO_2$ 绝缘体的界面形成电荷包，这些电子是可以传导的. 电荷包中电子的数目与入射光强和曝光时间成正比，很多排列整齐的 CCD 像元组成一维或二维 CCD 阵列，曝光后一帧光强分布图将成为一帧电荷分布图.

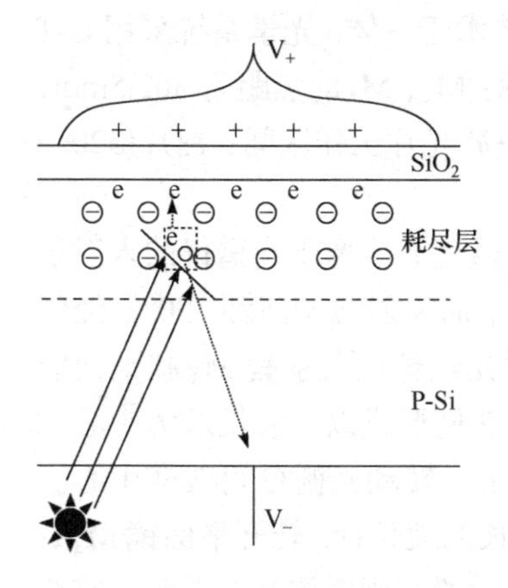


图 1-4-3　CCD 的结构示意图

我们采用的是有 2048 个像元的 CCD 一维线阵，其光谱响应范围为 300～900nm，响应峰值在 550nm. 每个像元的尺寸为 14μm×14μm，像元中心距为 14μm，像敏区总长为 28.672mm. 光栅光谱仪中 $M_2$、$M_3$ 的焦距为 302.5mm，光栅常数为 1/600mm. 在可见光区的线色散 $\Delta\lambda/\Delta l$(光谱面上单位宽度对应的波长范围)约为 5.55nm/mm，由此可知 CCD 一次测量的光谱范围约为 159nm. 光谱分辨率即两个像元之间波长相差约 0.077nm. 在 OMA 中每个像元称为一“道”，本实验的系统是

2048 道 OMA.

每次采样(曝光)后，每个像元内的电荷在时钟脉冲的控制下顺序输出，经放大、A/D 转换，将电荷量即光强顺序存入采集系统(计算机)的存储器，经计算机处理后，在显示器上就可以看到我们熟悉的光谱图. 移动光谱图上的光标，屏上即显示出光标所处的道数和相对光强值.

3. 氢原子光谱的测量

(1) 定标. 定标是指在相同的衍射级次下，采集已知谱线，然后对已知谱线定标，随即将横坐标由 CCD 的通道转化为波长. 在已定标的波长坐标下，采集未知的谱线，可直接通过读取谱线数据、读取坐标数据或寻峰的方式获取未知谱线的波长. 定标和采集未知谱线必须有相同的基础，那就是相同的起始波长或中心波长. 在本实验中的中心波长是一个参考数据，是通过转动光栅到某一个位置来实现的，但由于是机械转动，重复性比较差，因此需要定标. 定标也是有误差的. 本实验采用汞灯定标.

(2) 氢原子光谱的测量. 由于 $H_\alpha$线的波长为 656.28nm，$H_\delta$ 线为 410.17nm，波长间隔达 246nm 左右. 超过 CCD 帧 159nm 的范围，所以要分两次测量. 第一次测量时用汞灯的 546.07nm(绿光)、435.84nm(蓝光)、404.66nm(紫光)三条谱线作为标准谱线来定标；第二次用汞灯的 579.07nm(黄光)、576.96nm(黄光)、546.07nm(绿光)来定标.

## 实验装置

WGD-6 型光学多道分析器、汞灯、氢灯. 其中，WGD-6 型光学多道分析器由光栅单色仪、CCD 接收单元、扫描系统、电子放大器、A/D 采集单元、计算机组成. 该设备集光学、精密机械、电子学、计算机技术于一体. 光学系统采用 C-T 型，实验装置原理图如图 1-4-4 所示. 主要技术指标：$M_2$、$M_3$的焦距为 302.5mm，闪耀光栅 G(每毫米刻线 600 条，波长 550nm). 两块滤光片工作区间：白片(320～500nm)；黄片(500～900nm).

光谱仪及光源部分的光路见图 1-4-4. 光源 S 经透镜 L 成像于光谱仪的入射狭缝$S_1$，狭缝宽度范围 0～2mm 连续可调. 入射光经平面反射镜$M_1$转向 90°，经球面反射镜$M_2$反射后成为平行光射向光栅 G. 衍射光经球面反射镜$M_3$和平面镜$M_4$成像于观察屏 P. 由于各波长光的衍射角不同，P 处形成以一波长$\lambda_0$为中心的一条光谱带，使用者可在 P 上直观地观察到光谱特征. 转动光栅 G 可改变中心波长，整条谱带也随之移动. 光谱仪上有显示中心波长的波长计. 转开平面镜$M_4$，可使$M_3$直接成像于光电探测器 CCD 上，它测量的谱段与观察屏 P 上看到的完全一致.

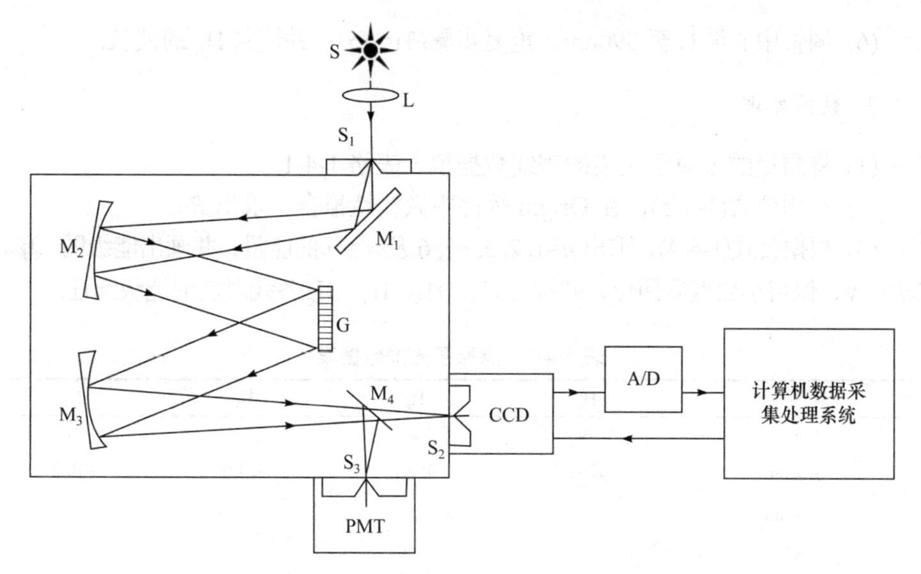


$M_1$-反射镜；$M_2$-准光镜；$M_3$-物镜；$M_4$-转镜；G-平面衍射光栅；
$S_1$-入射狭缝；$S_2$-CCD接收狭缝；$S_3$-PMT接收狭缝

图 1-4-4 OMA 光路图及工作原理示意图

## 实验内容

### 1. 仪器调整

(1) 将光栅光谱仪的入射狭缝的宽度调整为 0.1mm. 狭缝为直狭缝，宽度范围 0～2mm 连续可调，顺时针旋转狭缝宽度加大，反之减小，每旋转一周宽度变化 0.5mm，为延长寿命，严禁过度开关狭缝使得狭缝宽度小于 0 或大于 2mm. 平时不使用时，狭缝保持在 0.1～0.5mm.

(2) 确认信号线及电源线连接正确后，按下电控箱电源按钮，启动仪器.

### 2. 实验测量

(1) 仪器启动，确认初始化，初始波长回到 300nm 处.

(2) 调整中心波长至 480nm.

(3) 笔形汞灯作为光源放置于狭缝前，观察计算机软件输出的水银光谱. 通过调节入射狭缝，使谱线变锐. 选择适当的曝光时间、平均次数和累加次数可以获得清晰、尖锐、强度合适的谱线. 不同的谱线可以选择不同的参数设置.

(4) 利用水银的标准谱线定标，使横坐标表示为波长.

(5) 将汞灯更换为氢灯，调节氢灯的位置、狭缝、曝光时间等参数，获得清晰、尖锐的氢光谱. 记录 $H_\beta$、$H_\gamma$、$H_\delta$ 的波长.

(6) 调整中心波长至 590nm，重复步骤(3)～(5)，并记录 $H_\alpha$ 的波长.

3. 数据处理

(1) 将测量的氢原子光谱的谱线数据填入表格 1-4-1.

(2) 利用公式(1-4-5)，在 Origin 软件中做线性拟合，求出 $R_H$.

(3) 根据公式(1-4-4)，求出 $n$=1, 2, 3, …, 6 及 $n=\infty$的能量，并画出能级图，单位采用 eV，保留小数点后两位，并标出 $H_\alpha$、$H_\beta$、$H_\gamma$、$H_\delta$ 各线对应的能级跃迁.

**表 1-4-1　氢原子光谱数据表**

| | $H_\alpha$ | $H_\beta$ | $H_\gamma$ | $H_\delta$ |
|---|---|---|---|---|
| $m$ | 3 | 4 | 5 | 6 |
| $\lambda_{理论值}$/nm | 656.3 | 486.1 | 434.0 | 410.2 |
| $\lambda_{实验值}$/nm | | | | |
| $1/n^2$ | | | | |
| $\nu/m^{-1}$ | | | | |

## 问题思考

(1) 为什么选用汞灯光谱作为标准光谱进行定标?

(2) CCD 为什么使用 P 型 Si，而不是 N 型 Si 或者不掺杂 Si?

(3) CCD 电荷信号的生成过程、生成机理以及生成理论分别是什么?

(4) 如何提高光谱的信噪比?

## 参考文献

[1] 高铁军, 孟祥省, 王书运. 近代物理实验. 北京: 科学出版社, 2009.
[2] 吴思诚, 王祖铨. 近代物理实验. 3 版. 北京: 高等教育出版社, 2005.

# 1-5　密立根油滴实验

1897 年和 1898 年，爱尔兰物理学家汤森(J. S. E. Townsend)和英国物理学家汤姆孙(J. J. Thomson)都尝试了基本电荷的测量，由于方法缺陷，实验数据误差很大，结果不能令人满意. 1909 年美国物理学家密立根(R. A. Millikan)，在前人测定元电荷实验的基础上，用近十年时间，对实验作了重大改进和深入研究，他对成百上千颗小油滴进行测量，发现它们所带电量存在一个最大公约数，就是基本电荷量，即一个电子电量 $e$=1.602×10$^{-19}$C，从而证明了电荷量是不连续的，这一著名的“油滴实验”曾轰动整个科学界. 密立根由于测量电子电荷，后来又研究光电效应的杰出成就，1923 年荣获了诺贝尔物理学奖.

密立根油滴实验依据的原理是基本的物理规律，实验方法也非常简单，由测量平行板两端的电压和油滴运动的时间这两个宏观量，却能精确地得到基本电荷这一微观量. 密立根油滴实验构思之巧妙，方法之简捷，数据处理之严谨，一直被公认为是一个著名而有启发性的物理实验，被誉为物理实验的典范.

## 实验预习

(1) 了解带电油滴在电场力、重力和空气的黏滞力作用下的运动过程.

(2) 了解平衡测量法与动态测量法的区别及数据处理的方法.

## 实验目的

(1) 通过对带电油滴在重力场和静电场中运动测量，验证电荷的量子性和测定电子电荷.

(2) 学习密立根油滴实验精湛的思想和方法，培养学生科学的态度和实验能力.

## 实验原理

油滴实验测量电子电荷的基本原理是利用带电油滴在电场力、重力及在空气中运动时的黏滞力作用下，使油滴处于静止或做匀速运动状态，通过测量所加电场的电压及匀速运动的速度，从而测出带电油滴所带电荷，通过测量不同油滴或改变油滴所带电荷量，从实验数据发现油滴电荷的值是非连续变化的，并且存在最大公约数即 $e$ 值，说明存在基本电荷，即电子电荷.

### 1. 平衡测量法

用喷雾器将雾状油滴喷入两块相距为 $d$ 的水平放置的平行极板之间. 如果在平行极板上加电压 $V$，则板间场强为 $V/d$，由于摩擦，油滴在喷射时一般都是带电的. 调节电压 $V$，可使作用在油滴上的电场力与重力平衡，油滴静止在空中，如图 1-5-1 所示. 此时

$$mg = qE = q\frac{V_E}{d} \tag{1-5-1}$$

要根据上式测出油滴所带电量 $q$，还必须测出油滴质量 $m$. 当平行极板未加电压时，油滴受重力作用而加速下落，但由于空气的黏滞阻力 $f$ 与油滴速度成正比(根据斯托克斯定律)，达到某一速度时，阻力与重力平衡，油滴将匀速下降，如图 1-5-2 所示. 此时

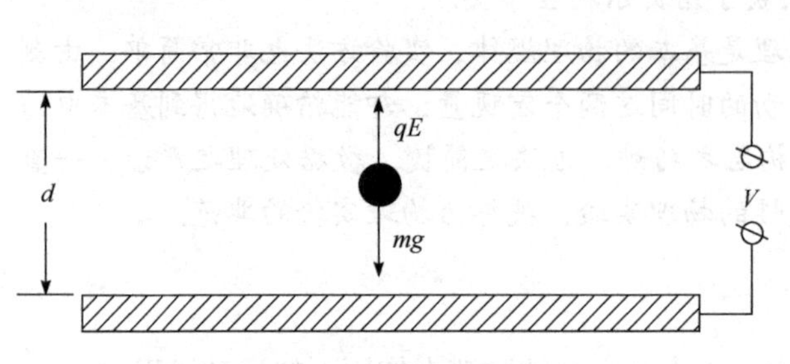


图 1-5-1　油滴平衡静止

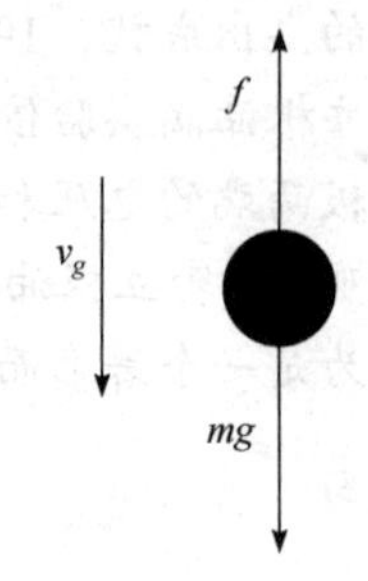


图 1-5-2　油滴加速下降

$$mg = f = 6\pi\eta r v_g \tag{1-5-2}$$

式中$\eta$为空气黏滞系数；$r$为油滴半径；$v_g$为油滴下降速度.

设油滴密度为$\rho$，则

$$m = \frac{4}{3}\pi r^3 \rho \tag{1-5-3}$$

由式(1-5-2)、式(1-5-3)，得

$$r = \sqrt{\frac{9\eta v_g}{2\rho g}} \tag{1-5-4}$$

斯托克斯定律是以连续介质为前提的. 在实验中，油滴半径 $r \approx 10^{-6}\,\mathrm{m}$，对于这样小的油滴，已不能将空气看作连续介质，因此，空气黏滞系数应作如下修正：

$$\eta' = \frac{\eta}{1+\dfrac{b}{Pr}}$$

式中$b$为修正常数，$b = 8.23\times10^{-3}\,\mathrm{m\cdot Pa}$，$P$为大气压强.

用$\eta'$代$\eta$得到

$$r = \sqrt{\frac{9\eta v_g}{2\rho g}\cdot\frac{1}{1+\dfrac{b}{Pr}}} \tag{1-5-5}$$

上式根号中的$r$处于修正项中，可用式(1-5-4)代入计算，将式(1-5-5)代入式(1-5-3)，得到

$$m = \frac{4}{3}\pi\left(\frac{9\eta v_g}{2\rho g}\cdot\frac{1}{1+\dfrac{b}{Pr}}\right)^{\frac{3}{2}}\cdot\rho \tag{1-5-6}$$

如果在时间$t_g$内，油滴匀速下降距离为$l$，则油滴匀速下降的速度$v_g$可由下式求得：

$$v_g = l/t_g \tag{1-5-7}$$

将式(1-5-7)代入式(1-5-6)，再代入式(1-5-1)得到

$$q = \frac{18\pi}{\sqrt{2\rho g}}\left[\frac{\eta l}{t_g\left(1+\frac{b}{Pr}\right)}\right]^{\frac{3}{2}}\frac{d}{V} \tag{1-5-8}$$

此式是平衡法测量油滴电荷计算公式.

2. 动态测量法

动态法与平衡法不同之处在于油滴所受电场力不与重力平衡，而是电场力大于重力让油滴在电场力作用下反转运动，即向上运动，同油滴向下运动一样，油滴向上运动也受到与运动速度成正比的空气阻力，运动一段距离后便以速度$v_E$做匀速运动. 此时油滴受力情况为

$$\frac{qV_E}{d} = mg + 6\pi\eta r v_E \tag{1-5-9}$$

当去掉电场力后(极板短路)，油滴在重力作用下加速下降，后达到匀速下降，如同平衡测量法，此时

$$mg = 6\pi\eta r v_g$$

将此式代入式(1-5-9)得

$$q = mg\frac{d}{V_E}\left(1+\frac{v_E}{v_g}\right)$$

当油滴向上和向下做匀速运动时，测量速度取同一距离及所用时间来计算，则上式可写为

$$q = mg\frac{d}{V_E}\left(1+\frac{t_g}{t_E}\right)$$

将式(1-5-6)代入上式得

$$q = \frac{18\pi}{\sqrt{2\rho g}}\left[\frac{\eta l}{t_g\left(1+\frac{b}{Pr}\right)}\right]^{\frac{3}{2}}\frac{d}{V_E}\left(1+\frac{t_g}{t_E}\right) \tag{1-5-10}$$

此式是动态法测量油滴电荷计算公式.

公式(1-5-4)、(1-5-8)、(1-5-10)中$\rho$、$\eta$都是温度的函数. $g$、$P$随时间、地点的不同而变化. 但在一般的要求下，$\rho$、$\eta$可按表 1-5-1 求得数据.

**表 1-5-1 黏滞系数$\eta$和油滴密度$\rho$随温度的变化规律**

| 温度/℃ | 0 | 10 | 20 | 30 | 40 |
|---|---|---|---|---|---|
| $\rho/(\mathrm{kg\cdot m^{-3}})$ | 991 | 986 | 981 | 979 | 970 |
| $\eta/(\mathrm{kg\cdot m^{-1}\cdot s^{-1}})$ | 1.71 | 1.76 | 1.83 | 1.88 | 1.91 |

$$b=8.23\times10^{-3}\mathrm{m\cdot Pa} \qquad g=9.80\mathrm{m\cdot s^{-2}}$$

$$P=101.325\mathrm{Pa} \qquad d=5.00\times10^{-3}\mathrm{m}$$

$d=5.00\times10^{-3}\mathrm{m}$ (在显微镜视场中，分划板上 4 格的距离)

把以上参数代入式(1-5-4)、(1-5-8)和(1-5-10)，得到($t$=20℃)

平衡法：

$$q=\frac{1.43\times10^{-14}}{\left[t_g\left(1+0.02\sqrt{t_g}\right)\right]^{3/2}}\cdot V_E \tag{1-5-11}$$

动态法：

$$q=\frac{1.43\times10^{-14}}{\left[t_g\left(1+0.02\sqrt{t_g}\right)\right]^{3/2}\cdot V_E}\left(1+\frac{t_g}{t_E}\right) \tag{1-5-12}$$

把测得的 $V$、$t$ 代入上式就可以求得油滴上所带的电量$q$.

对于不同的油滴，测得的电荷量是一些不连续变化的值，有一最大公约数，即基本电荷量$e$. 对于同一油滴，用紫外线照射，通过空气电离使其所带电荷量发生改变，测得油滴电荷量不是一些连续的值，而是基本电荷量$e$的整数倍. 由于测量的油滴不够多，可以用$e$去除$q$，看$q/e$是否接近整数$n$，再用$n$去除$q$，得到我们测出的电子电量$e$.

## 实验装置

主要仪器：CCD 摄像显微镜、照明光路、照明光源、油滴盒、高压电源、微处理器电路、电路箱、监视器和喷雾器、油等附件. 用 CCD 成像系统改变了传统的观察方法，可将油滴的运动在监视器屏幕上显示，视野宽广、免除了长时间观察造成的眼睛疲劳，是油滴仪的重大改进. 将数字电压表、数字计时器、油滴像和电子分划板刻度显示在同一个屏幕上，方便了测量. 油滴仪是本仪器很重要的部分，机械加工要求很高，其结构见图 1-5-3. 油滴盒防风罩前装有测量 CCD 摄像头，通过胶木圆环上的观察孔观察平行板间的油滴. 仪器内部装有电子分划板，用以测量油滴运动的距离. 分划板的刻度如图 1-5-4 所示.

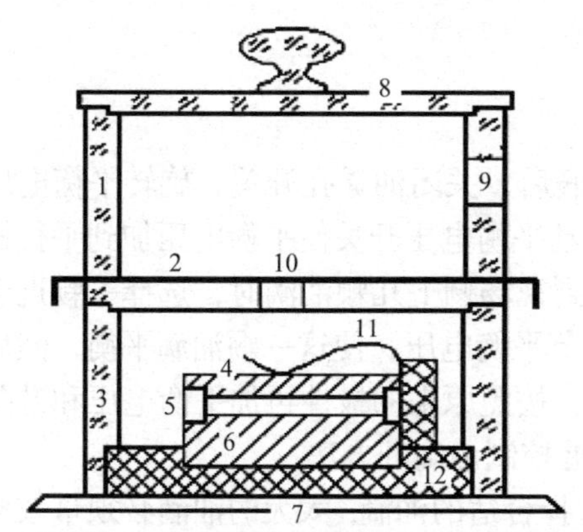


1-油雾室；2-油雾孔开关；3-防风罩；4-上电极板；
5-胶木圆环；6-下电极板；7-底板；8-上盖板；9-喷雾口；
10-油雾孔；11-上电极板压簧；12-油滴盒基座

图 1-5-3 油滴仪剖面示意图

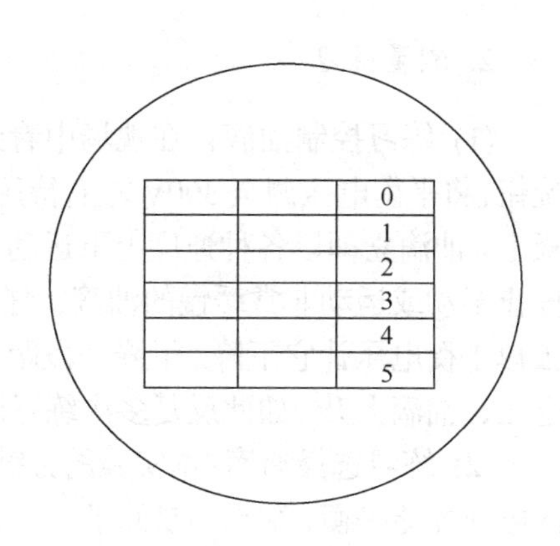


图 1-5-4 分划板刻度

电源部分提供三种电压：① 2V 油滴照明电压. ② 500V 直流平衡电压. 该电压可以连续调节，并从电压表上直接读出. 由平衡电压换向开关换向，以改变上、下电极板的极性. 换向开关倒向“＋”侧时能达到平衡的油滴带正电，反之带负电. 换向开关放在“0”位置时，上、下电极板短路，不带电. ③ 300V 直流升降电压. 该电压可以连续调节，但不稳定. 它可通过升降电压换向开关叠加(加或减)在平衡电压上，以便把油滴移到合适的上、下位置上. 升降电压高，油滴移动速度快，反之则慢. 该电压在电压表上无指示.

## 实验内容

1. 仪器调节

(1) 将油滴照明灯接 2V 交流电源，平行极板接 500V 直流电源，插孔都在仪器背后. 平衡电压开关和升降电压开关都拨在中间“0”位置上，上、下极板被短路，极板上因为各种原因积累的电荷可以迅速中和掉.

(2) 调节调平螺丝，使水准仪水泡居中，平行极板处于水平位置. 接通电源，指示灯和油滴照明灯亮.

(3) 将调焦针(放在油雾室内的一根细钢丝)插入上电极板 0.4mm 孔内(注意：这时平衡电压开关和升降电压开关必须置于“0”位，使上、下电极板短路，以免打火)，转动目镜进行视场调节，直到完全看清分划板上的方格线. 轻轻转动对焦手轮，使调焦针清楚地成像在分划板上.

(4) 在喷雾器中注入实验油数滴，将油从油滴仪的喷口喷入，数秒钟后从显微镜看进去，视场中出现大量油滴，犹如夜空繁星. 如果油滴太暗可转动照明灯底座，微调对焦手轮使油滴清晰.

2. 测量练习

(1) 练习控制油滴：在视场中看到油滴后，关闭油雾孔开关，旋转平衡电压旋钮，将平衡电压调至300V左右待用. 扳动平衡电压开关使平衡电压加到平行极板上. 油滴立即以各种速度上下运动，直到视场剩下几颗油滴时，选择一颗近于停止不动或运动非常缓慢的油滴，仔细调节平衡电压，使这一颗油滴平衡，然后去掉平衡电压让它下降. 下降一段距离后，按照原来的极性再加平衡电压和升降电压，油滴上升. 如此反复多次练习以掌握控制油滴的方法.

(2) 练习选择油滴：本实验的关键是选择合适的油滴. 太大的油滴必须带较多的电荷才能平衡，结果不易测准. 太小则由于热扰动和布朗运动，涨落很大. 可以根据平衡电压的大小(约 200V)和油滴匀速下降的时间(约 15～30s)来判断油滴的大小和带电量的多少.

(3) 练习测速度：任选几个不同速度的油滴，用秒表测出下降 2～4 格所需的时间.

3. 正式测量

1) 平衡法

(1) 选好一颗适当的油滴，加平衡电压使之基本不动. 加升降电压，使油滴缓缓移动至视场上方(有些显微镜中是视场下方)的某条刻度线上，仔细调节平衡电压，记下平衡电压值.

(2) 去掉平衡电压，油滴开始加速下落，下降 1 格后基本匀速，开始计时，取 $l = 2\text{mm}$ 记下时间间隔 $t$.

(3) 由于涨落，对每一颗油滴进行 8～10 次测量. 另外，要选择不同油滴(不少于 5 个)进行反复测量.

注意：在测量过程中，油滴可能前后移动，油滴亮度变暗甚至模糊不清，应当微微旋动对焦手轮使油滴重新对焦.

2) 动态法

取平衡电压约 200V、匀速下降的时间约 15～30s 的油滴，在极板上加上 400V 左右的电压，使油滴反转做匀速运动，测量油滴反转运动 $l = 2\text{mm}$ 所用时间间隔 $t$. 重复测量及具体方法和步骤自拟.

4. 数据处理

(1) 计算油滴的电荷. 将所测数据代入式(1-5-11)、(1-5-12)，计算油滴的电荷，求它们的最大公约数，即为基本电荷 $e$ 值.

(2) 作图求解各油滴带电量子数. 可用作图法求 $e$ 值，设实验中测得 $i$ 个油滴的带电量分别为 $q_1,q_2,\cdots,q_i$ ，由于电荷的量子化特性，应有 $q_i=en_i$ ，此为一直线方程，$n$ 为自变量，$q$ 为因变量，$e$ 为斜率.

具体方法：在坐标系中，沿纵坐标标出 $q_i$ 点，并过这些点作平行于横坐标的直线. 沿横轴等间距标出若干个点，并通过这些点作平行于纵轴的直线. 这样在 $n$-$q$ 坐标系形成网格，满足 $q_i=en_i$ 关系的那些点必定位于网格的节点上，如图 1-5-5 所示. 用直尺连接原点和距原点最近的一个节点成一条直线，记为 $l_0$ ，然后绕原点慢慢向下方扫过，直到每一条平行线上都有一个节点落在或接近落在直线 $l_1$ 上，画出这条直线，从图上可读取对应 $q_i$ 的量子数 $n_i$ (整数). 该直线的斜率即是单位电荷 $e$ 值，将 $e$ 值的实验值与公认值比较，计算相对误差. 若需要准确求出 $e$ 值，可由 $e=q_i/n_i$ 求取 $e$ 值及残差和均方差，并进行剔除粗差等常规实验数据处理. 这种方法的优点，可在未知 $e$ 值的情况下求得该值，并可取得所有油滴的带电量子数.

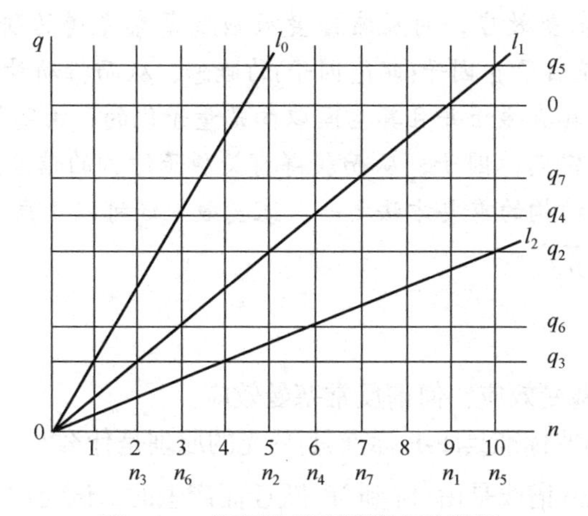


图 1-5-5　图解法处理油滴实验数据

**问题思考**

(1) 加平衡电压后，油滴有的向上运动，有的向下运动，要使某油滴静止，调节什么电压?欲使该静止油滴向下运动，应调节什么电压?

(2) 应选择什么样的油滴进行测量？应考虑哪些因素?

(3) 实验中若空气温度上升，油滴的收尾速度 $v_g$ 是增大、减小还是保持不变?

(4) 考虑到空气阻力的影响，油滴电荷公式应作何修正?

**参考文献**

[1] 林木欣，熊予莹，高长连，等. 近代物理实验教程. 北京：科学出版社，1999.

[2] 高铁军, 孟祥省, 王书运. 近代物理实验. 北京：科学出版社，2009.

# 1-6　塞曼效应实验

1862 年，法拉第(M. Faraday)出于“磁力和光波彼此有联系”的信念，曾试图探测磁场对钠黄光的影响，但因仪器精度欠佳而未果. 塞曼(P. Zeeman)在法拉第信念的影响下，经过多次实验，于 1896 年发现了钠黄线在磁场中变宽的现象，后来又发现了镉蓝线在磁场中的分裂. 洛伦兹(H. A. Lorentz)根据他的电磁理论，恰当地解释了正常塞曼效应和分裂谱线的偏振特性. 塞曼根据实验结果和洛伦兹的电磁理论，估算出的电子的核质比与几个月后汤姆孙(J. J. Thomson)从阴极射线得到的电子核质比近乎相同. 塞曼效应不仅证实了洛伦兹电磁理论的正确性，也为汤姆孙发现电子提供了证据，同时也证实了原子具有磁矩并且其空间取向是量子化的. 1902 年，塞曼和洛伦兹因此而共享了诺贝尔物理学奖. 经典的电磁理论(电子论)无法解释反常塞曼效应，对反常塞曼效应及复杂光谱的研究，使得朗德(A. Lande)于 1921 年提出了 $g$ 因子(朗德因子)的概念，从而推动量子理论的发展. 塞曼效应证实了原子具有磁矩并且其空间取向是量子化的；由塞曼效应还可以推断能级分裂情况，确定朗德因子，从而获得有关原子结构的信息. 至今，塞曼效应仍是研究原子内部结构的重要方法之一，塞曼效应还可以用来测量天体的磁场，如太阳黑子的磁场等.

## 实验预习

(1) 何谓正常塞曼效应？何谓反常塞曼效应？

(2) 法布里-珀罗标准具(F-P 标准具)分光的原理是什么？

(3) Hg 546.1nm 谱线是由 $^3S_1$ 到 $^3P_2$ 跃迁而产生的，试绘出其能级跃迁图.

## 实验目的

(1) 加深对原子磁矩及其空间取向量子化等原子物理学概念的理解.

(2) 学习法布里-珀罗标准具的使用及其在光谱学中的应用.

(3) 掌握利用塞曼效应实验测定电子荷质比的方法.

## 实验原理

### 1. 塞曼效应

1) 原子的总磁矩与总角动量的关系

原子的总磁矩由电子磁矩与核磁矩两部分组成，但由于核磁矩比电子磁矩小三个数量级以上，所以可只考虑电子磁矩这一部分. 原子中电子做轨道运动时产生轨道磁矩，做自旋运动时产生自旋磁矩. 根据量子力学的结果，电子轨道角动量 $P_L$ 和轨道磁矩 $\mu_L$ 以及自旋角动量 $P_S$ 和自旋磁矩 $\mu_S$ 在数值上有下列关系：

$$\mu_L = \frac{e}{2m}P_L,\quad P_L = \sqrt{L(L+1)}\frac{h}{2\pi},\quad \mu_S = \frac{e}{m}P_S,\quad P_S = \sqrt{S(S+1)}\frac{h}{2\pi} \tag{1-6-1}$$

式中 $e$、$m$ 分别表示电子电荷和电子质量；$L$、$S$ 分别表示轨道量子数和自旋量子数；$h$ 为普朗克常量. 轨道角动量和自旋角动量合成原子总角动量 $P_J$，轨道磁矩和自旋磁矩合成原子总磁矩 $\mu$，如图 1-6-1 所示.

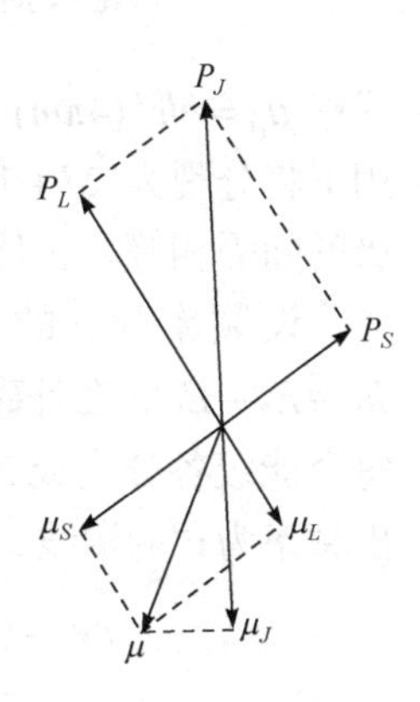

图 1-6-1　磁矩和角动量的关系

由于 $\mu_S$ 与 $P_S$ 的比值是 $\mu_L$ 与 $P_L$ 比值的两倍，因此合成的原子总磁矩 $\mu$ 不在总角动量 $P_J$ 的方向上. 但由于 $P_L$ 和 $P_S$ 是绕 $P_J$ 旋进的，因此 $\mu_L$、$\mu_S$ 和 $\mu$ 都绕 $P_J$ 的延长线旋进. 把 $\mu$ 分解成两个分量：一个沿 $P_J$ 的延长线，称作 $\mu_J$，这是有确定方向的恒量；另一个是垂直于 $P_J$ 的，它绕着 $P_J$ 转动，对外平均效果为零. 对外发生效果的是 $\mu_J$. 按照图 1-6-1 进行矢量运算，可以得到 $\mu_J$ 与 $P_J$ 在数值上的关系为

$$\mu_J = g\frac{e}{2m}P_J \tag{1-6-2}$$

式中

$$g = 1 + \frac{J(J+1) - L(L+1) + S(S+1)}{2J(J+1)}$$

为朗德因子，它表征单电子的总磁矩与总角动量的关系，并且决定了能级在磁场中分裂的大小. 对于两个或两个以上电子的原子，可以证明原子磁矩与原子总角动量的关系仍与式(1-6-2)相同，但 $g$ 因子会因耦合类型不同采用不同的计算方法. 对于 $LS$ 耦合，$g$ 因子仍取上式的形式，只是 $L$、$S$ 和 $J$ 是各电子耦合后的数值；对于 $LJ$ 耦合，我们不做讨论.

2) 外磁场对原子能级及谱线的影响

原子总磁矩在外加磁场中受到力矩 $L$ 的作用：$L = \mu_J \times B$，其中 $B$ 为磁感应强度. 该力矩 $L$ 使得角动量发生旋进，如图 1-6-2 所示，由旋进引起的附加能量为

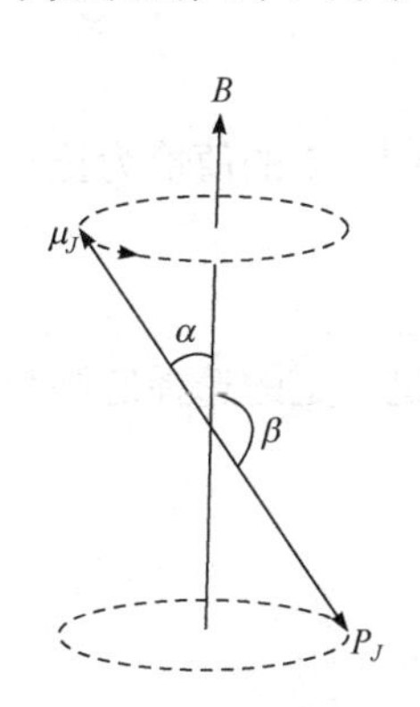

图 1-6-2　角动量的旋进

$$\Delta E = -\mu_J B\cos\alpha \tag{1-6-3}$$

将式(1-6-2)代入，并考虑 $\alpha$、$\beta$ 互为补角，所以

$$\Delta E = g\frac{e}{2m}P_J B\cos\beta \tag{1-6-4}$$

由于 $\mu_J$ 与 $P_J$ 在磁场中的取向是量子化的，故 $\beta$ 角不是任意的，$P_J$ 的分量只能是 $h/(2\pi)$ 的整数倍，因而有

$$\Delta E = Mg\frac{eh}{4\pi m}B = Mg\mu_B B \qquad (M = J, J-1, J-2, \cdots, -J) \tag{1-6-5}$$

式中 $\mu_B = eh/(4\pi m)$ 称为玻尔磁子. 这样，无磁场时的一个能级，在外加磁场的作用下将分裂为 $2J+1$ 个子能级，每个能级附加的能量由式(1-6-5)决定，并且子能级的间隔相等，正比于外磁场 $B$ 和朗德因子 $g$ .

设频率为 $\nu$ 的光谱线是由原子的上能级 $E_2$ 跃迁到下能级 $E_1$ 而产生(即 $h\nu = E_2 - E_1$). 在外磁场的作用下，上下两能级各获得附加能量 $\Delta E_2$、$\Delta E_1$ . 因此，每个能级各分裂成 $2J_2+1$ 个和 $2J_1+1$ 个子能级. 这样，上下能级之间的跃迁将发出频率为 $\nu'$ 的谱线，并有

$$\begin{aligned} h\nu' &= (E_2 + \Delta E_2) - (E_1 + \Delta E_1) \\ &= (E_2 - E_1) + (\Delta E_2 - \Delta E_1) = h\nu + (M_2 g_2 - M_1 g_1)\mu_B B \end{aligned} \tag{1-6-6}$$

分裂后的谱线与原谱线的频率差将为

$$\Delta\nu = \nu' - \nu = (M_2 g_2 - M_1 g_1)\frac{\mu_B B}{h} \tag{1-6-7}$$

换以波数表示

$$\Delta\tilde{\nu} = (M_2 g_2 - M_1 g_1)\frac{\mu_B B}{hc} = (M_2 g_2 - M_1 g_1)L \tag{1-6-8}$$

其中

$$L = \frac{\mu_B B}{hc} = \frac{eB}{4\pi mc} = 0.467B$$

称为洛伦兹单位. 若 $B$ 的单位用特斯拉(T)，则 $L$ 的单位为 $\mathrm{cm}^{-1}$ . $L$ 的值恰为正常塞曼效应所分裂的裂距.

3) 选择定则和偏振规律

跃迁时并非所有的波数 $\tilde{\nu}'$ 都能出现，$M_2 \to M_1$ 的跃迁满足一定的选择定则与偏振规律.

(1) 选择定则.

$$\Delta M = M_2 - M_1 = 0, \pm 1$$

当 $\Delta J = 0$ 时，$M_2 = 0 \to M_1 = 0$ 的跃迁被禁止.

(2) 偏振规律.

塞曼效应分裂谱线偏振规律如表 1-6-1 所示.

**表 1-6-1　塞曼效应分裂谱线偏振规律表**

| | $K\perp B$ (横向观察) | $K//B$ (纵向观察) |
|---|---|---|
| $\Delta M=0$ | 线偏振光，π 成分 | 无光 |
| $\Delta M=+1$ | 线偏振光，σ 成分 | 沿磁场方向前进的螺旋转动方向，左旋圆偏光(磁场方向指向观察者) |
| $\Delta M=-1$ | 线偏振光，σ 成分 | 沿磁场方向倒退的螺旋转动方向，右旋圆偏光(磁场方向指向观察者) |

说明：1. $K$ 是光波传播方向，$B$ 是外磁场方向.
2. π 成分表示光波的电矢量 $E//B$，σ成分表示 $E\perp B$ .

将偏振规律应用于正常塞曼效应时，上下两能级的自旋量子数 $S=0$ ，则 $g_2=g_1=1$ ，由式(1-6-8)可得

$$\Delta\tilde{\nu}=\left(M_2-M_1\right)L$$

按选择定则：$\Delta M=0,\pm1$ ，所以

$$\Delta\tilde{\nu}=0,\pm L$$

当沿垂直于磁场方向即 $K\perp B$ (横向)观察时，原来波数为 $\tilde{\nu}$ 的一条谱线，将分裂成波数为 $\tilde{\nu}+\Delta\tilde{\nu}$ 、$\tilde{\nu}$ 、$\tilde{\nu}-\Delta\tilde{\nu}$ 的三条偏振化的谱线. 分裂的两条谱线与原谱线的波数差 $\Delta\tilde{\nu}=L$，恰为一个洛伦兹单位. 按偏振规律：波数为 $\tilde{\nu}$ 的谱线，电矢量的振动方向平行于磁场方向(为π成分)；分裂的两条谱线 $\tilde{\nu}\pm\Delta\tilde{\nu}$ 的电矢量振动方向垂直于磁场(为σ成分). 当沿着磁场方向即 $K//B$ (纵向)观察时，原波数为 $\tilde{\nu}$ 的谱线已不存在，只剩 $\tilde{\nu}-\Delta\tilde{\nu}$ 和 $\tilde{\nu}+\Delta\tilde{\nu}$ 两条左、右旋的圆偏振光.

将选择定则和偏振规律应用于反常塞曼效应时，由于上下能级的自旋量子数 $S\neq0$ ，则相应 $g\neq1$ ，将出现复杂的塞曼分裂.

4) 汞 546.1nm 谱线的塞曼分裂

汞 546.1nm 是 $^3S_1\rightarrow{}^3P_2$ 跃迁的结果. 我们根据选择定则和偏振规律，可以得到垂直于磁场时的塞曼分裂情况，图 1-6-3 表示能级分裂后可能发生的跃迁，图 1-6-4 为分裂谱线的裂距和强度，其中上边为π成分，下边为σ成分. 汞 546.1nm 谱线在磁场中会分裂为 9 条等间距的谱线，相邻两谱线的间距都是1/2 个洛伦兹单位 $L$ ，其中π成分 3 条(中心 3 条)，σ成分 6 条，这些谱线的条纹互相叠合而使观察困难. 由于这两种成分的偏振光的偏振方向是正交的，因此我们可以利用偏振片将σ成分的 6 条滤去，只让π成分的 3 条保留下来.

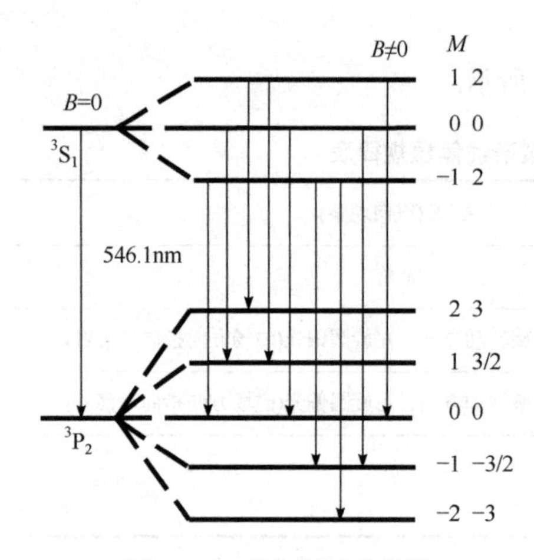


图 1-6-3　能级跃迁示意图

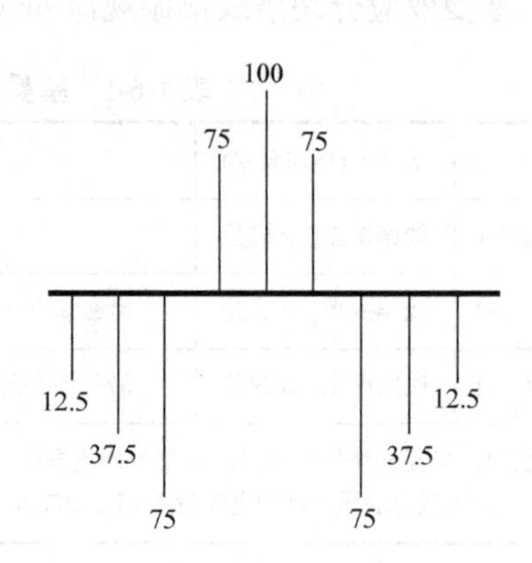


图 1-6-4　分谱线的裂距和强度

2. 法布里–珀罗标准具

塞曼效应所分裂的谱线与原谱线间的波长差是很小的. 以正常塞曼效应为例，$\Delta\nu = 0.67B\text{cm}^{-1}$. 当 $B = 0.5\ \text{T}$ 时，$\Delta\lambda = 0.23\text{cm}^{-1}$. 如换以波长差表示，设 $\lambda = 500\text{nm}$，则 $\Delta\lambda = 0.006\text{nm}$. 欲分辨如此小的波长差，用一般光谱仪是很困难的. 本实验采用的是法布里–珀罗标准具(简称 F-P 标准具)，它是高分辨光谱仪中常用的分光器件，其分辨率可以达到 $10^5 \sim 10^7$.

1) 法布里–珀罗标准具的原理及性能参数

如图 1-6-5 所示，F-P 标准具是由两块平面玻璃板 g 及板间的一个间隔圈 P 组成，玻璃板的内表面加工精度要高于 $1/20\lambda \sim 1/30\lambda$，表面镀有高反射膜 M、M′，膜的反射率高于 90%. 间隔圈用膨胀系数很小的材料(比如熔融的石英)精加工成一定长度，用以保证两块平面玻璃板间精确的平行度和稳定的间距.

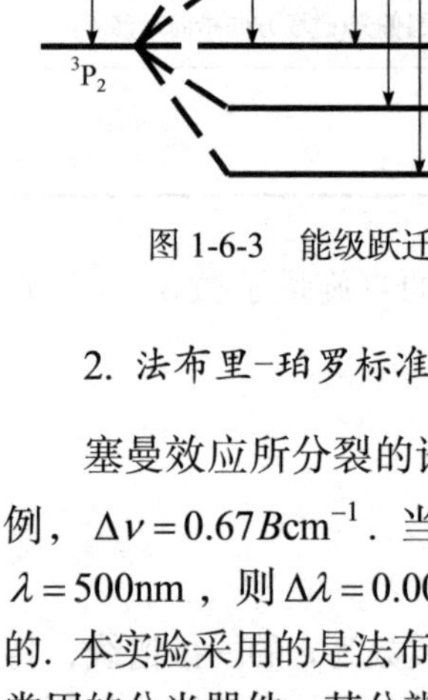

图 1-6-5　F-P 标准具结构与光路图

单色光 $S_0$ 入射时，光束在 F-P 标准具的两内表面上多次反射和透射，形成多光束干涉. 相邻光束的光程差 $\Delta l$ 为

$$\Delta l = 2nd\cos\theta$$

式中 $d$ 为 F-P 标准具两内表面 M 和 M′ 的间距；$\theta$ 为光束在内表面上的入射角；$n$ 为两平行玻璃板间介质的折射率，F-P 标准具在空气中使用时取 $n = 1$. 透射的平行光束或反射的平行光束都在无穷远或在成像透镜的焦平面上形成干涉条纹，产生亮纹的条件为

$$2d\cos\theta = k\lambda \tag{1-6-9}$$

式中$k$为干涉条纹级次. 在用扩展光源照明时，产生等倾干涉条纹，相同$\theta$角的光束形成同一干涉圆环.

F-P 标准具的自由光谱范围：设入射光波长$\lambda$发生了微小的变化，$\lambda' = \lambda + \Delta\lambda$或者$\lambda'' = \lambda - \Delta\lambda$，则产生的各级干涉亮环套在各相应级的亮环内外，如图 1-6-6 所示. 考察$\lambda' = \lambda + \Delta\lambda$：如使$\Delta\lambda$继续增加，使$\lambda'$的$(k-1)$级亮环与$\lambda$的$k$级亮环重合，即

$$k\lambda = (k-1)\lambda'$$

此时的波长差用$\Delta\lambda_{\mathrm{F}}$表示. 当$\Delta\lambda > \Delta\lambda_{\mathrm{F}}$时，就发生$\lambda$和$\lambda'$不同级次亮条纹重叠交叉情况，因此$\Delta\lambda_{\mathrm{F}}$被叫做自由光谱范围，或叫做不重叠区域. 当$\theta$角较小时，$\cos\theta = 1$，则$2d = k\lambda$，由重合条件可得

$$\Delta\lambda_{\mathrm{F}} = \lambda^2 / 2d \tag{1-6-10}$$

用波数差表示

$$\Delta\tilde{\nu}_{\mathrm{F}} = 1/2d$$

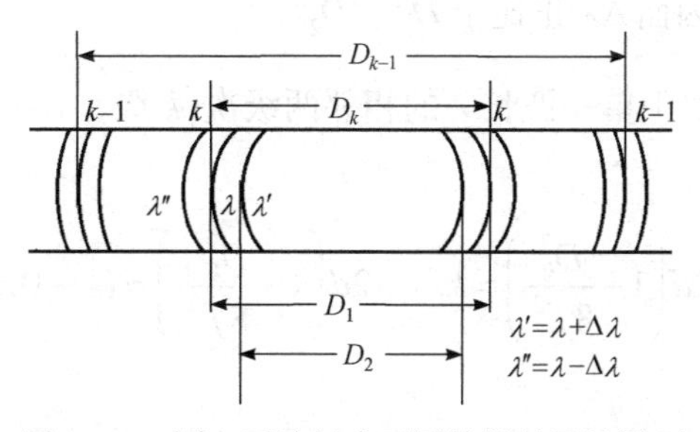


图 1-6-6　同一干涉级中不同波长的干涉圆环

F-P 标准具的精细度：F-P 标准具的精细度$F$定义为相邻条纹间距与条纹半宽度之比，它表征 F-P 标准具的分辨性能，其物理意义是相邻的两干涉级的条纹之间能够分辨的最大条纹数. 可以证明，精细度与内表面反射膜的反射率$R$有关系

$$F = \frac{\pi\sqrt{R}}{1-R} \tag{1-6-11}$$

2) 测量微小波长差的原理

由式(1-6-9)可知，同一级次$k$对应着相同的入射角$\theta$，在成像透镜的焦平面上形成一个亮圆环. 这些亮环中，中心亮环$\theta$=0，$\cos\theta = 1$，级次$k$最大. 向外不同半径的亮环干涉级次依次减小，并形成一套同心的圆环. 对出射角为$\theta$的某一圆环，设干涉圆环的直径为$D$，如图 1-6-7 所示. 由图可知，$D/2 = f\tan\theta$，$f$为成像透镜的焦距. 对于近中心的圆环，$\theta$角很小，则$\tan\theta \approx \sin\theta \approx \theta$，得$D/2 = f\theta$

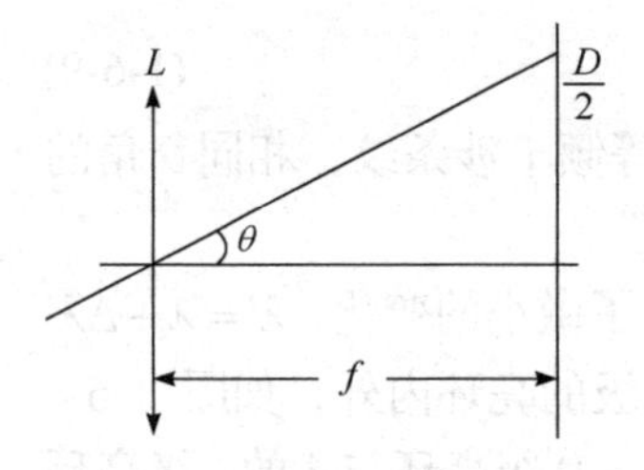


图 1-6-7　入射角 $\theta$ 与干涉圆环直径关系

和 $\cos\theta = 1-\theta^2/2 = 1-D^2/8f^2$. 代入式(1-6-9)中得

$$2d\cos\theta = 2d\left(1-\frac{D^2}{8f^2}\right) = k\lambda \tag{1-6-12}$$

由上式可见，级次 $k$ 与圆环直径 $D$ 的平方呈线性关系，即随着亮环直径的增大，圆环将越来越密集.

设入射光包含两种波长 $\lambda$ 和 $\lambda'(\lambda<\lambda',\ \lambda'=\lambda+\Delta\lambda)$，如图 1-6-6，同一级次 $k$ 对应着两个同心圆环，直径各为 $D_1$ 和 $D_2(D_2<D_1)$. 代入式(1-6-12)中得

$$2d\left(1-\frac{D_1^{\ 2}}{8f^2}\right) = k\lambda\ ,\ 2d\left(1-\frac{D_2^{\ 2}}{8f^2}\right) = k\lambda'$$

所以波长差为

$$\Delta\lambda = \lambda'-\lambda = \frac{d}{4kf^2}\left(D_1^{\ 2}-D_2^{\ 2}\right) \tag{1-6-13}$$

式中 $\dfrac{d}{4kf^2}$ 为常数，因而 $\Delta\lambda$ 正比于 $D_1^{\ 2}-D_2^{\ 2}$.

将式(1-6-12)应用于单一波长 $\lambda$ 的相邻两级次($k$ 级，$k-1$ 级)，设其直径分别为 $D_k$ 和 $D_{k-1}$，有

$$2d\left(1-\frac{D_k^2}{8f^2}\right) = k\lambda,\quad 2d\left(1-\frac{D_{k-1}^2}{8f^2}\right) = (k-1)\lambda$$

两式相减得

$$D_{k-1}^2 - D_k^2 = \frac{4\lambda f^2}{d} \tag{1-6-14}$$

上式表明，当 $d$ 和 $f$ 的值确定时，对波长 $\lambda$ 的光，任意相邻两环的直径平方差为一常数，即任意两相邻圆环间的面积都相等. 将式(1-6-14)和近中心圆环的 $k=2d/\lambda$ 代入式(1-6-13)中得

$$\Delta\lambda = \frac{\lambda^2}{2d}\left(\frac{D_1^2-D_2^2}{D_{k-1}^2-D_k^2}\right)$$

上式即为测量波长差 $\Delta\lambda$ 的公式，换以波数差 $\Delta\tilde{\nu}$ 表示

$$\Delta\tilde{\nu} = \frac{1}{2d}\left(\frac{D_1^{\ 2}-D_2^{\ 2}}{D_{k-1}^{\ \ 2}-D_k^{\ 2}}\right) \tag{1-6-15}$$

## 实验装置

该实验可以采用多种仪器与方法，一般常用的实验装置如图 1-6-8 所示. O 为笔形汞灯光源；N、S 为电磁铁的磁极；$L_1$ 为聚光透镜，使通过 F-P 标准具的光强增强；P 为偏振片，用以观察 π 成分和 σ 成分光；F 为滤光片；F-P 为法布里-珀罗标准具；$L_2$ 为成像透镜，使 F-P 标准具的干涉条纹成像在数码相机 CCD 上，便于通过计算机记录与分析；虚线为系统光轴.

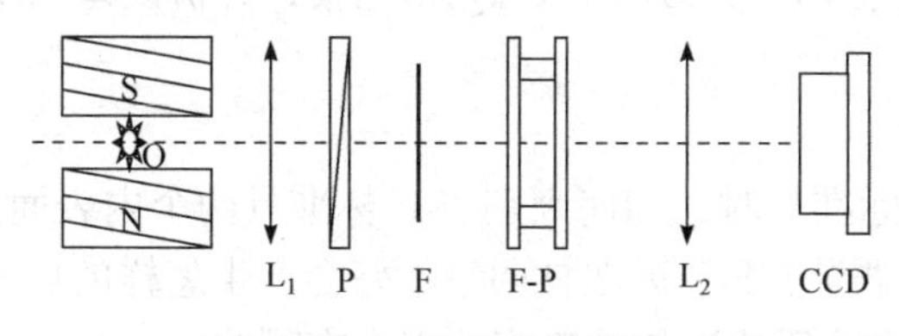


图 1-6-8　实验装置简图

实验中 F-P 标准具的调整是实验操作的难点和关键. F-P 标准具平行度的要求是很严格的，判断的标准是：用单色光照明 F-P 标准具，从它的透射方向用肉眼直接观察，可以看见一组同心干涉圆环. 当观察者的眼睛上下左右移动时，如果 F-P 标准具的两个内表面严格平行，则干涉圆环的大小不随眼睛的移动而变化；如果 F-P 标准具的两个内表面不平行，当眼睛移动的方向是向着内间距 $d$ 增大的方向时，则有干涉圆环从中心“冒出”，或者中心处圆环向外扩大. 这时就把这个方向的定位螺丝旋紧，或者把相反方向的螺丝放松. 经过多次细心调节，就可以把两个内表面调平行. 调整过程中需注意：不可用手或其他物体触摸 F-P 标准具和其他光学元件的光学面；旋转 F-P 标准具定位螺丝时，不可用力过大.

## 实验内容

1. 调整光路

根据光路示意图 1-6-8，调节光学系统中各个元件等高共轴. 调整聚光透镜 $L_1$ 的位置，使尽可能强的均匀光束照射到 F-P 标准具上；调整 F-P 标准具上的三个定位螺丝使 F-P 标准具内表面严格平行. 通过 F-P 标准具观察汞 546.1nm 光的干涉圆环分布.

2. 定性观察

加上外加磁场，并将外加磁场的强度逐渐增大，利用 CCD 测量系统和计算机观察汞 546.1nm 谱线的塞曼分裂. 选取恰当的外加磁场，使得在视场内能清晰地分辨出汞 546.1nm 谱线的塞曼分裂，并与理论分析的结果相比较. 在光具座上放上偏振片，旋转偏振片，选取不同的透光轴方向，观察分裂的光的偏振特性并与理论分析结果相比较.

3. 数据测量与处理

选取汞 546.1nm 谱线π光成分作为测量对象，根据理论分析的结果，用实验自带的软件测量相应干涉圆环的直径. 利用特斯拉计测量光源处磁场 $B$. 由式 (1-6-8)和式(1-6-15)可以确定计算电子核质比的公式，根据测量数据，计算电子的荷质比，并与理论值($-1.759\times10^{11}$C/kg)相比较，分析误差的来源.

**问题思考**

(1) 调整 F-P 标准具时，如何判别 F-P 标准具两个内表面是严格平行的？若不平行，应当如何调节？F-P 标准具调整不好会产生怎样的后果？

(2) 实验中影响核质比测量精确度的因素有哪些？

(3) 实验中如何观察和鉴别分裂谱线中的 π 成分和 σ 成分？应如何观察和分辨 σ 成分中的左旋和右旋圆偏振光？

(4) 若有条件沿平行磁场方向观察塞曼分裂现象，参考沿垂直磁场观测的方法，独立设计光路组成、调节方法和操作步骤.

**参考文献**

[1] 杨福家. 原子物理学. 2 版. 北京：高等教育出版社，1990.
[2] 吴思诚，王祖铨. 近代物理实验. 3 版. 北京：高等教育出版社，2005.
[3] 高铁军，孟祥省，王书运. 近代物理实验. 北京：科学出版社，2009.

## 1-7 弗兰克-赫兹实验

1911 年，卢瑟福根据α粒子散射实验，提出了原子核模型. 1913 年，丹麦物理学家玻尔(N. Bohr)将普朗克假说运用到原子有核模型，建立了原子定态能级和能级跃迁概念. 但是，任何重要的物理规律都必须得到实验的验证，随后，在 1914 年，德国物理学家弗兰克(F. Franck)和他的助手赫兹(G. Hertz)在研究气体放电现象中低能电子与原子间相互作用时，在充汞的放电管中，发现透过汞蒸气的电子流随电子的能量显现有规律性的变化，能量间隔为 4.9eV. 由此，他们提出原子中存在临界电势——原子能级的概念. 弗兰克-赫兹实验直接证实了原子能级的存在，并由此计算得到 $h=6.59\times10^{-34}\,\mathrm{J\cdot s}$，这与普朗克 1901 年发表的常数 $h=6.55\times10^{-34}\,\mathrm{J\cdot s}$ 符合很好，从而为玻尔原子理论提供了有力的实验证据. 1925 年，他们两人共同获得了诺贝尔物理学奖. 弗兰克-赫兹实验方法简单、构思巧妙，体现了电子与原子碰撞的微观过程与实验中的宏观量相联系，至今仍是探索原子内部结构的主要手段之一.

## 实验预习

(1) 玻尔提出的原子理论主要包含哪些内容?

(2) 氩原子的基态和第一激发态之间的能量差与其第一激发电势有什么关系? 如何测量氩的第一激发电势?

(3) 弗兰克-赫兹管的工作原理是什么?

## 实验目的

(1) 通过对氩原子第一激发态电势的测量，证明原子能级的存在.

(2) 了解电子与原子碰撞和能量交换过程的物理因素.

(3) 学习弗兰克和赫兹研究原子内部能量量子化的基本思想和实验方法.

## 实验原理

### 1. 激发电势

玻尔提出的原子理论指出:

(1) 原子只能较长时间地停留在一些稳定状态(简称为定态). 原子在这些状态时，不发射或吸收能量: 各定态有一定的能量，其数值是彼此分隔的. 原子的能量不论通过什么方式发生改变，它只能从一个定态跃迁到另一个定态.

(2) 原子从一个定态跃迁到另一个定态而发射或吸收辐射时，辐射频率是一定的. 如果用 $E_m$ 和 $E_n$ 分别代表有关两定态的能量的话，辐射的频率 $\nu$ 决定于如下关系:

$$h\nu = E_m - E_n \tag{1-7-1}$$

式中 $h$ 为普朗克常量，为了使原子从低能级向高能级跃迁，可以通过具有一定能量的电子与原子相碰撞进行能量交换的办法来实现.

设初速度为零的电子在电势差为 $U_0$ 的加速电场作用下，获得能量 $eU_0$. 当具有这种能量的电子与稀薄气体的原子(比如汞原子或氩原子)发生碰撞时，就会发生能量交换. 如以 $E_1$ 代表氩原子的基态能量、$E_2$ 代表氩原子的第一激发态能量，那么当氩原子吸收从电子传递来的能量恰好为

$$eU_0 = E_1 - E_2 \tag{l-7-2}$$

氩原子就会从基态跃迁到第一激发态. 而且相应的电势差称为氩的第一激发电势(或称氩的中肯电势). 测定出这个电势差 $U_0$，就可以根据式(l-7-2)求出氩原子的基态和第一激发态之间的能量差了(其他元素气体原子的第一激发电势亦可依此法求得).

2. 弗兰克-赫兹管

弗兰克-赫兹管的工作原理如图 1-7-1 所示. 在充氩的弗兰克-赫兹管中，电子由热阴极发出，阴极 K 和第二栅极 $G_2$ 之间的加速电压 $U_{G_2K}$ 使电子加速. 在板极 A 和第二栅极 $G_2$ 之间加有反向拒斥电压 $U_{G_2A}$. 管内空间电势分布如图 1-7-2 所示. 当电子通过 $KG_2$ 空间进入 $G_2A$ 空间时，如果有较大的能量($\geqslant eU_{G_2A}$)，就能冲过反向拒斥电场而到达板极形成板流，被微电流计 μA 检出. 如果电子在 $KG_2$ 空间与氩原子碰撞，把自己一部分能量传给氩原子而使后者激发的话，电子本身所剩余的能量就很小，以致通过第二栅极后已不足以克服拒斥电场而被折回到第二栅极，这时，通过微电流计 μA 的电流将显著减小.

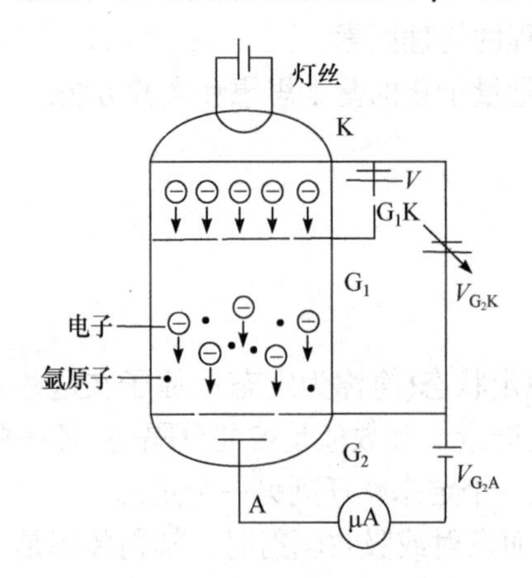


图 1-7-1　弗兰克-赫兹管原理图

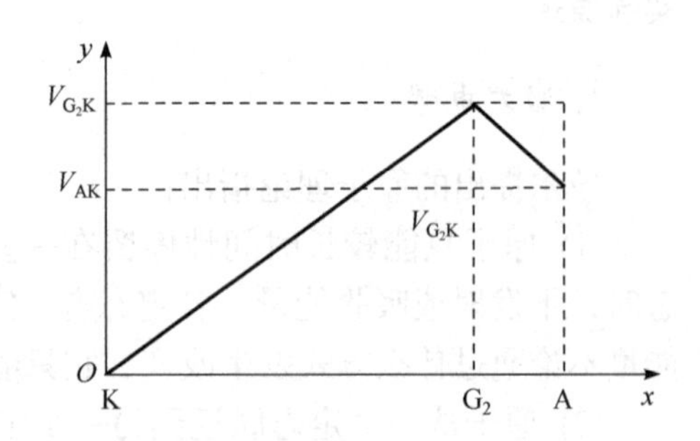


图 1-7-2　弗兰克-赫兹管内空间电势分布图

实验时，使 $U_{G_2K}$ 电压逐渐增加并仔细观察电流计的电流指示，如果原子能级确实存在且基态和第一激发态之间有确定的能量差，就能观察到如图 1-7-3 所示的 $I_A$-$U_{G_2K}$ 曲线.

图 1-7-3 所示的曲线反映了氩原子在 $KG_2$ 空间与电子进行能量交换的情况. 当 $KG_2$ 空间电压逐渐增加时，电子在 $KG_2$ 空间被加速而获得越来越大的能量. 但起始阶段，由于电压较低，电子的能量较少，即使在运动过程中它与原子相碰撞也只有微小的能量交换(为弹性碰撞). 穿过第二栅极的电子所形成的板流 $I_A$ 将随第二栅极电压 $U_{G_2K}$ 的增加而增大(图 1-7-3 所示的 $Oa$ 段). 当 $G_2K$ 间的电压达到氩原子的第一激发电势 $U_0$ 时，电子在第二栅极附近与氩原子相碰

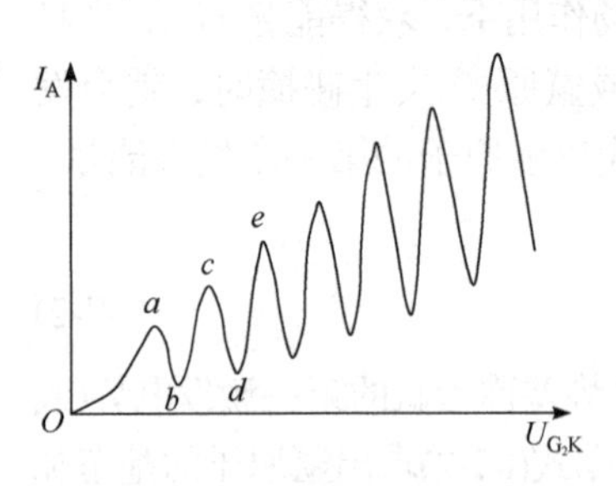


图 1-7-3　弗兰克-赫兹管的 $I_A$-$U_{G_2K}$ 曲线

撞，将自己从加速电场中获得的全部能量交给后者，并且使后者从基态激发到第一激发态. 而电子本身由于把全部能量给了氩原子，即使穿过了第二栅极也不能克服反向拒斥电场而被折回第二栅极(被筛选掉). 所以板极电流将显著减小(图 1-7-3 所示的 *ab* 段). 随着第二栅极电压的增加，电子的能量也随之增加，在与氩原子相碰撞后还留下足够的能量，可以克服反向拒斥电场而到达板极 A，这时电流又开始上升( *bc* 段). 直到 $KG_2$ 间电压是二倍氩原子的第一激发电势时，电子在 $KG_2$ 间又会因二次碰撞而失去能量，因而又会造成第二次板极电流的下降( *cd* 段)，同理，凡在

$$U_{G_2K}=nU_0 \quad (n=1,2,3,\cdots) \tag{1-7-3}$$

的地方板极电流 $I_A$ 都会相应下跌，形成规则起伏变化的 $I_A$ - $U_{G_2K}$ 曲线. 而各次板极电流 $I_A$ 下降相对应的阴、栅极电压差 $U_{n+1}-U_n$ 应该是氩原子的第一激发电势 $U_0$.

本实验就是要通过实际测量来证实原子能级的存在，并测出氩原子的第一激发电势(公认值为 $U_0=11.5\text{V}$ ).

原子处于激发态是不稳定的，在实验中被慢电子轰击到第一激发态的原子要跃迁回到基态，进行这种反跃迁时，就应该有 $eU_0$ 的能量发射出来. 反跃迁时，原子是以放出光量子的形式向外辐射能量. 这种光辐射的波长为

$$eU_0=h\nu=h\frac{c}{\lambda} \tag{1-7-4}$$

对于氩原子

$$\lambda=\frac{hc}{eU_0}=\frac{6.63\times10^{-34}\times3.00\times10^{8}}{1.6\times10^{-19}\times11.5}\approx108.1(\text{nm})$$

## 实验装置

弗兰克-赫兹实验装置结构示意图如图 1-7-4 所示. 该装置主要由弗兰克-赫兹管、工作电源及扫描电源、微电流测量仪三部分组成. ①弗兰克-赫兹(F-H)管为实验装置的核心部件. F-H 管采用间热式阴极、双栅极和板极的四极形式，各极均为圆筒状. 这种 F-H 管内一般充汞气或氩气，玻璃封装，本实验采用充氩气的 F-H 管. ②工作电源及扫描电源. 灯丝电压：DC0～6.3V(连续可调). 第一栅极电压 $U_{G_1K}$ : DC0～5V. 第二栅极电压 $U_{G_2K}$ : DC0～100V(连续可调，自动扫描/手动). 拒斥电压 $U_{G_2A}$ ： DC0～12V. ③微电流测量仪测量范围：$10^{-6}$～$10^{-9}$A.

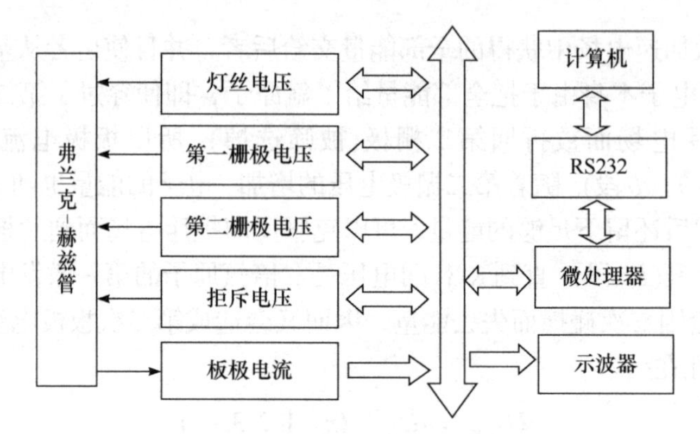


图 1-7-4 弗兰克-赫兹实验装置结构示意图

## 实验内容

(1) 熟悉实验装置结构和使用方法，按照实验要求连接实验线路，检查无误后开机.

(2) 根据 F-H 管的实验参数调节好灯丝电压、拒斥电压(四极管要调好第一栅极电压).

(3) 手动测量 $I_A$-$U_{G_2K}$. 从 0.0V 起，每隔 1V(或 0.5V)的电压值调节电压源 $U_{G_2K}$，仔细观察弗兰克-赫兹管的板极电流值 $I_A$ 的变化(可用示波器观察)，读出 $I_A$ 的峰、谷值和对应的 $U_{G_2K}$ 值(一般取 $I_A$ 的谷值数 4～5 个为佳).

(4) 自动测量 $I_A$-$U_{G_2K}$ 曲线. 智能弗兰克-赫兹实验仪还可以进行自动测试. 进行自动测试时，实验仪将自动产生 $U_{G_2K}$ 扫描电压，完成整个测试过程；将示波器与实验仪相连接，在示波器上可看到弗兰克-赫兹管板极电流随 $U_{G_2K}$ 电压变化的波形.

(5) 详细记录实验条件和相应的 $I_A$ -$U_{G_2K}$ 的值.

(6) 利用坐标纸或者 Origin 软件作出 $I_A$ -$U_{G_2K}$ 曲线. 用逐差法处理数据，求得氩的第一激发电势 $U_0$ 值.

## 问题思考

(1) 什么是原子的第一激发电势？它与临界能量有什么关系？

(2) 灯丝电压的改变对 F-H 实验有何影响？对第一激发电势有何影响？

(3) 由于有接触电势差存在，因此第一个峰值不在 11.55V，那么它会影响第一激发电势的值吗？

(4) 如何测定较高能级的激发电势或电离电势？如何计算本实验中氩原子所辐射的波长？

## 参考文献

[1] 杨福家. 原子物理学. 2 版. 北京: 高等教育出版社, 1990.
[2] 高铁军, 孟祥省, 王书运. 近代物理实验. 北京: 科学出版社, 2009.

# 1-8　冉绍尔-汤森效应

1921 年，德国物理学家冉绍尔在研究低能(0.75～1.1eV)电子在不同气体中的平均自由程时，发现电子在氩气中的平均自由程远大于静电力学的理论计算值. 随后他又在研究高能电子(约 100eV)时，发现氩原子对电子的弹性散射截面(散射截面与电子平均自由程成反比)随电子能量的减小而增大，在 10eV 左右时达到极值,然后随电子能量的继续减小而减小. 同时,英国物理学家汤森和贝利也于 1922 年发现了相同现象，并进一步研究发现不同气体的电子弹性散射截面均与电子的能量明显相关，而且类似原子具有相似的行为. 这就是冉绍尔-汤森效应.

在经典物理理论中，关于气体原子对电子弹性散射截面的分析模型中，把电子看作质点，气体分子看作刚性的小球. 只能得出气体原子的弹性散射截面与碰撞能量无关,仅决定于气体分子的线度. 直到 1924 年德布罗意提出了物质波假说，以及 1925～1928 年量子力学的建立后,才利用气体原子势场中的电子波散射模型圆满地加以解释. 冉绍尔-汤森效应是量子力学理论极好的实验例证.

## 实验预习

(1) 电子在有心力场中散射的量子求解.
(2) 液氮的使用注意事项.

## 实验目的

(1) 学习低能电子与气体弹性散射现象的实验方法.
(2) 测量氙原子与低能电子的弹性散射概率.
(3) 研究分析气体原子的弹性散射截面与电子能量的关系，研究分析原子势场的物理性质.

## 实验原理

### 1. 冉绍尔-汤森效应的理论描述

量子力学中，碰撞现象也称作散射现象. 在弹性散射中，粒子 A 以波矢 $\boldsymbol{k}$(其模值为$|\boldsymbol{k}|=\dfrac{\sqrt{2mE}}{\hbar}$)沿 $z$ 轴入射到靶粒子 B(即散射中心)上，受 B 粒子作用偏离原

方向而散射，散射程度可用总散射截面$Q$表示.

取散射中心为坐标原点，设入射粒子与散射中心之间的相互作用势能为$U(r)$，当$r \to \infty$时，$U(r)$趋于零，则远离散射中心处的波函数由入射粒子的平面波$\psi_1$和散射粒子的球面散射波$\psi_2$组成

$$\psi \xrightarrow{r\to\infty} \psi_1 + \psi_2 = \mathrm{e}^{\mathrm{i}kz} + f(\theta)\frac{\mathrm{e}^{\mathrm{i}kz}}{r} \tag{1-8-1}$$

由于是弹性散射，所以散射波的能量不发生改变，即其波矢$\boldsymbol{k}$的模值不变. 式中$\theta$为散射角，即粒子被散射后的运动方向与入射方向之间的夹角；$f(\theta)$称散射振幅. 而总散射截面

$$Q = \int \left|f(\theta)\right|^2 \mathrm{d}\Omega = 2\pi\int_0^{\pi} \left|f(\theta)\right|^2 \sin\theta \mathrm{d}\theta \tag{1-8-2}$$

利用分波法求解满足式(1-8-1)边界条件的薛定谔方程，可得散射振幅为

$$f(\theta) = \frac{1}{k}\sum_{l=0}^{\infty}(2l+1)P_l(\cos\theta)\mathrm{e}^{\mathrm{i}\delta_l}\sin\delta_l \tag{1-8-3}$$

从而得到总散射截面

$$Q = \sum_{l=0}^{\infty} Q_l = \frac{4\pi}{k^2}\sum_{l=0}^{\infty}(2l+1)\sin^2\delta_l \tag{1-8-4}$$

中心力场中，波函数可表示成不同角动量$l$的入射波和出射波的相干叠加，$l=0, 1, 2, \cdots$的分波，分别称为s, p, d, …分波. 势场$U(r)$的作用仅使入射粒子散射后的每一个与$l$对应的分波各自产生相移$\delta_l$. $\delta_l$可通过解径向方程求得

$$\frac{1}{r^2}\frac{\mathrm{d}}{\mathrm{d}r}\left(r^2\frac{\mathrm{d}}{\mathrm{d}r}R_l(r)\right) + \left[k^2 - \frac{2m}{\hbar^2}U(r) - \frac{l(l+1)}{r^2}\right]R_l(r) = 0 \tag{1-8-5}$$

还需要满足

$$R_l(r) \xrightarrow{kr\to\infty} \frac{1}{kr}\sin\left(kr - \frac{l\pi}{2} + \delta_l\right) \tag{1-8-6}$$

这样，计算散射截面$Q$的问题就归结为计算各分波的相移$\delta_l$.

在冉绍尔-汤森效应实验里，$U(r)$为电子与原子之间的相互作用势，可以把惰性气体的势场近似地看成一个三维方势阱

$$U(r) = \begin{cases} -U_0, & r \ll a \\ 0, & r \gg a \end{cases} \tag{1-8-7}$$

式中$U_0$代表势阱深度，$a$表征势阱宽度. 对于低能散射，$ka \ll 1$，$\delta_l$随$l$增大而迅速减小. 若仅考虑s波的贡献，则有

$$Q \approx Q_0 = \frac{4\pi}{k^2}\sin^2\delta_0 \tag{1-8-8}$$

其分波相移

$$\delta_0 = \arctan\left(\frac{k}{k'}\tan k'a\right) - ka \tag{1-8-9}$$

其中 $k' = \frac{\sqrt{2m(E+U_0)}}{\hbar}$. 可见在原子势特性 $(-U_0, a)$ 确定的情况下，低能弹性散射截面的大小将随入射电子波波矢，即入射电子能量 $E$ 的变化而变化.

当入射电子能量 $(E \neq 0)$ 、原子势特性满足

$$\frac{\tan k'a}{k'} = \frac{\tan ka}{k} \tag{1-8-10}$$

时，$\delta_0 = \pi$，$Q_0 = 0$；而高 $l$ 分波的贡献又非常小，因此散射截面呈现极小值. 随着能量的逐渐增大，高 $l$ 分波的贡献不能忽略，各 $l$ 分波相移的总和使总散射截面不再出现极小值.

上述三维方势阱模型还是相当粗糙的，只能定性地用来解释冉绍尔曲线. 散射截面的更精确的计算要采用 Hartree-Fock 自洽场方法.

2. 散射概率、散射截面和平均自由程之间的关系

当入射粒子 A 穿过由 B 粒子组成的厚度为 dz 的散射靶时，若其平均自由程为 $\bar{\lambda}$，则其散射概率为 $P_s = \frac{dz}{\bar{\lambda}}$.

另一方面，若靶粒子的体密度为 $n$，单个靶粒子的散射截面为 $Q$，入射粒子穿过该靶时的散射概率又可表示为 $P_s = nQdz$，显然有

$$\bar{\lambda} = \frac{1}{nQ} \tag{1-8-11}$$

即入射粒子的平均自由程 $\bar{\lambda}$ 与单位体积内靶粒子的总散射截面 $nQ$ 互为倒数关系. 在几种惰性气体(Ar, Kr, Xe)的冉绍尔-汤森效应实验中，当电子能量约为 1eV 时，散射截面出现极小值，$\bar{\lambda}_s$ 为极大值，入射电子径直透过势阱，犹如不存在原子一样，原子对电子像是“透明”的，这种现象称为共振贯穿或共振透射.

密度为 $N(z)$ 的入射粒子，经由 B 粒子组成的厚度为 dz 的靶散射后，出射粒子密度的减少量为

$$-dN(z) = P_s N(z) = \frac{dz}{\bar{\lambda}} N(z) = nQN(z)dz \tag{1-8-12}$$

取不定积分，并设 $z = 0$ 处的入射粒子密度为 $N_0$，得

$$N(z) = N_0 e^{-nQz} = N_0 e^{\frac{-z}{\bar{\lambda}}} \tag{1-8-13}$$

于是求得密度 $N_0$ 的入射粒子穿过厚度为 $z$ 的靶时，散射概率为

$$P_s = \frac{N_0 - N(z)}{N_0} = 1 - e^{-nQz} = 1 - e^{\frac{-z}{\bar{\lambda}}} \tag{1-8-14}$$

$n$ 代表了单位体积内所有靶粒子对于碰撞的总贡献. 当靶粒子密度 $n$ 一定时,散射截面 $Q$ 则是决定散射概率 $P_s$ 的因子.

实验测得散射概率 $P_s$ 后可得

$$nQ = -\frac{1}{z}\ln(1 - P_s) \tag{1-8-15}$$

和

$$\bar{\lambda} = \frac{-z}{\ln(1 - P_s)} \tag{1-8-16}$$

对于给定温度 $T$ 和压强 $p$ 的气体，其总散射截面

$$Q = -\frac{kT}{pz}\ln(1 - P_s) \tag{1-8-17}$$

其中，$k$ 为玻尔兹曼常量.

3. 测量原理

测量原理线路图由电子碰撞管、各类电源、测量电表及连接导线构成，如图 1-8-1所示. 电源 $E_f$ 加热电子碰撞管内的灯丝K,使之发射热电子. 加速电源 $E_s$ 在灯丝K与屏蔽极S之间形成加速电场,通过调节 $E_s$ 的电压可以控制到达屏蔽极 S 处的电子运动速度，该区域称为碰撞管的加速区. 部分获得特定速度的电子穿过屏蔽极 S 的隔离板中央小孔进入碰撞管下一个区域. 电源 $E_p$ 用来补偿屏蔽极 S 与板极 P 之间的接触电势差,保证屏蔽极 S 隔离板至板极 P 的空间为等电势区域. 在该空间中，穿过屏蔽极 S 隔离板中央小孔的大量电子以相同的速度与特定气体分子发生碰撞，故该区域称为碰撞管的碰撞区. 另外，加速电源 $E_s$ 上还可以串联一可调交流电源(图 1-8-1 未画出)，用于供双踪示波器动态观察 $I_s$-$V_s$ 和 $I_p$-$V_s$ 曲线.

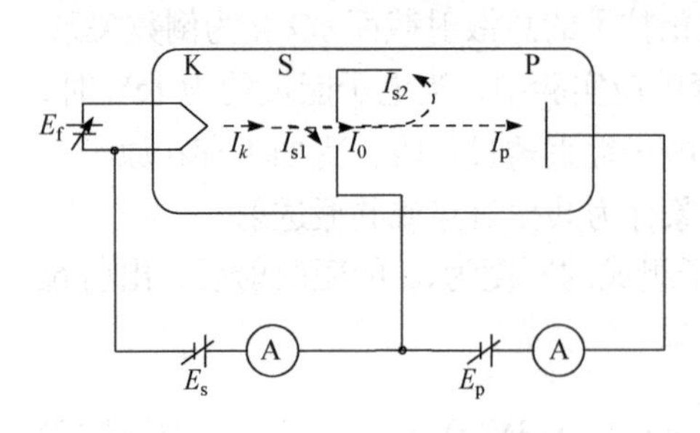

图 1-8-1　测量原理线路图

碰撞管内灯丝 K 发出的热电子的过程如图 1-8-1 中虚线所示. 从阴极发出的

电流 $I_k$，一部分被屏蔽极 S 阻挡和收集，形成电流 $I_{s1}$；另一部分通过屏蔽极 S 的隔离板孔，等效电流为 $I_0$。在等电势的碰撞区与特定气体分子(如氙原子)进行碰撞，其散射部分返回屏蔽极后再次被屏蔽极收集，形成散射电子的等效电流 $I_{s2}$，该散射电流 $I_{s2}$ 对应式(1-8-1)中散射波 $f(\theta)\frac{e^{ikz}}{r}$ 的强度. 未被散射的部分则被板极收集，形成板极电流 $I_p$，该板极电流 $I_p$ 对应式(1-8-1)中透射波 $e^{ikz}$ 的强度. 故，单位时间内，进入碰撞区内的总电子数对应电流 $I_0$，发生散射的电子数对应电流 $I_{s2}$，未发生散射的电子数对应 $I_p$. 显然，电子入射氙原子发生散射的概率为 $P_s=\frac{I_{s2}}{I_0}$.

由于散射电流 $I_{s2}$ 混杂在屏蔽极电流 $I_s=I_{s1}+I_{s2}$ 内，难以被直接测量. 故根据碰撞区电流关系 $I_0=I_{s2}+I_p$，求得散射概率

$$P_s=\frac{I_{s2}}{I_0}=1-\frac{I_p}{I_0} \tag{1-8-18}$$

式中 $I_0$ 仍然难以直接测量. 而加速区电场分布是不随时间变化的恒定电场，故灯丝 K 上发射的热电子中穿过屏蔽极 S 隔离板中央小孔的电流 $I_0$ 与被屏蔽极 S 收集的电流 $I_{s1}$ 之比恒定. 该比例常数 $f=\frac{I_0}{I_{s1}}$ 称为几何因子.

故根据加速区电流关系 $I_k=I_{s1}+I_0$，有 $I_0=\frac{fI_k}{1+f}$.

对于几何因子 $f$ 的测量，将碰撞管置于极低温度的液氮中，氙气液化，穿过屏蔽极 S 隔离板中央小孔的电子束不会与之发生碰撞，直接全部被板极收集，该状态下无散射电子，板极电流 $I_p^*$ 等于入射到碰撞区的总电流 $I_0^*$，即 $I_0^*=I_p^*$(用“*”代表液氮温度下各种对应电流的测量值). 此时气压约 0.1 Pa，$f=\frac{I_p^*}{I_s^*}$，其中 $I_s^*=I_{s1}^*+I_{s2}^*=I_{s1}^*$ (因 $I_{s2}^*=0$ ).

于是由以上几式可得

$$P_s=1-\frac{I_p(I_p^*+I_s^*)}{I_kI_p^*}=1-\frac{I_p(I_p^*+I_s^*)}{I_p^*(I_p+I_s)} \tag{1-8-19}$$

进一步可以根据式(1-8-15)(其中 $z=L$，$L$ 为屏蔽极到板极的间距)求得总散射截面 $Q$，从而还可以根据式(1-8-8)研究总散射截面 $Q$ 和加速电压平方根 $\sqrt{E_s}$ 之间的关系.

### 实验装置

实验装置由充气闸流管、冉绍尔-汤森实验仪(包括电源组和微电流计及交流测量两部分)、示波器、液氮保温瓶等组成.

### 实验内容

(1) 依次打开仪器电源，连接好电路，进行交流定性观察.

(2) 将闸流管置于液氮中，观察示波器，注意 $I_p$-$E_s$ 曲线的变化，确定补偿电压.

(3) 重新连接电路，进行直流测量. 先测量液氮温度下一组 $I_p^*$、$I_s^*$ 值，再测量室温下一组 $I_p$、$I_s$ 值，根据式(1-8-19)、式(1-8-17)求出散射概率 $P_s$ 和散射截面 $Q$.

### 问题思考

(1) 对示波器上显示的 $I_s$-$E_s$ 和 $I_p$-$E_s$ 曲线做出定性解释.

(2) 为什么冉绍尔-汤森效应无法用经典理论解释?

### 参考文献

[1] 戴道宣, 戴乐山. 近代物理实验. 2 版. 北京: 高等教育出版社, 2006.

## 1-9　金属电子逸出功的测定

20 世纪前半叶，物理学在工程技术方面最引人注目的应用之一是在无线电电子学方面，无线电电子学的基础是热电子发射，它的创始人之一，英国著名物理学家理查森(O. W. Richardson，1879～1959)，由于发现了热电子发射定律，即理查森定律，荣获 1928 年诺贝尔物理学奖. 研究各种材料在不同温度下的热电子发射，对于以热阴极为基础的各种真空电子器件的研制是极为重要的，电子的逸出功是热电子发射的一个基本物理参量.

金属电子逸出功的测定实验，不仅可以加深对金属电子理论的理解，而且该实验综合性地应用了直线法、外延法和对数图解法等一些构思独特的数据处理方法，是一个比较有意义的物理实验，也是理工科学生实验课程中的一个重要实验.

### 实验预习

(1) 了解热电子发射的基本规律.

(2) 什么是理查森直线法?

(3) 什么是肖特基效应?

## 实验目的

(1) 掌握金属电子逸出功的测定方法.

(2) 学习理查森直线法、外延法和对数图解法等数据处理方法.

## 实验原理

### 1. 电子的逸出功

根据固体物理中的金属电子理论，金属中的电子具有一定能量，其能量分布服从费米-狄拉克分布(Fermi-Dirac distribution). 在绝对零度时，电子数按能量的分布如图 1-9-1 中的曲线(1)所示，此时电子所具有的最大动能为$W_f$，$W_f$为费米能级的动能. 当温度升高时，电子能量分布曲线如图 1-9-1 中的曲线(2)所示，其中少数电子能量上升到比$W_f$高，并且电子数随能量以接近于指数的规律减少.

在常温下，金属表面存在一个厚约 $10^{-10}$m 的电子-正电荷的偶电层，阻碍电子从金属表面逸出. 也就是说金属表面与外界之间有势能壁垒$W_a$. 电子要从金属中逸出，至少具有动能$W_a$，即必须克服偶电层的阻力做功，这个功就叫做电子的逸出功，以$W_0$表示. 从图 1-9-2 中可见

$$W_0 = W_a - W_f = e_0\varphi \tag{1-9-1}$$

$W_0$($e_0\varphi$)的国际单位为焦耳(J)，常用单位为电子伏特(eV)，它表征绝对零度下金属中具有最大能量的电子逸出金属表面所需要的能量. $e_0$为电子电量，$\varphi$称为逸出电势，单位为伏特(V).

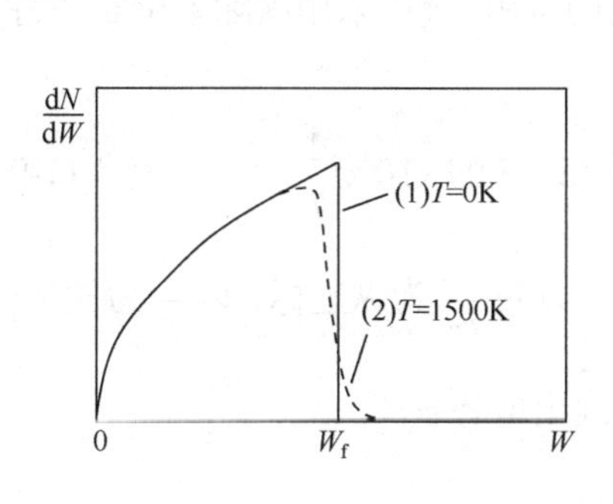


图 1-9-1 费米-狄拉克分布

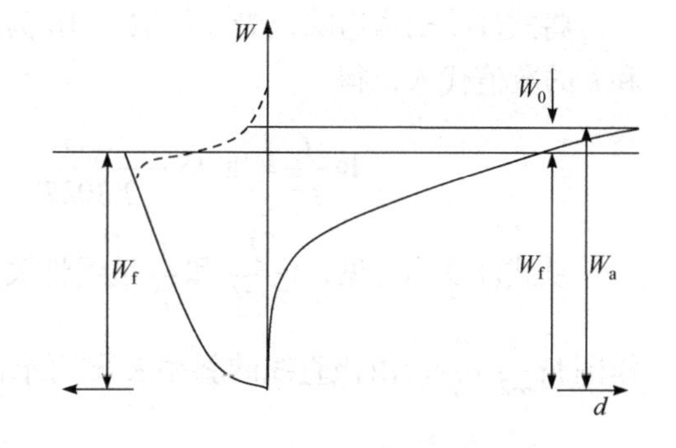


图 1-9-2 势能壁垒图

### 2. 热电子发射公式

在一真空玻璃管中装上两个电极，其中一个用金属丝做成(一般称为阴极)，并

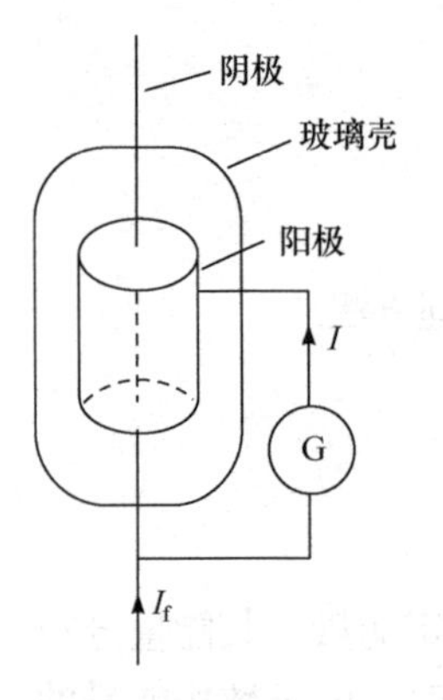

图 1-9-3　测量 $I$ 的原理图

通过电流使之加热，在另一电极(即阳极)上加一高于金属丝的正电势，则在连接这两个电极的外电路中将有电流通过，如图 1-9-3 所示. 电子从热金属丝中发射的现象，称为热电子发射. 热电子发射是采用提高阴极温度的办法来改变电子的能量分布，使其中一部分电子的能量大于势能壁垒 $W_a$，从而从金属中发射出来. 可见，逸出功的大小对热电子发射的强弱有决定性的作用.

根据费米-狄拉克分布，可以推导出热电子发射的理查森-杜什曼(Richardson-Dushman)公式

$$I = AST^2 e^{-\frac{e_0\varphi}{kT}} \tag{1-9-2}$$

式中 $I$ 为热电子发射的电流强度，单位安培；$A$ 为与阴极表面化学纯度有关的系数；$S$ 为阴极金属的有效发射面积；$T$ 为热阴极的绝对温度，单位 K；$e_0\varphi$ 为阴极金属的电子逸出功；$k$ 为玻尔兹曼常量，$k = 1.38\times10^{-23}$ J/K.

3. 理查森直线法求电子逸出功

按照公式(1-9-2)，只要测定 $I$、$A$、$S$ 和 $T$，就可以计算出逸出功 $e_0\varphi$，但是从理想模式推导出来的常数 $A$ 与实际情况出入很大，它不仅与金属表面的化学纯度有很大关系，与电子管内的真空度也有关. 而且由于金属表面是粗糙的，计算出来的阴极发射面积 $S$ 也有很大出入. 所以在实际测量时，常用理查森直线法，避开 $A$ 和 $S$ 的测量.

将式(1-9-2)两边除以 $T^2$，再取以 10 为底的常用对数，采用国际单位制并将 $e_0$ 和 $k$ 的数值代入，得

$$\lg\frac{I}{T^2} = \lg AS - \frac{e_0\varphi}{2.30kT} = \lg AS - 5.04\times10^3\varphi\frac{1}{T} \tag{1-9-3}$$

从式(1-9-3)可见，$\lg\frac{I}{T^2}$ 和 $\frac{1}{T}$ 呈线性关系. 以 $\lg\frac{I}{T^2}$ 为纵坐标，以 $\frac{1}{T}$ 为横坐标，作图 $\lg\frac{I}{T^2}$-$\frac{1}{T}$，由该直线的斜率 $K$ 即可求出逸出电势 $\varphi$.

$$\varphi = \frac{K}{-5.04\times10^3} \tag{1-9-4}$$

从而求出电子的逸出功 $e_0\varphi$. 该方法称为理查森直线法.

由于 $A$ 与 $S$ 对某一固定材料的阴极来说是常数，故 $\lg AS$ 一项只改变直线的截

距，使 $\lg\frac{I}{T^2}-\frac{1}{T}$ 直线产生平移，而不影响直线的斜率，所以实验中完全可以不测量 $A$ 和 $S$ 的值，只测量 $I$ 和 $T$ 就可以得出 $\varphi$. 类似的这种处理方法在实验和科研中很有用处.

4. 外延法求发射电流 $I$

如图 1-9-3 所示，在阴极与阳极之间接以灵敏电流计 G，当阴极通以电流 $I_f$ 时，产生热电子发射，相应有发射电流 $I$ 通过 G. 但是，当热电子不断从阴极发射出来飞往阳极的途中，必然形成空间电荷，这些空间电荷的电场必将阻碍后续的电子飞往阳极，这就严重地影响发射电流的测量. 为此，必须维持阳极电势高于阴极，即在阳极与阴极之间外加一个加速电场 $E$，使电子一旦逸出，就能迅速飞往阳极，如图 1-9-4 所示.

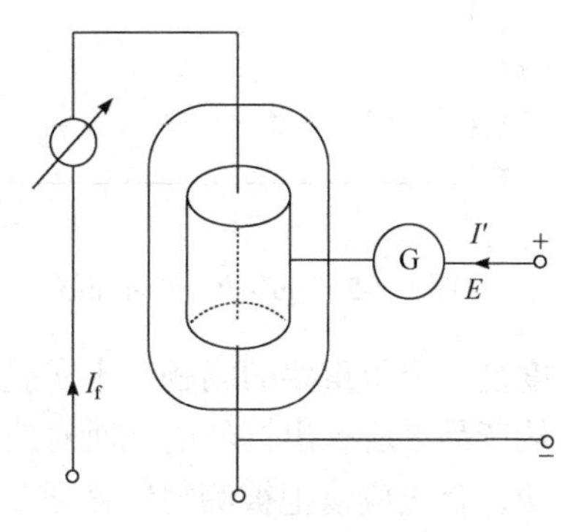

图 1-9-4　测量 $I$ 的示意图

外加电场 $E$ 固然可以消去空间电荷的影响，然而，由于 $E$ 的存在使电子从阴极发射出来时会受到一个电场的助力，因而增加了阴极发射的电子数量，使发射电流增大，这一现象称为肖特基效应. 增大后的发射电流 $I'$ 自然不是真正的 $I$ 值，而必须作相应的处理. 根据肖特基的研究，在外加电场 $E$ 的作用下，热电子发射电流 $I'$ 与 $E$ 有如下关系：

$$I' = I\mathrm{e}^{\frac{4.39\sqrt{E}}{T}} \tag{1-9-5}$$

$I'$ 是外加电场为 $E$ 时的发射电流，$I$ 是外加电场 $E=0$ 时的发射电流，$T$ 为阴极温度. 同样，对式(1-9-5)取以 10 为底的对数，得

$$\lg I' = \lg I + \frac{4.39}{2.30T}\sqrt{E} \tag{1-9-6}$$

如果把阴极和阳极做成共轴圆柱形，$r_1$ 和 $r_2$ 分别为阴极和阳极的半径，$U$ 为阳极电压，若忽略接触电势差及其他影响，外加电场可表示为

$$E = \frac{U}{r_1(\ln r_2 - \ln r_1)} \tag{1-9-7}$$

将式(1-9-7)代入式(1-9-6)可得

$$\lg I' = \lg I + \frac{4.39}{2.30T}\frac{1}{\sqrt{r_1(\ln r_2 - \ln r_1)}}\sqrt{U} \tag{1-9-8}$$

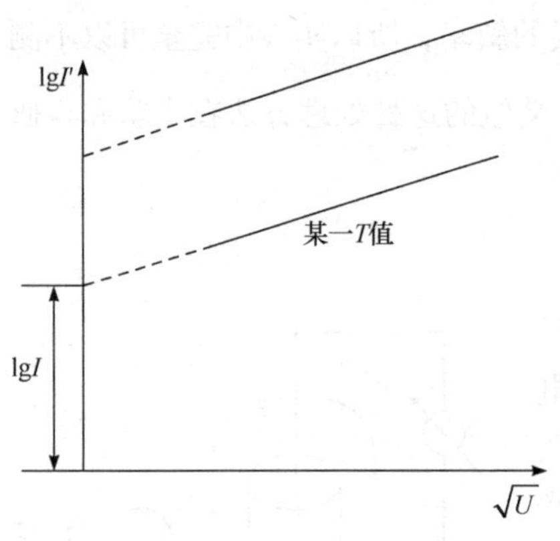


图 1-9-5 lg$I'$-$\sqrt{U}$ 关系曲线

由式(1-9-8)可见，在阴极温度$T$及管子结构一定的情况下，$\lg I'$ 与 $\sqrt{U}$ 呈线性关系，以 $\sqrt{U}$ 为横坐标，$\lg I'$ 为纵坐标，作图 $\lg I'$ - $\sqrt{U}$ ，如图 1-9-5 所示. 直线的延长线与纵坐标轴的交点即为$\lg I$ . 由此即可求出在一定温度下外加电场为零时的发射电流$I$ .

5. 温度 $T$ 的测量

从热电子发射公式可以看出，灯丝温度$T$对发射电流影响很大,因此准确测量温度是一个很重要的问题. 本实验中采用 LB-MEP-PC 电子综合实验仪，可以直接从产品手册查出灯丝电流所对应的灯丝温度. 综上所述，要测定金属材料的逸出功，首先应该把被测材料做成二极管的阴极. 测定阴极在不同温度下的零场电流$I$ ，进而求出逸出电势$\varphi$和逸出功$e_0\varphi$.

## 实验装置

本实验所用电子管为直热式理想二极管，管子结构及外形见图 1-9-6. 阴极由钨丝做成，阳极是用镍片做成的圆筒形电极(半径$a = 4.0\text{mm}$)，在阳极上有一小孔以便用光测高温计测定灯丝温度. 为了避免灯丝有冷端效应和电场的边缘效应，在阳极两端装有两个保护电极. 保护电极与阳极加同一电压，但其电流不计入热电子发射电流中. 测量线路原理如图 1-9-7 所示.

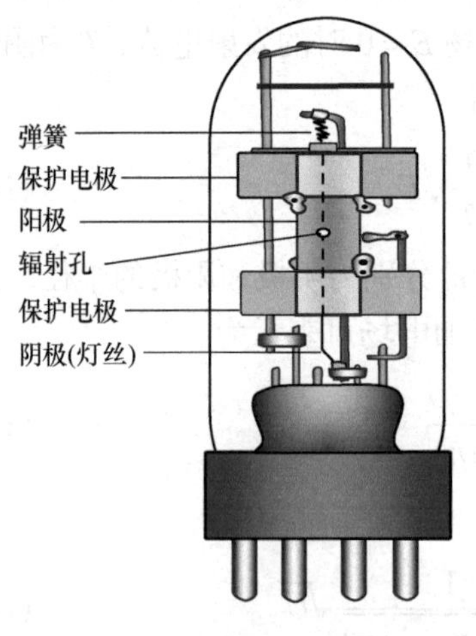


图 1-9-6 理想二极管

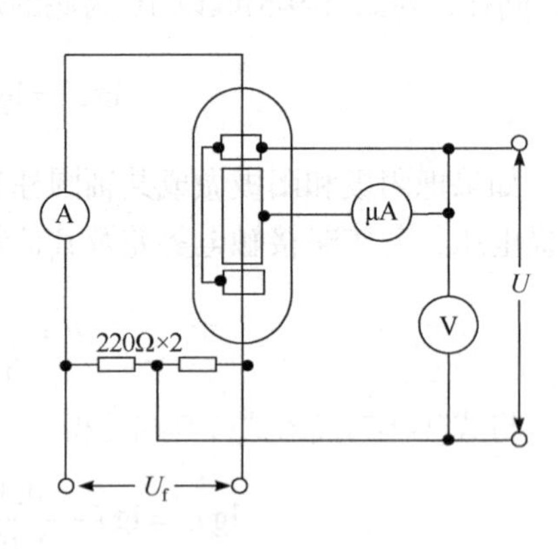


图 1-9-7 实验原理图

### 实验内容

(1) 熟悉仪器. 连接线路，接通电源.

(2) 将灯丝电流 $I_f$ 设定在某一数值(例如 0.650A)保持不变，预热 10min. 从小到大缓慢改变阳极电压 $U$，记录 $U$ 为 16V、25V、36V、49V、64V、81V、100V 时对应的阳极电流 $I'$.

(3) 将灯丝电流以 0.025A 间隔逐渐增大，每变化一次都重复步骤(2)，直至达到 0.800A.

(4) 根据所测数据作出 $\lg I'$ - $\sqrt{U}$ 直线，各直线的截距即为不同温度下的 $\lg I$ 值.

(5) 用画图法作出 $\lg\dfrac{I}{T^2}$ - $\dfrac{1}{T}$ 直线，由直线斜率求出逸出电势 $\varphi$，并与理论值 4.54V 相比较.

### 问题思考

(1) 分析产生实验误差的因素有哪些.

(2) 实验中二极管的阳极电流和电压是否满足欧姆定律?

### 参考文献

[1] 郑裕芳, 李仲荣. 近代物理实验. 广东: 中山大学出版社, 1989.
[2] 张孔时, 丁慎训. 物理实验教程. 北京: 清华大学出版社, 1991.
[3] 王素红, 王荣, 张胜海. 大学物理实验教程. 长沙: 国防科技大学出版社, 2006.

## 1-10　黑体辐射实验

黑体是理想物体，它在一切温度下都能全部吸收照射到它表面的电磁辐射，则该物体称为绝对黑体，简称黑体. 当然绝对黑体事实上并不存在，一般情况下任何物体，只要其温度在绝对零度以上，就向周围发射辐射，这种辐射称为温度辐射或热辐射. 黑体是一种完全的温度辐射体，即任何非黑体所发射的辐射通量都小于同温度下的黑体发射的辐射通量；并且，非黑体的辐射能力不仅与温度有关，而且与表面材料的性质有关，而黑体的辐射能力则仅与温度有关. 黑体的辐射亮度在各个方向都相同，从这个角度讲黑体是一个完全的余弦辐射体.

### 实验预习

(1) 实验为何能用溴钨灯进行黑体辐射测量并进行黑体辐射定律验证?

(2) 实验数据处理中为何要对数据进行归一化处理?

(3) 实验中使用的光谱分布辐射度与辐射能量密度有何关系?

## 实验目的

(1) 验证黑体辐射定律(普朗克辐射定律、斯特藩-玻尔兹曼定律、维恩位移定律).

(2) 掌握测量一般发光光源辐射能量曲线的方法，加深对黑体辐射问题的理解.

## 实验原理

### 1. 黑体辐射的光谱分布——普朗克辐射定律

此定律用光谱辐射度表示，其形式为

$$E_{\lambda T}=\frac{C_1}{\lambda^5\left(e^{\frac{C_2}{\lambda T}}-1\right)}$$

式中第一辐射常数 $C_1=3.74\times10^{-16}\mathrm{W\cdot m^2}$，第二辐射常数 $C_2=1.4398\times10^{-2}\mathrm{m\cdot K}$.

黑体光谱辐射亮度由下式给出：

$$L_{\lambda T}=\frac{E_{\lambda T}}{\pi}$$

图 1-10-1 给出了 $L_{\lambda T}$ 随波长变化的图形.

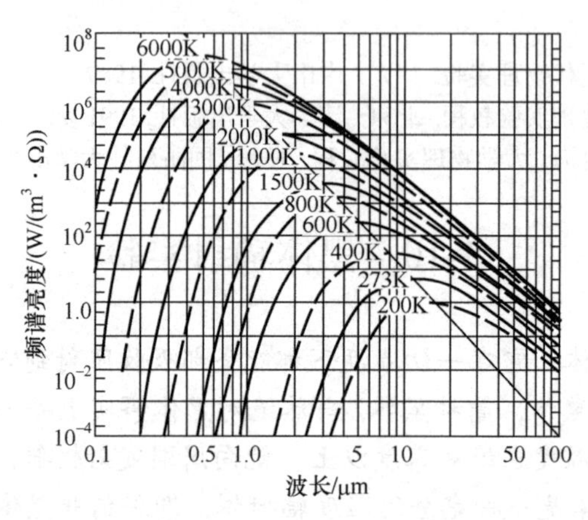


图 1-10-1　黑体的频谱亮度随波长的变化. 每一条曲线上都标出黑体的绝对温度与诸曲线的最大值相交的对角直线表示维恩位移定律

### 2. 黑体的积分辐射——斯特藩-玻尔兹曼定律

此定律用辐射度表示为

$$E_T=\int_0^{\infty}E_{\lambda T}\mathrm{d}\lambda=\delta T^4$$

$T$ 为黑体的绝对温度，$\delta$ 为斯特藩-玻尔兹曼常量

$$\delta=\frac{2\pi^5k^4}{15h^3c^2}=5.670\times10^{-8}\ \mathrm{W/(m^2\cdot K^4)}$$

其中，$k$ 为玻尔兹曼常量，$h$ 为普朗克常量，$c$ 为光速. 由于黑体辐射是各向同性的，所以其辐射亮度与辐射度有关系

$$L=\frac{E_T}{\pi}$$

于是，斯特藩-玻尔兹曼定律也可以用辐射亮度表示为

$$L=\frac{\delta}{\pi}T^4$$

3. 维恩位移定律

光谱亮度的最大值的波长 $\lambda_{\max}$ 与它的绝对温度 $T$ 成反比

$$\lambda_{\max}=\frac{A}{T}$$

$A$ 为常数，$A=2.896\times10^{-3}\ \mathrm{m\cdot K}$.

$$L_{\max}=4.1075\times10^{-6}\ \mathrm{W/(m^3\cdot\Omega\cdot K^5)}$$

随温度的升高，绝对黑体光谱亮度的最大值的波长向短波方向移动.

## 实验装置

本实验采用 4A 型光栅单色仪，其光学系统如图 1-10-2 所示.

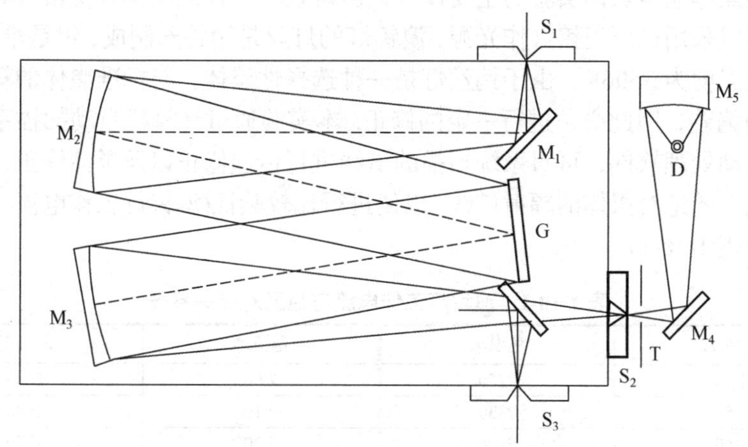


$M_1$-反射镜；$M_2$-准光镜；$M_3$-物镜；$M_4$-反射镜；$M_5$-深椭球镜；G-平面衍射光栅；$S_1$-入射狭缝；$S_2$，$S_3$-出射狭缝；T-调制器

图 1-10-2 单色仪光学原理图

入射狭缝、出射狭缝均为直狭缝，宽度范围 0～2.5mm 连续可调，光源发出的光束进入入射狭缝 $S_1$，$S_1$ 位于反射式准光镜 $M_2$ 的焦面上，通过 $S_1$ 射入的光束经 $M_2$ 反射成平行光束投向平面光栅 G 上，衍射后的平行光束经物镜 $M_3$ 成像在 $S_2$ 上. 经 $M_4$、$M_5$ 会聚在光电接收器 D 上.

1. 仪器的机械传动系统

仪器采用如图 1-10-3(a)所示“正弦机构”进行波长扫描，丝杠由步进电机通过同步带驱动，螺母沿丝杠轴线方向移动，正弦杆由弹簧拉靠在滑块上，正弦杆与光栅台连接，并绕光栅台中心回转，如图 1-10-3(b)所示，从而带动光栅转动，使不同波长的单色光依次通过出射狭缝而完成“扫描”.

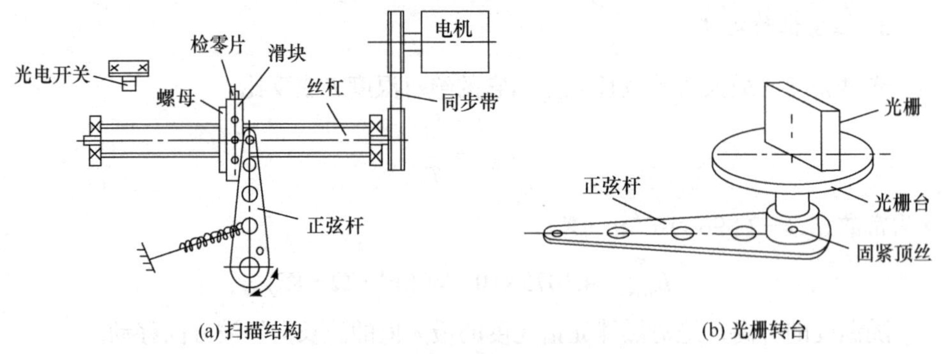


图 1-10-3　扫描结构图及光栅转台图

2. 溴钨灯光源

标准黑体应是黑体实验的主要设置，但购置一个标准黑体其价格太高，所以本实验装置采用稳压溴钨灯作光源，溴钨灯的灯丝是用钨丝制成，钨是难熔金属，它的蒸发温度为 3506K，由于钨丝灯是一种选择性黑体，与标准黑体的辐射光谱有一定的偏差，因此必须进行一定的修正. 本实验通过计算机自动扫描系统和黑体辐射自动处理软件，可对系统扫描的谱线进行传递修正以及黑体修正，并给定同一颜色下的绝对黑体的辐射谱线，以便进行比较验证(溴钨灯工作电流与色温对应关系见表 1-10-1).

**表 1-10-1　溴坞灯工作电流与色温对应关系表**

| 电流/A | 色温/K | 电流/A | 色温/K |
|---|---|---|---|
| 1.40 | 2250 | 2.00 | 2600 |
| 1.50 | 2330 | 2.10 | 2680 |
| 1.60 | 2400 | 2.20 | 2770 |
| 1.70 | 2450 | 2.30 | 2860 |
| 1.80 | 2500 | 2.38 | 2940 |
| 1.90 | 2550 | | |

3. 接收器

工作区间在 800～2500nm，选用硫化铅(PbS)为光信号接收器，从单色仪出缝射出的单色光信号经调制器，调制成 50Hz 的频率信号被 PbS 接收，选用的 PbS 是晶体管外壳结构、该系列探测器是将硫化铅元件封装在晶体管壳内，充以干燥的氮气或其他惰性气体，并采用熔融或焊接工艺，以保证全密封. 该器件可在高温、潮湿条件下工作且性能稳定可靠.

**实验内容**

(1) 验证普朗克辐射定律.
(2) 验证斯特藩-玻尔兹曼定律.
(3) 验证维恩位移定律.
(4) 研究黑体和一般发光体辐射强度的关系.
(5) 将以上所测辐射曲线与绝对黑体的理论曲线进行比较并分析.

**问题思考**

(1) 实验为何能用溴钨灯进行黑体辐射测量并进行黑体辐射定律验证?
(2) 实验数据的处理中为何要对数据进行归一化处理?
(3) 实验中使用的光谱分布辐射度与辐射能量密度有何关系?

**参考文献**

[1] 欧内斯特・内格尔. 科学的结构. 徐向东, 译. 上海: 上海译文出版社, 2002.
[2] 赫尔奇・克拉夫. 科学史学导论. 任定成, 译. 北京: 北京大学出版社, 2005.
[3] 米文博, 王树国, 王立英. 近代物理学实验. 天津: 天津大学出版社, 2020.
[4] 刘惠莲. 近代物理实验. 北京: 科学出版社, 2020.

## 1-11 盖格-米勒计数器及核衰变统计规律

探测核辐射的仪器有很多种，其中盖格-米勒(Geiger-Müller)计数器(简称 G-M 计数器)是一种利用气体电离放电的核辐射探测仪器. 它能用于探测各种带电粒子(如α粒子、β粒子)以及不带电的光子和中子等辐射粒子. G-M 计数器由于结构简单、价格低廉、使用方便等优点，至今仍在放射性同位素追踪和剂量监测等领域中广泛应用.

**实验预习**

(1) 了解 G-M 计数器的结构、原理、特征及使用方法.

(2) 了解原子核衰变的统计规律.

## 实验目的

(1) 验证放射性原子核衰变的统计规律，即验证泊松分布(或者高斯分布).

(2) 熟悉放射性测量误差表示方法.

## 实验原理

### 1. G-M 计数器结构和工作原理

G-M 计数器由 G-M 计数管、高压电源、定标器组成.

G-M 计数管常见的有钟罩型β计数管(图 1-11-1(a))和圆柱形γ计数管(图 1-11-1(b))，它们都由圆柱状的阴极丝和装在轴上的阳极丝共同密封在玻璃(或金属)管内组成. 管内充以气压稀薄的惰性气体和少量的猝灭气体. β管装有薄云母窗，目的在于让β粒子易于通过.

在计数器上高压电源通过电阻 $R$ 加一直流高压，于是在管内产生一轴状对称电场. 辐射粒子使电极间气体电离，生成电子和正离子在电场作用下漂移，最后收集到电极上. 电离电流大小取决于被收集离子对数目，曲线明显分成五个区域，见图 1-11-2，区域Ⅰ中复合现象比较严重，因而电离电流随电压增加而迅速增加，随后趋于饱和. 在区域Ⅱ复合消失，离子全部被收集下来. 区域Ⅱ称为电离室区. 区域Ⅲ随着电压继续增加，出现气体放大现象. 这时被收集的离子对数与射线电离产生的离子对数成正比，该区称为正比区. 工作于该区的计数器称为正比计数器. Ⅳ区为过渡区，叫有限正比区. 电压继续增加，上述关系不再满足，被收集的离子数与原电离无关. 第Ⅴ区称为盖革区，工作于盖革区的探测器，称为 G-M 探测器. 它的优点是脉冲幅度较大,操作简单方便. 缺点是不能鉴别粒子的类型与能

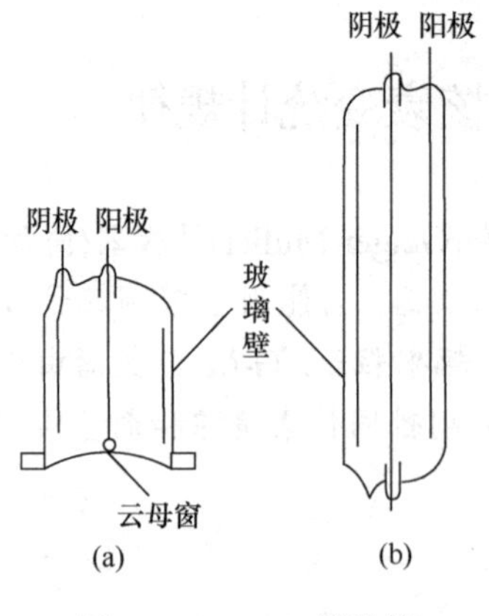


图 1-11-1　G-M 计数管

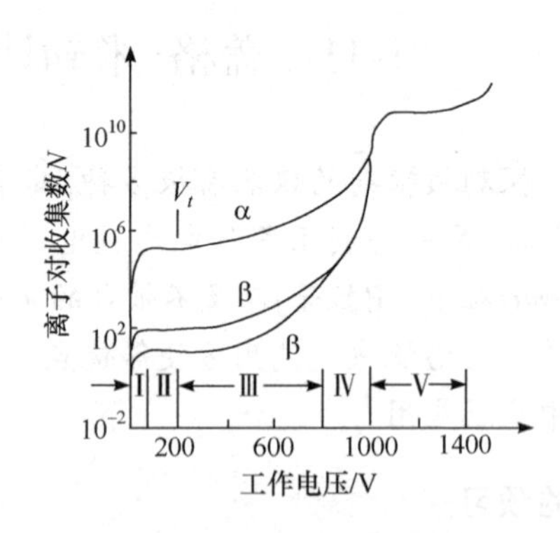


图 1-11-2　离子收集曲线

量，每次放电后，需要较长时间使放电猝灭并恢复工作状态，因而分辨时间较长，不能进行快速计数.

G-M 计数管负脉冲形成过程如下：当带电粒子进入管内，由于粒子与惰性气体原子电子间库仑力作用，气体被初级电离或激发，形成正、负离子对. 在电场作用下，正、负离子分别向两电极运动，正离子向阴极运动速度很慢. 电子向阳极运动过程中不断被加速，又可引起气体电离，称为次级电离. 次级电离后电子数目急剧倍增，形成“雪崩”现象. 在雪崩过程中，由于受激原子的退激和正、负离子复合将发射大量光子，在充有猝灭气体的计数管中，这些光子主要为猝灭气体分子所吸收，同时使雪崩区沿着丝极方向向两端扩展，而导致全管放电，最后就有大量的电子到达阳极. 由于管内的电场是柱状对称的，所以阳极附近电场最强. 绝大多数次级电子都是在阳极附近产生的. 当电子很快到达阳极后，由于正离子质量较大，运动速度很慢，于是在阳极周围形成一层“正离子鞘”，阳极附近的电场随着“正离子鞘”的形成而减弱，以致新电子无法再增殖，放电便中止了. 以后正离子鞘在电场作用下慢慢移向阴极，最后到达阴极被中和.

从 G-M 计数器工作原理可以看出，入射带电粒子仅仅起一个触发放电的作用. G-M 计数管输出的电流与入射粒子的类型及能量无关，仅由计数管本身工作状态及输出回路参量决定. 工作电压越高，则气体放电终止所需要的电荷量也越多，因而输出电压脉冲幅度也越大.

2. G-M 计数管的特性

G-M 计数管的性能由坪长度、坪斜、分辨时间、计数效率等因素决定.

1) 坪特性

在进入计数管放射粒子数不变的情况下，改变加在计数管电极上的电压，由定标器记录相应的计数率(单位时间计数次数)，得到如图 1-11-3 所示的曲线，称为坪特性曲线. $V_0$ 称为起始电压，$V_1$ 称为阈电压，$\Delta V = V_2 - V_1$ 称为坪长. 而在坪区内电压每升高 1V 计数率增加的百分数称坪斜，即

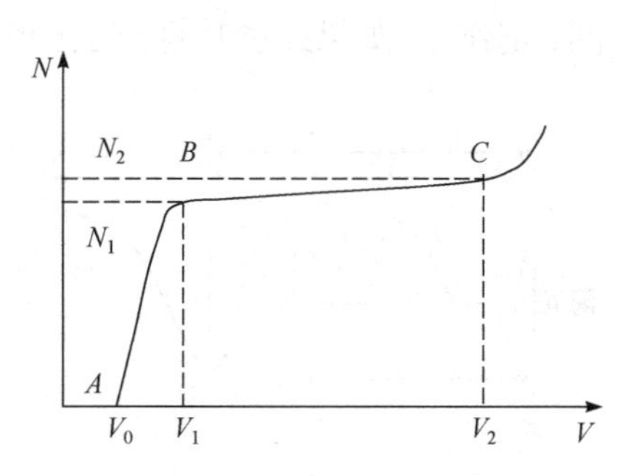

图 1-11-3　G-M 计数管的坪特性曲线

$$坪斜 = \frac{N_2 - N_1}{N_1(V_2 - V_1)} \times 100\% \qquad (1\text{-}11\text{-}1)$$

坪曲线的解释：当电压低于 $V_0$ 时，放电只在计数管内局部区域发生，因此产生负脉冲幅度较小，且其幅度与粒子产生的原始离子对数有关. 由于脉冲幅度过

小不能触发定标器计数，此时计数率为零；在$V_0$到$V_1$区间内，只有一部分产生原始离子对数较多的粒子，产生的负脉冲较大，能触发定标器计数，计数率仍较小. 但随着电压的升高，脉冲幅度增大，因此计数率也增大. 电压超过$V_1$后，放电进入盖革区，此时只要产生一对离子就会引起全管放电，脉冲幅度只决定于电压而与原始离子对数无关，此时所有产生离子对数被定标器记录下来. 此后再增加电压只是增加脉冲幅度，而不增加脉冲个数，因此计数率保持不变，即为坪区. 在坪区内测量，脉冲数与射线才是线性对应的. 实测中发现坪区内计数率仍有少量增加，即有坪斜. 原因之一是自猝灭作用不彻底，有少量假脉冲生成；二是管内的探测灵敏体积也随电压变化. 这两个效应都随电压增加而增大，所以坪斜是正的. 当电压超过$V_2$时，极间电场过强，正、负离子倍增的放大系数更大，正、负离子更多，以至于正离子到达阴极产生新的次级电子的概率大大增加. 当此概率增大到1时，猝灭就完全失效，计数管为连续放电，称为雪崩放电，计数率急剧上升，这时应立即降低电压，防止损坏计数管.

2) 死时间、恢复时间与分辨时间

入射粒子在管内引起雪崩放电时，正离子在阳极附近形成正离子鞘，使管内电场强度减弱. 此时，即使再有粒子入射，也不能引起新的计数. 随着正离子鞘向阴极移动，阳极附近空间电场恢复之前，计数管不能计数的这段时间，叫做计数管的死时间，记作$t_d$. 阳极电场恢复到原来强度之前，只要足以再次引起离子增殖，此时若入射粒子进入计数管灵敏区，又能产生电压脉冲，但脉冲高度要比正常脉冲高度小. 从能产生一个最低脉冲到恢复正常脉冲高度的时间称为恢复时间，记作$t_\tau$. 如果经过时间$\tau$后出现的脉冲能被定标器记录下来，则$\tau$称为计数管分辨时间，其含义是能够区分两个顺序入射粒子最小时间. 计数管放电后的恢复时间及死时间可以用示波器观测. 将计数管阳极经耐高压电容器连到示波器的输入端可以看到大脉冲后有些小脉冲，它是多次扫描重叠的结果. 由示波器可以测量死时间和恢复时间，若知道定标器的甄别域，也可求得分辨时间如图 1-11-4 所示.

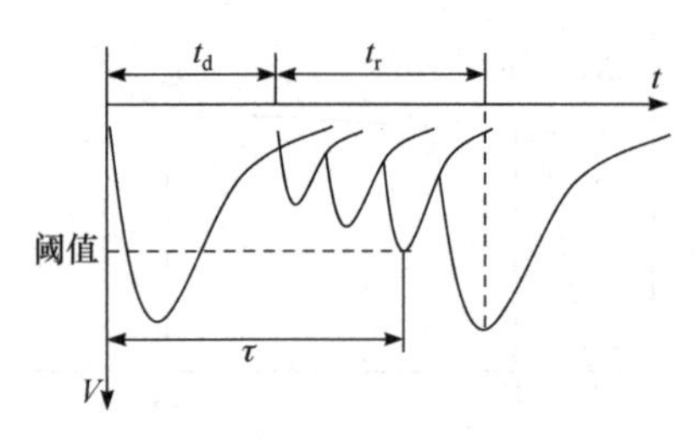


图 1-11-4　死时间和恢复时间的波形图

由于分辨时间的存在，将有许多粒子被漏记，影响测量的准确性，为此必须对漏记数进行修正. 假如单位时间内记录了$m$次，每次计数后都有$\tau$时间产生漏记，则单位时间内总漏记时间为$\tau \cdot m$. 如果没有漏计时应该记录$n$次(单位时间内)，则在$\tau \cdot n$时间应漏记$mn\tau$次. 它又应该等于$n$与$m$之差，所以有

$$n \cdot m \cdot \tau = n - m$$

因而漏记数修正公式为

$$n = \frac{m}{1 - m\tau} \tag{1-11-2}$$

分辨时间 $\tau$ 在 $mt \ll 1$ 条件下，近似为常数. 否则 $\tau$ 将随计数率 $m$ 增大而减小.

分辨时间 $\tau$ 除用示波器观测外，还可以用双源法进行测量. 测量 A 和 B 两个放射源分别照射下的计数率 $m_A$ 和 $m_B$ 以及同时照射下的计数率 $m_{AB}$，由计数修正公式得

$$n_A = \frac{m_A}{1 - m_A\tau}, \qquad n_B = \frac{m_B}{1 - m_B\tau}$$

$$n_{AB} = n_A + n_B = \frac{m_{AB}}{1 - m_{AB}\tau}$$

由上式可得(略去 $\tau^2$ 项)

$$\tau = \frac{m_A + m_B - m_{AB}}{2m_A m_B} \tag{1-11-3}$$

在上式推导中假设 $\tau$ 是常数，所以必须满足 $mt \ll 1$ 的条件. 此外，由于用了 $n_{AB} = n_A + n_B$ 的条件，源 A 和 B 在单独测量时和同时测量时几何位置和周围环境都应相同(请考虑 $m_A$ 、$m_B$ 和 $m_{AB}$ 的测量次序). 从上式可以看出，双源法是由两个大数的小的差额求 $\tau$ 值的，因为( $m_A + m_B - m_{AB}$ )比 $m_A$ 、$m_B$ 、$m_{AB}$ 小得多，所以要得到相对误差不大的 $\tau$ 值，必须相当准确地测定 $m_A$ 、$m_B$ 和 $m_{AB}$ .

3) 本底

在工作电压下，没有放射源测得的计数率称为本底. 这些计数一部分来自宇宙射线、地下微量放射物质的 $\gamma$ 辐射，一部分来自周围放射源干扰和材料中的污染，所以测定源强时必须减去本底.

4) 寿命

自猝计数管每放电一次要分解大量猝灭气体，猝灭气体被分解后不能再起猝灭作用，所以是一种损耗. 有机管通常充有 $10^{20}$ 个左右酒精分子，因而寿命只有 $10^8$～$10^9$ 次计数. 充卤族元素为猝灭物质的计数管，由于卤素分子分解后，尚能重新组合，所以寿命要长些. 加高工作电压后，每次放电所消耗的猝灭气体将大大增加，使寿命缩短. 所以工作电压应低一些，以延长计数管的寿命，通常工作电压选在距坪起始端 1/3 到 1/2 处.

### 3. 核衰变的统计规律

用 G-M 计数管和定标器或其他形式的计数系统对放射性进行多次重复测量时，尽管放射源强度不变，而且每次测量的条件和测量时间都相同，人们发现：

每次记录到的粒子数不完全相同，计数值围绕在某一均值上下涨落，而且这一涨落服从一定的统计规律. 这种现象显示放射性的统计性质，它是由放射性物质中原子核衰变的随机性质所引起的，实际上是核衰变随机性质的宏观体现. 对于大量原子核 $N$，经过时间 $t$ 后，平均地说其数目将按指数规律 $e^{-\lambda t}$ 衰减，$\lambda$ 为衰变常数，它与放射源半衰期 $T$ 之间满足公式 $\lambda = \ln 2/T$.

在 $T$ 时间内平均衰变的原子核数目 $m$ 为

$$m = N(1-e^{-lt}) \tag{1-11-4}$$

每个核在 $t$ 时间内发生衰变的概率为 $1-e^{-\lambda t}$，不发生衰变的概率为 $e^{-lt}$. 因此在 $t$ 时间内，$N$ 个原子核中有 $n$ 个核发生衰变的概率为

$$P(n) = \frac{N!}{(N-n)!n!}(1-e^{-\lambda t})^n (e^{-\lambda t})^{N-n} \tag{1-11-5}$$

式中 $N!/[(N-n)!n!]$ 是考虑 $N$ 个原子核中发生衰变的 $n$ 个核的各种可能组合数. 如果原子核的总数 $N \gg 1$ 而测量时间 $t$ 远小于放射源半衰期 $T$，即 $\lambda t \ll 1$，也即衰变数 $m$ 远小于粒子总数 $N$，这时式(1-11-5)分子中 $(N-1), (N-2), \cdots, (N-n+1)$ 均可用 $N$ 代替，即有

$$P(n) \approx \frac{N^n}{n!}(\lambda t)^n (e^{-\lambda t})^{N-n} \approx \frac{(N\lambda t)^n}{n!} e^{-N\lambda t}$$

由式(1-11-4)可知 $m = N\lambda t$，则有

$$P(n) \approx \frac{m^n}{n!} e^{-m} \tag{1-11-6}$$

这就是泊松分布. 它指出如果在时间间隔 $t$ 内平均衰变次数为 $m$，则在时间间隔 $t$ 内衰变数为 $n$ 出现的概率 $P(n)$，如图 1-11-5 所示.

当平均值 $m$ 增大时(例如 $m > 10$)，分布逐渐趋于对称，概率分布将从泊松分布逼近高斯分布

$$P(n) = \frac{1}{\sqrt{2\pi\sigma}} e^{-\frac{(n-m)^2}{2m}} \tag{1-11-7}$$

如果把坐标原点移到 $n = m$ 上，并令 $\Delta = n - m =$ 偏差值，则高斯分布写成

$$P(n) = \frac{1}{\sqrt{2\pi\sigma}} e^{-\frac{\Delta^2}{2\sigma^2}} \tag{1-11-8}$$

其中 $\sigma = m^{1/2} =$ 标准偏差.

高斯分布表明：偏差 $\Delta$ 对 $n = m$ 轴线具有对称性，在 $\Delta = 0$ 处 $(n = m)$，概率密度取极大值，随 $\Delta$ 增大概率变小，见图 1-11-6.

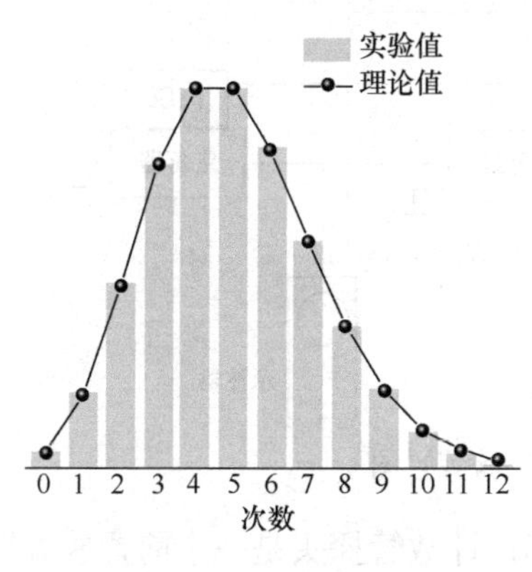


图 1-11-5　泊松分布

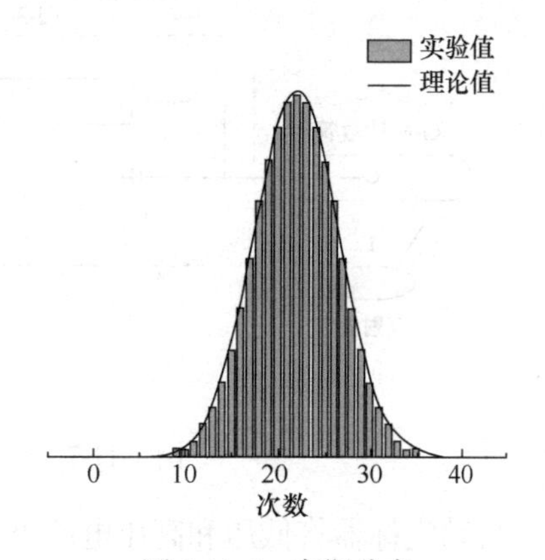


图 1-11-6　高斯分布

在一次放射性测量中，当计数 $n$ 相当大时，$n$ 和 $m$ 差不多，因此常将一次测量结果当作平均值，并把结果记作 $n\pm n^{1/2}$. 式中 $n^{1/2}$ 表示测量的标准偏差，即做同样测试时，有 68.3% 的概率其测量值落在 $n-n^{1/2}$ 和 $n+n^{1/2}$ 的范围内.

如果多次重复测量为 $n_1,n_2,n_3,\cdots,n_k$，则平均计数

$$m=\frac{\sum_{i=1}^{k}n_i}{k} \tag{1-11-9}$$

总数为 $km$，因而测量结果可以写作 $km\pm(km)^{1/2}$，则每次测量平均值为

$$m\pm\sqrt{\frac{m}{k}} \tag{1-11-10}$$

式中 $\sqrt{\frac{m}{k}}$ 表示的是平均值 $m$ 的标准偏差，它的物理意义是当做 $k$ 次重复测量时，所得的平均值将有 68.3% 的概率落在 $m-\sqrt{\frac{m}{k}}$ 与 $m+\sqrt{\frac{m}{k}}$ 之间.

由于放射性衰变存在统计涨落，当我们做重复放射性测量时，即使保持完全相同的实验条件(例如源与计数管位置保持不变；每次测量时间不变；测量仪器足够精确，不会产生其他附加误差等)，每次测量结果并不相同，而是围绕其平均值 $m$ 上下涨落，有时甚至有很大差别，这种现象是放射原子核衰变本身固有特性，与使用的测量仪器技术无关.

## 实验装置

G-M 计数器实验装置图如图 1-11-7 所示，其中包括自动定标器(FH-408 或 FH-463 型)、FJ-365 计数管探头、G-M 计数管、放射源、示波器等.

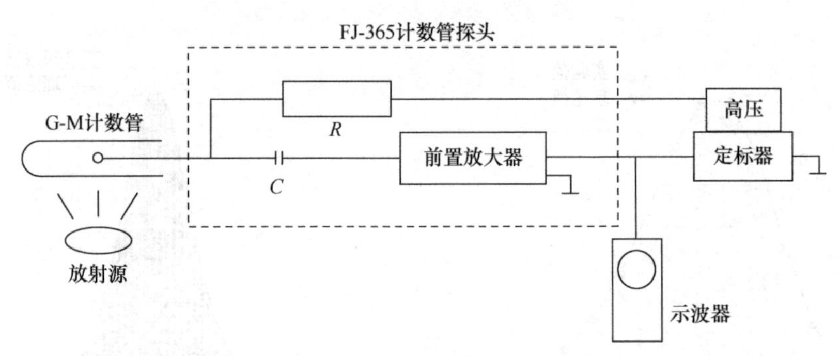


图 1-11-7　G-M 计数器实验装置图

自动定标器将低压和高压电源组合在一起；计数管探头是一个前置放大器，对计数管产生的脉冲进行线性放大，放射源为 $^{60}$Co 或 $^{137}$Cs．

**实验内容**

(1) 熟悉实验装置，认真阅读定标器使用方法说明书，用自检挡检查定标器工作是否正常.

(2) 测坪曲线：将放射源放入铅室对准计数管中央(实验中保持位置不变)，逐渐升高计数管电压找到起始电压 $V_0$. 以后按选定的电压间隔增加电压 $V$ 并测定相应计数 $N$，直到测完坪长为止(要求各点计数的相对误差小于 2%，由此确定测量时间)，作图确定起始电压、坪长、坪斜，并选定工作电压. 去掉放射源，在工作电压下测本底 5min.

(3) 用双源法测死时间：取两放射源，先单独对 A 计数 10min，然后 A 和 B 共同计数 10min. 再单独对 B 计数 10min. 根据式(1-11-3)计算计数管的分辨时间 $\tau$.

(4) 验证泊松分布：换一弱放射源(或直接测本底)，在工作电压下测量计数 1min. 选择测量时间，使平均计数 $m$ 在 3～7 之间. 固定测量时间，重复测量 500 次. 用 500 次平均值 $m$，根据泊松分布公式作出理论曲线. 分别统计前 100 次和总 500 次中各计数出现的次数，求出相应的概率，描出实验曲线. 画在同一坐标纸上，进行比较并做必要讨论.

(5) 验证高斯分布：调节仪器，使某一时间间隔内的计数值为 100 左右. 重复测量 200 次. 将 200 个数据按数值大小等间隔分成 11 组，统计每组内出现的次数，画出直方图. 由实验数据计算平均值概率和标准误差 $\sigma$，画出高斯分布理论曲线. 分别统计落在 $m\pm\sigma$，$m\pm3\sigma$ 范围内的概率. 讨论实验结果与理论分布符合得如何.

**问题思考**

(1) 怎样测量坪特性曲线？测量中要注意什么问题？

(2) 如何由坪曲线求得参量和选定工作电压?

(3) 放射性原子核衰变时遵从什么统计规律?

(4) G-M 计数器为什么不能鉴别粒子能量?

## 参考文献


[1] 吴思诚, 王祖铨. 近代物理实验. 2 版. 北京: 北京大学出版社, 1995.

[2] 林木欣, 熊予莹, 高长连, 等. 近代物理实验教程. 北京: 科学出版社, 1999.


# 1-12　闪烁探测器及γ能谱测量

测量γ射线的强度和能量是核辐射探测的重要内容. 放射性同位素在工业、农业、医疗和科学研究中已有广泛的应用，因此，在使用中对γ射线的各种测量是十分重要的.

γ射线的测量工作中主要使用闪烁探测器，它是利用某些物质，如 NaI (Tl ) 晶体、Ge (Li) 半导体等，在射线作用下会发光的特性来测量射线的仪器. 它的主要优点是既能测量各种类型的带电粒子，又能探测中性粒子；既能测量粒子强度，又能测量粒子能量；并且探测效率高，分辨时间短. 测量γ射线能谱的装置称为“能谱仪”，其中最常用的是闪烁γ能谱仪，它在核物理、高能粒子物理和空间辐射探测中都有着广泛应用.

## 实验预习

(1) 学习 γ 射线的性质及与物质相互作用的三种过程.

(2) 了解 NaI(Tl)闪烁谱仪的结构与工作原理.

## 实验目的

(1) 掌握 NaI(Tl )闪烁谱仪的使用方法.

(2) 鉴定谱仪的能量分辨率与线性，并通过对 γ 射线能谱的测量加深对 γ 射线与物质相互作用的理解.

(3) 了解辐射量及单位和放射源的安全操作与防护.

## 实验原理

### 1. γ 射线与物质的相互作用

γ射线与物质相互作用主要有光电效应、康普顿散射和正负电子对效应.

1) 光电效应

入射γ粒子把能量全部转移给原子中的束缚电子，而把束缚电子打出来形成光

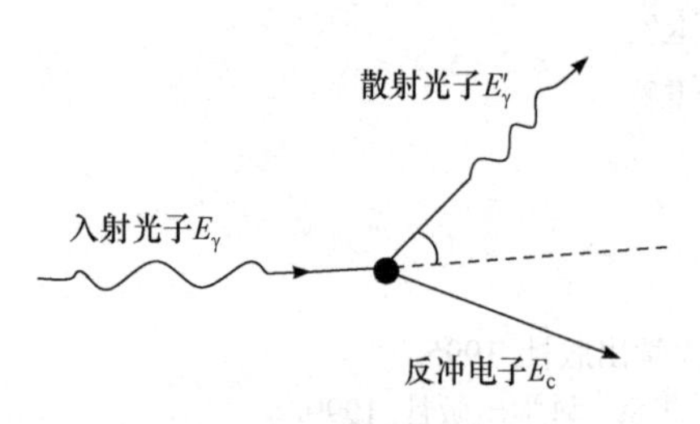


图 1-12-1　康普顿散射示意图

电子的现象称为光电效应. 由于束缚电子的电离能$E_i$，一般远小于入射γ粒子的能量$E_\gamma$，所以光电子的动能约等于入射γ射线的能量.

$$E_{光电}=E_\gamma-E_i\approx E_\gamma \tag{1-12-1}$$

2) 康普顿散射

核外自由电子和入射γ射线碰撞，发生康普顿散射，其示意图如图示 1-12-1 所示. 根据动量守恒要求，散射与入射只能发生在一个平面内，设入射γ光子能量为$E_\gamma$，散射光子能量为$E'_\gamma$，根据能量守恒，反冲康普顿电子的动能$E_c$为

$$E_c=E_\gamma-E'_\gamma$$

康普顿散射后散射光子能量与散射角$\theta$的关系为

$$E'_\gamma=\frac{E_\gamma}{1+\alpha(1-\cos\theta)} \tag{1-12-2}$$

式中$\alpha=\dfrac{E_\gamma}{m_e c^2}$，即入射γ射线能量与电子静止质量$m_e$所对应的能量之比. 由式(1-12-2)可知，当$\theta=0$时，$E_\gamma=E'_\gamma$，这时$E_c=0$，即不发生散射；当$\theta=180°$时，散射光子能量最小，它等于$\dfrac{E_\gamma}{1+2\alpha}$，这时康普顿电子能量最大，即

$$E_{cmax}=E_\gamma\frac{2\alpha}{1+2\alpha} \tag{1-12-3}$$

所以康普顿电子能量是连续分布的，在 0 至$E_\gamma\dfrac{2\alpha}{1+2\alpha}$之间变化.

3) 正负电子对效应

当γ光子的能量大于两个电子静止能量$2m_e c^2$(1.022MeV)时，γ光子受原子核或电子库仑场的作用可以转化为正负电子对，这种过程称为正负电子对效应. 在物质中正电子的寿命很短，当动能耗尽时便与物质原子的轨道电子发生湮没，与此同时产生两个运动方向相反，能量均为 0.511MeV 的γ光子.

## 2. 晶体闪烁探测器的工作原理

晶体闪烁探测器由闪烁晶体、光电倍增管和装在光电倍增管插座端的射极跟随器组成.

1) 闪烁体

闪烁体是用来把射线能量转化成光能的. 闪烁体分为无机闪烁体和有机闪烁

体两大类. 本实验采用含 TI(铊)的 NaI 晶体作γ射线探测器. 其主要优点有:

(1) 对入射粒子阻止本领大，即吸收外来辐射粒子能量的能力强，因而探测效率高，NaI(Tl)晶体对γ射线的探测效率为 10%左右.

(2) 晶体闪烁体发光效率高，且发出的数与吸收射线能量成比例，这样便可保证输出脉冲幅度与入射粒子能量呈线性关系.

(3) 晶体闪烁体发光衰减时间短，约为$10^{-8}$s，因而有较高的时间分辨本领.

2) 光电倍增管

光电倍增管结构如图 1-12-2 所示. 它由发光阴极 K、收集电子的阳极 A 和在光阴极与阳极之间十个左右能发射二次电子的次阴极 D(又称倍增极、打拿极或联极)构成. 在每个电极加上正电压,相邻两个电极之间电压差一般在 100V 左右. 当闪烁体放出的光子打到光阴极上时,它打出的光电子被加速聚焦到第一倍增极 D 上, 平均每个电子在 D 上打出 3～6 个次极电子, 增殖后的电子又为 $D_1$ 和 $D_2$ 之间的电场加速，打到第三倍增电极 $D_2$ 上，平均每个电子又打出 3～6 个电极电子，这样经过 *M* 极倍增以后，在阳极上就收集大量的电子，在负载上形成一个电压脉冲.

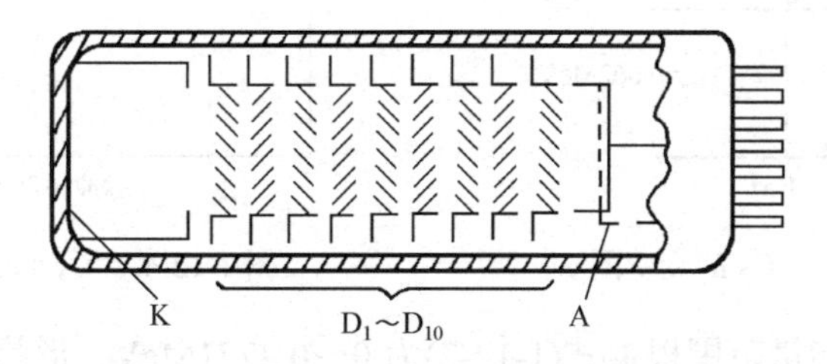


图 1-12-2 百叶窗式非聚焦型光电倍增管

光电倍增管按二次倍增系统的结构可分为聚焦型和非聚焦型两种. 本实验采用百叶窗式非聚焦型. 其优点是同样大小的光脉冲照射到光阴极的不同部位时，阳极灵敏度变化不大，输出脉冲幅度比较一致，因此做能谱测量时的能量分辨本领较好. 其缺点是需要的倍增极多才能达到足够的电子数，因而电子到达阳极飞行时间长，时间分辨本领较差.

3. 能谱及谱仪能量线性

1) γ 能谱

图 1-12-3 给出了$^{137}$Cs 的衰变图. 发出能量为 1.17MeV 的β粒子，成为激发态$^{137}$Ba 及占主要的发出能量为 0.514MeV 的β粒子，再跃迁到基态发出能量为 0.662MeV 的γ射线，由于$^{137}$Cs 产生的γ射线能量小于正负电子对的产生阈 1.022MeV，所以$^{137}$Cs 的γ射线与 NaI(Tl)晶体的相互作用只有光电效应和康普顿

散射两个过程. 由于探头输出电压脉冲幅度正比于次极电子能量，所以对单能的γ射线记录下来的脉冲幅度不是单一值，而分布在一个很宽范围内，在图 1-12-4 中给出了用 NaI(Tl)晶体谱仪所测得的 $^{137}$Cs 能谱，其中 1 号峰相应于 $E_{光电}$ 位置，称为光电峰,1 号峰左面的平台相应于康普顿电子的贡献. 至于康普顿散射产生的散射光子 $h\nu'$ 未逸出晶体，仍然为 NaI(Tl)晶体所吸收，也即通过光电效应把散射光子能量 $h\nu'$ 转化成光电子能量,而这个光电子也将对输出脉冲做贡献. 由于上述过程是在很短的时间内完成的,这个时间比探测器形成一个脉冲所需时间短得多,所以先产生的康普顿电子和后产生的光电子，二者对输出脉冲的贡献叠加在一起形成一个脉冲. 这个脉冲幅度所对应的能量,是两个电子能量之和,即 $E_{光电}+h\nu'$，这就是入射γ射线能量 $h\nu$ . 所以这一过程所形成的脉冲将叠加在光电峰上,所以 1 号峰又称为全能峰.

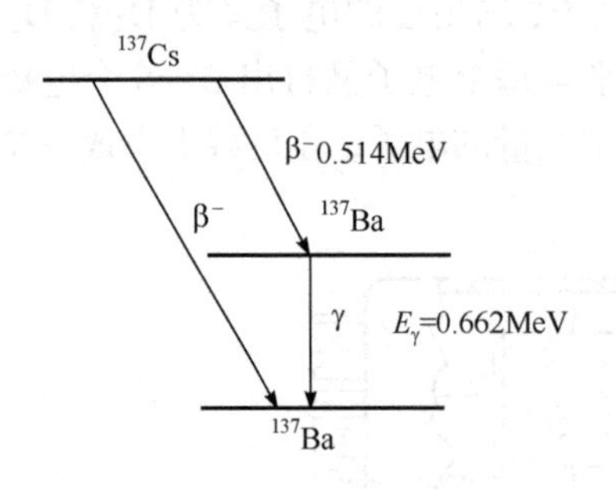


图 1-12-3　$^{137}$Cs 的衰变图

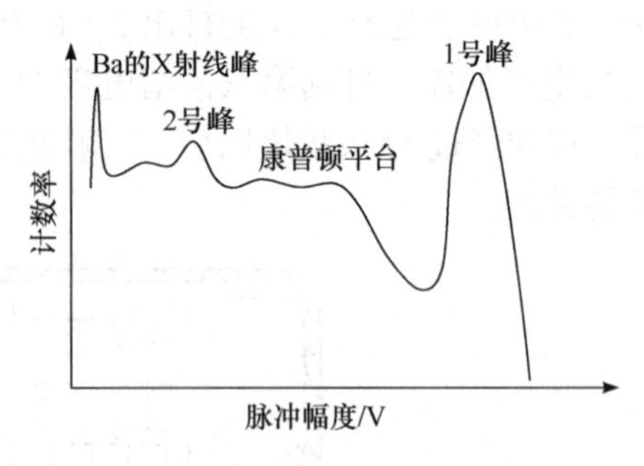


图 1-12-4　$^{137}$Cs 的 γ 能谱曲线

康普顿电子能量范围根据式(1-12-2)为 0～0.4771MeV，形状如图 1-12-4 的康普顿平台. 在康普顿平台上还出现一个 2 号峰，它是由放射γ射线穿过 NaI 晶体，打到光电倍增管上发生 180°的康普顿散射，反散射的光子 $h\nu'$ 又返回晶体，与晶体发生光电效应形成的. 返回γ光子能量 $h\nu' = E_{\mathrm{g}} - E_{\mathrm{Cmax}} = 0.18\mathrm{MeV}$ ，所以 2 号峰称为反散射峰.

图 1-12-4 中能量最小的那个峰是因为 $^{137}$Cs 的 β 衰变子体 $^{137}$Ba 在退激时，可能不产生γ射线，而是通过内转换过程，把 Ba 的 K 电子打出. 这一过程将导致产生 Ba 的 K 系 X 射线，所以这个峰位对应于 Ba 的 K 系 X 射线能量(32KeV).

$^{137}$Cs 的γ能谱为典型的单能γ谱，常用作鉴定谱仪能量分辨率和能量定标的标准源.

2) 能量线性

能量线性是指谱仪的输出脉冲幅度与带电粒子能量之间具有线性关系. 由于 NaI(Tl)晶体对于能量在100keV 到1.3MeV 是最近似线性的. 谱仪能量线性主要取决于谱仪的工作情况. 为检查谱仪能量线性情况，必须利用一组已知能量的γ放射源，测出它们的γ射线在γ谱中相应全能峰位置(或道址)，然后作出γ能量对脉冲幅度(或道址)的能量刻度曲线. 在实验中，一般选用标准源 $^{137}Cs$ (0.662MeV)和 $^{60}Co$ (1.17MeV，1.33MeV)来作其能量刻度曲线，如图 1-12-5 所示. 这个线性关系可用线性方程表示，即

$$E_p = E_0 + G \times X_p$$

式中 $X_p$ 为峰位，即道址；$E_0$ 为截距，即零道对应的能量；$G$ 为斜率，即每道对应的能量间隔，又称增益. 由这条能量刻度曲线还可以测量未知源γ射线的能量. 实验中欲得到理想的刻度曲线，还须注意到放大器及单道分析器甄别阈的线性，进行必要的检查调整. 测量未知γ射线能量时，必须保持测量条件与能量刻度时相同.

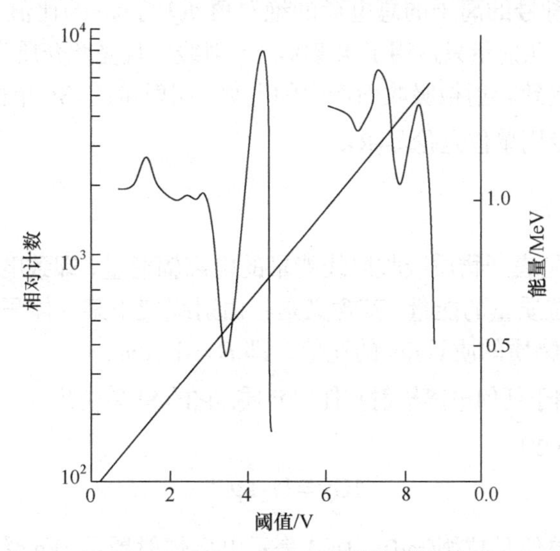


图 1-12-5 $^{137}Cs$ 和 $^{60}Co$ 的能量刻度曲线

4. 辐射量及单位

辐射量是一种能表述辐射的特征，并能够加以测定的量. 辐射量单位，也就是电离辐射量的计量单位. 由于历史原因，各学术领域常习惯沿用各自的专用单位，如放射性活度、照射量、吸收剂量和剂量当量等专用单位，分别为居里(Ci)、伦琴(R)、拉德(rad)和雷姆(rem). 后来国际辐射单位和测量委员会(ICRU)提出停止使用权的专用单位，改用国际单位制(SI)单位. 上述辐射量单位的 SI 单位分别为贝可勒尔(Bq)、库仑每千克($C \cdot kg^{-1}$)、戈瑞(Gy)和希沃特(Sv).

1) 放射性活度

放射源的放射性活度 (也称强度)，表示一定量的放射性核素在单位时间内所发生的核衰变次数 $dn$，用 $A$ 表示：$A = dn / dt$. 放射性活度的 SI 单位是贝可勒

尔(Becquerel)，简称贝可(Bq)，1Bq 表示放射性核素在 1s 内发生 1 次核衰变. 放射性活度的专用单位是居里(Ci)，它们有如下关系：

$$1\text{Bq} = 1\text{s}^{-1}; \quad 1\text{Ci} = 3.7\times10^{10}\text{Bq} = 37\text{GBq}$$

$$1\text{Ci} = 10^{3}\text{mCi} = 10^{6}\mu\text{Ci}; \quad 1\text{Bq} = 2.703\times10^{-11}\text{Ci}$$

为了表示单位质量中或单位体积中的放射性活度，有时还用放射性比活度或放射性浓度的概念. 它们的单位分别为 $\text{Bq}\cdot\text{kg}^{-1}$ 和 $\text{Bq}\cdot\text{ml}^{-1}$ 等.

2) 照射量

照射量是表征中等能量γ 或 X 射线在空气中致电离能力的物理量. 用 $x$ 表示，其含义是质量为 d$m$ 的空气中释出全部电子(正电子和负电子)被空气阻止时，在空气中形成的一种符号的离子的总电荷的绝对值 d$Q$ 与 d$m$ 的比值，即 $x = \mathrm{d}Q/\mathrm{d}m$ . 这里应说明的是：照射量只适用于 X 射线、γ 射线，且受照介质为空气. 它不包括次级电子产生的韧致辐射被吸收而产生的电离. 照射量的 SI 单位是库仑 · 千克$^{-1}$ ( $\text{C}\cdot\text{kg}^{-1}$ )，旧的专用单位是伦琴(R).

5. 吸收剂量

吸收剂量 $D$ 是表征物质吸收射线能量的电离辐射量，即致电离粒子授予辐照材料被考察点单位质量的能量. 其含义是：由射线授予某一体积元物质的平均能量 d$\varepsilon$ 与该体积元物质的质量 d$m$ 的比值，即 $D = \mathrm{d}\varepsilon/\mathrm{d}m$ .

吸收剂量适用于任何电离辐射和任何介质. 它的 SI 单位焦耳 · 千克$^{-1}$($\text{J}\cdot\text{kg}^{-1}$) ，专门名称是戈瑞(Gy)

$$1\text{Gy} = 1\text{J}\cdot\text{kg}^{-1}$$

吸收剂量旧单位是拉德(rad)，1rad 表示电离辐射授予 1kg 受照物质的平均辐射能量为 0.01J，即

$$1\text{rad} = 0.01\text{J}\cdot\text{kg}^{-1} = 0.01\text{Gy}$$

6. 剂量当量

一般来说，即使受相同吸收剂量照射，导致生物组织中辐射效应的严重程度即发生概率大小会因射线不同、照射条件不同而不同. 这样，前述照射量或吸收剂量的概念并不能反映出各种射线对机体的危害程度. 因此，辐射防护中又采用了剂量当量的概念，用 $H$ 表示. $H = QD$ ，式中 $D$ 为吸收剂量，$Q$ 为品质因数，其数值大小与内、外射线种类有关(可查表). 剂量当量的 SI 单位也是 $\text{J}\cdot\text{kg}^{-1}$ ，但它的专门名称为希沃特(Sv)，因此

$$1\text{Sv} = 1\text{J} \cdot \text{kg}^{-1}$$

剂量当量的旧单位为雷姆(rem)，它与希沃特的关系为

$$1\text{rem} = 0.01\text{Sv}, \quad 1\text{Sv} = 100\text{rem}$$

以上介绍的四种辐射量的概念和单位，是放射防护中常用的，它们既用国际单位，习惯上也用一些专用单位，请读者注意区分.

7. 放射源的安全操作与防护

核辐射能够对人体产生损伤. 损伤是在一定剂量下发生的，并且是可以防护的.

在我们开设的核物理实验中，所用放射源基本上分为两类：一类是将放射性物质放在密封的容器中，在正常使用情况下无放射性物质的泄漏称为封闭源；另一类是将放射性物质黏附在托盘上或电镀在托盘上(有时在这种源的活性面上覆盖上一层极薄的有机膜). 在使用过程中放射性物质可能向周围环境扩散，这类放射源称为开放源. 一般γ源属于第一类，β和α源多为后者. 源的放射性活度应尽可能利用低活度，在教学实验中除必须采用毫居里外，一般均为微居里级.

1) 射线防护的基本原则与措施

根据射线对人体作用的方式，分为体外照射与体内照射两种. 所谓体外照射即射线照射人体后只造成射线对人体组织的损伤，例如γ射线照射人体造成体内深部损伤，β射线主要危害皮肤和眼晶体；体内照射指放射性物质经过吸入、吃入或伤口渗入等途径进入体内，造成放射性物质发出的射线即其化学毒性对人体器官的双重危害.

外照射防护原则及措施：

(1) 在操作放射源前应做好充分准备工作，减少接触放射源的时间.

(2) 增大人体与放射源距离.

(3) 设置必要的屏蔽.

内照射防护原则与措施：

(1) 防止放射性物质由呼吸道进入体内. 在操作开放性液体源时，需在通风橱中进行；操作粉末状态放射性物质，必须在手套箱中进行.

(2) 防止放射性物质经手转移或直接入口；在操作开放性放射源时，应佩戴口罩、手套等防护用品. 实验后特别要注意手的清洁.

(3) 防止放射性物质经体表进入体内，面部和手臂等有破伤时不能进行开放性放射源的操作.

(4) 在本单元实验中不使用开放性液态和粉末状放射性物质，但仍要注意因α源、β源等放射性物质脱落而造成的照射的可能性.

2) 放射源的安全操作

(1) 放射源置于固定存放地点，并加铅室屏蔽，实验结束后应立即归还原处.

(2) 任何形式封装的放射源，均不得直接用手接触，取放射源必须使用专用镊子或托盘等专用工具，用毕应立即归还原处.

(3) 操作 X、β放射源时，应佩戴防护眼镜，切忌用眼睛直视活区.

(4) 若遇有放射源跌落、封装破裂等意外事故发生，应及时报告实验室管理人员妥善处理，并检查出事地点及附近污染情况.

**实验装置**

实验装置的方框图如图 1-12-6 所示. 它包括 NaI(Tl)闪烁谱仪一套，脉冲示波器一台，$^{137}Cs$ 、$^{60}Co$ 放射源各一个.

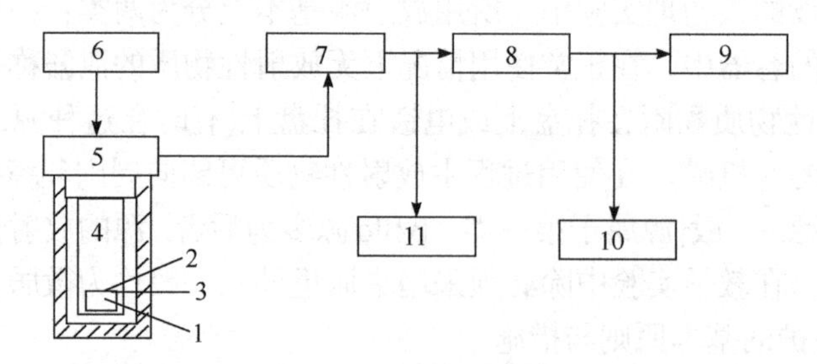


1-晶体；2-光导；3-反射层；4-光电倍增管；5-射极跟随器；6-高压电源；
7-线性放大器；8-脉冲幅度分析器；9-定标器；10-线性率表；11-示波器

图 1-12-6　实验装置方框图

电子线路各部分介绍如下：

(1) 射极跟随器. 光电倍增管输出负脉冲幅度较小，内阻较高. 在探头内部安置一级射极跟随器以减少外界干扰的影响，同时使之与放大器输出端实现阻抗匹配.

(2) 线性放大器. 由于入射粒子能量变化范围大，例如，对γ射线的探测能量可能由几千电子伏特到几电子伏特. 线性放大器的放大倍数能在10～1000范围内变化，对它的要求是稳定性高、线性好和噪声小.

(3) 单道脉冲幅度分析器. 它将线性放大器的输出脉冲进行幅度分析，其工作原理可参见“核物理探测技术基本知识”部分. 单道的阈值范围 0.1～10.0V，道宽范围 0.05mV～5.0V，可用 10 圈电位器调节.

(4) 定标器. 用作计数器. 其面板上有“自检”和“工作”两种状态. 自检用于检测定标器计数功能是否正常. “工作”状态用于对外来输入脉冲进行计数，极性选择由输入脉冲的极性决定.

(5) 线性率表. 用表头指针连续指示计数大小，其偏转角与射线强度(或输入脉冲数)成正比. 其测量范围和时间灵敏度可用面板上两波段开关分别选择.

(6) 高压电源. 它用于光电倍增管. 要求高压稳定性好(工作过程中电压改变不超过 0.1%)，这是因为高压变化对脉冲幅度影响很大，因而直接影响能量和测量. 对于光电倍增管，一般高压减少 10%，脉冲幅度下降为原来的一半.

## 实验内容

1. 初步调整 NaI(Tl)单道γ能谱仪

1) 按图 1-12-6 连接好线路

用示波器观察探头工作状态，选择探头说明书给出工作电压范围的某一电压作为工作电压值(如 650V). 脉冲示波器调在触发扫描工作状态，观察由γ射线产生的探头输出波形，如能观察大致如图 1-12-7 所示的波形图，则表明探头工作.

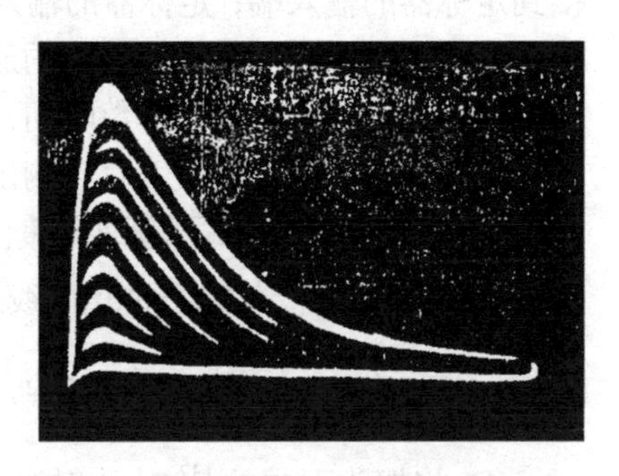

图 1-12-7　脉冲示波图

在示波器上见到的脉冲是一组连续的幅度分布，这是因为单能的γ射线产生的康普顿反冲电子的能量是连续分布的，但亦可见幅度最大部分有一明亮光带，这主要是由光电效应引起的；而幅度略小的弥漫分布则是由康普顿电子造成的. 如高压值适当，则在亮带与弥漫区域之间看到一个较暗的带域存在.

2) 选择工作电压

在实验室给出允许工作电压范围内，改变光电倍增管工作电压，观察它对脉冲图形影响，使仪器分辨率最佳，这时示波器上亮带就会窄而亮，而且与 0.662MeV 和 1.33MeV 的γ射线产生最大脉冲幅度成比例，调整好后，固定工作电压.

3) 调整线性放大器的工作状态

把线性放大器输出信号接到示波器 Y 轴输入端，改变放大器放大倍数和时间常数，使放大器输出波形跟探头输出波形相似，并且经过线性放大器放大之后最大脉冲幅度不超过单道分析器的阈值(10V)，这样才能使 $^{137}$Cs 的γ能谱曲线均匀地分布在 0～10V 的阈值范围内.

4) 选择合适的道宽 $\Delta V$

根据调整好的最大脉冲幅度和谱仪的分辨率选择单道分析器的道宽 $\Delta V$ (可按 10%估算). 道宽太大，会使测得的γ能谱曲线畸变；道宽过小，则每一道内计数率太低造成统计误差大，测量时间长. 选择道宽的原则是：使光电峰的半宽度包含 3～5 个道宽. 谱仪的分辨率为 10%，光电峰的峰位(即光电峰所对应的脉冲幅度) $V_0 = 8\text{V}$，则半宽度为 0.8V，因此道宽 $\Delta V$ 可以取 150～200mV.

2. 测量 $^{137}$Cs 的γ能谱曲线，并计算能量分辨率

(1) 首先将 $^{137}$Cs 源放在探头下方并保持一定距离，先粗测一下 $^{137}$Cs 能谱曲

线. 具体办法是将单道分析器取微分状态，连续改变阈值$V_0$，观察计数率表的变化，判断出光电峰的大体位置，是否在分析器可调范围(0～10V)内.

(2) 在粗调的基础上，仔细测量$^{137}$Cs的γ能谱曲线. 将单道分析器的输出信号接到定标器的输入端，定标器的输入端选择“自动”“定时”状态，按前面已经选择好的探头高压，在线性放大器的放大倍数和时间常数及分析器的道宽都已调好的条件下，选择定标器的计数时间，使光电峰处统计误差小于 2%. 然后从 0.1V 开始，逐步改变甄别阈值，直到测出光电峰的峰位.

(3) 根据测量数据，以脉冲幅度(即阈值电压)为横坐标，计数率为纵坐标，在半对数坐标纸上作出$^{137}$Cs的γ能谱曲线. 根据该能谱曲线计算出谱仪的能量分辨率.

3. 测量$^{60}$Co和$^{137}$Cs的γ能谱曲线，鉴定谱仪能量线性

(1) 将探头下方的$^{137}$Cs放射源用$^{60}$Co放射源代替. 不改变单道γ能谱仪的其他工作条件，只改变线性放大器的放大倍数，使$^{60}$Co的 1.33MeV 的γ射线光电峰的峰位落在单道分析器阈值可调范围内. 然后仔细测量$^{60}$Co的γ射线能谱.

(2) 根据表中所列的数据，在半对数坐标纸上作出$^{60}$Co的γ能谱曲线，找出$^{60}$Co的 1.17MeV 和 1.33MeV 的γ射线所对应的两个光电峰的峰位.

(3) 不改变谱仪的上述工作条件，用$^{137}$Cs源代替$^{60}$Co源，再测出$^{137}$Cs的 0.662MeV 的γ射线所对应的光电峰峰位.

(4) 在方格坐标纸上，以$^{137}$Cs和$^{60}$Co的γ射线能量$E_\gamma$(分别为 0.662MeV、1.17MeV、1.33MeV)为横坐标，以相同工作条件下测得对应光电峰的峰位为纵坐标，作出$E_\gamma$-$V_0$关系曲线如图 1-12-5 所示，即作能量线性刻度曲线，检查谱仪的线性如何.

## 问题思考

(1) 脉冲幅度分析器是怎样把幅度不同的脉冲信号筛选出来的?

(2) 用示波器观察到$^{137}$Cs脉冲图与用单道γ能谱仪测得的γ能谱曲线有什么联系和区别?

(3) 在鉴定谱仪能量线性过程中，是否可以调线性放大器的放大倍数和探头的工作电压？为什么?

## 参考文献

[1] 吴思诚, 王祖铨. 近代物理实验. 3 版. 北京: 高等教育出版社, 2005.
[2] 黄润生, 沙振舜, 唐涛. 近代物理实验. 南京: 南京大学出版社, 2002.

# 第二单元　激光与光学

## 2-1　激光模谱分析

20 世纪 60 年代激光器的问世，使光学学科的研究和应用出现了全新面貌，并且随着激光原理和器件的研究与发展，激光的应用研究也深入到许多学科领域. 单色性好是激光的特点之一，即激光的线宽相对于普通单色光的谱线宽度是非常窄的，但这并不是从能级受激辐射就自然形成的，而是又经过谐振腔等多种机制的作用和相互干涉，最终形成了一个或多个离散的、稳定的并满足腔内本征频率的精细谱线，这些精细谱线称为“模式谱线”，每一本征频率对应一种“模”式，即谐振腔内一种稳定的光场分布. 而相邻两个模的光频率相差很小，我们用分辨率比较高的分光仪器可以观测到每个模. 当从与光输出的方向平行(纵向)和垂直(横向)两个不同的角度去观测和分析每个模时，又发现它们具有许多不同的特征. 因此，为方便称呼，这些模又可以相应称作纵模和横模.

激光模式结构是激光器的一项重要性能指标，在激光器的生产与应用中，我们往往需要了解激光器的模式状况，如精密测量、全息技术等应用需要基横模输出的激光器，而激光稳频、激光测距等不仅要求基横模而且要求是单纵模运行的激光器. 因此，进行模式频谱分析，是激光器的一项基本又重要的性能测试.

### 实验预习

(1) 激光器模式形成的机理是什么？基横模与高阶横模具有的特征以及判断的依据是什么？

(2) 共焦球面扫描干涉仪的关键结构、扫描原理、性能和主要参数是什么？

### 实验目的

(1) 了解激光器模式的形成及特点，加深对其物理概念的理解.

(2) 通过分析与测试，掌握激光模谱分析的原理与方法.

(3) 掌握共焦球面扫描干涉仪的原理、性能，并学会正确使用.

## 实验原理

1. 激光器模式的形成及纵、横模的频率间隔

1) 激光器模式的形成

激光器的三个基本组成部分是增益介质、光学谐振腔和激励能源，增益介质是激光器的工作物质. 如果用某种激励方式，使介质的某一对能级间形成粒子数反转分布(即 $N_2 > N_1$)，由于自发辐射，处于高能级 $E_2$ 的粒子将自发地向低能级 $E_1$ 跃迁而发射光子，其频率为 $\nu = (E_2 - E_1)/h$；同时，处于高能级 $E_2$ 的粒子在外来光子(自发辐射光子)的激励下将向低能级 $E_1$ 跃迁而发生受激辐射，并且受激辐射所发射的光子与外来光子的频率相同. 因此，光被放大(有增益)，如图 2-1-1 所示.

实际上由于能级有一定宽度以及其他多种因素的影响，来自上下能级之间辐射的光谱线总存在一定宽度. 实际激光器输出的光谱宽度是自然增宽、碰撞增宽和多普勒增宽叠加而成. 不同类型的激光器，以上诸因素有主次之分. 例如低气压、小功率 He-Ne 激光器 632.8nm 谱线(通常所谓某一谱线的波长或频率，是指谱线的中心波长或中心频率)，则以多普勒增宽为主，增宽线型基本呈高斯函数分布，谱线宽度(即增益线宽)约为 1500MHz. 只有频率落在这个展宽曲线范围内的光，在介质中传播时光强才将获得不同程度的放大，如图 2-1-2 所示，但仅有单程放大还不足以产生激光，还必须有光学谐振腔. 谐振腔的作用是对受激发射的光束提供光学正反馈，使光在腔内多次往返传播中形成稳定持续的振荡，只有这样才有激光输出的可能.

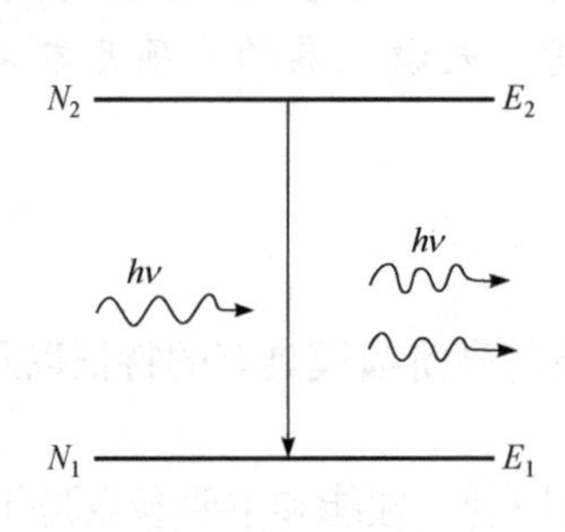

图 2-1-1　受激辐射的光放大

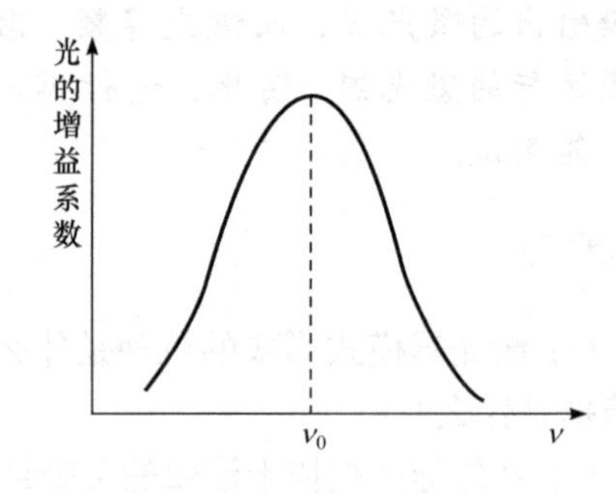

图 2-1-2　光的增益曲线

由于光是一种电磁波，所以形成持续振荡的条件是光在谐振腔内往返一周的光程差应是波长的整数倍(这正是光波相干极大条件)，即

$$2\mu L = q\lambda_q \tag{2-1-1}$$

式中 $\mu$ 是增益介质的折射率，对气体介质 $\mu \approx 1$，$L$ 是腔长，$q$ 是正整数. 每一个 $q$ 值对应一种光波的模式，$\lambda_q$ 称为一个纵模，$q$ 称作纵模序数. 由此得纵模频率为

$$\nu_q = \frac{c}{\lambda_q} = q\frac{c}{2\mu L} \tag{2-1-2}$$

相邻两个纵模的频率间隔为

$$\Delta\nu_{\Delta q=1} = \frac{c}{2\mu L} \tag{2-1-3}$$

由此可见，对于工作物质相同的激光器，$\Delta\nu_{\Delta q=1}$与腔长$L$成反比，即腔越长，$\Delta\nu_{\Delta q=1}$越小，在增益线宽范围内满足振荡条件的纵模个数就越多；相反，腔越短，$\Delta\nu_{\Delta q=1}$越大，纵模个数就越少. 当$L$一定时，$\Delta\nu_{\Delta q=1}$为一常数，即相邻纵模的频率间隔是等距的.

同时，当光在腔内来回反射时，也伴随着光波的多次衍射，从而在光束的横截面上将形成一个或多个稳定的衍射光斑，每一个衍射光斑对应一种稳定的横向电磁场分布，称为一个横模. 我们所看到的复杂光斑则是这些基本光斑的叠加，如图 2-1-3 是几种常见的基本横模光斑图样.

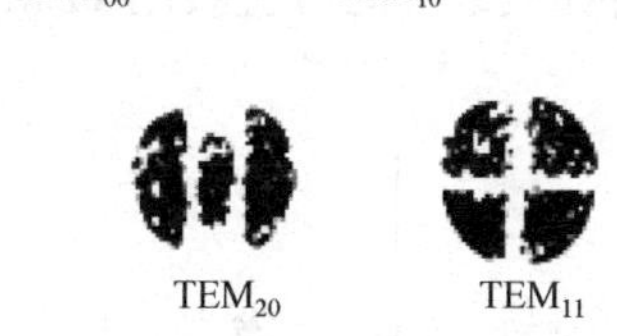

图 2-1-3 谐振腔的几种横模

激光的模式用TEM$_{mnq}$表示，TEM 是横电磁波(transverse electromagnetic wave)的缩写，$m$和$n$是横模序数，$m$是沿$x$轴场强为零的节点数，$n$是沿$y$轴场强为零的节点数. $m=n=0$的横模TEM$_{00q}$称为基横模(即纵模，又叫零阶横模)，可简写为TEM$_{00}$；$m$或$n$不为零的横模，如TEM$_{01}$、TEM$_{11}$等，称为高阶横模.

不同的纵模(基模)只是振荡频率不同，而不同的横模(高阶横模)，不但其振荡频率不同，而且在光束的横截面上的光强分布也不同. 其实，纵模、横模不过是从纵向和横向不同的角度来描述腔内光场分布而已，对于每一个模，既是纵模，又是横模. 严格地说，不存在单独的“纵模频率”和“横模频率”，只存在一定的纵模和横模共同具有的激光谐振频率$\nu_{mnq}$.

2) 激光谐振频率$\nu_{mnq}$及其相邻横模频率间隔$\Delta\nu_{\Delta m+\Delta n=1}$

根据激光原理，对于一般稳定球面腔，其谐振频率为

$$\nu_{mnq} = \frac{c}{2\mu L}\left\{q + \frac{1}{\pi}(m+n+1)\arccos\left[\left(1-\frac{L}{R_1}\right)\left(1-\frac{L}{R_2}\right)\right]^{\frac{1}{2}}\right\} \tag{2-1-4}$$

式中$R_1$、$R_2$分别为谐振腔两反射镜的曲率半径. 可以看出，在$m$、$n$不变时，当$q$的改变量$\Delta q=1$时，$\Delta\nu_{\Delta q=1}$仍与式(2-1-3)相同；当$q$不变时，则相邻两横模($\Delta m+\Delta n=1$)的频率间隔为

$$\Delta\nu_{\Delta m+\Delta n=1}=\frac{c}{2\mu L}\left\{\frac{1}{\pi}\arccos\left[\left(1-\frac{L}{R_1}\right)\left(1-\frac{L}{R_2}\right)\right]^{\frac{1}{2}}\right\} \tag{2-1-5}$$

对平凹腔 $R_1=\infty$，$R_2=R$，相邻两横模的频率间隔用下式表示：

$$\Delta\nu_{\Delta m+\Delta n=1}=\frac{c}{2\mu L}\left\{\frac{1}{\pi}\arccos\left[\left(1-\frac{L}{R}\right)\right]^{\frac{1}{2}}\right\} \tag{2-1-6}$$

可见 $\Delta\nu_{\Delta m+\Delta n=1}$ 是 $\Delta\nu_{\Delta q=1}$ 的一个分数. 如图 2-1-4 为某激光器在增益线宽内的所有模式，这种激光模式谱线按频率的分布图，称为频谱图. 而用 $\mathrm{TEM}_{mnq}$ 形式表示的激光模式谱线结构图，称为模谱图，如图 2-1-5 所示，它是模谱分析后对激光器模式结构的表示(也可直接用 $\mathrm{TEM}_{01}+\mathrm{TEM}_{11}$ 的形式来表示该激光器的模式状况).

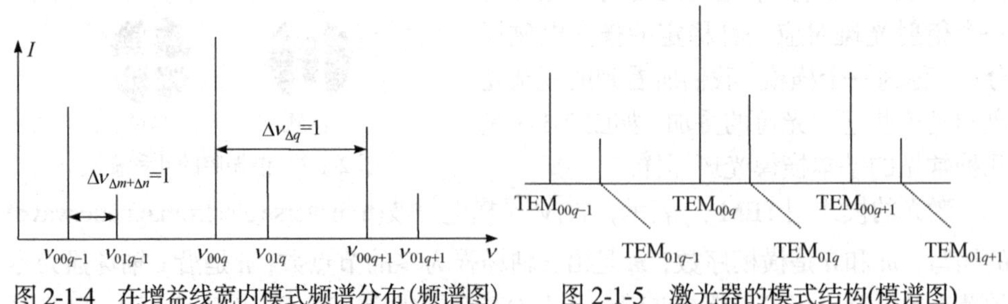


图 2-1-4　在增益线宽内模式频谱分布(频谱图)　　图 2-1-5　激光器的模式结构(模谱图)

激光器中可能产生的横模个数，除腔长和增益线宽的条件外，还与工作物质的直径、谐振腔的曲率半径及内部损耗等因素有关. 一般说来，工作物质的直径越大，可能出现的横模个数越多；横模序数越高，衍射损耗越大，形成激光振荡越困难. 但激光器输出光中横模的强弱不能仅从衍射损耗一个因素考虑，而是由多种因素共同决定的. 在模谱分析实验中，也不能仅从模式谱线的强弱来判断横模阶数的高低，还应该根据模式谱线之间的频率间隔、高阶横模具有高频率等因素进行综合分析来确定.

2. 共焦球面扫描干涉仪

共焦球面扫描干涉仪是一种分辨率很高的分光仪器，本实验就是利用它将激光器所产生的频率差异甚小的纵模、横模的频谱展现出来进行观测的，这是一般光谱仪器所不能替代的.

共焦球面扫描干涉仪是一个没有激活介质的谐振腔，它由两块球形凹面镜组成，曲率半径与腔长相等，$R_1=R_2=d$. 两镜中的一块是固定的，另一块固定在压电陶瓷环上，如图 2-1-6 所示，图中 1 为由低膨胀系数的材料制成的间隔圈；2 为压电陶瓷环. 在陶瓷环的内外壁上加一定幅度的电压，陶瓷环的长度就会发生变化，长度的变化量与所加电压成正比，因其长度变化为波长的量级，因而不会影响共焦腔的状态. 共焦球面扫描干涉仪有两个重要性能参数，即自由光谱范围 $\Delta\nu_{SR}$ 和精细结构常数 $F$ .

1) 自由光谱范围 $\Delta\nu_{SR}$

共焦球面扫描干涉仪的光路如图 2-1-7 所示，$OO'$ 为干涉仪的光轴. 当一束激光以近光轴方向射入干涉仪(如以角度 $\theta$ 入射)后，在腔内经四次反射呈一闭合路径(即一个周期)，光程近似为 $4d$ . 光在腔内每走一个周期都会有部分光从镜面透射出去，如在 $A$、$B$ 两点，形成一束透射光 $1,2,3,\cdots$ 和 $1',2',3',\cdots$. 如果相邻两次透射光束的光程差是入射光中某个模的波长 $\lambda$ 的整数倍，即

$$4d = k\lambda \tag{2-1-7}$$

透射光束干涉加强(式中 $k$ 为共焦球面扫描干涉仪的干涉序数，取正整数). 当入射光波长变为 $\lambda'$ 时，只要使共焦腔长变为 $d'$ ，满足 $4d' = k\lambda'$ 的谐振条件，则 $\lambda'$ 的透射光束也将形成相干极大. 因此，极大透射的波长值与共焦腔长值之间存在一一对应关系.

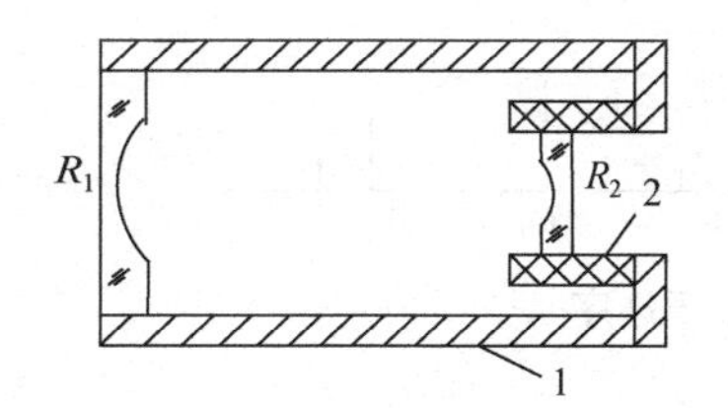

图 2-1-6　共焦球面扫描干涉仪结构示意图

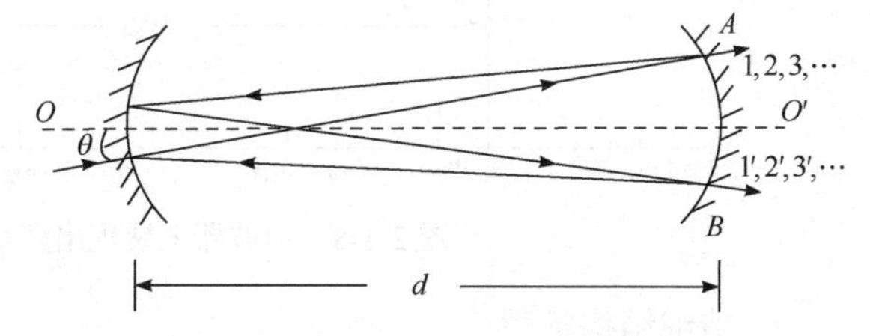

图 2-1-7　共焦球面扫描干涉仪光路图

实验中在压电陶瓷环上加一周期变化的锯齿波电压，使共焦腔长做周期性微小变化. 当共焦腔长 $d$ 改变时，透射的波长 $\lambda$ 改变，这就可以使激光器所有不同波长(或频率)的光依次产生相干极大透射. 因此，共焦球面扫描干涉仪如同一个“波长闸门”，分别让不同波长(即激光的各个模)的光依次透过，形成扫描. 但值得注意的是，若入射光波长范围超过某一限定，外加电压虽可使腔长线性变化，但一个确定的腔长有可能使几个不同波长的模同时产生相干极大，有

$$4d = k\lambda_1 = (k+1)\lambda_2 \tag{2-1-8}$$

即 $k$ 序中的 $\lambda_1$ 和 $(k+1)$ 序的 $\lambda_2$ 同时满足极大条件，两种不同波长的模被同时扫出，造成重序. 因此，要求共焦球面扫描干涉仪存在一个不重序的波长范围限制. 所谓自由光谱范围就是指共焦球面扫描干涉仪所能扫出的不重序的最大波长差或频率差，用 $\Delta\lambda_{SR}$ 或 $\Delta\nu_{SR}$ 表示. 由式(2-1-8)可知，入射光波长范围小于 $\lambda_1 - \lambda_2$ 时，透射极大所对应的波长与腔长间为单值线性关系，因此 $\lambda_1 - \lambda_2$ 就是干涉仪不重序

的最大波长范围，即$\Delta\lambda_{SR}=\lambda_1-\lambda_2$，经推导得到

$$\lambda_1-\lambda_2=\frac{\lambda_1\lambda_2}{4d}\approx\frac{\lambda_1^2}{4d} \tag{2-1-9}$$

由于$\lambda_1$与$\lambda_2$相差很小，可共用$\lambda$近似表示

$$\Delta\lambda_{SR}=\frac{\lambda^2}{4d} \tag{2-1-10}$$

用频率表示为

$$\Delta\nu_{SR}=\frac{c}{4d} \tag{2-1-11}$$

$\Delta\nu_{SR}$(或$\Delta\lambda_{SR}$)叫做共焦球面扫描干涉仪的自由光谱范围(或称自由光谱区). 只有在$\Delta\nu_{SR}>\Delta\nu$(增益线宽)的条件下，才能保证不出现重序现象. 随着共焦腔长的变化，激光器所有模将周期性重复出现(腔长变化的周期为$\lambda/4$)，从而在示波器上展现出多个干涉序，通过分析后用$\nu_{mnq}$的形式表示各模式相应的频率，如图 2-1-8 所示.

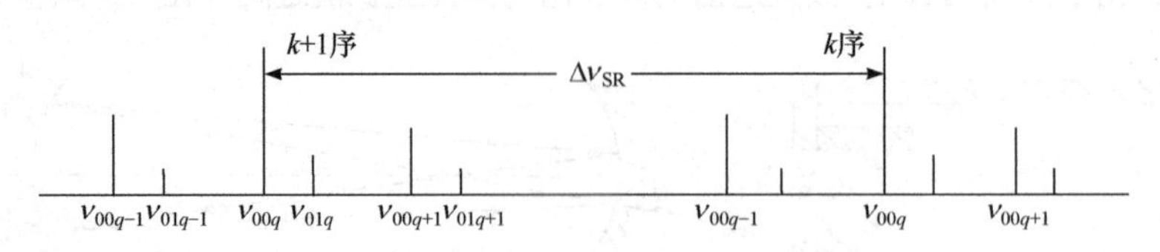


图 2-1-8　示波器上展现出多个干涉序

2) 精细结构常数

共焦球面扫描干涉仪的另一个重要性能指标叫精细结构常数，它是表征共焦球面扫描干涉仪分辨本领高低的参数，用$F$表示. 它的定义是自由光谱范围与最小分辨率极限宽度之比，即在一个自由光谱范围内能分辨的最大谱线数目

$$F=\frac{\Delta\nu_{SR}}{\delta\nu} \tag{2-1-12}$$

式中$\delta\nu$表示共焦球面扫描干涉仪所能分辨出的最小频率差. 影响共焦球面扫描干涉仪精细结构常数的主要因素有发射镜的反射率、球面反射镜的加工精度以及共焦腔的调整精度等.

## 实验装置

He-Ne 激光器两个(能出现一阶或二阶横模的不同规格的)及激光电源、共焦球面扫描干涉仪、模谱分析仪(虚框部分为共焦球面扫描干涉仪电子系统，包括光电信号放大器、锯齿波信号发生器和示波器三部分，通常将其组装在一个箱体内，称为模谱分析仪). 实验装置方框图如图 2-1-9 所示.

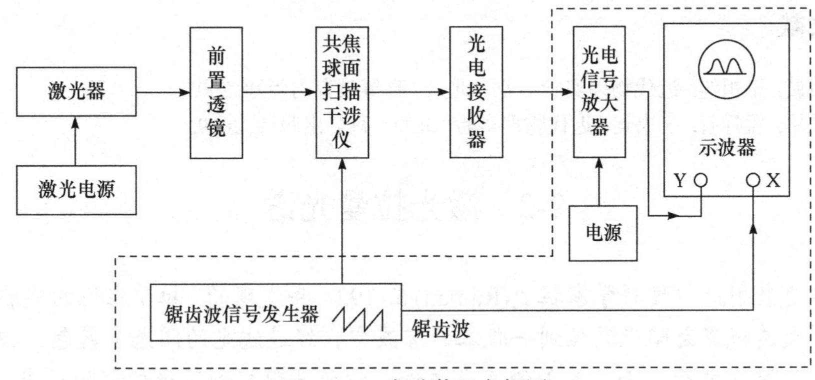


图 2-1-9　实验装置方框图

## 实验内容

(1) 按实验装置图连接线路，经检查无误，方可接通.

(2) 调整光路，使示波器屏上展现出频谱图，微调共焦球面扫描干涉仪，使谱线尽量强，噪声最小.

(3) 用一已知腔长的 He-Ne 激光器，标定共焦球面扫描干涉仪的自由光谱范围 $\Delta\nu_{SR}$ .

(4) 用共焦球面扫描干涉仪(即 $\Delta\nu_{SR}$ 已知)分析未知腔长和模式的激光器模式结构，并测量该激光的相邻纵模频率间隔 $\Delta\nu_{\Delta q=1}$ 和相邻横模频率间隔 $\Delta\nu_{\Delta m+\Delta n=1}$ .

(5) 将所测得的实验值与实验室给出的 $\Delta\nu_{SR}$ 标准值相比较，计算其相对误差，并进行误差分析.(或由实验室给出激光管的参数，即腔长 $L$ 和镜曲率半径 $R_1$ 、$R_2$ ，计算出 $\Delta\nu_{\Delta q=1}$ 和 $\Delta\nu_{\Delta m+\Delta n=1}$ 的理论值，并将它与其实验测量值相比较.)

(6) 最后，分别用 $\mathrm{TEM}_{mnq}$ 形式画出两个激光器的模谱图，并标定出相应各模式的模序.

(7) 选做：测量共焦球面扫描干涉仪的精细结构常数 $F$ .

## 问题思考

(1) 在示波器上显示的模式频谱图中，如何判断共焦球面扫描干涉仪的自由光谱区 $\Delta\nu_{SR}$ ?

(2) 当激光器开启后不长时间内，仔细观察示波器荧光屏上的模式频谱图的变化(模式谱线的漂移或跳模现象)，并分析造成这种变化的原因.

(3) 如何判断共焦球面扫描干涉仪的扫描频谱中频率增加的方向?

(4) 在示波器不同位置的纵模频率间隔有所差异是何原因? 如何提高测量的准确度?

(5) 试分析 He-Ne 激光器中的布氏窗对输出激光的偏振特性有什么影响?

## 参考文献

[1] 吴思诚, 王祖铨. 近代物理实验. 3 版. 北京: 高等教育出版社, 2005.
[2] 高铁军, 孟祥省, 王书运. 近代物理实验. 北京: 科学出版社, 2009.

# 2-2 激光拉曼光谱

拉曼散射是印度科学家拉曼(Raman)在 1928 年发现的. 拉曼在他的实验室里用一个大透镜将太阳光聚焦到一瓶苯的溶液中，经过滤光的阳光呈蓝色，但是当光束进入溶液之后，除了入射的蓝光之外，拉曼还观察到了很微弱的绿光. 拉曼认为这是光与分子相互作用而产生的一种新频率的光谱带. 因这一重大发现，拉曼于 1930 年获诺贝尔物理学奖. 激光拉曼光谱是激光光谱学中的一个重要分支，早先的拉曼光谱工作主要限于线性拉曼谱. 但是由于 20 世纪 60 年代激光技术的出现和接收技术的不断改进，拉曼光谱突破了原先的局限，获得了迅猛的发展，在实验技术上，迅速地出现了如共振拉曼散射以及高阶拉曼散射、反转拉曼散射、受激拉曼散射和相干反斯托克斯散射等非线性拉曼散射和时间分辨与空间分辨拉曼散射等各种新的光谱技术，由于拉曼光谱技术的发展，凝聚态中的电子波、自旋波和其他元激发所引起的拉曼散射不断被观察到. 目前，拉曼光谱学在化学方面应用于有机和无机分析化学、生物化学、石油化工、高分子化学、催化和环境科学、分子鉴定、分子结构等研究；在物理学方面应用于发展新型激光器、产生超短脉冲、分子瞬态寿命研究等，此外在相干时间、固体能谱方面也有广泛的应用.

## 实验预习

(1) 了解拉曼光谱产生的原理及拉曼位移的计算.

(2) 熟悉实验系统光路的调节.

## 实验目的

(1) 掌握拉曼光谱仪的原理和使用方法.

(2) 测四氯化碳的拉曼光谱，计算拉曼频移.

## 实验原理

### 1. 拉曼光谱的特性

频率为 $\nu$ 的单色光入射到透明的气体、液体或固体材料上而产生光散射时，散射光中除了存在入射光频率 $\nu$ 外，还观察到频率为 $\nu \pm \Delta\nu$ 的新成分，这种频率发生改变的现象就称为拉曼效应. $\nu$ 即为瑞利散射频率，频率 $\nu+\Delta\nu$ 称为拉曼散射的斯托克斯(Stokes)线，频率 $\nu-\Delta\nu$ 称为反斯托克斯(anti-Stokes)线. $\Delta\nu$ 通常称为拉曼频移，多用散射光波长的倒数表示，计算公式为

$$\Delta\nu=\frac{1}{\lambda}-\frac{1}{\lambda_0} \tag{2-2-1}$$

式中 $\lambda$ 和 $\lambda_0$ 分别为散射光和入射光的波长，$\Delta\nu$ 的单位为 $cm^{-1}$.

拉曼谱线的频率虽然随着入射光频率变化，但拉曼光的频率和瑞利散射光的频率之差却不随入射光频率变化，而与样品分子的振动转动能级有关. 换句话说，在不同频率单色光的入射下都能得到类似的拉曼谱. 拉曼谱的这个特征是拉曼光谱技术的一大优点，在很多情况下它已经成为分子谱中红外吸收方法的一个重要补充.

图 2-2-1 是四氯化碳($CCl_4$)的拉曼谱，用波长 $\lambda_0=487.99$nm 的半导体激光器的激光获得. 图中瑞利线的上部已截去,两侧为拉曼线. 实验得到的拉曼散射光谱图在外观上有三个明显的特征:①拉曼散射谱线的波数 $\nu$ 随入射光的波数 $\nu_0$ 变化，但对于同一样品，同一拉曼线的波数差 $\Delta\nu=\nu-\nu_0$ 则保持不变；②在以波数为单位的拉曼光谱图上，以入射光波数为中心点，两侧对称地分布着拉曼谱线，$\Delta\nu_0<0$ 的称为斯托克斯线，$\Delta\nu_0>0$ 的称为反斯托克斯线；③一般情况下斯托克斯线的强度大于反斯托克斯线的强度.

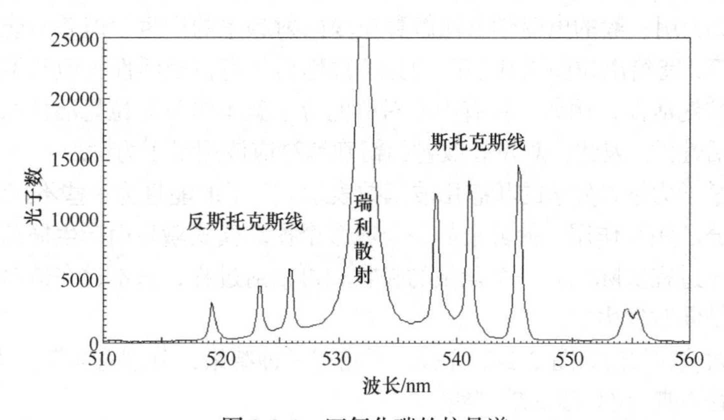


图 2-2-1　四氯化碳的拉曼谱

2. 拉曼散射原理

样品分子被入射光照射时，光电场使分子中的电荷分布发生周期性变化，产生一个交变的分子偶极矩. 偶极矩随时间变化二次辐射电磁波即形成光散射现象. 单位体积内分子偶极矩的矢量和称为分子的极化强度，用 $P$ 表示. 极化强度正比

于入射电场

$$P = \alpha E \tag{2-2-2}$$

$\alpha$ 被称为分子极化率. 在一级近似中 $\alpha$ 被认为是一个常数，则 $P$ 和 $E$ 的方向相同. 设入射光为频率 $\nu$ 的单色光，其电场强度 $E = E_0 \cos 2\pi \nu t$ ，则

$$P = \alpha E_0 \cos 2\pi \nu t \tag{2-2-3}$$

如果认为分子极化率 $\alpha$ 由于各原子间的振动而与振动有关，则它应由两部分组成：一部分是一个常数 $\alpha_0$ ，另一部分是以各种简正频率为代表的分子振动对 $\alpha$ 贡献的总和，这些简正频率的贡献应随时间做周期性变化，所以

$$\alpha = \alpha_0 + \sum \alpha_n \cos 2\pi \nu_n t \tag{2-2-4}$$

式中，$\alpha_n$ 表示第 $n$ 个简正振动频率，可以是分子的振动频率或转动频率，也可以是晶体中晶格的振动频率或固体中声子散射频率. 因此

$$\begin{aligned} P &= E_0 \alpha_0 \cos 2\pi \nu t + E_0 \sum \alpha_n \cos 2\pi \nu t \cdot \cos 2\pi \nu_n t \\ &= E_0 \alpha_0 \cos 2\pi \nu t + \frac{1}{2} E_0 \sum \alpha_n [\cos 2\pi(\nu - \nu_n)t + \cos 2\pi(\nu + \nu_n)t] \end{aligned} \tag{2-2-5}$$

上式第一项产生的辐射与入射光具有相同的频率 $\nu$ ，因而是瑞利散射；第二项为包含分子各振动频率信息 $\nu_n$ 在内的散射，其散射频率分别为 $(\nu - \nu_n)$ 和 $(\nu + \nu_n)$ ，前者为斯托克斯-拉曼线，后者为反斯托克斯-拉曼线.

式(2-2-5)用一般的电磁学方法解释拉曼散射频率的产生，但并不能给出拉曼谱线的强度. 能给出拉曼谱线强度的分子被称为具有拉曼活性，但并不是任何分子都具有拉曼活性，例如，具有中心对称的分子就不是具有拉曼活性的，但却是具有红外活性的. 因此，对拉曼散射的精确解释应该用量子力学.

依据量子力学，分子的状态用波函数表示，分子的能量为一些不连续的能级. 入射光与分子相互作用，使分子的一个或多个振动模式激发而产生振动能级间的跃迁，这一过程实际上是一个能量的吸收和再辐射过程，只不过在散射中这两个过程几乎是同时发生的.

再辐射(散射光)如图 2-2-2 所示，可能有三种结果，分别对应斯托克斯-拉曼线、反斯托克斯-拉曼线和瑞利线.

3. 拉曼散射的偏振态和退偏度

1) 偏振态

对于某一个空间取向确定的分子，入射光为偏振光所引起的拉曼散射光也是偏振光，但散射光的偏振方向与入射光偏振方向不一定一致，它们之间的具体关系由微商极化率张量 $\boldsymbol{\alpha}'_K$ 的具体形式决定.

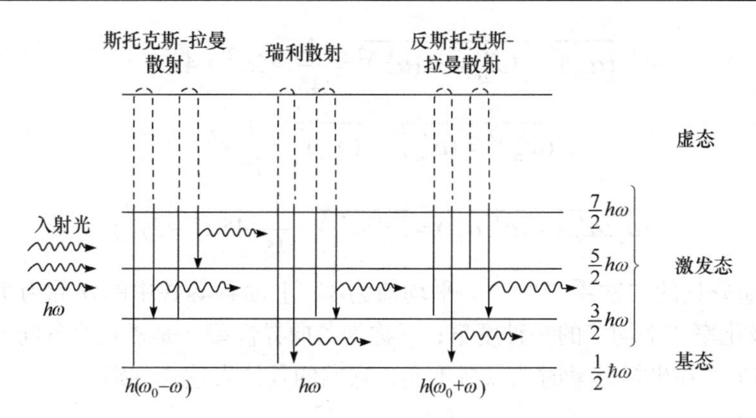


图 2-2-2　光散射的半经典量子解释示意图

分子的微商极化率张量 $\boldsymbol{\alpha}'_K$ 的具体形式由该分子所属的对称变换性质决定. 所谓对称变换是指经该变换所代表的操作(如旋转、反演等)后，分子与自身重合的变换. 微商极化率可用矩阵表示，一般情况下，它是实对称矩阵，即 $\boldsymbol{\alpha}'_K$ 的各个分量 $\boldsymbol{\alpha}'_{k,il}$ 均为实数，并且满足等式 $\boldsymbol{\alpha}'_{k,il}=\boldsymbol{\alpha}'_{k,il0}$，电偶极矩的矩阵形式表示为

$$\begin{pmatrix} p_{k0,x} \\ p_{k0,y} \\ p_{k0,z} \end{pmatrix}=\frac{1}{2}Q_{k0}\begin{pmatrix} \alpha'_{k,xx} & \alpha'_{k,xy} & \alpha'_{k,xz} \\ \alpha'_{k,yx} & \alpha'_{k,yy} & \alpha'_{k,yz} \\ \alpha'_{k,zx} & \alpha'_{k,zy} & \alpha'_{k,zz} \end{pmatrix}\begin{pmatrix} E_{0x} \\ E_{0y} \\ E_{0z} \end{pmatrix} \tag{2-2-6}$$

振动坐标 $Q_k=Q_{k0}^{\cos(\omega_k t+\Phi_k)}$，$Q_{k0}$ 为振动的振幅.

2) 退偏度

上面讨论的拉曼散射的偏振状态是针对一个空间取向固定的分子而言的，一个自由取向的分子引起的拉曼散射的偏振状态与前者有很大差别. 一般说来，当平面偏振光入射时，不仅散射光的偏振方向会与入射光不同，而且散射光本身有可能不再是平面偏振光. 在实际工作中遇到的散射体总是一个多分子体系，各个分子的取向可能是无规分布的，例如气体和液体就是一种这样的体系. 这种体系的散射光的偏振状态就与自由取向分子的情况类似. 为了描述在入射光偏振状态确定的情况下散射光偏振状态的改变，人们引入了退偏度的概念. 自然光入射时，退偏度用 $p_n(\theta)$ 表示；平面偏振光入射时，退偏度多采用 $p_\perp(\theta)$ 和 $p_s(\theta)$ 表示($\theta$ 表示观察方向与入射光传播方向的夹角)，它们的具体定义分别为

$$p_n(\theta)=\frac{{}^{n}I_{//}(\theta)}{{}^{n}I_{\perp}(\theta)}\quad p_\perp(\theta)=\frac{{}^{\perp}I_{//}(\theta)}{{}^{\perp}I_{\perp}(\theta)}\quad p_s(\theta)=\frac{{}^{//}I_{\perp}(\theta)}{{}^{\perp}I_{\perp}(\theta)} \tag{2-2-7}$$

显而易见，退偏度可以用微商极化率张量 $\boldsymbol{\alpha}'$ 中各元素 $\alpha'_{ij}$ 二次乘积的空间平均值来表达. 对于无规取向的分子，有

$$\overline{(\alpha'_{xx})^2} = \overline{(\alpha'_{yy})^2} = \overline{(\alpha'_{zz})^2} = \frac{1}{45}(45\alpha^2 + 4\gamma^2)$$

$$\overline{(\alpha'_{xy})^2} = \overline{(\alpha'_{yz})^2} = \overline{(\alpha'_{zx})^2} = \frac{1}{15}\gamma^2$$

$$\overline{(\alpha'_{xx}\alpha'_{yy})} = \overline{(\alpha'_{yy}\alpha'_{zz})} = \overline{(\alpha'_{zz}\alpha'_{xx})} = \frac{1}{45}(45\alpha^2 - 2\gamma^2)$$

$\boldsymbol{\alpha}'$ 的其他分量的二次乘积的空间平均值为零. 上面各等式中的 $\alpha$ 称为平均极化率，是极化率“平均”的一种度量；$\gamma$ 称为各向异性率，是极化率各向异性的度量. 这两个量在坐标移动时均保持不变，它们的具体表达式分别为

$$\alpha = \frac{1}{3}(\alpha'_{xx} + \alpha'_{yy} + \alpha'_{zz})$$

$$\gamma^2 = \frac{1}{2}[(\alpha'_{xx} + \alpha'_{yy})^2 + (\alpha'_{yy} + \alpha'_{zz})^2 + (\alpha'_{xx} + \alpha'_{zz})^2 + 6(\alpha'_{xy})^2 + 6(\alpha'_{yz})^2 + 6(\alpha'_{zx})^2]$$

对于如图 2-2-3 所示的散射组态，用微商极化率表达的退偏度分别为

$$p_n\left(\frac{\pi}{2}\right) = \frac{\overline{(\alpha'_{zx})^2} + \overline{(\alpha'_{zy})^2}}{\overline{(\alpha'_{yx})^2} + \overline{(\alpha'_{yy})^2}} = \frac{6\gamma^2}{45\alpha^2 + 7\gamma^2}$$

$$p_\perp\left(\frac{\pi}{2}\right) = \frac{\overline{(\alpha'_{zy})^2}}{\overline{(\alpha'_{yy})^2}} = \frac{3\gamma^2}{45\alpha^2 + 4\gamma^2}$$

$$p_s\left(\frac{\pi}{2}\right) = \frac{\overline{(\alpha'_{yz})^{2'}}}{\overline{(\alpha'_{yy})^2}} = \frac{3\gamma^2}{45\alpha^2 + 4\gamma^2}$$

$z(yz)x: {}^{\perp}I_{//}(\pi/2)$　　$z(yy)x: {}^{\perp}I_{\perp}(\pi/2)$

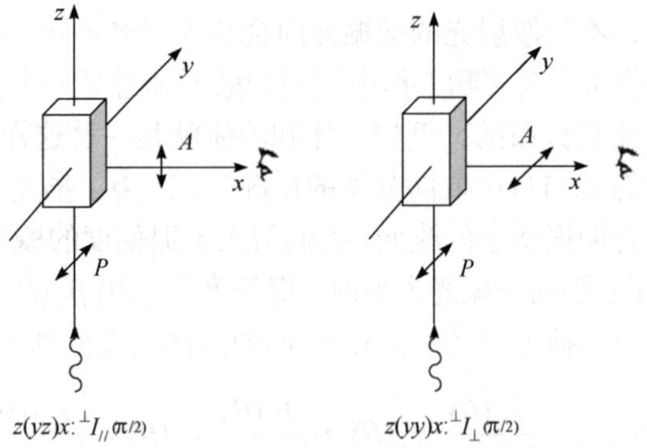

图 2-2-3　散射实验的两种空间配置图

测量退偏度可以直接判断散射光的偏振状态和振动的对称性. 例如，当退偏度 $p_n(\pi/2) = p_\perp(\pi/2)$，$p_s(\pi/2) = 0$ 时，说明各向异性率 $\gamma$ 必等于零，此时的散射光

是完全偏振的；当退偏度 $p_{\perp}(\pi/2)=p_s(\pi/2)=3/4$ 和 $p_n(\pi/2)=6/7$ 时，说明平均极化率必为零，这时的散射光是完全退偏的；当退偏度 $p_s(\pi/2)$ 和 $p_{\perp}(\pi/2)$ 取值在 0 与 3/4 之间和 $0<p_n(\pi/2)<6/7$ 时，散射光就是部分偏振光. 由于退偏度与微商极化率相联系，而前面又已指出，微商极化率具体形式是判定分子及其振动的对称性质的一个有力方法，例如，假设某振动拉曼线的退偏度为零，则可断定该振动必是对称振动.

## 实验装置

激光拉曼光谱仪的总体结构如图 2-2-4 所示.

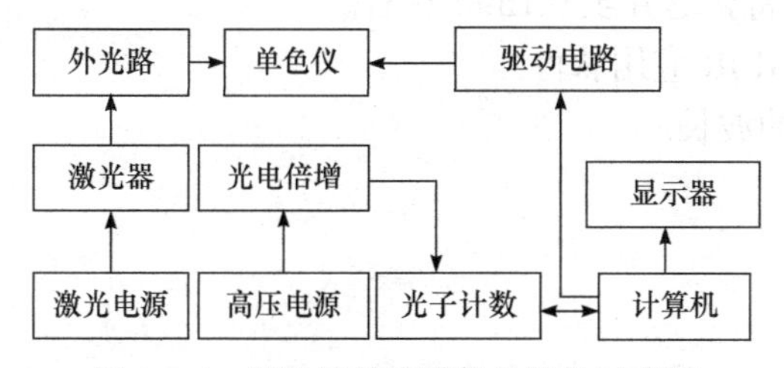


图 2-2-4　激光拉曼光谱仪的结构示意图

(1) 单色仪. 单色仪的光学结构和原理参考实验 1-10.

(2) 激光器. 本实验采用 50mW 半导体激光器，该激光器输出的激光为偏振光.

(3) 外光路系统. 外光路系统主要由激光光源(半导体激光器)、五维可调样品支架 S 、偏振组件 $P_1$ 和 $P_2$ 以及聚光透镜 $C_1$ 和 $C_2$ 等组成(图 2-2-5). 激光器射出的激光束被反射镜 R 反射后，照射到样品上. 为了得到较强的激发光，采用一聚光镜 $C_1$ 使激光聚焦，使在样品容器的中央部位形成激光的束腰. 为了增强效果，在容器的另一侧放一凹面反射镜 $M_2$ . 凹面反射镜 $M_2$ 可使样品在该侧的散射光返回，最后由聚光镜 $C_2$ 把散射光会聚到单色仪的入射狭缝上. 调节好外光路是获得拉曼光谱的关键，首先应使外光路与单色仪的内光路共轴. 一般情况下，它们都已调好并被固定在一个刚性台架上. 可调的主要是激光照射在样品上的束腰，束

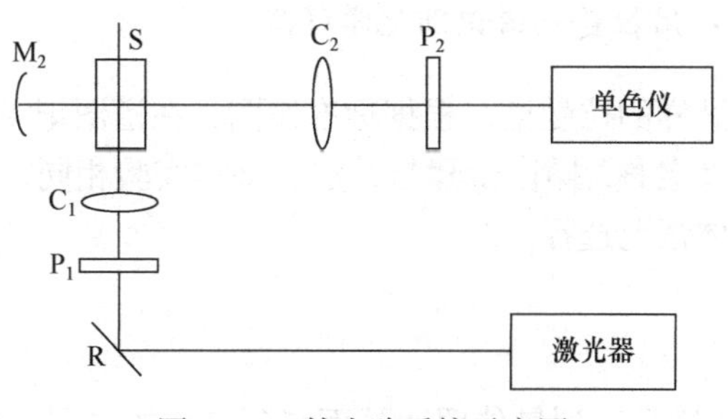


图 2-2-5　外光路系统示意图

腰应恰好被成像在单色仪的狭缝上. 是否处于最佳成像位置，可通过单色仪扫描出的某条拉曼谱线的强弱来判断.

(4) 信号处理. 光电倍增管将光信号变成电信号并进行信号放大，最后送入计算机显示系统，在计算机上显示出拉曼光谱.

## 实验内容

### 1. 基本实验：记录 $CCl_4$ 分子的振动拉曼谱

(1) 将 $CCl_4$ 倒入液体池内，调整好外光路，注意将杂散光的成像对准单色仪的入射狭缝上，并将狭缝开至 0.1mm 左右.

(2) 启动 LRS-II/III 应用软件.

(3) 输入激光的波长.

(4) 扫描数据.

(5) 采集信息.

(6) 测量数据.

(7) 读取数据.

(8) 寻峰.

(9) 修正波长.

(10) 计算拉曼频移.

### 2. 选做实验 I：记录 $CCl_4$ 分子的偏振斯托克斯-拉曼谱

要求细心地记录 $CCl_4$ 分子的偏振斯托克斯-拉曼谱，用退偏度分析振动的对称性质. 操作步骤与方法和基本实验相同，不同的是要放入偏振方向垂直于散射平面的检偏器. 实验时狭缝取 125～250μm.

实验报告要求求出各谱线的退偏度，标出各谱线的对称性. 说明本实验所得的偏振强度是否要根据谱仪效率曲线作修正，并解释其原因.

### 3. 选做实验 II：用拉曼光谱识别化学样品

记录两个化学试样的拉曼谱，根据标准谱图，在谱图记录纸上标明样品所含的化学成分的数目及名称. 操作步骤与方法和基本实验相同，但狭缝宽度及相应的其他参数需视具体情况选择.

## 问题思考

(1) 如何调节使样品得到最佳照明从而得到最佳的谱图？步骤和方法如何？

(2) 如何利用偏振元件分别测得 $^{\perp}I_{\perp}(\pi/2)$ 和 $^{//}I_{\perp}(\pi/2)$ 的散射强度谱.

(3) 如何根据未知样品的拉曼谱确定其化学成分?

### 参考文献

[1] 杨序纲, 吴琪琳. 拉曼光谱的分析与应用. 北京: 国防工业出版社, 2008.
[2] 朱自莹, 顾仁敖, 陆天虹. 拉曼光谱在化学中的应用. 沈阳: 东北大学出版社, 1998.
[3] 高铁军, 孟祥省, 王书运. 近代物理实验. 北京: 科学出版社, 2009.

## 2-3　激 光 全 息

1948 年, 英籍物理学家伽博(Gabor)首先提出了全息学原理, 从而为全息术的诞生奠定了理论基础. 全息术是利用光的干涉和衍射原理, 将物体发射的特定光波以干涉条纹的形式记录下来, 并在一定条件下衍射再现, 形成原物的三维像. 由于记录的是物体的全部信息(振幅和相位), 故称全息术或全息照相. 伽博因发明全息术做出的开创性贡献, 而获得 1971 年诺贝尔物理学奖.

根据记录和再现方式的不同, 全息术可分为多种类型, 如菲涅耳全息、像全息、彩虹全息等. 而菲涅耳全息则是其中最基本的一种. 菲涅耳全息的记录特点是, 物光波由物体直接照射到感光底版上, 无需成像透镜. 本实验采用的就是菲涅耳全息.

### 实验预习

(1) 全息照相与普通照相的异同点是什么?

(2) 菲涅耳全息的特点是什么?

### 实验目的

(1) 了解全息照相的基本原理.

(2) 掌握菲涅耳全息的光路设计及调整方法.

(3) 学习菲涅耳全息图的制作与再现方法.

(4) 通过对菲涅耳全息再现像的观察加深对光的干涉和衍射特性的认识.

### 实验原理

全息照相与普通照相在原理和方法上都有本质的差别. 普通照相是利用透镜成像来记录物体各点的光强分布, 而全息照相是以光的干涉、衍射等光学规律为基础, 借助于参考光波记录物光波的振幅与相位的全部信息. 在感光底版上得到物光与参考光的干涉条纹, 其反映了物光波的振幅和相位分布. 感光底版再经过处理后，便得到一张全息图，只有在适当的光波照明下才能重建原来的物光波. 全息照相分为两步：波前的干涉记录和波前的衍射重建.

### 1. 全息记录

用单色的激光光源照明物体后，物光波的复振幅表示为

$$O = O_{\rm o}(x,y,z){\rm e}^{{\rm i}\varphi_{\rm o}(x,y,z)} \tag{2-3-1}$$

式中$O_{\rm o}(x,y,z)$为物光波的振幅，$\varphi_{\rm o}(x,y,z)$为物光波的相位分布，它们都是实数. 物光波的全部信息包含振幅和相位两方面，因为所有的记录介质都只对光强有响应，所以必须将相位信息转换成强度变化才能被记录下来，通常的转换方法是干涉法. 因此，我们用同一激光源的一部分光照明物体作为物光，另一部分光直接照射到底版上，称之为参考光，其复振幅表示为

$$R = R_{\rm o}(x,y,z){\rm e}^{{\rm i}\varphi_{\rm r}(x,y,z)} \tag{2-3-2}$$

式中$R_{\rm o}(x,y,z)$、$\varphi_{\rm r}(x,y,z)$分别为参考光的振幅和相位分布，它们均为实数. 这样在记录底版上总光场是二者的相干叠加，复振幅为$O+R$，从而底版上各点的光强分布为

$$\begin{aligned} I &= (O+R)(O^*+R^*) = OO^* + RR^* + OR^* + O^*R \\ &= I_{\rm o} + I_{\rm r} + OR^* + O^*R \end{aligned} \tag{2-3-3}$$

式中$O^*$与$R^*$分别为$O$和$R$的共轭量，$I_{\rm o}=OO^*$，$I_{\rm r}=RR^*$分别为物光波与参考光波独立照射到底版上的光强，这两项在底版上不同位置的变化比较缓慢，在全息照相中不起主要作用，而($OR^*+O^*R$)为干涉项，可以用幅值和相位写成

$$OR^* + O^*R = O_{\rm o}R_{\rm o}{\rm e}^{{\rm i}(\varphi_{\rm o}-\varphi_{\rm r})} + O_{\rm o}R_{\rm o}{\rm e}^{-{\rm i}(\varphi_{\rm o}-\varphi_{\rm r})} = 2O_{\rm o}R_{\rm o}\cos(\varphi_{\rm o}-\varphi_{\rm r}) \tag{2-3-4}$$

可见，干涉项产生的是明暗以($\varphi_{\rm o}-\varphi_{\rm r}$)为变量按余弦规律变化的干涉条纹，并被感光底版记录下来. 由于这些干涉条纹在底版上各点的强度决定于物光波(以及参考光波)在各点的振幅与相位，因此底版上就保留了物光波的振幅与相位分布的全部信息.

### 2. 全息再现

记录物光与参考光干涉条纹的底版，经曝光及冲洗以后，形成透射率各处不相同的全息片. 一般来说，振幅透射率为复数，即光透过这样的底版时振幅和相位都要发生变化. 但对于平面吸收型全息片，其振幅透射率为实数，用$T$表示. 如果曝光及冲洗条件合适，可以使得$T$与曝光时的光强$I$之间为线性关系

$$T = T_{\rm o} - \beta I \tag{2-3-5}$$

式中$T_{\mathrm{o}}$为未曝光部分的透射率，$\beta$为比例系数(它取决于干版的感光特性和显影过程). 对同一底版，$T_{\mathrm{o}}$和$\beta$都是常量.

波前的重建是用再照光照射已经制作好的全息图，通常用于拍摄全息图片的参考光束$R$相同的光波作为再照光，因此透过全息图的光波为$TR$，用$W$表示，则有

$$W = TR = T_{\mathrm{o}}R - \beta IR \tag{2-3-6}$$

将式(2-3-3)的$I$代入上式可得

$$\begin{aligned} W &= T_{\mathrm{o}}R - \beta(I_{\mathrm{o}} + I_{\mathrm{r}} + OR^* + O^*R)R \\ &= \left[T_{\mathrm{o}} - \beta(I_{\mathrm{o}} + I_{\mathrm{r}})\right]R - \beta I_{\mathrm{r}}O - \beta RRO^* \end{aligned} \tag{2-3-7}$$

式中的每一项代表一个衍射波，是再照光经过全息图上复杂光栅衍射的结果. 其中第一项是零级衍射光，是振幅受调制直接透过全息图的再照光；第二项和第三项相当于正负一级衍射光.

一般说来，式(2-3-7)中的每一项都很复杂，但如果参考光是平面波或球面波，则$I_{\mathrm{r}}$为常量或接近常量. 这样式中第二项$\beta I_{\mathrm{r}}O$就与原物光波的复振幅$O$成正比，它是按一定比例重建的物光波，是一个一级衍射波. 正是这一衍射波重建了一个与原物光波振幅和相位的相对分布完全相同的光波，因此在原物的位置上可再现物体的三维立体像(又称原始像)，它是个虚像.

第三项与物光波的共轭光波$O^*$有关，它是另一个一级衍射波，称为孪生波(又称共轭像)，在一定的条件下，它是一束会聚光，形成一个有畸变的实像，它是一个赝实像(所谓赝像就是再现像的前后位置与实物正好相反，原物凸出的部分再现像却是凹进去的).

如果采用参考光$R$的共轭光波$R^*$(所谓共轭光波是传播方向与原来光波完全相反的光波，若原光波是从某一点发出的球面波，其共轭光波就是传播方向相反而且会聚于该点的球面波；若原光波是平面波，其共轭光波就是与之传播方向相反的平面波)照射全息图，此时透过全息图的衍射波，仿照式(2-3-7)可写成

$$\begin{aligned} W' &= TR^* = T_{\mathrm{o}}R^* - \beta IR^* \\ &= \left[T_{\mathrm{o}} - \beta(I_{\mathrm{o}} + I_{\mathrm{r}})\right]R^* - \beta R^*R^*O - \beta I_{\mathrm{r}}O^* \end{aligned} \tag{2-3-8}$$

式中的第三项与原物光波的共轭光波$O^*$成正比，这一衍射波重建了一个与原始物光波传播方向相反的会聚波，形成一个无畸变的实像. 如果再照光不完全是原来的参考光或共轭光，则像的位置、大小、虚实将会发生变化，而且还可能存在畸变等现象.

## 实验装置

为了实现全息记录，必须具备下列三个基本条件.

(1) 一个相干性好的光源：由于拍摄的是物光与参考光的干涉条纹，必须用具有高度空间和时间相干性的光源，因此可以采用基模输出的激光器.

(2) 良好的防震装置：由于全息片所记录的干涉条纹十分细密，即使微小震动也会引起条纹的模糊，为使系统稳定，光源和光路中各个光学元件、被摄物体和感光干版等的底座都通过磁性座固定在一个防震性能良好的系统装置上，即光学平台.

(3) 高分辨率的感光底版：由于全息片上所记录的干涉条纹非常细密，其条纹间距为 $10^{-3}$mm 数量级或者更小，因此，全息照相必须采用高分辨率的感光底版.

为此，本实验所需仪器与装置如下：基模 He-Ne 激光器与电源、防震平台、分束镜、平面反射镜、扩束镜、干版架、曝光定时器、RSP-Ⅵ型红敏光致聚合物全息干版(分辨率达 4000 条/mm)、陶瓷小物体、照度计、异丙醇等.

## 实验内容

### 1. 实验光路的设计与调整

首先了解光路设计的要求，包括调光路的原则顺序，以及各种光学元件的调整方法和技巧. 菲涅耳全息的记录光路如图 2-3-1 所示. 激光束通过曝光定时器 K 后经分束镜 P 分为两束：透射的一束光经平面镜 $M_1$ 反射、扩束镜 $L_1$ 扩束后照到物体 O 上，再经物体的漫反射作为物光束投射到全息干版 H 上；反射的一束光经 $M_2$ 反射、$L_2$ 扩束后作为参考光也投射到 H 上. 整个光路的光轴应在同一水平面上，并且使光束通过各元件的中心. 同时还必须做好如下调整：

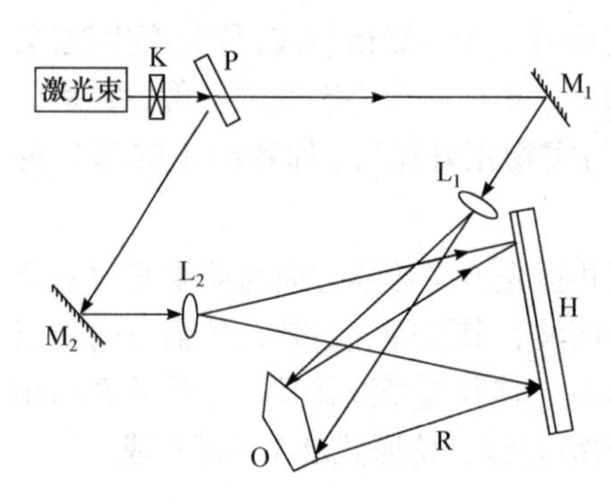

图 2-3-1　菲涅耳全息记录

(1) 物光和参考光的光程应接近相等(二者的光程差应控制在 5cm 之内).

(2) 为了保证记录是线性的，参考光与物光光强之比以 2∶1～3∶1 为宜.

(3) 射到干版上的物光与参考光二者的夹角在 25°～45°间为宜.

### 2. 曝光拍摄

关闭照明光源，在黑暗中把全息干版夹在干版架上，必须使感光乳剂面朝向物光和参考光，静置 1min 后启动定时器曝光，其曝光时间在 15s 左右，应视被摄物的大小及表面情况、干版感光灵敏度及光源强弱而定，最佳时间是通过试拍确定的.

3. 底版冲洗

在暗室中，用蒸馏水轻轻涮洗干板 1min，然后利用不同浓度的异丙醇进行脱水处理(详情可见干板说明书)，直至出现清晰、明亮的红色或黄绿图像为止. 取出干版，迅速用吹风机热风吹干直到全息图重现像变为金黄色清晰、明亮图像为止.

4. 全息图的再现

将制作好的全息图放回拍摄时原物体的位置，用原参考光R 照射H，在全息图后面原物所在位置上可以观察到物的虚像 $I_v$，如图 2-3-2(a)所示；如果改用参考光的共轭光 $R^*$ (或不扩展的激光束)照射全息图，则可用光屏在全息图后面接收到物的实像 $I_r$，如图 2-3-2(b)所示.

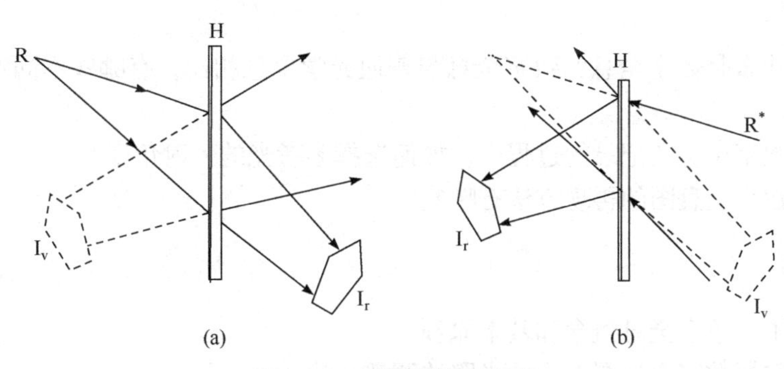


图 2-3-2　菲涅耳全息再现

## 问题思考

(1) 为什么要尽量使物光与参考光的光程接近相等?

(2) 如果全息图片被打碎了，为什么其中的碎片仍然能看到完整的物体像?

(3) 描述记录在全息图上的干涉图样(复杂光栅)与衍射光栅的不同点.

## 参考文献

[1] 吴思诚, 王祖铨. 近代物理实验. 3 版. 北京: 高等教育出版社, 2005.

[2] 陈家壁, 彭润玲. 激光原理及应用. 3 版. 北京: 电子工业出版社, 2013.

[3] 高铁军, 孟祥省, 王书运. 近代物理实验. 北京: 科学出版社, 2009.

# 2-4 数字全息

数字全息是物理学家古德曼(Goodman)和劳伦斯(Lawrence)在 1967 年首次提出的，其利用光电传感器件(如 CCD 或 CMOS)代替干板来记录全息图，然后将全息图存入计算机，用计算机模拟光学衍射过程来实现被记录物体的振幅信息和相位信息的再现和处理. 数字全息与传统光学全息相比具有制作成本低、成像速度快、记录和再现灵活等优点. 当时由于电子成像硬件设备发展缓慢的限制，直至 20 世纪 80 年代才真正起步发展，随着数字化光电传感器的分辨率和解析度的不断提高，以及计算机技术的飞速发展，数字全息技术发展的瓶颈已经基本得到了解决，其理论基础也日趋完善. 因此，数字全息技术受到了越来越多的关注，并广泛应用于三维形貌测量、变形测量、振动测量、粒子场测试、数字全息显微镜、防伪、三维目标识别、医学诊断等多个领域.

## 实验预习

(1) 什么是数字全息？数字全息与普通光学全息相比，有哪些不同？有什么优点？

(2) 数字全息图记录的过程中，如何选择参考光的入射角度？

(3) 数字全息图的再现方法有哪些？

## 实验目的

(1) 了解数字全息概念和基本原理.

(2) 掌握数字全息图的记录光路的调整方法.

(3) 掌握数字全息图的再现方法以及再现参数对再现像的影响规律.

## 实验原理

1. 数字全息的基本概念及其特点

数字全息与光学全息的最大差别在于采用光电成像器件代替传统的全息干板拍摄全息图，再现过程在计算机中通过数字全息来实现，因此，数字全息术是一种利用光电成像器件，即 CCD 或 CMOS 进行数字记录，并通过计算机的快速运算进行数字再现的全息术. 与传统的光学全息技术相比，数字全息技术具有以下主要特点：

(1) 采用光电成像器件直接记录全息图，并将数字化的全息图传入计算内存储以备分析计算，实现了全息的快速、准确记录，避免了传统全息术的显影、定影等化学湿处理过程.

(2) 与全息干板相比，用 CCD 记录只需很短的曝光时间，大大降低了传统光学全息对系统稳定性的要求，同时还可以实时记录运动物体瞬间变化过程.

(3) 通过数字再现可以同时获取物体的强度分布和相位分布，便于利用现有的图像处理方法进行进一步的处理，特别有利于对物体三维形貌的分析与测量.

(4) 由于记录和再现都借助了计算机，非常容易实现自动化、仪器化.

值得一提的是，不要把数字全息与后面即将学习的计算全息相混淆，数字全息的记录过程依赖光学全息记录装置，再现过程由计算机再现，而计算全息正好相反，其记录过程是由计算机来完成，而再现过程与光学全息再现一样完全依赖再现光路.

2. 数字全息的基本原理

跟光学全息一样，数字全息也包括全息图的记录和再现两个过程.

1) 数字全息图的记录

如图 2-4-1 所示，数字全息的记录光路与光学全息的记录光路基本相同，只是用 CCD 或者 CMOS 来代替干板记录全息图. 对于数字全息来说，参考光可以是平面波也可以是球面波，为了简单起见，本实验采用了平面波作为参考光. 设其传播方向与 $z$ 轴夹角为 $\alpha$ ，那么参考光在记录平面上的复振幅分布 $r(x,y)$ 可写为

$$r(x,y)=A_1\exp\left(\mathrm{j}\frac{2\pi}{\lambda}x\sin\alpha\right) \tag{2-4-1}$$

设被记录物体的透过率函数为 $t(x_o,y_o)$ ，用振幅为 $A_2$ 的垂直平面波照明，则在相距为 $d_0$ 的记录介质平面上，衍射物波的复振幅 $u(x,y)$ 分布可由菲涅耳衍射积分公式表示为

$$u(x,y)=\frac{A_2}{\mathrm{j}\lambda d_0}\iint t(x_o,y_o)\exp\left\{\frac{\mathrm{j}\pi}{\lambda d_0}[(x-x_o)^2+(y-y_o)^2]\right\}\mathrm{d}x_o\mathrm{d}y_o \tag{2-4-2}$$

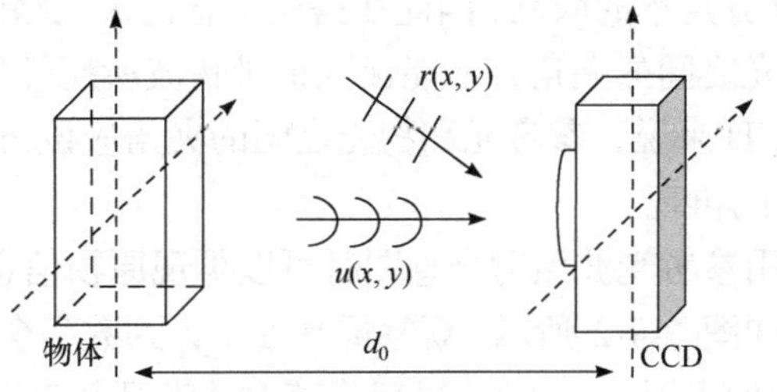

图 2-4-1　数字全息图的记录示意图

那么记录平面上的干涉图样的强度分布可以写成

$$h(x,y)=|u|^2+|r^2|+u(x,y)\tilde{r}(x,y)+\tilde{u}(x,y)r(x,y) \tag{2-4-3}$$

假设 CCD 的线性度很好，那么在感光面上全息图的透过率函数正比于曝光强度. 设 CCD 的分辨率为 $M$ 像素×$N$ 像素，像素尺寸为 $\Delta x\times\Delta y$ (一般情况 $\Delta x=\Delta y$ )，则 CCD 采集的数字全息图可表示为

$$H(x,y)=\frac{1}{\Delta x\Delta y}\text{comb}\left(\frac{x}{\Delta x}\right)\text{comb}\left(\frac{y}{\Delta y}\right)h(x,y) \tag{2-4-4}$$

由于数字全息采用了 CCD 代替全息干板来记录全息图，因此想要获得高质量的数字全息图，并完好地重现出物光光波，必须保证全息图面上的光波的空间频率与记录介质的空间频率之间的关系满足奈奎斯特采样定理，即记录介质的空间频率必须达到全息图面上光波的空间频率的 2 倍以上. 但是，由于数字相机的分辨率(约 100 线/mm)比全息干板等传统介质的分辨率(约 5000 线/mm)低得多，而且数字相机的靶面面积很小，因此数字全息的记录条件不容易满足，数字全息图的记录结构也有别于前面的普通光学全息记录光路. 目前，数字全息技术仅限于记录和重现较小物体的低频信息，且对记录条件有着自身的要求，因此要想成功地记录全息图，就需要合理地设计实验光路，尤其是参考光和物光之间的夹角.

设物光传播方向与 $z$ 轴的最大夹角为 $\beta$，那么物光与参考光在全息图面上的最大夹角为 $\theta=\alpha+\beta$，则记录平面(CCD 面)上形成的最小条纹间距为

$$\Delta d_{\min}=\frac{\lambda}{\sin\alpha+\sin\beta} \tag{2-4-5}$$

一个给定的 CCD 的像素大小为 $\Delta x$，根据采样定理，一个条纹的周期至少要大于等于两个像素，即 $\Delta d\geqslant 2\Delta x$，记录信息才不会失真. 由于在数字全息的记录光路中，$\alpha$ 和 $\beta$ 的值都很小，因此 $\sin\alpha\approx\alpha,\sin\beta\approx\beta$，则

$$\theta\leqslant\frac{\lambda}{2\Delta x} \tag{2-4-6}$$

由于受到 CCD 分辨率的限制，因此在搭建全息记录光路的时候，应当尽可能地减小参考光和物光之间的夹角，才能保证记录物波所携带的信息更多. 对于像素尺寸为 5μm 的 CCD 来说，参考光和物光之间的夹角应该设置为 2°左右.

2) 数字全息图的再现

我们知道，利用参考光波照射全息图时可以再现原物信息，这一过程是一个菲涅耳衍射过程，如图 2-4-2 所示. 观察屏平面 $x_1y_1$ 到数字全息图平面 $xy$ 的距离为 $d_i$ (当再现像在焦面上时 $d_i=d_0$ )，再现像落在菲涅耳衍射区，可用菲涅耳衍射积分表示为

$$U(x_1,y_1)=\frac{\exp(\mathrm{j}kd_i)}{\mathrm{j}\lambda d_i}\iint r(x,y)H(x,y)\exp\left\{\frac{\mathrm{j}k}{2d_i}[(x-x_1)^2+(y-y_1)^2]\right\}\mathrm{d}x\mathrm{d}y \quad (2\text{-}4\text{-}7)$$

这就是数字全息的再现数学模型. 显然，在记录过程中 $H(x,y)$ 已数字化，我们只要对参考光进行数字化处理，就可以获得 $U(x_1,y_1)$ 的数字解，这种方法称为菲涅耳近似再现法. 在满足抽样定理的情况下，式(2-4-7)可直接离散化为

$$\begin{aligned}U(m,n)=&\frac{\exp(\mathrm{j}kd_i)}{\mathrm{j}\lambda d_i}\exp\left[\mathrm{j}\pi\lambda d_i\left(\frac{m^2}{M^2\Delta_x^2}+\frac{n^2}{N^2\Delta_y^2}\right)\right]\\&\times\sum_{p=0}^{p=M-1}\sum_{q=0}^{q=N-1}H(p,q)r(p,q)\exp\left[\mathrm{j}\frac{\pi}{\lambda d_i}\left(p^2\Delta_x^2+q^2\Delta_y^2\right)\right]\exp\left[2\pi\mathrm{j}\left(\frac{pm}{M}+\frac{qn}{N}\right)\right]\end{aligned}$$

(2-4-8)

其中，$\begin{cases}0\leqslant m,p\leqslant M-1\\0\leqslant n,q\leqslant N-1\end{cases}$.

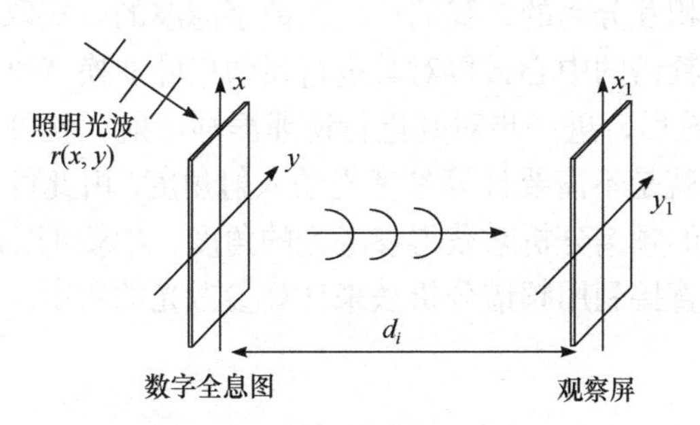


图 2-4-2 数字全息图的再现示意图

进一步对式(2-4-7)分析可知，公式中的积分运算实质上是 $H(x,y)r(x,y)$ 与二次相位因子 $\exp\left(\mathrm{j}k\dfrac{x^2+y^2}{2d_i}\right)$ 的卷积计算，因此，式(2-4-7)可写成

$$U(x_1,y_1)=\frac{\exp(\mathrm{j}kd_i)}{\mathrm{j}\lambda d_i}[H(x,y)r(x,y)]^*\exp\left(\mathrm{j}k\frac{x^2+y^2}{2d_i}\right) \quad (2\text{-}4\text{-}9)$$

根据卷积定理，有

$$U(m,n)=\frac{\exp(\mathrm{j}kd_i)}{\mathrm{j}\lambda d_i}F^{-1}\left\{F\{H(m,n)r(m,n)\}F\left\{\exp\left(\mathrm{j}k\frac{m^2+n^2}{2d_i}\right)\right\}\right\} \quad (2\text{-}4\text{-}10)$$

式(2-4-10)就是基于卷积定理再现法再现的结果，其中 $F$ 表示二维傅里叶变换，傅里叶变换可以由快速傅里叶变换(FFT)算法来实现，这样会大大减少计算时间. 需

要注意的是，公式(2-4-10)适合于衍射距离 $d_i \geqslant M\Delta x^2/\lambda$ 的情况，实验中大多数情况满足此条件. 当 $d_i \leqslant M\Delta x^2/\lambda$ 时，可以用传递函数法来再现，即

$$U(m,n)=\frac{\exp(\mathrm{j}kd_i)}{\mathrm{j}\lambda d_i}F^{-1}\left\{F\left\{H(m,n)r(m,n)\right\}T(\xi,\eta)\right\} \tag{2-4-11}$$

其中传递函数 $T(\xi,\eta)=\exp\left\{\mathrm{j}d_i\sqrt{k^2-4\pi^2\left[\left(\frac{p^2}{M^2\Delta x^2}\right)+\left(\frac{q^2}{N^2\Delta y^2}\right)\right]}\right\}$.

由上面的分析可知，我们只要测量出物体到 CCD 的距离 $d_0$ 和参考光的角度 $\alpha$，就可以计算出原始物波. 由于再现像的清晰度对再现距离 $d_i$ 非常敏感，我们可以利用程序以扫描的方法找到准确的再现距离. 而 $\alpha$ 的角度比较小，很难准确测量，一种方法是先测量出没有放物体时干涉条纹的间距 $\Delta d$，然后再用公式 $\alpha=\arcsin(\Delta d/\lambda)$ 计算出.

通过对离轴数字全息图的分析可知，原始像、共轭像和零级像所对应的频谱项在空间频域中是相互分离的，我们可以用数字滤波的方式取出原始像所对应的频谱项，把它移到频谱的中心，再对其进行逆傅里叶变换就可以得到物体在全息图面上的复振幅. 然后，进一步对其进行逆菲涅耳衍射，就可以得到物体的原始像，这样做的好处就是不需要计算参考光的入射角度. 由此可知，我们可以直接通过对数字全息图的频谱分析来获得参考光的角度，大家可以自己试着推导一下. 一般情况下，我们直接利用频谱分析法来计算参考光的角度.

## 实验装置

实验装置如图 2-4-3 所示，主要包括 He-Ne 激光器、CCD 相机、准直镜、物体、分束器、反射镜、计算机等.

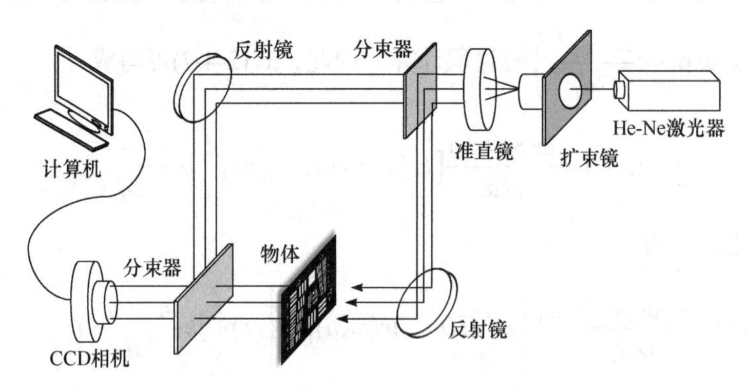


图 2-4-3　数字全息实验光路示意图

**实验内容**

(1) 按照图 2-4-3 所示的光路图建立和调整好实验光路，本实验采用 USAF1951 分辨率版作为物体.

(2) 调节参考光和物光的角度，使干涉条纹沿竖直或者水平方向，条纹间距调整为 5 个像素左右为佳.

(3) 根据干涉条纹的总条纹数、CCD 的像素总数和像元尺寸大小计算出参考光的角度 $\alpha$ .

(4) 挡住参考光，观察并记录物光的菲涅耳衍射图样；挡住物光，观察并记录参考光在记录平面上的强度分布；观察并记录物光和参考光叠加后的干涉图样，即全息图.

(5) 测量物体到记录平面的距离 $d_0$.

(6) 利用数字全息再现程序对全息图进行频谱分析并计算出参考光的角度，与第(3)步的结果进行比较.

(7) 利用数字全息再现程序对数字全息图进行再现，观察再现结果，进一步确定最佳再现距离和最佳参考光的角度，并记录相关再现结果.

(8) 分别改变抽样间隔、再现波长等参数，重复上述数字重现过程. 定量研究全息再现像的像距和再现像大小与全息再现过程中的抽样间隔和再现波长的依赖关系.

**问题思考**

(1) 如何判断再现像的像面位置?

(2) 当再现波长与原始记录波长不一致时，再现像距与再现光波长有什么关系?

(3) 当再现抽样间隔与 CCD 像素不一致时，再现像距与抽样间隔有什么关系?

**参考文献**

[1] 苏显渝, 李继陶, 曹益平, 等. 信息光学. 2 版. 北京: 科学出版社, 2011.
[2] Goodman J W. 傅里叶光学导论. 4 版. 陈家璧, 秦克诚, 曹其智, 译. 北京: 科学出版社, 2020.
[3] 李俊昌. 衍射计算及数字全息. 北京: 科学出版社, 2014.

## 2-5 计算全息

随着数字计算机与计算技术的迅速发展，人们广泛地使用计算机去模拟、运算、处理各种光学过程，在计算机科学和光学相互促进和结合的发展进程中，1965 年在美国 IBM 公司工作的德国光学专家罗曼(A. W. Lohmann)使用计算机和计算机控制的绘图仪做出了世界上第一个计算全息图(computer-generated hologram，CGH). 计算全息图不仅可以全面地记录光波的振幅和相位，而且能综合复杂的，或者世间不存在的物体的全息图，因而具有独特的优点和极大的灵活性. 由于计算全息图编码的多样性和波面变换的灵活性，计算全息技术已经在三维显示、图像识别、干涉计量、激光扫描、激光束整形等研究领域得到了应用. 最近计算全息领域的新进展是利用高分辨相位空间光调制器实现了计算全息图的实时再现，这种实时动态计算全息技术已经在原子光学、光学微操纵、微加工、软物质自组织过程的控制等领域得到成功的应用，显示了计算全息技术的巨大应用发展前景.

## 实验预习

(1) 什么是计算全息？计算全息图与光学全息图有什么区别？

(2) 计算全息图的制作步骤主要包括哪些？如何实现计算全息图的动态输出和再现？

## 实验目的

(1) 熟悉计算全息的原理，进一步加深对光全息原理、光的干涉和衍射特性的认识.

(2) 掌握计算全息图的常用编码方法.

(3) 掌握基于空间光调制器的计算全息图制作和再现方法，学会对再现结果的观察与分析.

## 实验原理

### 1. 计算全息概述

计算全息的发展受到两个不同因素的刺激，一个是全息学的发展处于极盛时期，另一个是电子计算机控制绘图开始普及. 1965 年，罗曼在 IBM 工作时，由于激光器坏了，又要做全息图，在危急时刻，他用计算机代替激光器做出了全息图，这是第一个记录振幅和相位信息的计算全息图. 虽然他的方法在准确性方面存在一些缺点，但因原理简单，到目前为止还有人经常采用他的方法. 1967 年帕里斯(Paris)把快速傅里叶变换算法应用到快速变换计算全息图中，并且与罗曼一起完成了几个用光学方法很难实现的空间滤波，显示了计算全息的优越性. 1969 年赖塞姆(Lesem)等又提出相息图，1974 年李威汉(Wai-HonLee)提出计算全息图的制作技术. 从原理上，计算全息和光学全息没有什么本质差别，所不同的是产生全息图的方法. 光学全息是直接利用光的干涉特性，通过物波和参考波干涉的方法将物波的振幅和相位信息转化成一幅干涉条纹的强度分布图样，即光学全息图. 如果物体不存在，只知道物波的数学描述或者离散数据形式，也可以利用电子计算机形成一种可以光学再现的编码图案，并通过计算机控制绘图仪或其他记录装置将编码图案绘制和复制在全息干版或透明胶片上，这种计算机合成的编码图案称为计算全息图. 计算全息图和光学全息图一样，都可以用光学方法再现出物波，但两者有本质的差别. 光学全息图唯有实际物体存在时才能制作，而计算全息图的制作，只要在计算机中输入物体的数学模型就可以了，不需要真实物体的存在. 计算全息再现的三维像是现有技术所能得到的唯一的三维虚构像，具有重要的科学意义.

2. 计算全息图的制作和再现

本实验以傅里叶变换计算全息为例来说明计算全息图的制作和再现过程，如图 2-5-1 所示. 在这种全息图中，被记录的复数波面是物波函数的傅里叶变换，由于这种全息图再现的是物波函数的傅里叶频谱，所以要得到物波函数本身，必须通过傅里叶透镜再进行一次逆傅里叶变换，这与光学傅里叶变换全息图的基本原理是一致的. 一般说来，计算全息图的制作和再现过程大致可分成下述五个步骤：

(1) 抽样. 选择物体或波面，给出物体或波面在离散样点上的值.

(2) 计算. 计算物波在全息图面上的光场分布.

(3) 编码. 把上述光场分布编码成全息图的透过率变化.

(4) 输出. 将全息图的透过率变化在成图设备上成图. 如果成图设备分辨率不够，再经光学缩版得到实用的全息图. 本实验采用了高分辨的空间光调制器来显示计算全息图.

(5) 再现. 这一步与光学全息图的再现方法一致.

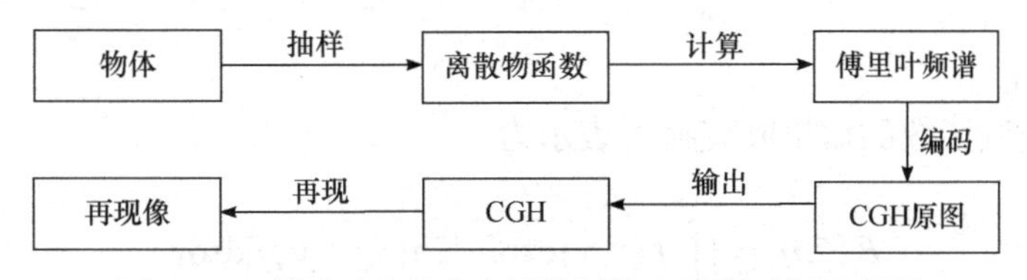


图 2-5-1　傅里叶变换全息图的制作和再现过程示意图

接下来，我们将对傅里叶变换计算全息图的制作和再现过程进行详细的讲解.

1) 抽样

抽样包括对物波函数和对全息图的抽样. 设物波函数为 $f(x,y)$，其傅里叶频谱为$F(\xi,\eta)$，其中$x,y$和$\xi,\eta$分别是连续的空间变量和空间频域变量，假定物波函数在空域和频域都是有限的，空域宽度为$\Delta x$、$\Delta y$，频域带宽为$\Delta\xi$、$\Delta\eta$，或者$2B_x$、$2B_y$. 于是有

$$\begin{cases} f(x,y)=a(x,y)\exp[\mathrm{i}\phi(x,y)] \\ F(\xi,\eta)=A(\xi,\eta)\exp[\mathrm{i}\phi(\xi,\eta)] \end{cases} \tag{2-5-1}$$

并且

$$\begin{cases} f(x,y)=0, & \text{当}|x|>\Delta x/2,\ |y|>\Delta x/2\text{时} \\ F(\xi,\eta)=0, & \text{当}|\xi|>\Delta\xi/2,\ |\eta|>\Delta\eta/2\text{时} \end{cases} \tag{2-5-2}$$

根据抽样定理，对于物波函数，在$x$方向的抽样间隔$\delta x \leqslant 1/\Delta\xi$，在$y$方向的抽样间隔，$\delta y \leqslant 1/\Delta\eta$. 当取等号的条件时，有$\delta x=1/\Delta\xi$，$\delta y=1/\Delta\eta$.

于是可以计算空域的抽样单元数

$$J\times K=\frac{\Delta x}{\delta x}\frac{\Delta y}{\delta y}=\Delta x\Delta y\Delta\xi\Delta\eta \tag{2-5-3}$$

谱平面上的抽样情况与物面类似，在$\xi$方向的抽样间隔$\delta\xi \leqslant 1/\Delta x$，在$\eta$方向的抽样间隔$\delta\eta \leqslant 1/\Delta y$，频域的抽样单元数为

$$M\times N=\frac{\Delta\xi}{\delta\xi}\frac{\Delta\eta}{\delta\eta}=\Delta x\Delta y\Delta\xi\Delta\eta \tag{2-5-4}$$

由此可见，物面抽样单元数和全息图平面上抽样单元数相等，即物空间具有和谱空间同样的空间带宽积. 确定了抽样点总数后，物波函数和物谱函数可以表示为如下离散形式：

$$\begin{cases} f(j,y)=a(j,k)\exp[\mathrm{i}\phi(j,k)], & -\dfrac{K}{2}\leqslant k\leqslant\dfrac{K}{2}-1,\ -\dfrac{J}{2}\leqslant j\leqslant\dfrac{J}{2}-1 \\ F(m,n)=A(m,n)\exp[\mathrm{i}\phi(m,n)], & -\dfrac{M}{2}\leqslant m\leqslant\dfrac{M}{2}-1,\ -\dfrac{N}{2}\leqslant n\leqslant\dfrac{N}{2}-1 \end{cases} \tag{2-5-5}$$

2) 计算

对于连续函数的傅里叶变换可表示为

$$F\{\xi,\eta\}=\iint_{-\infty}^{+\infty} f(x,y)\exp[-\mathrm{i}2\pi(x\xi+y\eta)]\mathrm{d}x\mathrm{d}y \tag{2-5-6}$$

而计算机完成傅里叶变换必须采用离散傅里叶变换的形式，二维序列$f(j,k)$的离散傅里叶变换定义为

$$F(m,n)=\sum_{j=-\frac{J}{2}}^{\frac{J}{2}-1}\sum_{k=-\frac{K}{2}}^{\frac{K}{2}-1}f(j,k)\exp\left(-\mathrm{i}2\pi\left(\frac{mj}{J}+\frac{nk}{K}\right)\right) \tag{2-5-7}$$

利用式(2-5-7)作二维离散傅里叶变换，涉及极大的计算量，为了缩短计算时间，一般采用快速傅里叶变换算法. $F(m,n)$ 通常是复数，一般记为

$$F(m,n)=A(m,n)\exp[\mathrm{i}\phi(m,n)] \tag{2-5-8}$$

其中振幅和相位可以分别表示为

$$\begin{cases}A(m,n)=\sqrt{R^2(m,n)+I^2(m,n)}\\ \phi(m,n)=\arctan\left[\dfrac{I(m,n)}{R(m,n)}\right]\end{cases} \tag{2-5-9}$$

3) 编码

对于计算全息来讲，编码方法是最重要的内容. 编码的目的就是将计算出的全息图面上的复振幅函数 $F(m,n)$ 转化成非负值函数(透过率函数). 从编码函数构造的角度来说，计算全息技术主要有两大类：纯计算编码型和光学模拟型. 二者的主要差别是，前者的编码函数是人为构造出来的，后经数学证明和实验验证，可以再现物光；而后者的编码函数是在研究传统光学全息图透过率函数的基础之上构建起来的，也可以说是用计算机模拟光学记录过程来绘制全息图. 接下来，我们将介绍三种常用的编码方法.

(1) 罗曼型.

1966 年，美国科学家罗曼巧妙地利用了不规则光栅的衍射效应，提出了迂回相位编码方法. 如图 2-5-2(a)所示，当用一束平面波垂直照明一栅距 $d$ 恒定的平面光栅时，产生的各级衍射光仍为平面波，等相位面为垂直于相应衍射方向的平面. 根据光栅方程，光栅的任意两条相邻狭缝在第 $K$ 级衍射方向的光程差

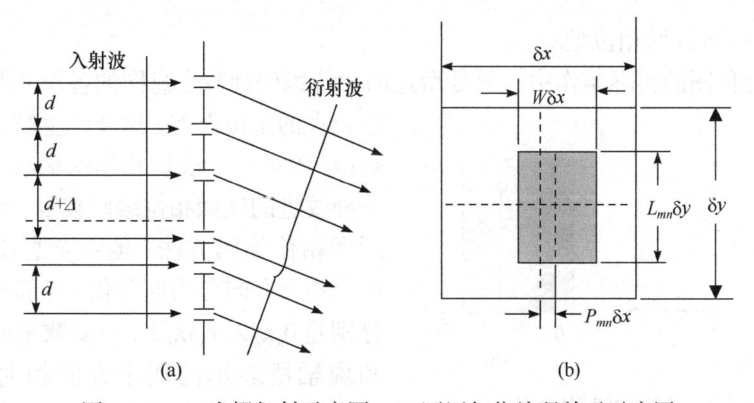


图 2-5-2　(a)光栅衍射示意图；(b)迂回相位编码单元示意图

$$\Delta\varphi = \frac{2\pi}{\lambda} d \sin\theta_K = 2\pi K \tag{2-5-10}$$

是等相位的. 如果某一点的狭缝位置有偏差，如栅距增大了 $\varDelta$ ，则该处在第 $K$ 级衍射方向的衍射光的光程差变为 $L' = (d+\varDelta)\sin\theta_K$ ，从而导致一附加相移

$$\phi_K = \frac{2\pi}{\lambda} \varDelta \sin\theta_K = 2\pi K \frac{\varDelta}{d} \tag{2-5-11}$$

罗曼称这种相位为迂回相位. 迂回相位的值与相对偏移量 $\varDelta/d$ 和衍射级次 $K$ 成正比，与入射光波的波长无关. 由此可见，通过局部改变开孔位置便可以在某个衍射方向得到我们所需要的相位. 在此基础上，罗曼提出了迂回相位编码方法. 其基本思想是，在全息图的每个抽样单元中，放置一个通光孔径，通过改变通光孔径的面积来实现光波场的振幅调制，而通过改变通光孔径中心距抽样单元中心的位置来实现光场相位的编码. 通光孔径的形状可以是多种多样的，可根据实际情况来选取. 图 2-5-2(b)所示是采用矩形通光孔径编码的计算全息图的一个抽样单元的示意图. 图中，$\delta x$ 和 $\delta y$ 为抽样单元的抽样间隔，$W\delta x$ 为开孔的宽度，$L_{mn}\delta y$ 为开孔的高度，$P_{mn}\delta x$ 为开孔中心到抽样单元中心的距离. 我们可以选取矩形孔的宽度参数 $W$ 为定值，用高度参数 $L_{mn}$ 和位置参数 $P_{mn}$ 来分别编码光波场的振幅和相位. 设待记录光波场的归一化复振幅分布函数为

$$f_{mn} = A_{mn} \exp(\mathrm{i}\phi_{mn}) \tag{2-5-12}$$

则孔径参数和复振幅函数的编码关系为

$$\begin{cases} L_{mn} = A_{mn} \\ P_{mn} = \dfrac{\phi_{mn}}{2\pi K} \end{cases} \tag{2-5-13}$$

利用这种方法编码的计算全息图的透过率只有 0、1 两个值，故制作简单，抗干扰能力强，对记录介质的非线性效应不敏感，可多次复制而不失真，因而应用较为广泛.

(2) 四阶迂回相位型.

在全息图的实际制作中，罗曼型迂回相位编码计算全息图的各单元开孔会存在较大的定位误差，这会产生较大的再现噪声. 1970 年，美国科学家李威汉提出了一种改进的迂回相位编码技术，称为四阶迂回相位编码方法. 他将全息图的一个单元沿 $x$ 方向分为四等份，各部分的相位分别是 $0, \pi/2, \pi, 3\pi/2$ ，与复数平面上实轴和虚轴所表示的四个方向相对应，如图 2-5-3(a)所示.

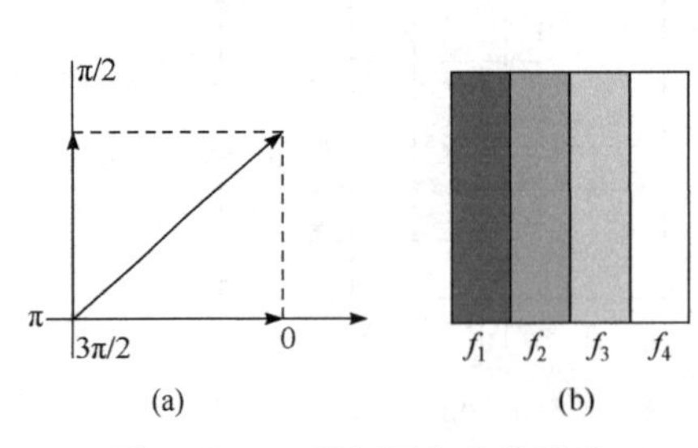

图 2-5-3　四阶迂回相位编码法

全息图上待记录的一个样点的复振幅可以沿图 2-5-4 中四个相位方向分解为四正交分量

$$f(m,n)=f_1(m,n)\boldsymbol{r}^+ + f_2(m,n)\boldsymbol{j}^+ + f_3(m,n)\boldsymbol{r}^- + f_4(m,n)\boldsymbol{j}^- \tag{2-5-14}$$

其中，$\boldsymbol{r}^+$、$\boldsymbol{j}^+$、$\boldsymbol{r}^-$、$\boldsymbol{j}^-$是复平面上的四个基矢量，即

$$\boldsymbol{r}^+=\exp(\mathrm{i}0),\ \boldsymbol{j}^+=\exp\left(\mathrm{i}\frac{\pi}{2}\right),\ \boldsymbol{r}^-=\exp(\mathrm{i}\pi),\ \boldsymbol{j}^-=\exp\left(\mathrm{i}\frac{3}{2}\pi\right) \tag{2-5-15}$$

$f_1$、$f_2$、$f_3$、$f_4$是实的非负数. 对于一个样点，$f_1\sim f_4$这四个分量中只有两个分量为非零值，因此要描述一个样点的复振幅，只需要在两个子单元中用开孔大小或灰度等级来表示，图 2-5-3(b)是用灰度等级表示的情况.

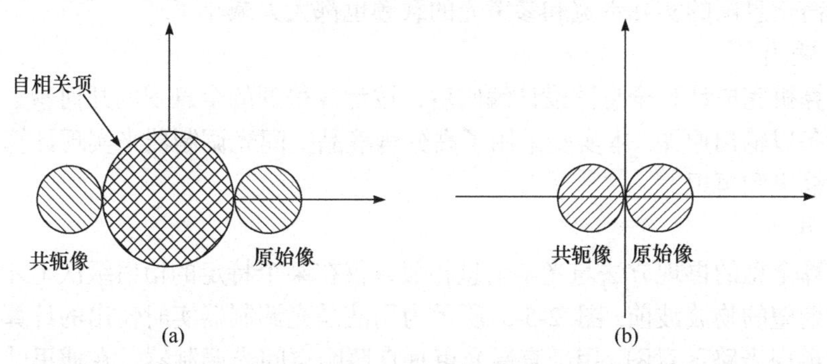


图 2-5-4　(a)普通离轴干涉型计算全息图的空间频谱；(b)修正离轴干涉型计算全息图的空间频谱

在此基础上，伯克哈特(Burckhardt)提出了三阶迂回相位编码方法，因为在复平面上用三个基矢就可以表征平面上任一复矢量. 他将全息图上的一个单元分为三个子单元，分别表示复平面上相位差为 2π/3 的三个基矢，然后在三个子单元中用开孔面积或灰度等级来表示振幅分量的大小.

(3) 修正离轴干涉型.

该方法属于光学模拟型，是对光学全息干涉记录的计算机模拟. 设被记录物波在记录平面上的复振幅分布为

$$u_{\mathrm{o}}(x,y)=O(x,y)\exp[\mathrm{i}\phi_{\mathrm{o}}(x,y)] \tag{2-5-16}$$

参考光在记录平面上的复振幅分布为

$$u_{\mathrm{r}}(x,y)=R(x,y)\exp[\mathrm{i}\phi_{\mathrm{r}}(x,y)] \tag{2-5-17}$$

普通光学全息干涉记录的结果就是

$$H(x,y)=|u_{\mathrm{r}}|^2+|u_{\mathrm{o}}|^2+u_{\mathrm{r}}^*u_{\mathrm{o}}+u_{\mathrm{r}}u_{\mathrm{o}}^* \tag{2-5-18}$$

直接利用式(2-5-18)就得到普通的离轴干涉型计算全息图. 从图 2-5-4(a)给出的这种计算全息图的空间频谱结构可以看出，由于存在物函数的自相关项(第二项)，全息图的有效带宽就不能得到充分利用；并且，参考光的角度必须足够大，才能够使衍射物光与零级光分开. 在普通光学全息图的记录中，物函数的自相关项是无法消除的. 但在计算全息图的设计制作中，则完全可以通过修改式(2-5-18)来消除不需要的自相关项. 构造如下所示新的全息图函数：

$$\begin{aligned} H(x,y) &= 0.5 + 0.25(u_R(x,y)u_o^*(x,y) + u_r^*(x,y)u_o(x,y)) \\ &= 0.5[1 + O(x,y)R(x,y)\cos(\phi_r(x,y) - \phi_o(x,y))] \end{aligned} \tag{2-5-19}$$

利用式(2-5-19)设计的计算全息图就称为修正离轴干涉型计算全息图. 从它的空间频谱图 2-5-4(b)可以看出，不仅消除了其自相关项，同时记录同样带宽的物函数所需全息图的实际带宽和参考光的载频也都大大减小了.

4) 输出

计算机完成计算全息图设计编码后，按计算得到的全息图的几何参数来控制成图设备以输出原图. 本实验采用了高分辨液晶空间光调制器来实现计算全息图的实时输出和再现.

5) 再现

计算全息的再现方法与光学全息相似，仅在某个特定的衍射级次上才能再现我们所期望的物波波前. 图 2-5-5 所示为用液晶光调制器实时输出的计算全息图的光学再现光路示意图. 用准直激光束垂直照明空间光调制器，在傅里叶变换透镜的后焦面上就可观察到傅里叶变换型计算全息图的再现结果，可以利用 CCD 来记录再现结果并输入到计算机中做进一步的分析.

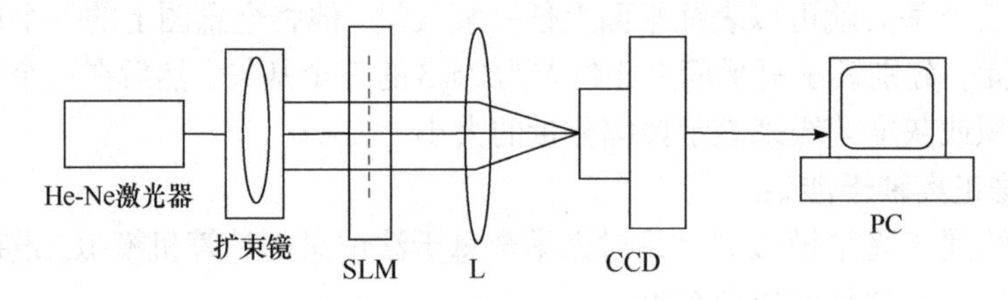


图 2-5-5　计算全息图实时再现、观察与记录光路

## 实验装置

实验光路图如图 2-5-5 所示，主要包括 He-Ne 激光器、空间光调制器(SLM)、CCD、扩束镜、傅里叶变换透镜 L 和计算机(PC)等.

## 实验内容

(1) 利用图形设计软件，如 Windows 系统自带的画图软件，自己设计一个离散的物体，保存为 bmp 格式图像.

(2) 用已设计好的图像作为物体的振幅，利用计算机程序分别在加随机相位和不加随机相位两种情况下来设计不同类型的计算全息图，包括：罗曼型、四阶迂回相位型和修正离轴干涉型.

(3) 观察加随机相位和不加随机相位时物体的空间频谱有什么差别，并分析其物理意义. 观察和记录各种情况下制作的计算全息图的微观结构及其特点.

(4) 利用计算机模拟再现程序对设计好的计算全息图进行模拟再现，观察并记录模拟再现结果. 并对加随机相位和不加随机相位两种情况下的再现结果进行分析和比较.

(5) 按照图 2-5-5 所示光路建立计算全息图实时再现光路.

(6) 将设计好的计算全息图分别显示到空间光调制器上，仔细观察照明光的会聚焦面上的光场分布，特别注意不同编码方法的计算全息图再现结果的差别.

(7) 利用 CCD 摄像头将再现结果记录下来，并与计算机模拟显示的结果相比较.

**问题思考**

(1) 与光学全息照相比较，计算全息有哪些优点?

(2) 不同类型编码的计算全息图的再现结果有什么差别?

(3) 设计傅里叶变换型计算全息图时，为什么要给物体加一个随机相位?

**参考文献**

[1] 苏显渝, 李继陶, 曹益平, 等. 信息光学. 2 版. 北京: 科学出版社, 2011.
[2] Goodman J W. 傅里叶光学导论. 4 版. 陈家璧, 秦克诚, 曹其智, 译. 北京: 科学出版社, 2020.
[3] 李俊昌. 衍射计算及数字全息. 北京: 科学出版社, 2014.

## 2-6　阿贝成像与空间滤波

空间滤波的目的是通过有意识地改变像的频谱，使像产生所希望的变换，可以追溯到 1873 年阿贝(Abbe)提出的二次成像理论. 随后，阿贝和波特(Porter)分别在实验上验证了这一理论，为傅里叶光学早期发展史做出重要的贡献，1935 年德国科学家泽尼克提出的相衬显微技术就是空间滤波的一个最早的成功应用实例. 该技术通过在显微成像光路中引入一个特殊的相位滤波器成功地将物体中不可见的相位变化信息转化成了输出像中可见的明暗或强弱变化信息. 由于采用这种显微技术观察生物样品时可以避免常规显微技术中采用染色法对生物样品的破坏，特别适用于无损地观察活体生物样品. 这些空间滤波实验简单、形象、令人信服，对相干光成像的机理及频谱分析和综合原理给出了深刻的解释，同时这种用简单的模板做滤波的方法，一直到现在，在图像处理技术中仍然有广泛的应用价值.

## 实验预习

(1) 何为空间频谱和空间滤波？其物理意义是什么？

(2) 什么是数值孔径？如何提高成像仪器的分辨本领？

(3) 能否用单透镜系统实现空间滤波？为什么？

## 实验目的

(1) 加深对傅里叶光学中有关空间频率、空间频谱和空间滤波等概念的理解.

(2) 掌握空间滤波的光路及实现高通、低通、方向滤波的方法.

## 实验原理

阿贝认为在相干的平行光照明下，透镜的成像可分为两步：第一步是通过物的衍射光在透镜后焦面上形成一个衍射图；第二步是这些衍射图上的每一点可看作是相干的次波源，这些次波源发出的光在像平面上相干叠加，形成物体的几何像，如图 2-6-1 所示. 成像的这两个步骤本质上就是两次傅里叶变换，第一步把物面光场的空间分布 $g(x,y)$ 变为频谱面上空间频率分布 $G(f_x,f_y)$ ，衍射图所在的后焦面成为频谱面(简称谱面或傅里叶面)；第二步是将频谱面上的空间频率分布 $G(f_x,f_y)$ 作逆傅里叶变换还原为物的像(空间分布) $g(x,y)$ . 按频谱分析理论，谱面上的每一点均具有以下四点明确的物理意义：

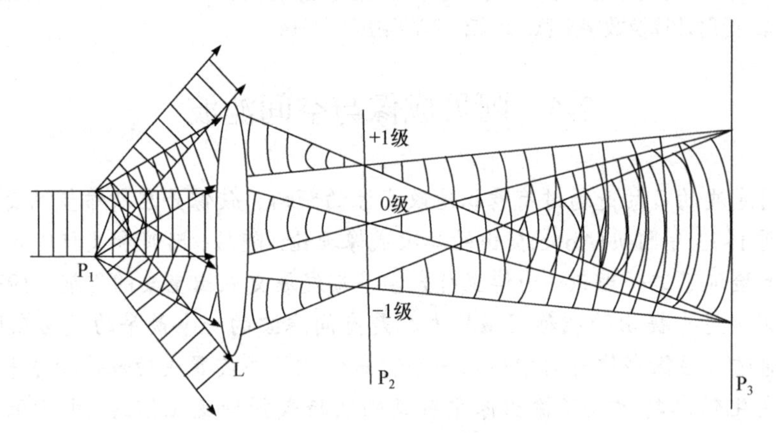


图 2-6-1 阿贝成像原理图

(1) 谱面上任一光点对应着物面上的一个空间频率成分.

(2) 光点离谱面中心的距离标志着物面上该频率成分的高低，离中心远的点代表物面上的高频成分，反映物的细节部分；靠近中心的点，代表物面的低频成分，反映物的粗轮廓；中心亮点是 0 级衍射即零频，它不包含任何物的信息，所以反映在像面上呈现均匀光斑而不能成像.

(3) 光点的方向是指物平面上该频率成分的方向，例如横向的谱点表示物面有纵向栅缝.

(4) 光点的强弱则显示物面上该频率成分的幅度大小.

如果我们在频谱面(即透镜的后焦面)上放一些滤波器(吸收板或相移板)以减弱某些空间频率成分或改变某些频率成分的相位，则必然使相面上的图像发生相应的变化，这样的图像处理称为空间滤波，频谱面上的这种模板称为滤波器. 常见的滤波器包括低通滤波器、高通滤波器、方向滤波器、带通滤波器、匹配滤波器等，利用这些滤波器就可以实现对输入物体的频谱分析及边缘增强、相关图像识别、图像微分、噪声消除等各种图像处理. 下面简要介绍本实验中用到的三种滤波方法.

(1) 低通滤波.

目的是滤去高频成分，保留低频成分，由于低频成分集中在谱面的光轴附近，高频成分落在远离中心的地方，故低通滤波器就是一个圆孔. 图像的精细结构及突变部分主要由高频成分起作用，所以经低通滤波后图像的精细结构将消失，黑白突变也将变得模糊.

(2) 高通滤波.

目的是滤去低频成分而让高频成分通过，滤波器的形状是一个圆屏，其结果正好与低通滤波相反，是使物的细节及边缘清晰.

(3) 方向滤波.

只让某一方向的频率成分通过，则像面上将突出物的纵向线条. 这种滤波器呈狭缝状.

## 实验装置

氦氖激光器、透镜、正交光栅、毛玻璃、透明物体、光屏等.

## 实验内容

### 1. 光路调节

本实验光路如图 2-6-2 所示，其中用透镜 $L_1$ 和 $L_2$ 组成倒置望远系统. 将激光 S 扩展成具有较大截面的平行光束，L 则为成像透镜，调节步骤如下：

(1) 调节激光管的仰角及转角，使光束平行于光学平台水平面.

(2) 在激光器后放上透镜 $L_1$ 和 $L_2$，使产生一扩束的平行光，并调节两透镜共轴.

(3) 如图 2-6-2 所示，在光路上放上物(带光栅的“光”字)及透镜 L，调节它们共轴，调节物和透镜 L 的位置，使远距离的屏上得到清晰的图像，固定物、像及透镜的位置(调节成像时，可在物面前暂放一毛玻璃，以便在扩展光照明下，找到成像的精确位置).

(4) 确定频谱面位置，去掉物(记住其位置)，用毛玻璃在后焦面附近移动，当毛玻璃散射产生的散斑达到最大限度时，毛玻璃上光点最小，此毛玻璃所在平面就是频谱面，将滤波器支架放在此平面上.

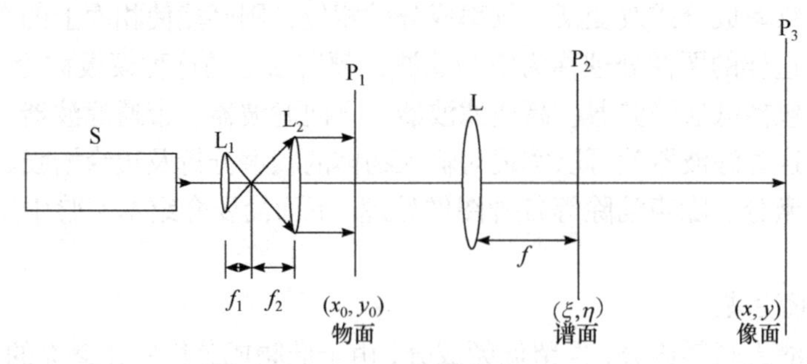


图 2-6-2　实验光路图

2. 观察空间滤波现象

1) 带通滤波

物面上放置一维光栅，光栅条纹沿竖直方向，频谱面上可看到水平排列的等间距衍射光点如图 2-6-3(a)所示，中间最亮点为 0 级衍射，两侧分别为±1，±2，…级衍射点. 像面上可看到黑白相间且界线明显的光栅像.

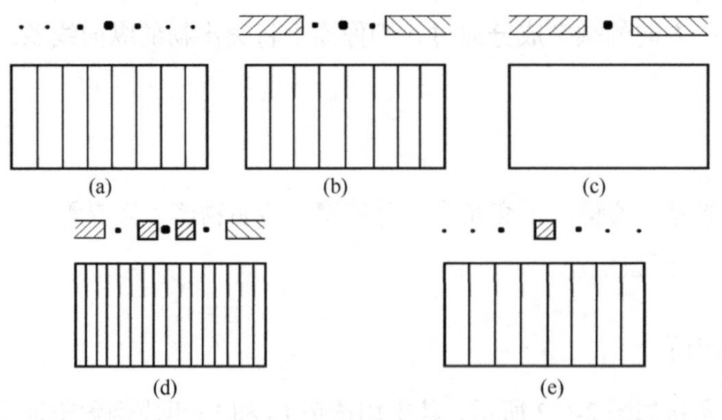


图 2-6-3　空间滤波

(1) 在频谱面上可放一个可调狭缝，逐步缩小狭缝，使只有 0 级、±1 级衍射通过，如图 2-6-3(b)所示，像面上光栅像变为正弦形，光栅间距不变. 这一变化目测不易察觉，如用感光片记录条纹，则可看到黑白条纹之间不再有明显界限而是逐步渐变.

(2) 进一步缩小狭缝，仅使 0 级衍射通过，如图 2-6-3(c)所示，这时像面上是亮的，不出现光栅像.

(3) 在频谱面上加光阑，使 0 级、±2 级通过，如图 2-6-3(d)所示，则像面上的光栅像的空间频率加倍.

(4) 用光阑挡去 0 级衍射而使其他衍射光通过，如图 2-6-3(e)所示，则像面上发生反衬度的半反转，即原来暗条纹的中间出现细亮线，而原来亮条纹仍然是亮的.

2) 方向滤波

在物面上换上正交光栅，则频谱面上出现衍射图为二维的点阵列，如图 2-6-4(a)所示，像面出现正交光栅像(网格). 在频谱面中间加一狭缝光阑，使狭缝沿垂直方向，让中间一列衍射光点通过，如图 2-6-4(b)所示，则像面上原来的正交光栅像变为一维光栅，光栅条纹沿水平方向，正好与狭缝方向垂直.

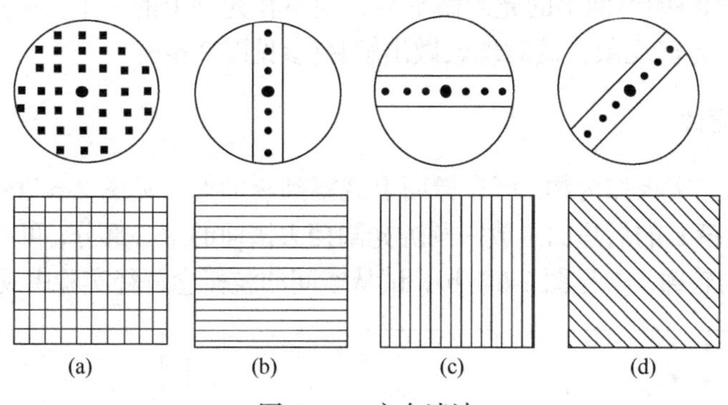


图 2-6-4　方向滤波

转动狭缝，使之沿水平方向，则光栅像随之变为垂直方向，如图 2-6-4(c)所示. 当使狭缝与水平方向成 45°角时，像面上呈现的光栅条纹沿着垂直于狭缝的倾斜方向，如图 2-6-4(d)所示，其空间频率为原光栅像的 $\sqrt{2}$ 倍.

3. 低通滤波

(1) 将一正交光栅与一个透明的“光”字重叠在一起作为物，通过透镜 L 成像在像平面上，像屏上将出现带网格的“光”字，见图 2-6-5(a).

(2) 把毛玻璃放在成像透镜 L 后焦面上观察物的空间频谱. 由于光栅为周期性函数，其频谱是有规律排列的分立点阵，而字迹不是周期性函数，它的频谱是连续的，一般不容易看清楚，由于“光”字笔画较粗，空间低频成分较多，因此频谱面的光轴附近只有“光”字信息而没有网格信息.

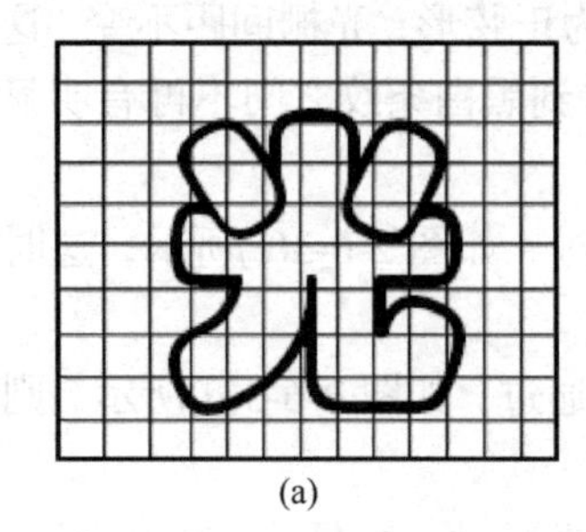


(a)

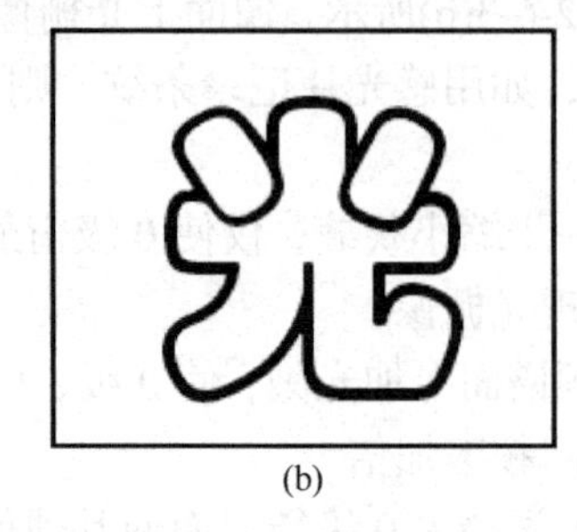


(b)

图 2-6-5　低通滤波

(3) 将一个直径为 1mm 的圆孔光阑放在 L 后焦面的光轴上，则像面上图像发生变化，如图 2-6-5(b)所示，“光”字基本清楚，但网格消失. 换一个直径为 0.3mm 的圆孔光阑，则“光”字亦模糊.

(4) 如果网格为 12 条/mm，字的笔画粗为 0.5mm，从理论上计算网格消失和字迹模糊时滤波器的孔径，并解释上述实验结果.

(5) (选做)将频谱面上的光阑做平移，使不在光轴上的一个衍射点通过光阑，此时在像面上有何现象？试对现象做出解释(参见图 2-6-6).

4. 高通滤波

(1) 将漏光字板作为物. 可在像面上观察到物的像，见图 2-6-7(a).

(2) 在透镜 L 的后焦面上放一圆屏光阑挡去谱面的中心部分，可看到像面上只保留了十字的轮廓，参见图 2-6-7(b)，试从空间滤波概念解释实验中观察到的现象.

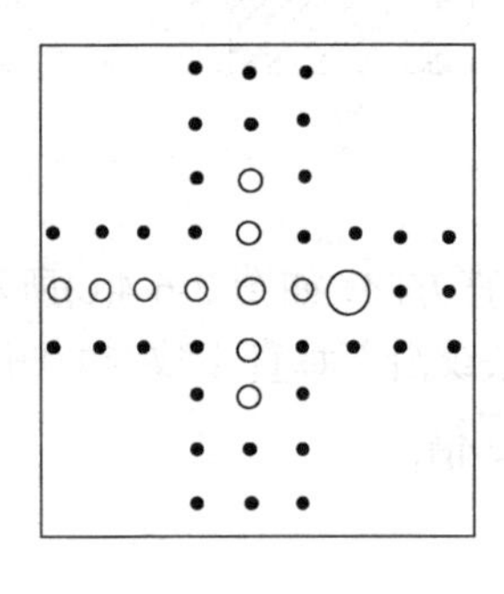

图 2-6-6　频谱面上的频谱图

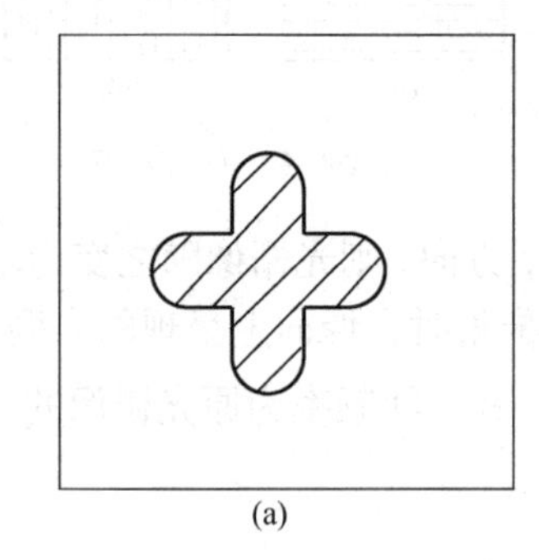

(a)

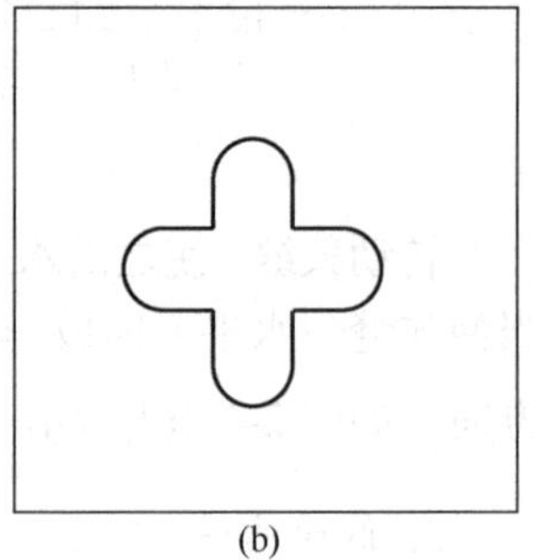

(b)

图 2-6-7　高通滤波

**问题思考**

(1) 根据本实验结果，你如何理解显微镜和望远镜的分辨本领？为什么说一定孔径的物镜只能具有有限的分辨本领？如果增大放大倍数能否提高仪器的分辨本领？

(2) 如果本实验所用光源为非单色光源(例如白炽灯)，将产生什么问题？

**参考文献**

[1] Goodman J W. 傅里叶光学导论. 4版. 陈家璧, 秦克诚, 曹其智, 译. 北京: 科学出版社, 2020.
[2] 高铁军, 王祖铨. 近代物理实验. 北京: 科学出版社, 2009.

# 2-7　光拍频法测量光速

光在真空中的传播速度是一个极其重要的物理常量，许多物理概念和物理量都与它有着密切的联系，光速值的精确测量关系到许多物理量值精确度的提高，所以长期以来光速的测定一直是物理学家十分重视的课题. 测量光速的方法有很多，1607年，伽利略进行了最早的光速测量实验. 1675年，丹麦人奥罗斯·罗末(Ole Romer)提出木卫蚀测量光速法，1676年巴黎天文台进行了观测，惠更斯根据得到的数据第一次计算出了光的传播速度. 此后，光速的测量经历了光行差法、旋转齿轮法、旋转平面镜法、旋转棱镜法、克尔盒法、谐振腔法等. 其中特别值得提到的是迈克耳孙(Michelson)和他的同事们在1879～1935年期间，对光速做了多次系统的测量. 实验结果不仅验证了光是电磁波，而且为深入地了解光的本性和建立新的物理原理提供了宝贵的资料.

激光的出现把光速的测量推向一个新阶段，最先运用激光测定光速的是美国国家标准局(发表于1973年)，光速的测量精度比以前所有的实验方法都高. 1972年美国国家标准局(N B S)埃文森(K. M. Evenson)等测量了甲烷稳频激光的频率，又以 $^{86}$Kr 原子的基准波长测定了该激光的波长值，从而得到光速的新数值 $c$=299792458m/s，不确定度为 $4\times10^{-9}$. 此值为1975年第十五届国际计量大会所确认.

**实验预习**

(1) 光速测量有哪些方法？本实验是用什么方法测量光速的？是通过测量什么来确定光速的？

(2) 什么是光拍频波？获得光拍的条件是什么？

(3) 本实验测量光速的实验原理是什么？

**实验目的**

(1) 理解光拍频的概念及其获得.

(2) 掌握光拍频法测量光速的原理和方法.

(3) 初步了解声光效应.

## 实验原理

### 1. 光拍的产生及其特征

根据振动叠加原理，两列速度相同、振面相同、频差较小而同向传播的简谐波叠加即形成拍. 若有振幅相同为 $E_0$、圆频率分别为 $\omega_1$ 和 $\omega_2$ (频差 $\Delta\omega = \omega_1 - \omega_2$ 较小)的两列沿 $x$ 轴方向传播的平面光波

$$E_1 = E_0 \cos(\omega_1 t - k_1 x + \varphi_1)$$

$$E_2 = E_0 \cos(\omega_2 t - k_2 x + \varphi_2)$$

式中 $k_1 = 2\pi/\lambda_1$，$k_2 = 2\pi/\lambda_2$ 为波数，$\varphi_1$ 和 $\varphi_2$ 分别为两列波在坐标原点的初相位. 若这两列光波的偏振方向相同，则叠加后的总场为

$$\begin{aligned} E &= E_1 + E_2 \\ &= 2E_0 \cos\left[\frac{\omega_1 - \omega_2}{2}\left(t - \frac{x}{c}\right) + \frac{\varphi_1 - \varphi_2}{2}\right] \times \cos\left[\frac{\omega_1 + \omega_2}{2}\left(t - \frac{x}{c}\right) + \frac{\varphi_1 + \varphi_2}{2}\right] \end{aligned} \tag{2-7-1}$$

上式是沿 $x$ 轴方向的前进波，其圆频率为 $(\omega_1 + \omega_2)/2$，振幅为 $2E_0 \cos\left[\frac{\Delta\omega}{2}\left(t - \frac{x}{c}\right) + \frac{\varphi_1 - \varphi_2}{2}\right]$. 显然，$E$ 的振幅是时间 $t$ 和空间 $x$ 的函数，以频率 $\Delta f = (\omega_1 - \omega_2)/2\pi$ 周期性地变化，称这种低频的行波为光拍频波，$\Delta f$ 就是拍频. 图 2-7-1(a)所示为拍频波场在某一时刻 $t$ 的空间分布，振幅的空间分布周期就是拍频波长，以 $\Lambda$ 表示.

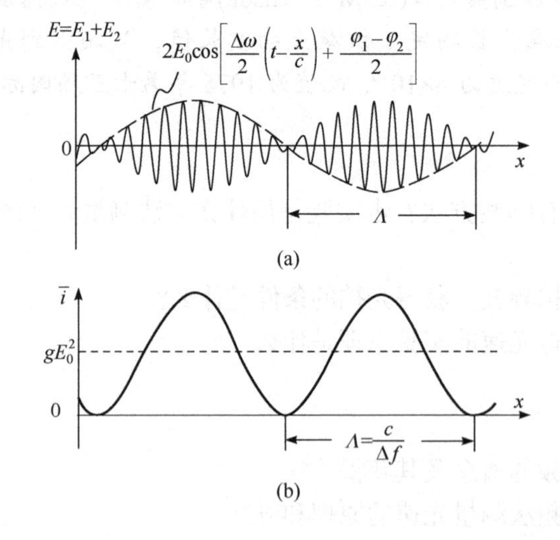

图 2-7-1 拍频波场在某一时刻 $t$ 的空间分布(a)及形成的光电流空间分布图(b)

2. 光拍信号的检测

用光电探测器接收光的拍频波，可把光拍信号转变为电信号. 探测器光敏面上光照反应所产生的光电流与光强(即电场强度的平方)成正比. 由于光波频率 $f_0$ 高达 $10^{14}$Hz，光敏面来不及反映如此快的光强变化，迄今为止仅能反映频率 $10^8$Hz 左右的光强变化(其响应时间 $\tau$ 为 $10^{-8}$s). 因此，任何探测器所产生的光电流都只能是在响应时间 $\tau\left(\dfrac{1}{f_0}<\tau<\dfrac{1}{\Delta f}\right)$ 内的平均值

$$\overline{i}=gE_0^2\left\{1+\cos\left[\Delta\omega\left(t-\frac{x}{c}\right)+(\psi_1-\psi_2)\right]\right\} \tag{2-7-2}$$

式中，$g$ 为探测器的光电转换常数，$\Delta\omega$ 是与拍频 $\Delta f$ 相应的圆频率，$(\psi_1-\psi_2)$ 为初相位. 在某一时刻，光电流 $\overline{i}$ 的空间分布如图 2-7-1(b)所示，可见探测器输出的光电流含有直流和交流两种成分，而交流成分和光拍信号的频率相同. 将直流成分滤掉，即得频率和光拍频率 $\Delta f$ 相同的交流信号.

光拍信号的相位又与空间位置 $x$ 有关，即处在不同位置的探测器所输出的光拍信号具有不同的相位. 设空间某两点之间的光程差为 $\Delta L$，该两点的光拍信号的相位差为 $\Delta\psi$，根据式(2-7-2)应有

$$\Delta\psi=\frac{\Delta\omega\cdot\Delta L}{c}=\frac{2\pi\Delta f\cdot\Delta L}{c} \tag{2-7-3}$$

如果将光拍频波分为两路，使其通过不同的光程后入射同一光电探测器，则该探测器所输出的两个光拍信号的相位差 $\Delta\psi$ 与两路光的光程差 $\Delta L$ 之间的关系仍由上式确定. 当 $\Delta\psi=2\pi$ 时，$\Delta L=\Lambda$，即光程差恰为光拍波长，此时式(2-7-3)简化为

$$c=\Delta f\cdot\Lambda \tag{2-7-4}$$

可见，只要测定了 $\Delta f$ 和 $\Lambda$，即可确定光速 $c$.

3. 相拍二光波的获得

为产生光拍频波，要求相叠加的两光波具有一定的频差，这可通过超声与光波的相互作用来实现. 超声(弹性波)在介质中传播，会引起介质折射率的周期性变化，就使介质成为一个相位光栅. 当入射光通过该介质时发生衍射，其衍射光的频率与声频有关.

具体方法有两种. 一种是行波法，如图 2-7-2(a)所示. 在声光介质与声源(压电换能器)相对的端面敷以吸声材料，防止声反射，以保证只有声行波通过介质. 当

激光束通过相当于相位光栅的介质时要发生衍射，第 $L$ 级衍射光的圆频率 $\omega_L = \omega_0 + L\Omega$，其中 $\omega_0$ 是入射光的圆频率，$\Omega$ 为超声波的圆频率，$L=0$，$\pm 1$，$\pm 2$，$\cdots$ 为衍射级数. 若超声波功率信号源的频率为 $F$，则第 $L$ 级衍射光的频率为

$$f_{L,m} = f_0 + LF \tag{2-7-5}$$

利用适当的光路使零级与+1 级衍射光汇合起来，沿同一条路径传播，即可产生频差为 $F$ 的光拍频波.

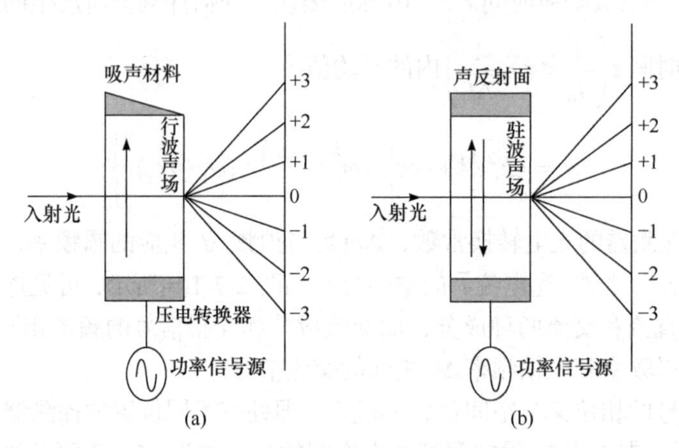


图 2-7-2　相拍二光波获得示意图

另一种是驻波法，如图 2-7-2(b)所示. 在声光介质与声源相对的端面敷以声反射材料，以增强声反射. 前进波与反射波在介质中形成驻波超声场，沿超声传播方向，当介质的厚度恰为超声半波长的整数倍时，这样的介质也是一个超声相位光栅，激光束通过时也要发生衍射，且衍射效率比行波法要高. 第 $L$ 级衍射光的圆频率为 $\omega_{L,m} = \omega_0 + (L+2m)\Omega$. 若超声波功率信号源的频率为 $F$，则第 $L$ 级衍射光的频率为

$$f_{L,m} = f_0 + (L+2m)F \tag{2-7-6}$$

式中 $L, m = 0, \pm 1, \pm 2, \cdots$ 可见，除不同衍射级的光波产生频移外，在同一级衍射光内也含有不同频率的光波. 因此，用同一级衍射光就可获得不同的拍频波. 例如，选取第 1 级(或零级)，由 $m=0$ 和 $m=-1$ 的两种频率成分叠加，可得到拍频为 $2F$ 的拍频波.

比较以上两种方法，显然驻波法更有利. 本实验采用的是驻波法制成的声光频移器.

## 实验装置

CG-V 型光速测定仪原理及其光路示意图如图 2-7-3 所示. 超高频功率信号

源产生的频率为$F$的信号输入到声光频移器，在声光介质中产生驻波超声场. 输出波长为632.8 nm的He-Ne激光通过介质后发生衍射，第1级(或零级)衍射光中含有拍频为$\Delta f = 2F$的成分. 半反镜$M_1$将第一级(或零级)衍射光分成两路，远程光束①依次经各全反射镜反射后，透过半反镜$M_2$，又与近程光束②汇合，入射到光电倍增管. 光电倍增管的输出电流经滤波放大电路后，滤掉了频率为$2F$以外的其他成分，只将频率为$\Delta f = 2F$的拍频信号输入示波器$Y_1$轴，而$Y_2$轴则利用示波器本身的扫描系统.

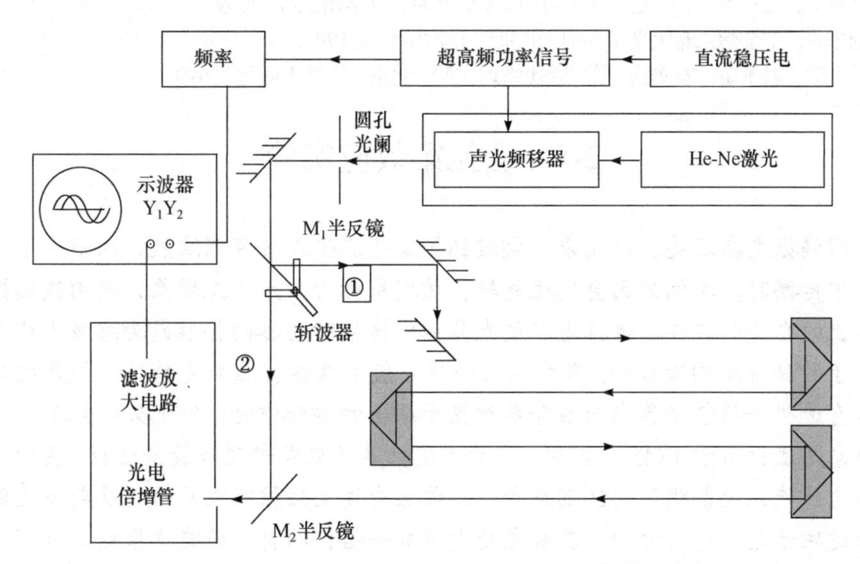


图 2-7-3　CG-Ⅴ型光速测定仪原理及其光路示意图

## 实验内容

(1) 按图2-7-3连接好线路.

(2) 打开激光器电源，调电流至5mA. 打开15V稳压电源.

(3) 调光路：通过调各半透镜、反光镜调节近程光和远程光，使它们照射到光电接收器光敏面的同一点上，在示波器上显示其信号波形. 打开斩光器，两波形均呈现在示波器上.

(4) 前后移动正交反射镜，使近程光和远程光两波形重合.

(5) 分别测量近程光和远程光的光程，求光程差$\Delta L$及空气中的光速$c$.

(6) 重复上述步骤(3)～(5)至5次以上，求其平均值及平均值的标准偏差$S_{\bar{c}}$：

$$S_{\bar{c}} = \sqrt{\frac{1}{N(N-1)}\sum(c_i - \bar{c})^2}$$

(7) 结果表示：$c = \bar{c} \pm S_{\bar{c}}$.

**问题思考**

(1) 分析本实验的误差来源，并讨论提高测量精度的方法.
(2) 在改变远程光光程的过程中，反射镜的移动方向会给实验误差带来影响吗？
(3) 为什么要用不确定度来表示结果？

**参考文献**

[1] 高铁军, 孟祥省, 王书运. 近代物理实验. 北京: 科学出版社, 2009.
[2] 刘书声, 王金煜. 现代光学手册. 北京: 北京出版社, 1993.
[3] 林木欣, 熊予莹, 朱文钧, 等. 近代物理实验. 北京: 科学出版社, 1999.

## 2-8 法拉第效应实验

线偏振光在石英、硫化汞、氯酸钠等某些晶体或者蔗糖溶液、松节油等某些液体中传播时，其偏振面会发生旋转，该现象称为自然旋光现象，是由线偏振光分解出的左旋和右旋圆偏振光在旋光晶体中传播时的各向异性或者溶液中旋光物质分子的独特结构造成的. 各向同性介质一般不具备自然旋光特性，但是把基本上所有透明介质包括各向同性介质放置于适当的磁场中时，却可以发生旋光现象. 该现象是法拉第于 1845 年发现，故称为法拉第效应或者磁致旋光效应. 法拉第效应与自然旋光现象明显的区别在于，线偏振光发生法拉第效应后经反射镜反射再次通过磁致旋光材料返回，其旋光角度增加一倍；而自然旋光现象则具有可逆特性. 法拉第效应可以制作成光隔离器件、光传感器件等在光纤光学、激光陀螺、光学传感、信息存储等领域中得以应用.

**实验预习**

(1) 线偏振光、圆偏振光的传播特性和产生.
(2) 弱光测量的方法.
(3) 电磁铁磁场的控制.

**实验目的**

(1) 理解法拉第效应的原理.
(2) 测量不同磁场强度下的磁致旋光角度.
(3) 测量不同磁致旋光介质的费尔德常数.

## 实验原理

### 1. 法拉第效应的理论解释

经典理论中透明介质的折射率可以用介质中的电子在入射光场中的受迫振动模型唯象地加以计算. 假设一向量表示的线偏振光 $\boldsymbol{E}=\hat{x}E_0\mathrm{e}^{\mathrm{i}\omega t}$ 入射透明介质，介质中的电子在该入射光电场的作用下发生受迫振动. 其运动方程为

$$\frac{\mathrm{d}^2x}{\mathrm{d}t^2}+\gamma\frac{\mathrm{d}x}{\mathrm{d}t}+\omega_0^2x=\frac{(-e)}{m}E_0\mathrm{e}^{\mathrm{i}\omega t} \tag{2-8-1}$$

其中 $\gamma$ 为阻尼系数；$\omega_0$ 为介质中电子振动的本征频率；$-e$ 为电子电量；$m$ 为电子质量.

求解电子沿光电场偏振方向的位移为

$$\boldsymbol{x}=\hat{x}\frac{(-e)}{m}\frac{E_0\mathrm{e}^{\mathrm{i}\omega t}}{(\omega_0^2-\omega^2)+\mathrm{i}\gamma\omega} \tag{2-8-2}$$

假设单位体积内介质中原子数密度为 $N$，每个原子最外层的价电子数为 $Z$，则介质的极化强度为

$$\boldsymbol{P}=NZ(-e)\boldsymbol{x}=\hat{x}\frac{NZe^2}{m}\frac{E_0\mathrm{e}^{\mathrm{i}\omega t}}{(\omega_0^2-\omega^2)+\mathrm{i}\gamma\omega} \tag{2-8-3}$$

由极化强度 $\boldsymbol{P}=\chi\varepsilon_0\boldsymbol{E}$ (其中 $\chi$ 为介质极化率)，介质折射率 $n=\sqrt{\varepsilon_\mathrm{r}}=\sqrt{1+\chi}$ ，有 $n=\sqrt{\boldsymbol{P}/(\varepsilon_0\boldsymbol{E})}=n'+\mathrm{i}n''$ ，为一复数，故称为复折射率，其实部 $n'$ 反映了光在真空中传播速度与在介质中传播速度的比值，其虚部 $n''$ 反映了光在介质中传播时的衰减. 在弱阻尼 $\gamma\to0$ 、低损耗 $n''\to0$ 介质中，或者在介质薄层内，取 $n''=0$ ，则

$$n'^2=1+\frac{NZe^2}{\varepsilon_0 m}\frac{1}{\omega_0^2-\omega^2} \tag{2-8-4}$$

公式(2-8-4)说明光在介质中传播时，存在色散现象. 另外，公式(2-8-4)的得出是假设介质的本征振动频率为唯一定值，事实上介质具有一系列的本征振动频率，所以公式(2-8-4)还可以进一步修正.

对于入射到法拉第旋光介质中的线偏振光，其可以分解为左旋圆偏振光和右旋圆偏振光的矢量叠加，在磁场作用下，介质对该左旋圆偏振光和右旋圆偏振光的“色散”效应导致了磁致旋光现象，即左旋圆偏振光和右旋圆偏振光在磁场作用下的介质中传播，折射率不同.

介质中的电子在入射线偏振光的作用下沿光的偏振方向做线性受迫振动，同入射线偏振光的分解相似，电子的线性受迫振动也可以分解为左旋和右旋的两个

圆周运动. 考虑到外加磁场方向沿着线偏振光的传播方向，即垂直于电子圆周运动的平面，所以电子的左旋圆周运动所受到的洛伦兹力 $\boldsymbol{F}=-e\boldsymbol{v}\times\boldsymbol{B}$ 指向运动中心，反之右旋圆周运动所受到的洛伦兹力背离运动中心，于是电子的左旋圆周运动和右旋圆周运动的本征频率变为 $\omega_0'=\omega_0\pm\omega_L$，$\omega_L=\dfrac{eB}{2m}$ 为磁场洛伦兹力引起的拉莫尔进动频率. 故由公式(2-8-4)可得

$$n'^2=1+\frac{NZe^2}{\varepsilon_0 m}\frac{1}{(\omega_0\pm\omega_L)^2-\omega^2} \tag{2-8-5}$$

由此可得左旋圆偏振光和右旋圆偏振光在长为 $L$ 的磁致旋光介质中传播时，由于折射率改变而产生的相位差为 $\delta=\dfrac{2\pi}{\lambda}|n_R'-n_L'|L$，从而得到旋光角度为

$$\theta=\frac{\delta}{2}=\frac{2\pi}{\lambda}|n_R'-n_L'|L=\frac{e}{2mc}\omega\frac{\mathrm{d}n}{\mathrm{d}\omega}LB=VLB \tag{2-8-6}$$

其中 $V=\dfrac{e}{2mc}\omega\dfrac{\mathrm{d}n}{\mathrm{d}\omega}$，称为费尔德常数.

2. 旋光角度的测量

法拉第效应实验装置如图 2-8-1 所示，由激光器、起偏器、电磁铁、磁致旋光介质、检偏器、光探头等部分组成. 激光器发出的入射光束经起偏器变为线偏振光，然后入射电磁铁磁场 $\boldsymbol{B}$ 中长为 $L$ 的磁致旋光介质，旋光介质中的出射线偏振光经检偏器和光探头配合检测出其偏振面的旋转角度 $\theta$.

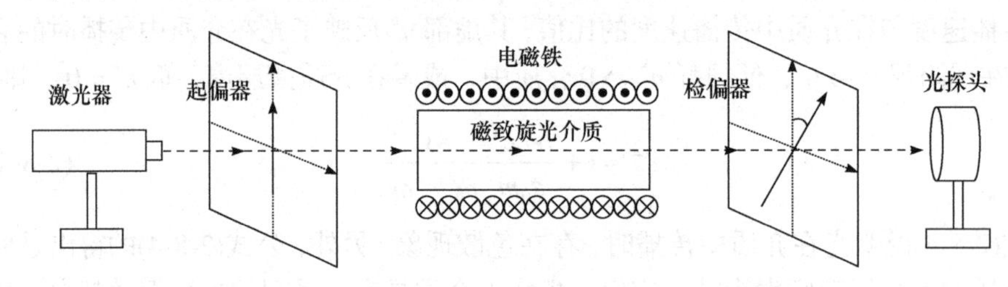


图 2-8-1 法拉第效应实验装置

检测旋光角度 $\theta$ 时，转动检偏器观察光探头示数，找到出射光强最小的消光位置对应的角度 $\varphi'$. 需要注意 $\varphi'\pm\dfrac{\pi}{2}$ 才为出射光的偏振方向，与起偏器透光方向 $\varphi_0$ 之差即为旋光角度 $\theta$. 另外由于消光位置难以精确确定，可以采用对称测量的方法，如图 2-8-2 所示. 测量消光位置前后相同光探头的光强读数对应的角度 $\varphi_{+1}$ 和 $\varphi_{-1}$，则消光角度为 $\varphi'=\dfrac{\varphi_{+1}+\varphi_{-1}}{2}$. 为提高光强的测量精确度，可以采用光电倍增管.

### 实验装置

NDFA-20 型法拉第效应实验仪.

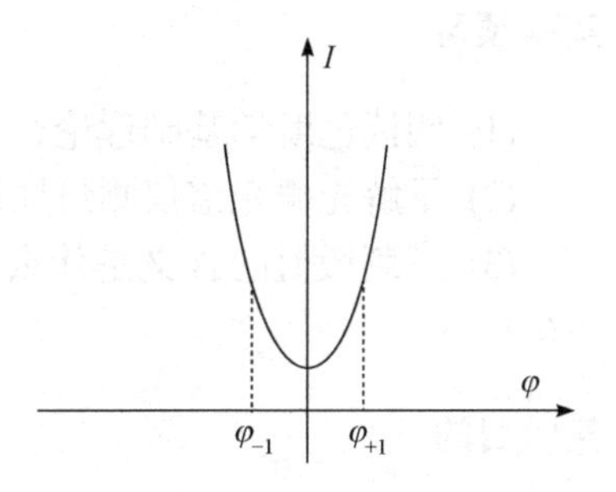

图 2-8-2　消光位置的对称测量法

### 实验内容

(1) 熟悉 NDFA-20 型法拉第效应实验仪的结构.

(2) 掌握电磁铁磁场的产生和控制.

(3) 合理地调整法拉第效应实验，使垂直入射到磁致旋光介质中的线偏振光传播方向和电磁铁磁场方向相同.

(4) 改变不同磁场方向时的磁场强度测量磁致旋光角度，计算不同磁致旋光介质的费尔德常数.

### 问题思考

(1) 如何精确检测检偏器的消光位置？如何调整激光光束和电磁铁磁场平行？如何调整激光垂直入射磁致旋光介质？

(2) 磁场与激光束同向和反向对旋光角度有影响吗？为什么？

(3) 法拉第效应、克尔效应、表面磁光克尔效应的区别？

### 参考文献

[1] 钟锡华. 现代光学. 北京: 北京大学出版社, 2012.
[2] 刘公强, 乐志强, 沈德芳. 磁光学. 上海: 上海科学技术出版社, 2001.

## 2-9　色度学实验

颜色科学在彩色显示、印刷、纺织以及摄影美术行业的作用是巨大的. 人眼对物体色彩的视觉感受涉及物理学(物体的自发光、透射光或反射光形成颜色刺激)、生理学(感光细胞响应与传输，颜色刺激转变为神经信号)、心理学(颜色感知的响应)等. 我们所说的色度学是对颜色刺激进行物理测量、数学计算并定量评价的一门学科，它不涉及神经响应、传输及颜色感知. 国际上颜色的定量表述有多种系统，如用色卡表述的芒塞尔颜色系统、国际照明委员会推荐的国际照明委员会(CIE)表色系统等，各系统之间一定条件下可以转换. 本实验主要介绍常用的 CIE 表色系统，它是基于加色法混色系统发展而来的.

## 实验预习

(1) 阅读色度学基础理论，了解色度学实验原理.

(2) 了解光栅光谱仪测量原理和大致结构.

(3) 三刺激值的含义是什么？本实验测量的是什么物理量？如何由它们得到色坐标.

## 实验目的

(1) 熟悉 WSG-9 型色度仪的实验装置及软件操作界面，并掌握使用方法.

(2) 学会用透射或反射方法测量样品的主波长、纯度、色坐标等色度学量.

## 实验原理

色度学是研究颜色度量和评价方法的一门学科，现代色度学解决了对颜色作定量描述和测量的问题.

颜色可以分为黑白和彩色两个系列，黑灰白以外的所有颜色均为彩色系列. 彩色可以用三个参数来表示：明度(亮度或纯度)、色调(主波长或补色主波长)和色纯度(饱和度). 明度表示颜色的明亮程度，颜色越亮明度值越大；色调反映颜色的类别，如红色、绿色、蓝色等. 彩色物体的色调决定于在光照明下反射光的光谱成分. 例如，某物体在日光下呈现绿色是因为它反射的光中绿色成分占优势，而其他成分被吸收掉了. 对于透射光，其色调则由透射光的波长分布或光谱所决定. 色纯度是指彩色光所呈现颜色的纯洁程度. 对于同一色度的彩色光，其色纯度越高，颜色就越深，或越纯；反之颜色就越淡，纯度越低. 色调和色纯度合称色度，它既说明彩色光的颜色类别，又说明颜色的深浅程度.

根据色度学原理，所有颜色均可由红、绿、蓝三种颜色匹配而成，这三种颜色称为三基色. 为了定量地表示颜色，常用的方法是采用“三刺激值”，即红、绿、蓝三基色的量，分别用 $X$、$Y$、$Z$ 表示. 在理论上，为了定量地表示颜色，采用平面直角色度坐标

$$x=\frac{X}{X+Y+Z},\quad y=\frac{Y}{X+Y+Z},\quad z=\frac{Z}{X+Y+Z}$$

$x$、$y$、$z$ 分别是红、绿、蓝三种颜色的比例系数，$x+y+z=1$. 用$(C)$代表一种颜色，$(R)$、$(G)$、$(B)$表示红、绿、蓝三基色，则 $(C)=x(R)+y(G)+z(B)$，如一蓝绿色可以表示为

$$(C)=0.06(R)+0.31(G)+0.63(B)$$

所有的光谱色在色坐标上为一马蹄形曲线，该图称为 CIE1931 色坐标. 在图中红$(R)$、绿$(G)$、蓝$(B)$三基色坐标点为顶点，围成的三角形内的所有颜色可以由

三基色按一定的量匹配而成.

国际照明委员会制定的 CIE1931 色度图如图 2-9-1 所示. $X$ 轴色度坐标相当于红基色的比例；$Y$ 轴色度坐标相当于绿基色的比例. 色度图中的弧形曲线上的各点是光谱上的各种颜色即光谱轨迹，是光谱各种颜色的色度坐标. 红色波段在图的右下部，绿色波段在左上角，蓝紫色波段在图的左下部. 图下方的直线部分，即连接 400nm 和 700nm 的直线，是光谱上所没有的、由紫到红的系列. 靠近图中心的 $C$ 是白色，相当于中午阳光的光色，其色度坐标为 $X=0.3101$, $Y=0.3162$. 设色度图上有一颜色 $S$，由 $C$ 通过 $S$ 画一直线至光谱轨迹 $O$ 点(590nm)，$S$ 颜色的主波长即为 590nm，此处光谱的颜色即 $S$ 的色调(橙色). 某一颜色离开 $C$ 点至光谱轨迹的距离表明它的色纯度，即饱和度. 颜色越靠近 $C$ 越不纯，越靠近光谱轨迹越纯. $S$ 点位于从 $C$ 到 590nm 光谱轨迹的 45%处，所以它的色纯度为 45%(色纯度=$(CS/CO)\times100\%$. 从光谱轨迹的任一点通过 $C$ 画一直线抵达对侧光谱轨迹的一点，这条直线两端的颜色互为补色(虚线). 从紫红色段的任一点通过 $C$ 点画一直线抵达对侧光谱轨迹的一点，这个非光谱色就用该光谱颜色的补色来表示. 表示方法是在非光谱色的补色的波长后面加一 $G$ 字，如 $536G$，这一紫红色是 536nm 绿色的补色.

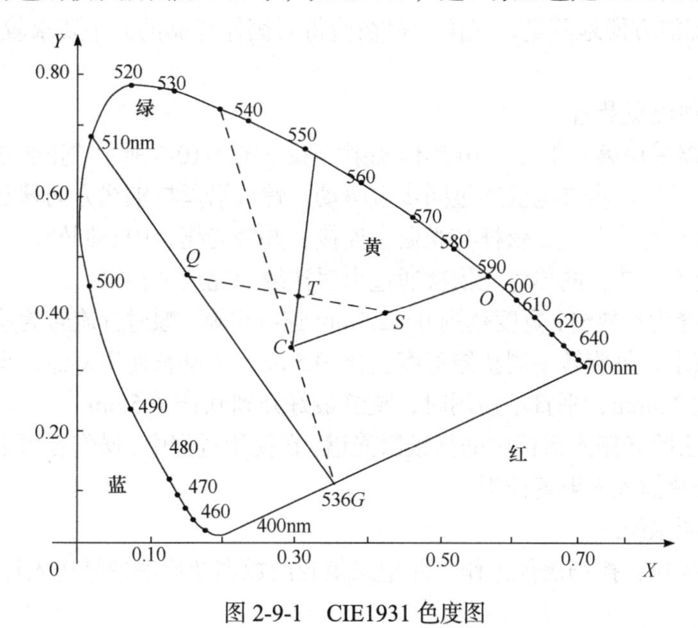


图 2-9-1　CIE1931 色度图

## 实验装置

1. 色度实验系统的基本组成

WGS-9 型色度实验系统，由光栅单色仪(光谱仪)、电控箱(接收单元、扫描系统、电子放大器、A/D 采集单元)、计算机及打印机组成. 该设备集光学、精密机械、电子学、计算机技术于一体. 各部分之间的连接如图 2-9-2 所示.

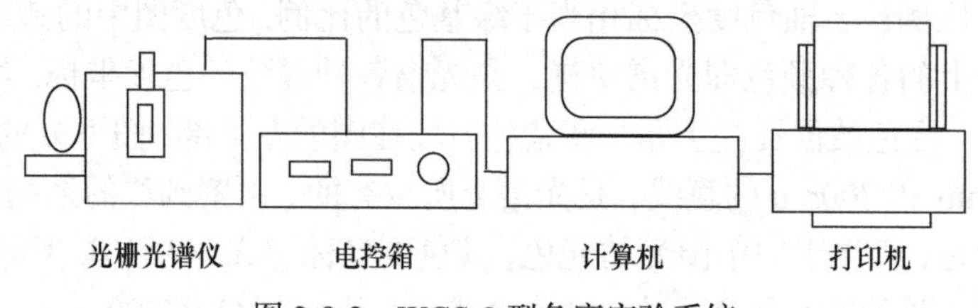


图 2-9-2　WGS-9 型色度实验系统

2. 仪器结构

光谱仪由以下几部分组成：单色器外壳、狭缝、吸收池、积分球、接收单元、光栅驱动系统及光学系统等.

(1) 仪器采用双出缝的方式，使得在不同模式测量时，既能有较方便的操作，又能提供足够的能量，使得在测量中，有较好的信噪比.

(2) 固/液体样品池：采用液体样品池、固体样品架以及光阑组合的方式，使得固/液体都能方便地测量，光阑的存在使得对固体样品的大小要求较低(直径大于 5mm).

(3) 反射测量装置.

(4) 仪器采用第一单元 1-10 黑体辐射实验中图 1-10-3 所示"正弦机构"进行波长扫描，丝杠由步进电机通过同步带驱动，螺母沿丝杠轴线方向移动，正弦杆由弹簧拉靠在滑块上，正弦杆与光栅台连接，并绕光栅台中心回转，从而带动光栅转动，使不同波长的单色光依次通过出射狭缝而完成"扫描".

(5) 狭缝为直狭缝，宽度范围 0～2.5mm 连续可调，顺时针旋转为狭缝宽度加大，反之减小，每旋转一周狭缝宽度变化 0.5mm. 为延长使用寿命，调节时注意最大不超过 2.5mm，平日不使用时，狭缝最好开到 0.1～0.5mm.

(6) 为去除光栅光谱仪中的高级次光谱，在使用过程中，操作者可根据需要把备用的滤光片插入入射缝插板上.

(7) 光源系统.

(8) 电控箱：控制谱仪工作，并把采集到的数据及反馈信号送入计算机.

3. 光路系统

单色仪的光路图如图 2-9-3 所示，采用的是光栅分光系统(C-T 型). 入射狭缝、出射狭缝均为直狭缝，宽度范围 0～2.5mm，连续可调，光源发出的光束进入入射狭缝 $S_1$，$S_1$ 位于反射式准光镜 $M_2$ 的焦面上，通过 $S_1$ 射入的光束经 $M_2$ 反射成平行光束投向平面光栅 G 上，衍射后的平行光束经物镜 $M_3$ 成像在 $S_2$ 上或 $S_3$ 上(通过转镜调节).

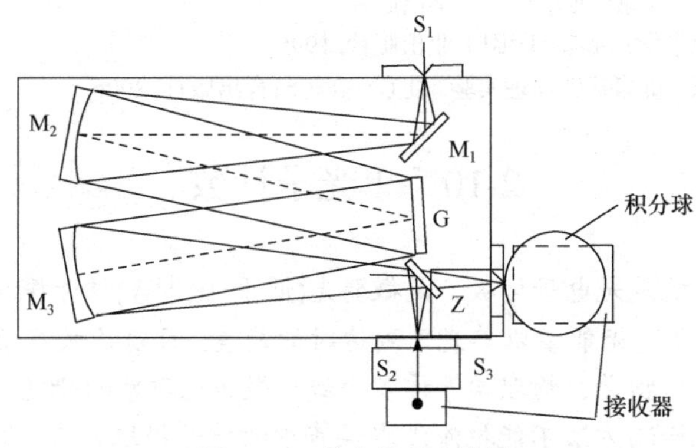


图 2-9-3　单色仪的光路图

## 实验内容

(1) 首先确认各条信号线及电源线连接好后,按下电控箱上的电源按钮,仪器正式启动.

(2) 透过率及发光体测量. 当放置样品时, 打开样品池盖, 把有液体样品的比色皿放入液体样品池或把固体样品直接插在固体样品架上,然后开机测量(当测量透过率时, 要先放空白样品做透过基线).

(3) 反射测量. 当放置样品时, 拉开样品压板, 把样品放在积分球的样品反射口处,并压上压板,然后开机测量(当测量反射率前,要先放标准白板做反射基线).

(4) 关机. 先检索波长到 400nm 处, 使机械系统受力最小, 然后关闭应用软件, 最后按下电控箱上的电源按钮关闭仪器电源.

## 问题思考

(1) 什么是光谱三刺激值? 光谱三刺激值有什么意义?

(2) 什么是颜色三刺激值? 它与光谱三刺激值是什么关系?

(3) 测量反射样品和测量透射样品时有何不同?

(4) 明度、色调、彩度三个概念有何不同?

(5) 本实验系统是否可作光源颜色特性测量? 如何进行?

(6) 色度学是如何应用于彩色电视机颜色系统上的?

(7) 等光强的三基色光混合会得到什么颜色? 等量的三基色橡皮泥混合会得到什么颜色?

## 参考文献

[1] 崔唯, 谭活能. 色彩构成. 北京: 中国纺织出版社, 1996.

[2] 安宁. 色彩原理与色彩构成. 北京: 中国美术学院出版社, 1999.
[3] 汤顺青. 色度学. 北京: 北京理工大学出版社, 1990.
[4] 杜功顺. 印刷色彩学. 北京: 印刷工业出版社, 1995.
[5] 吕斯骅, 段家忯. 新编基础物理实验. 北京: 高等教育出版社, 2006.

# 2-10 单光子计数

光子计数也就是光电子计数，是微弱光(低于 $10^{-14}$W)信号探测中的一种新技术. 它可以探测弱到光能量以单光子到达时的能量. 目前已被广泛应用于拉曼散射探测、医学、生物学、物理学等许多领域里微弱光现象的研究.

通常的直流检测方法不能把淹没在噪声中的信号提取出来. 微弱光检测的方法有：锁频放大技术、锁相放大技术和单光子计数方法. 最早发展的锁频其原理是使放大器中心频率 $f_0$ 与待测信号频率相同，从而对噪声进行抑制. 但这种方法存在中心频率不稳、带宽不能太窄、对待测信号缺乏跟踪能力等缺点. 后来发展了锁相,它利用待测信号和参考信号的互相关检测原理实现对信号的窄带化处理，能有效地抑制噪声，实现对信号的检测和跟踪. 但是，当噪声与信号有同样频谱时这种技术就无能为力了，另外它还受模拟积分电路漂移的影响，因此在弱光测量中受到一定的限制. 单光子计数方法是利用弱光照射下光电倍增管输出电流信号自然离散化的特征，采用了脉冲高度甄别技术和数字计数技术. 与模拟检测技术相比单光子计数技术有以下优点：测量结果受光电倍增管的漂移、系统增益的变化及其他不稳定因素影响较小；基本上消除了光电倍增管高压直流漏电流和各倍增级的热发射噪声的影响，提高了测量结果的信噪比，可望达到由光发射的统计涨落性质所限制的信噪比值，有比较宽的线性动态范围；光子计数输出是数字信号，适合与计算机接口作数字数据处理. 目前一般光子计数器的探测灵敏度优于 $10^{-17}$W，这是其他探测方法所不能比拟的.

## 实验预习

(1) 为什么由持续照射光源得到的弱光信号可以用脉冲计数办法来检测?

(2) 接收光功率 $P_0$ 与推算入射光功率 $P_i$ 是否一致? 若不一致，试分析其原因所在.

(3) 光子计数方法与其他弱光检测方法相比有什么特点?

(4) 阈值是否随温度的变化而变化? 为什么?

## 实验目的

(1) 掌握一种弱光的检测技术，了解光子计数的基本原理和基本实验技术以及弱光检测中的一些主要问题.

(2) 了解弱光的概率分布规律.

## 实验原理

1. 光子

光是由光子组成的光子流，光子是静止质量为零、有一定能量的粒子. 与一定的频率$\nu$相对应，一个光子的能量$E_P$可由下式决定：

$$E_P = h\nu = hc/\lambda \tag{2-10-1}$$

式中$c = 3.0\times10^8 \text{m/s}$，是真空中的光速，$h = 6.6\times10^{-34} \text{J}\cdot\text{S}$，是普朗克常量. 例如，实验中所用的光源波长为$\lambda = 5000\text{Å}$ 的近单色光，则$E_P = 3.96\times10^{-19}\text{J}$. 光流强度常用光功率$P$表示，单位为W. 单色光的光功率与光子流量$R$(单位时间内通过某一截面的光子数目)的关系为

$$P = R\cdot E_P \tag{2-10-2}$$

所以，只要能测得光子的流量$R$，就能得到光流强度. 如果每秒接收到$R = 10^4$个光子，对应的光功率为$P = R\cdot E_P = 10^4\times3.96\times10^{-19} = 3.96\times10^{-15}(\text{W})$.

2. 测量弱光时光电倍增管输出信号的特征

在可见光的探测中，通常利用光子的量子特性，选用光电倍增管作为探测器件. 光电倍增管是一种噪声小、高增益的光电传感器，从紫外到近红外都有很高的灵敏度和增益. 当用于非弱光测量时，通常是测量阳极对地的阳极电流图2-10-1(a)，

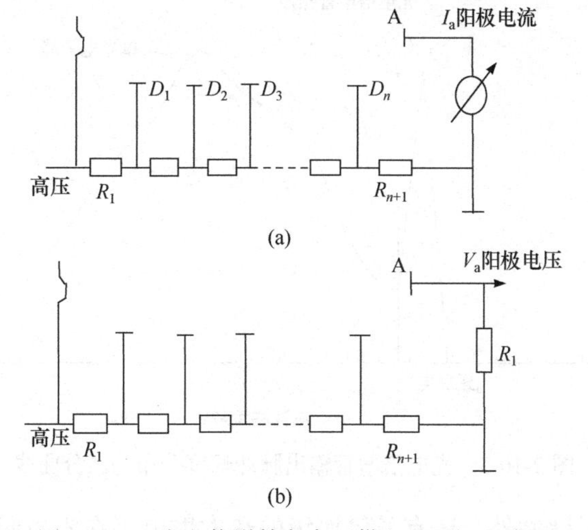


图2-10-1　光电倍增管负高压供电及阳极电路图

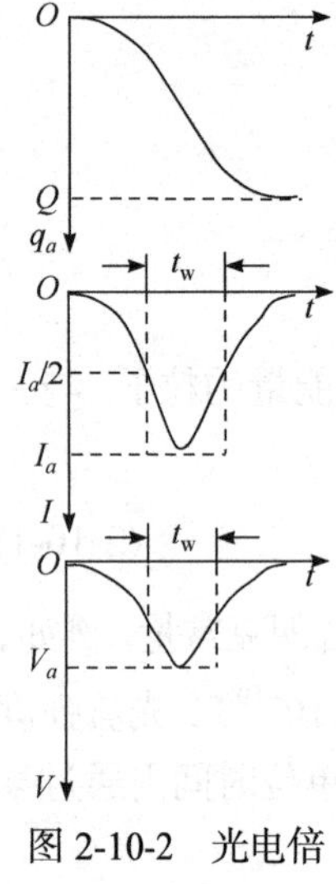


图 2-10-2　光电倍增管阳极波形

或测量阳极电阻 $R_L$ 上的电压图 2-10-1(b)，测得的信号电压(或电流)为连续信号. 然而在弱光条件下，阳极回路上形成的是一个个离散的尖脉冲. 为此我们必须研究弱光条件下光电倍增管的输出信号特征.

弱光信号照射到光阴极上时，每个入射的光子以一定的概率(即量子效率)使光阴极发射一个光电子. 这个光电子经倍增系统的倍增，在阳极回路中形成一个电流脉冲，即在负载电阻 $R_L$ 上建立一个电压脉冲，这个脉冲称为“单光电子脉冲”，见图 2-10-2. 脉冲的宽度 $t_w$ 取决于光电倍增管的时间特性和阳极回路的时间常数 $R_LC_0$，其中 $C_0$ 为阳极回路的分布电容和放大器的输出电容之和. 性能良好的光电倍增管有较小的渡越时间分散，即从光阴极发射的电子经倍增级倍增后到达阳极的时间差较小. 若设法使时间常数较小则单光电子脉冲宽度 $t_w$ 减小到 10～30ns. 如果入射光很弱，入射的光子流是一个个离散地入射到光阴极上，则在阳极回路上得到一系列分立的脉冲信号. 这些脉冲的平均计数效率与光子的流量成正比.

图 2-10-3 为光电倍增管阳极回路输出脉冲计数率 $\Delta R$ 随脉冲幅度大小的分布. 曲线表示脉冲幅度在 $V-(V+\Delta V)$ 的脉冲计数率 $\Delta R$ 与脉冲幅度 $V$ 的关系，它与曲线 $(\Delta R/\Delta V-V)$ 有相同的形式. 因此在 $\Delta V$ 取值很小时，这种幅度分布曲线称为脉冲幅度分布的微分曲线. 形成这种分布的原因有以下几点.

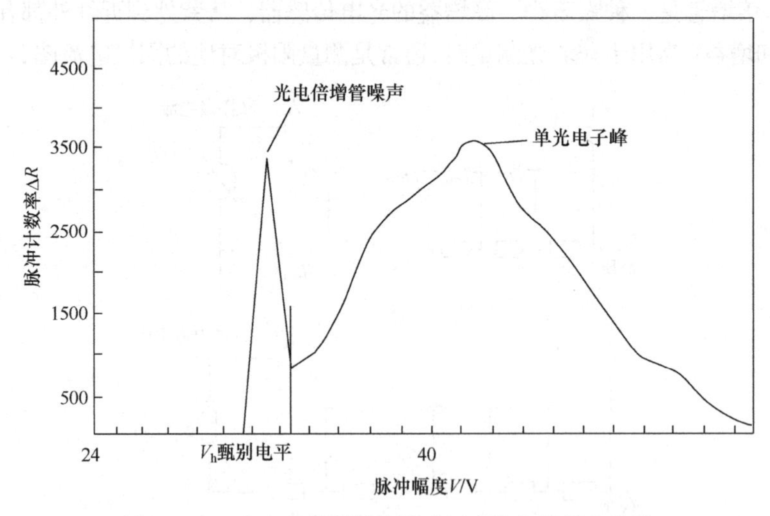


图 2-10-3　光电倍增管输出脉冲幅度分布的微分曲线

(1) 除光电子脉冲外，还有各倍增级的热发射电子在阳极回路形成的热发射噪声脉冲. 热电子受倍增的次数比光电子少，因此它们在阳极上形成的脉冲大幅度降低.

(2) 光阴极的热辐射电子形成的阳极输出脉冲.

(3) 各倍增极的倍增系数有一定的统计分布(大体上遵从泊松分布).

因此，噪声脉冲及光电子脉冲的幅度也有一个分布，在图 2-10-3 中，脉冲幅度较小的主要是热发射噪声信号，而光阴极发射的电子(包括热发射电子和光电子)形成的脉冲，幅度大部分集中在横坐标的中部，出现“单光电子峰”. 如果用脉冲幅度甄别器把幅度高于 $V_h$ 的脉冲鉴别输出，就能实现单光子计数.

### 3. 光子计数器的组成

一个典型的光子计数系统组成如图 2-10-4 所示.

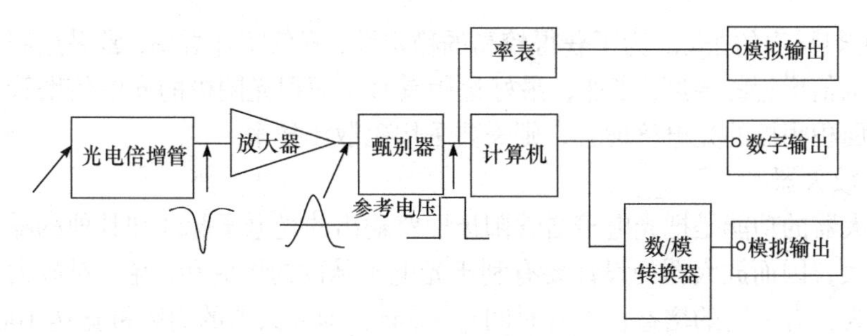


图 2-10-4　典型的光子计数系统

1) 光电倍增管

光电倍增管要求光谱响应适合于所用的工作波段，暗电流要小(它决定管子的探测灵敏度)，响应速度快，光阴极稳定性高，最好选用具有小面积光阴极的管子. 为了提高弱光测量的信噪比，在管子选定之后，还要采取一些措施：

(1) 光电倍增管的电磁噪声屏蔽. 电磁噪声对光子计数是非常严重的干扰，因此，作光子计数用的光电倍增管都要加以屏蔽，最好是在金属外套内衬以坡莫合金.

(2) 在通常的光电技术中，光电倍增管采用负高压供电，即光阴极对地接负高压，外套接地. 阳极输出端可直接接到放大器的输入端. 这种供电方式使光阴极及各倍增极(特别是第一、第二倍增极)与外套之间有电势差存在，漏电流能使玻璃管壁产生荧光，阴极也可能发生场致辐射，造成虚假计数，这对光子计数来讲是相当大的噪声. 为了防止这种噪声的发生，必须在管壁与外套之间放置一金属屏蔽层，金属屏蔽层通过一个电阻接到光阴极上，使光阴极与屏蔽层等电势；另一种方法是改为正高压供电，即阳极接正高压，阴极和外套接地，但输出端需要加一个隔直流、耐高压、低噪声的电容，如图 2-10-5 所示.

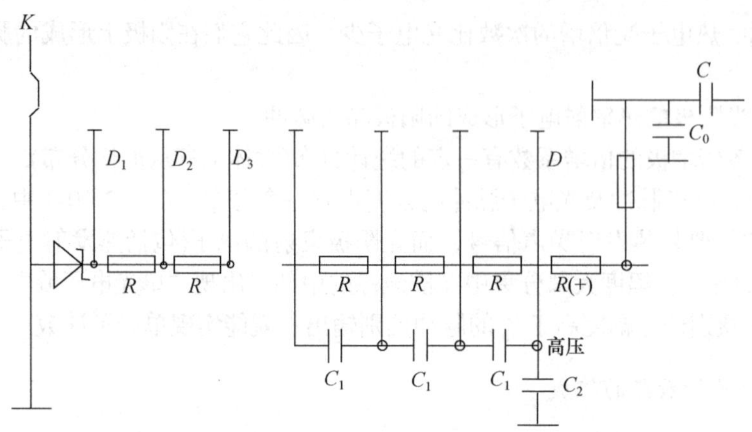


图 2-10-5　光电倍增管的正高压供电及阳极电路

(3) 热噪声的去除. 为了获得较高的稳定性，降低暗计数率，常采用制冷技术降低光电倍增管的温度. 当然，最好选用具有小面积光阴极的光电倍增管，如果采用大面积阴极的光电倍增管，则需要采用磁散焦技术.

2) 放大器

放大器的功能是把光电倍增管阳极回路输出的光电子脉冲和其他的噪声脉冲线性放大，因而放大器的设计要有利于光电子脉冲的形成和传输. 对放大器的主要要求为：有一定的增益；上升时间 $t_R \leqslant 3\text{ns}$ ，即放大器的通频带宽达 100MHz；有较宽的线性动态范围及较低的噪声系数.

3) 脉冲高度甄别器

计数器的主要功能是在规定的测量时间间隔内，把甄别器输出的标准脉冲累计和显示. 为满足高速计数率及尽量减小测量误差的需要，要求计数频率达到 100MHz 左右. 但由于光子计数器常用于弱光测量，其信号计数率极低，故选用计数速率低于 10MHz 的定标器. 脉冲高度甄别器的功能是鉴别输出光电子脉冲，弃除光电倍增管的热发射噪声脉冲. 在甄别器内设有一个连续可调的参考电压——甄别电平 $V_h$ ，如图 2-10-6 所示，当输出脉冲高度高于甄别电平 $V_h$ 时，甄别器就输出一个标准脉冲，当输入脉冲高度低于 $V_h$ 时，甄别器无输出. 如果把甄别电平选在 $V_h$ 上，就弃除了大量的噪声脉冲，大大提高了信噪比. $V_h$ 称为最佳阈值电平. 要求甄别电压稳定、灵敏度高、有尽可能少的时间滞后、脉冲对分辨率 $\leqslant 10\text{ns}$ ，以保证一个个脉冲信号能被分辨开来，不致因重叠造成漏计.

需要注意的是，当用单电平的脉冲高度甄别器鉴别输出时，对应某一电平值 $V$ ，得到的是脉冲幅度大于或等于 $V$ 的脉冲总计数率，因而只能得到积分曲线(图 2-10-7)，其斜率最小值对应的 $V$ 就是最佳甄别(阈值)电平 $V_h$ ，在高于最佳甄别电平 $V_h$ 的曲线斜率最大处的电平 $V$ 对应单光电子峰.

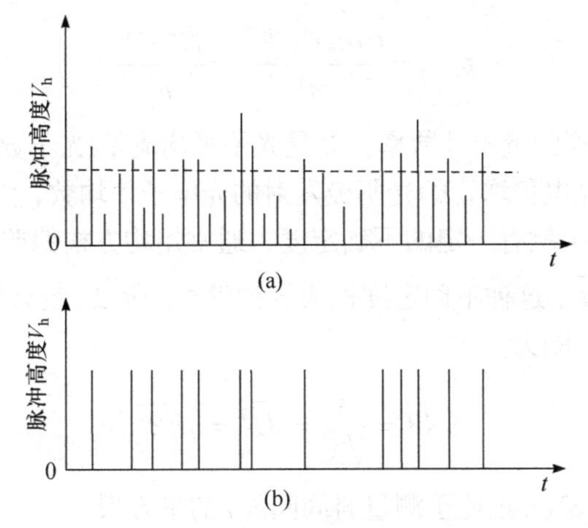


图 2-10-6　甄别器工作示意图：(a)放大后；(b)甄别后

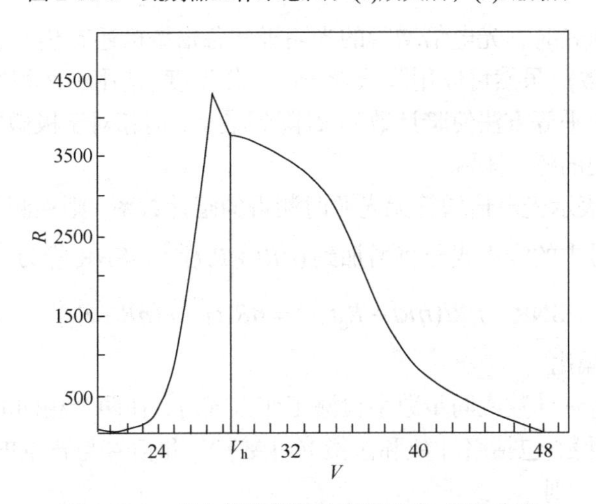


图 2-10-7　光电倍增管脉冲高度分布-积分曲线

4) 计数器(定标器)

计数器(定标器)可以满足要求即可.

### 4. 光子计数器的误差及信噪比

测量弱光信号最关心的是探测信噪比(能测到的信号与测量中各种噪声的比). 因此，必须分析光子计数系统中各种噪声的来源.

1) 泊松统计噪声

用光电倍增管探测热光源发射的光子，相邻的光子打到光阴极上的时间间隔是随机的，对于大量粒子的统计结果服从泊松分布. 即在探测到上一个光子后的时间间隔$t$内，探测到$n$个光子的概率$p_{(n,t)}$为

$$p_{(n,t)}=\frac{(\eta Rt)^n \mathrm{e}^{-\eta Rt}}{n!}=\frac{\bar{N}^n \mathrm{e}^{-\bar{N}}}{n!} \tag{2-10-3}$$

其中$\eta$是光电倍增管的量子计数率，$R$是光子平均流量(光子数$\cdot \mathrm{s}^{-1}$)，$\bar{N}=\eta Rt$，是在时间间隔$t$内光电倍增管的光阴极发射的光电子平均数，由于这种统计特性，测量到的信号计数中就有一定的不确定度，通常用均方根偏差$\sigma$来表示. 计算得出：$\sigma=\sqrt{\bar{N}}=\sqrt{\eta Rt}$，这种不确定度称为统计噪声. 所以，统计噪声使得测量信号中固有的信噪比(SNR)为

$$\mathrm{SNR}=\frac{\bar{N}}{\sqrt{\bar{N}}}=\sqrt{\bar{N}}=\sqrt{\eta Rt} \tag{2-10-4}$$

可见，测量结果的 SNR 正比于测量时间间隔$t$的平方根.

2) 暗计数

在没有入射光时，光电倍增管的光阴极和各倍增极还有热电子发射，即暗计数(也称背景计数). 虽然可以用降低管子的工作温度、选用小面积的光阴极以及选择最佳的甄别电平等方法使暗计数率$R_{\mathrm{d}}$降到最小，但相对于极微弱的光信号，仍是一个不可忽视的噪声来源.

假如以$R_{\mathrm{d}}$表示光电倍增管无光照时测得的暗计数率，则在测量光信号时，按上述结果，信号中的噪声成分将增加到$(\eta Rt+R_{\mathrm{d}}t)^{1/2}$，SNR 降为

$$\mathrm{SNR}=\eta Rt(\eta Rt+R_{\mathrm{d}}t)^{1/2}=\eta R(t)^{1/2}/(\eta R+R_{\mathrm{d}})^{1/2} \tag{2-10-5}$$

3) 累积信噪比

当用扣除背景计数或同步数字检测工作方式时，在两个相同的时间间隔$t$内，分别测量背景计数(包括暗计数和杂散光计数)$N_{\mathrm{d}}$和信号与背景的总计数$N_{\mathrm{t}}$. 设信号计数为$N_{\mathrm{P}}$，则

$$N_{\mathrm{P}}=N_{\mathrm{t}}-N_{\mathrm{d}}=\eta Rt,\quad N_{\mathrm{d}}=R_{\mathrm{d}}t \tag{2-10-6}$$

按照误差理论，测量结果的信号计数$N_{\mathrm{P}}$中的总噪声应为

$$(N_{\mathrm{t}}+N_{\mathrm{d}})^{1/2}=(\eta Rt+2R_{\mathrm{d}}t)^{1/2} \tag{2-10-7}$$

测量结果的 SNR 为

$$\begin{aligned}\mathrm{SNR}&=N_{\mathrm{P}}/(N_{\mathrm{t}}+N_{\mathrm{d}})^{1/2}=(N_{\mathrm{t}}-N_{\mathrm{d}})/(N_{\mathrm{t}}-N_{\mathrm{d}})^{1/2}\\&=\eta R(t)^{1/2}/(\eta R+2R_{\mathrm{d}})^{1/2}\end{aligned} \tag{2-10-8}$$

4) 脉冲堆积效应

光电倍增管具有一定的分辨时间$t_{\mathrm{R}}$，如图 2-10-8 所示. 当在分辨时间$t_{\mathrm{R}}$内相继有两个或两个以上的光子入射到光阴极时(假定量子效率为 1)，由于它们的时间

间隔小于 $t_R$，光电倍增管只能输出一个脉冲，因此，光电子脉冲的输出计数率比单位时间入射到光阴极上的光子数要少；另一方面，电子学系统(主要是甄别器)有一定的死时间 $t_d$，在 $t_d$ 内输入脉冲时，甄别器输出计数率也要受到损失. 以上现象统称为脉冲堆积效应.

脉冲堆积效应造成的输出脉冲计数率误差可以用下面的方法进行估算. 对光电倍增管，由式(2-10-3)可知，在 $t_R$ 时间内不出现光子的概率为

$$p_{(o,t_R)} = \exp(-R_i t_R) \tag{2-10-9}$$

式中，$R_i$ 为入射光子使光阴极单位时间内发射的光电子数，$R_i = \eta R$. 在 $t_R$ 内出现光子的概率为 $1-\exp(-R_i t_R)$. 若脉冲堆积使单位时间内输出的光电子脉冲数为 $R_P$，则

$$R_i - R_P = R_i[1-\exp(-R_i t_R)]$$

所以

$$R_P = R_i \exp(-R_i t_R) \tag{2-10-10}$$

由图 2-10-9 可知，$R_P$ 随入射光子流量 $R$ (即 $R_i$)输出增大而增大. 当 $R_i t_R = 1$ 时，$R_P$ 出现最大值，以后 $R_P$ 随 $R_i$ 增加而下降，一直可以下降到零. 这就是说，当入射光强增加到一定数值时，光电倍增管的输出信号中的脉冲成分趋于零. 此时就可以利用直流测量的方法来检测光信号.

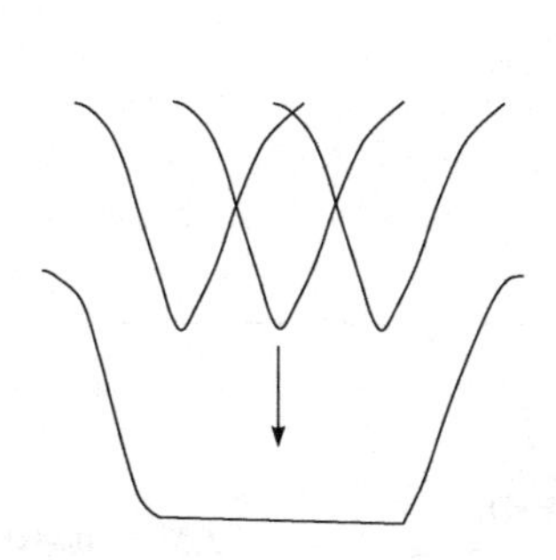

图 2-10-8　光电倍增管的脉冲堆积效应图

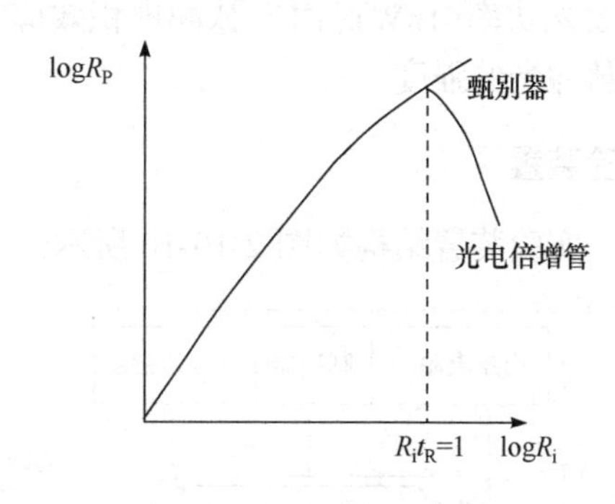


图 2-10-9　光电倍增管和甄别器的计数率与输入计数

对于甄别器(对定标器也适用)，如果不考虑光电倍增管的脉冲堆积效应，在测量时间 $t$ 内输出脉冲信号的总计数 $N = R_P \cdot t$，总的“死”时间 $= N_P t_d = R_P \cdot t \cdot t_d$. 因此，总的“活”时间 $= t - R_P \cdot t \cdot t_d$. 所以接收到的总的脉冲计数

$$N_P = R_P \cdot t = R_i(t - R_P \cdot t \cdot t_d)$$

甄别器的死时间 $t_d$ 造成的脉冲堆积，使输出脉冲计数率下降为

$$R_{\mathrm{P}} = R_{\mathrm{i}} / (1 + R_{\mathrm{i}} t_{\mathrm{d}}) \tag{2-10-11}$$

式中，$R_{\mathrm{i}}$为假定死时间为零时甄别器应该输出的脉冲计数率.

由图 2-10-9 看出，当$R_{\mathrm{i}} t_{\mathrm{d}} \geqslant 1$时，$R_{\mathrm{P}}$趋向饱和状态，即$R_{\mathrm{P}}$不再随$R$增加而有明显的变化.

由式(2-10-10)和(2-10-11)可以分别计算出上述两种脉冲堆积效应造成的输出计数率的相对误差.

光电倍增管分辨时间$t_{\mathrm{R}}$造成的误差

$$\xi_{\mathrm{PMT}} = 1 - \exp(-R_{\mathrm{i}} t_{\mathrm{R}}) \tag{2-10-12}$$

甄别器死时间$t_{\mathrm{d}}$造成的误差

$$\xi_{\mathrm{DIS}} = R_{\mathrm{i}} t_{\mathrm{d}} / (1 + R_{\mathrm{i}} t_{\mathrm{d}}) \tag{2-10-13}$$

当计数率较小时，有$R_{\mathrm{i}} t_{\mathrm{R}} \ll 1$，$R_{\mathrm{i}} t_{\mathrm{d}} \ll 1$，则

$$\xi_{\mathrm{PMT}} \approx R_{\mathrm{i}} t_{\mathrm{R}}, \quad \xi_{\mathrm{DIS}} = R_{\mathrm{i}} t_{\mathrm{d}} \tag{2-10-14}$$

当计数率较小并使用快速光电倍增管时，脉冲堆积效应引起的误差$\xi$主要取决于甄别器，即

$$\xi = \xi_{\mathrm{DIS}} = R_{\mathrm{i}} t_{\mathrm{d}} = \eta R t_{\mathrm{d}} \tag{2-10-15}$$

一般认为，计数误差$\xi$小于 1%的工作状态就叫做单光子计数状态，处在这种状态下的系统就称为单光子计数系统.

对于由高速的甄别器和计数器组成的光子计数系统，极限光子流量近似为$10^9$s(光功率⩽1nW). 由于脉冲堆积效应，光子计数器不能测量含有多个光子的超短脉冲光的强度.

## 实验装置

实验装置结构如图 2-10-10 所示.

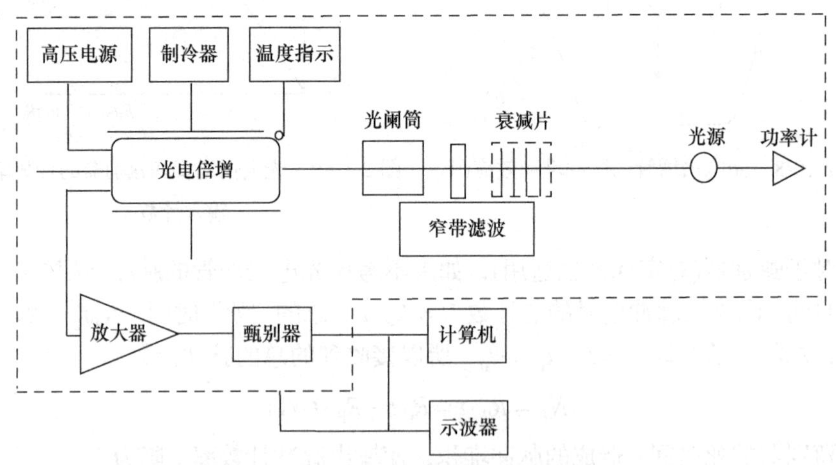


图 2-10-10　SGD-2 系统的实验装置简图

(1) 光源：要求工作电压稳定、光强可调，SGD-2 实验仪采用的光源是高亮度发光二极管，中心波长$\lambda = 5000Å$，半宽度为 30nm. 为了提高入射光的单色性，仪器备有窄带滤光片，其半宽度为 18nm.

(2) 接收器：SGD-2 实验仪使用的接收器是直径 28.5mm 的锑钾铯光阴极，阴极有效尺寸是Φ25 mm、硼硅玻玻壳、11 级盒式+线性倍增、端窗型 CR125 光电倍增管. 它具有高灵敏度、高稳定性、低暗噪声的特点，环境温度范围−80～+50℃. GSZF-2A 给光电倍增管提供的工作电压最高为 1320V.

(3) 制冷器：实验采用半导体制冷器来降低光电倍增管的工作温度，最低可达−20℃.

(4) 脉冲高度甄别器：其电路由线性高速比较器组成. 甄别电平 0～2.56V 可调.

(5) 放大器：放大器输入负极性脉冲，输出正极性脉冲，输入阻抗 50Ω，输出端除与甄别器输入端耦合外，还有 50Ω 匹配电缆，供示波器观察波形使用.

(6) 示波器：Tektronix 生产的 TDS3032B 双通道数字式荧光示波器，信号采集由通信模块(3GV)输入计算机.

(7) 光路：如图 2-10-11 所示，为了减小杂散光的影响和降低背景计数，在光电倍增管前设置一个光阑组，内设置光阑三个，并将光源、衰减片、窄带滤波片、光阑、接收器等严格准直同轴，把从光源发出的光信号会聚在光电倍增管光阴极的中心部分. 附件参数：衰减片 $AB_2$ 透过率 2%；$AB_5$ 透过率 5%；$AB_{10}$ 透过率 10%. 可以组成不同透过率的衰减片组插入光路，得到所需的入射光功率.

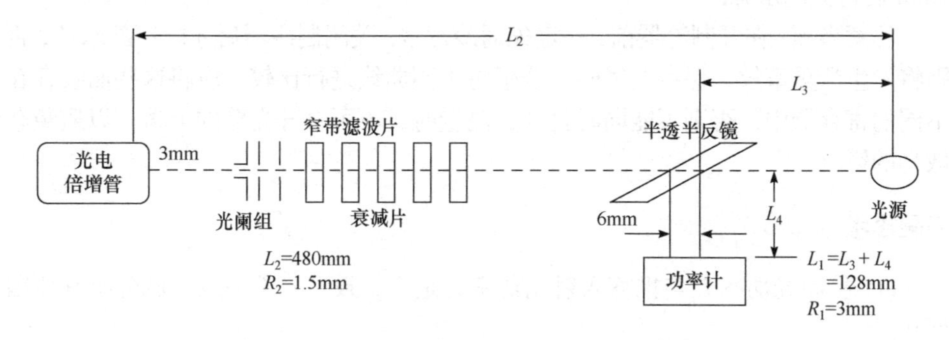


图 2-10-11　SGD-2 单光子计数实验系统光路参数图示

为了标定入射到光电倍增管的光功率 $P_i$，可先用光功率计测量出光源经半透半反镜反射的光功率 $P_1$，然后按下式计算 $P_i$

$$P_i = ATaK(\Omega_2/\Omega_1)P_1 \tag{2-10-16}$$

式中，$A$ 为窄带滤光片在时的透射率，$T$ 为衰减片组在 500nm 处的透过率，$T = t_1 \cdot t_2 \cdot t_3 \cdots$，$a$ 为光路中插入光学元件的全部玻璃表面反射损失造成的总效率，总效率=$[1-(2\%\sim5\%)]^N$($N$ 为光路中镜面全部反射面数)，$K$ 为半透半反镜的透过率和反射率之比，$\Omega_1$ 为光功率计接收面积 $S_1(\pi r_1^{\ 2})$相对于光源中心所张的立体角，$\Omega_2$ 为紧邻光电倍增管的光阑面积 $S_1(\pi r_2^{\ 2})$相对于光源中心所张的立体角.

$$\Omega_1=\frac{\pi r_1^2}{S_1^2}\text{，}R_1=3\text{mm}\text{，}S_1=128$$

$$\Omega_2=\frac{\pi r_2^2}{S_2^2}\text{，}R_2=1.5\text{mm}\text{，}S_1=480$$

$$\frac{\Omega_2}{\Omega_1}=\frac{\pi r_2^2}{490^2}\cdot\frac{129^2}{\pi r_1^2}=0.018$$

## 实验内容

(1) 观察不同入射光强下光电倍增管的输出波形分布，推算出相应的光功率.

(2) 用示波器观察光电倍增管阳极输出和甄别器输出的脉冲特征，并作比较.

(3) 测量光电倍增管输出脉冲幅度分布的积分和微分曲线，确定测量弱光时的最佳阈值(甄别)电平 $V_{\text{h}}$.

(4) 单光子计数.

(5) 实验结束后，关闭单光子计数器及制冷器开关，关闭计算机与光源电源，2min 后再关闭水源.

注意事项：在开制冷器前，一定先通冷却水. 关闭制冷器后才能切断水源，否则将发生严重事故；保存曲线时，若想将不同曲线进行比较，应将这些曲线存在不同的寄存器中，否则不能同时打开；测量时，不可打开光路的上盖，以避免杂散光的影响.

## 问题思考

(1) 接收光功率 $P_0$ 与推算入射光功率 $P_{\text{i}}$ 是否一致？若不一致，试分析其原因所在.

(2) 阈值是否随温度的改变而改变？为什么？

(3) 用阈值方式采集数据确定阈值时，阈值应取哪个值？为什么？

## 参考文献

[1] 刘俊. 微弱信号检测技术. 北京: 电子工业出版社, 2005.
[2] 姜东光, 庄娟, 李建东. 近代物理实验. 北京: 科学出版社, 2007.
[3] 吕斯骅, 段家忯. 近代物理实验技术. 北京: 高等教育出版社, 1993.

# 2-11　表面磁光克尔效应

光和物质之间的相互作用历来备受关注，特别是对电磁场作用下的介质内部和表面光传播特性的研究，发现了电致旋光、磁致旋光等重要物理现象. 其中，线偏振光入射到铁磁性介质表面上发生反射时，会退化为轴比和倾角受外加磁场调制的椭圆偏振光，称为表面磁光克尔效应，是克尔(Kerr)于 1877 年在观察抛光过的电磁铁磁极表面上线偏振光的反射现象时发现的，这一现象后续得到了大量研究和应用. 1985 年 Moog 和 Bader 利用磁光克尔效应测得了原子层厚度量级上的磁性薄膜的磁滞回线，并将此效应命名为表面磁光克尔效应(surface magneto-optic Kerr effect, SMOKE).

随着激光技术的发展以及薄膜材料的广泛应用，表面磁光克尔效应在磁光信息存储、薄膜材料磁性研究、薄膜纳米阵列、多层薄膜等领域都有重要应用. 作为一种重要的表面磁学实验手段，表面磁光克尔效应是一种无损测量技术，可以在真空等环境中实时原位测量；其能够对原子厚度的薄膜进行测量，测量灵敏度高.

## 实验预习

(1) 法拉第磁致旋光、表面磁光克尔效应以及电光克尔效应有什么区别?

(2) 偏振片、四分之一波片的物理性质.

## 实验目的

(1) 掌握表面磁光克尔效应的原理.

(2) 掌握预置本底光强的克尔信号测量原理及技巧.

(3) 测量自制磁性薄膜样品的克尔角和椭偏率随磁场的变化关系.

## 实验原理

### 1. 表面磁光克尔效应原理

(1) 对表面磁光克尔效应定性的解释，认为光是一种电磁波，其电场与介质之间的相互作用远强于磁场与介质之间的相互作用，各种介质不同的各向异性介电常数张量造成了光的传播状态发生改变. 当存在外磁场作用时，介质的介电常数张量随着介质被磁化情况的不同而发生相应的改变，所以光在介质表面发生反射时，其传播状态会被外磁场调制.

表面磁光克尔效应根据入射面与磁场取向的关系，把表面磁光克尔效应分为极克尔效应、纵克尔效应和横克尔效应三种. 如图 2-11-1(a)所示，介质所处磁场方向垂直于物体表面，且平行于入射面，这种磁场配置方式产生的表面磁光克尔效应称为极克尔效应；如图 2-11-1(b)所示，介质所处磁场方向平行于物体表面，也平行于入射面，称为纵克尔效应；如图 2-11-1(c)所示，介质所处磁场方向平行于物体表面，且垂直于入射面，称为横克尔效应. 另外，对于三种克尔效应，又分别有线偏振光的两种入射方式：一种是线偏振光的偏振方向平行于入射面(平行于入射面的线偏振光称为 p 光)；一种是线偏振光的偏振方向垂直于入射面(垂直于入射面的线偏振光称为 s 光).

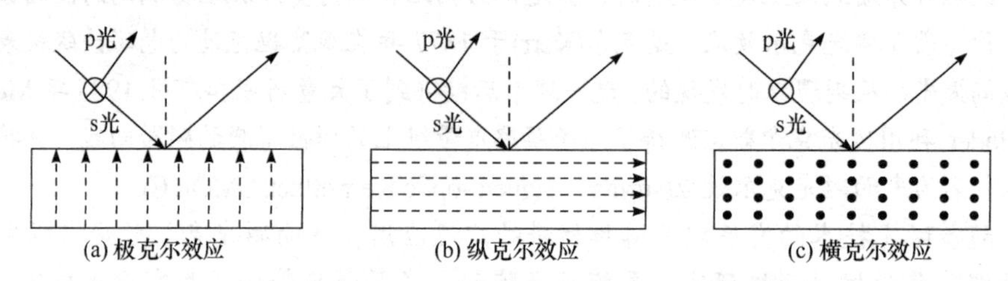

(a) 极克尔效应　(b) 纵克尔效应　(c) 横克尔效应

图 2-11-1　表面磁光克尔效应的分类

相较于无外磁场作用时，各向同性介质的介电常数张量 $\boldsymbol{\varepsilon}=\begin{bmatrix}\varepsilon & 0 & 0\\ 0 & \varepsilon & 0\\ 0 & 0 & \varepsilon\end{bmatrix}$. 在极克尔效应配置的介质磁化状态下，介质的介电常数张量变为 $\boldsymbol{\varepsilon}=\begin{bmatrix}\varepsilon & g & 0\\ -g & \varepsilon & 0\\ 0 & 0 & \varepsilon\end{bmatrix}$，其中 $g=\alpha B$ 称为磁光项. 磁光项的引入使得磁场中的各向同性介质变成了各向异性介质，造成了线偏振光的反射光偏振状态变化. 同理，纵克尔效应的介电常数张量为 $\boldsymbol{\varepsilon}=\begin{bmatrix}\varepsilon & 0 & 0\\ 0 & \varepsilon & -g\\ 0 & g & \varepsilon\end{bmatrix}$，横克尔效应的介电常数张量为 $\boldsymbol{\varepsilon}=\begin{bmatrix}\varepsilon & 0 & g\\ 0 & \varepsilon & 0\\ -g & 0 & \varepsilon\end{bmatrix}$.

三种克尔效应不同的介电常数张量说明极克尔效应和纵克尔效应会发生反射光偏振面的偏转，偏转的角度称为克尔角；而横克尔效应则不会发生反射光偏振面的偏转，但会产生反射率的变化. 对不同的磁场条件下介质的介电常数张量对应的克尔效应反射矩阵和偏振状态如表 2-11-1 所示.

**表 2-11-1　三种克尔效应反射矩阵和偏振状态**

| | 极克尔效应 | 纵克尔效应 | 横克尔效应 |
|---|---|---|---|
| 反射矩阵 | $\begin{bmatrix}r_{pp} & r_{ps}(B)\\ r_{sp}(B) & r_{ss}\end{bmatrix}$ | $\begin{bmatrix}r_{pp} & r_{ps}(B)\\ r_{sp}(B) & r_{ss}\end{bmatrix}$ | $\begin{bmatrix}r_{pp} & 0\\ 0 & r_{ss}\end{bmatrix}$ |
| 轴比 | $\theta_k+\mathrm{i}\varepsilon_k=\dfrac{r_{sp}(B)}{r_{pp}}$ | $\theta_k+\mathrm{i}\varepsilon_k=\dfrac{r_{sp}(B)}{r_{pp}}$ | $\dfrac{\Delta r_{pp}}{r_{pp}}$ |

(2) 对表面磁光克尔效应微观机制唯象地加以说明. 无磁场时, 介质中的电子在入射线偏振光电场作用下受迫振动, 振动方向与线偏振光的偏振方向相同, 不会改变反射光的偏振状态. 当外加磁场后, 振动电子除了受到光场的作用外还要额外受到洛伦兹力的作用而产生进动, 导致反射光偏振状态发生变化. 如图 2-11-2 所示, 以纵克尔效应为例, 入射线偏振光的电场分量平行于入射面, 为 p 光入射; 磁场平行于入射面. 将电子振动速度分解为平行于入射面法向的分速度和垂直于入射面法向的分速度. 平行于入射面法向的分速度垂直于磁场方向, 在洛伦兹力作用下运动方向发生改变; 垂直于入射面法向的分速度平行于磁场, 不受洛伦兹力作用不改变运动方向. 重新合成的电子运动变成了椭圆运动, 导致反射光变成了椭圆偏振光. 由此模型推导得到表面磁光克尔效应中反射椭圆偏振光的主轴所转过的克尔角为

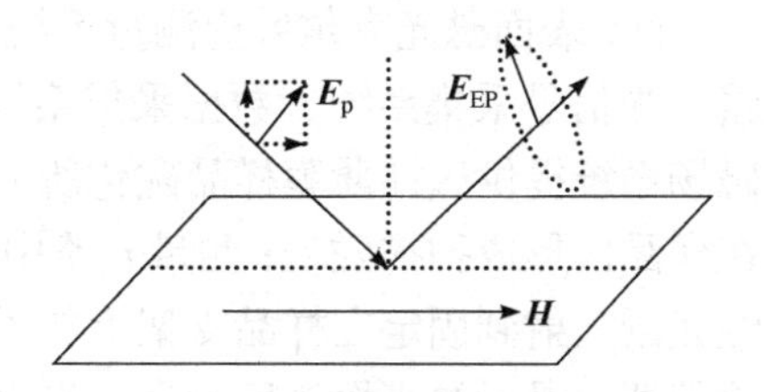

图 2-11-2 磁场导致反射光偏振态变化

$$\theta_k = -\frac{\pi L n}{\lambda}\boldsymbol{Q}\cdot\hat{\boldsymbol{k}} \tag{2-11-1}$$

其中 $L$ 为光在介质中的传播距离; $n$ 为折射率; $\hat{\boldsymbol{k}}$ 为光的波矢; $\boldsymbol{Q}$ 为磁光 Vogit 相量, 是与介质磁化强度有关的量.

p 光发生极克尔效应和纵克尔效应时, 会产生反射光偏振状态的改变. 但是 p 光发生横克尔效应时, 振动电子所受洛伦兹力平行于光的传播方向, 对电场矢量在垂直于光传播方向上的投影基本没有影响, 所以不会发生反射光偏振方向的偏转, 但会影响椭偏率.

s 光入射时, 极克尔效应和纵克尔效应都会发生反射光偏振状态的变化, 但是横克尔效应的磁场方向和入射光偏振方向相同, 不会产生洛伦兹力的作用, 所以不会发生偏振状态的改变.

另外, 对于纵克尔效应, 如图 2-11-2 所示, 当入射光垂直入射介质表面时, 磁场方向与电场方向平行, 洛伦兹力为零, 所以对于垂直入射的 p 光, 不会发生纵克尔效应. 这也就说明了 p 光发生纵克尔效应时, 为什么克尔角随着入射角的增大而增大. 相反对于极克尔效应, 由于介质磁化方向垂直于样品表面并且平行于入射面, 所以不论是 p 光还是 s 光, 其克尔角都随着光的入射角的减小而增大, 在垂直入射时达到最大.

表面磁光克尔效应不是直接测量磁性薄膜样品的各项磁性参数, 而是对检测光的克尔旋转角或者克尔椭偏率的测量. 所以, 需要对样品的磁化强度等参数与克尔旋转角或者克尔椭偏率之间的关系进行定标, 才能获得磁性样品确定的各项

绝对磁性参数.

2. 表面磁光克尔效应的测量

(1) 表面磁光克尔效应测量系统，如图 2-11-3 所示，由电磁场系统、测量光路、光信号采集系统、数据采集系统以及基于计算机的数据处理软件等构成. 电磁场系统提供磁性薄膜样品磁化所需的外磁场，其控制系统输出三角波励磁电流，在样品区形成扫描磁场；测量光路中，激光器发出的激光经起偏器后成为偏振光，经光阑入射到固定在样品支架上的磁性薄膜样品表面，反射光再次经光阑入射到检偏器，最后被光探头所测量；光探头采集到的克尔光信号由光信号采集系统初步放大处理后，与磁场控制系统的励磁电流信号一起被数据采集系统处理；数据采集系统采集到的测量信号传输到计算机软件加以分析和计算.

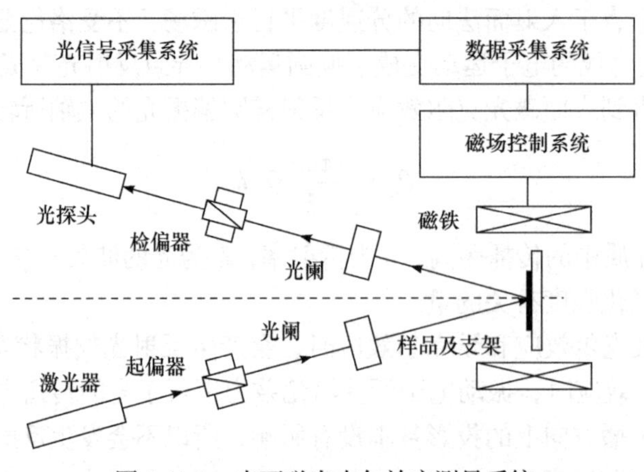


图 2-11-3　表面磁光克尔效应测量系统

(2) 克尔角 $\theta_k$ 的实验测量. 搭建上述系统，保持入射激光的光强不变，则光探头测得光强大小取决于反射光偏振方向与检偏器透光方向之间的夹角，反射光偏振方向取决于样品不同磁化强度下的克尔效应响应，即克尔角 $\theta_k$ 的大小. 放置在磁场中的样品随着扫描磁场线性地由 $-\boldsymbol{B}$ 变化到 $+\boldsymbol{B}$，光探头接收到的光强变化反映了样品的克尔角关于其磁化强度的变化曲线. 如果测量初始零磁场状态下检偏器相对于反射光处于消光位置，则随着磁场的增强，不论反射光的旋光方向是顺时针还是逆时针变化，光探头测得的光强都是增强，不能判断反射光偏振方向的旋转方向，也就无法判断样品的磁化方向. 为此，相对零磁场时反射光的偏振方向，预置检偏器偏离其消光方向一小角度 $\delta$，即预置一本底光强 $I_0$. 于是，当反射光偏振面旋转方向和 $\delta$ 同向时光强增大，反向时光强减小，从而通过光强大小的变化判断样品磁化方向.

如图 2-11-4 所示检偏器设置，对入射 p 光，其反射光为椭圆偏振光，其 p 分

量$E_p$和s分量$E_s$如图所示. 于是根据表 2-11-1 中的反射矩阵和轴比公式可知

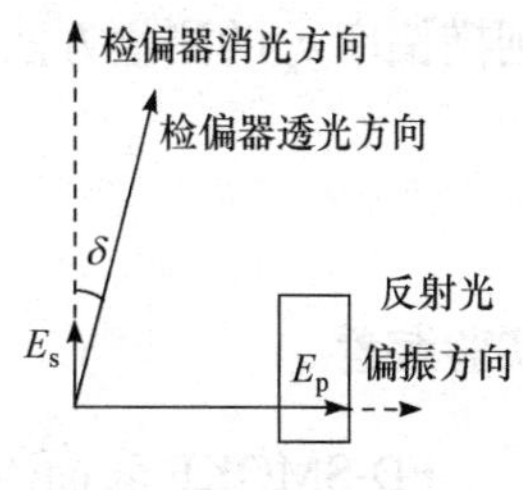

图 2-11-4　检偏器设置

$$\begin{bmatrix} E_p \\ E_s \end{bmatrix} = \begin{bmatrix} r_{pp} & r_{ps}(B) \\ r_{sp}(B) & r_{ss} \end{bmatrix} \begin{bmatrix} E_{p0} \\ E_{s0} \end{bmatrix} \tag{2-11-2}$$

$$\frac{E_s}{E_p} = \frac{r_{sp}(B)E_{p0}}{r_{pp}E_{p0}} = \frac{r_{sp}(B)}{r_{pp}} = \theta_k + i\varepsilon_k \tag{2-11-3}$$

其中$E_{p0}$为入射光p分量；$E_{s0}=0$为入射光s分量；$r_{pp}$、$r_{sp}(B)$为反射矩阵矩阵元.

考虑到图 2-11-4 中检偏器透光方向偏离消光方向$\delta$，则光探头测得的光强为

$$\begin{aligned} I &= \left|E_p \sin\delta + E_s \cos\delta\right|^2 \\ &= \left|E_p\right|^2 \left|\sin\delta + (\theta_k + i\varepsilon_k)\cos\delta\right|^2 \end{aligned} \tag{2-11-4}$$

因为$\delta$、$\theta_k$、$\varepsilon_k$很小，故$\sin\delta=\delta$，$\cos\delta=1$，$\theta_k^2=0$，$\varepsilon_k^2=0$，有

$$\begin{aligned} I &= \left|E_p\right|^2 \left|\delta + \theta_k + i\varepsilon_k\right|^2 \\ &\approx \left|E_p\right|^2 (\delta^2 + 2\delta\theta_k) \end{aligned} \tag{2-11-5}$$

由公式(2-11-5)，测得光探头处光强$I$，就可以求得克尔角$\theta_k$. 但是在具体计算克尔角时，为了充分利用数据，往往采用以下处理：由零磁场时$\theta_k=0$，得到零磁场时的光强

$$I_0 = \left|E_p\right|^2 \delta^2 \tag{2-11-6}$$

又由样品被正反向磁化时的光强$I(\pm M) = \left|E_p\right|^2 (\delta^2 \pm 2\delta\theta_k)$，有

$$\theta_k = \frac{\delta[I(+M) - I(-M)]}{4I_0} \tag{2-11-7}$$

由公式(2-11-7)可以求出任意样品在磁化状态$M$时的克尔角$\theta_k$.

(3) 椭偏率$\varepsilon_k$的测量. 在上述光路的检偏器前增置一个四分之一波片，使得p分量$E_p$比s分量$E_s$相位滞后$\frac{1}{2}\pi$(反之亦可)，则公式(2-11-3)变为

$$\frac{iE_s}{E_p} = -\varepsilon_k + i\theta_k \tag{2-11-8}$$

相应地, 公式(2-11-5)变为

$$I \approx \left|E_p\right|^2 (\delta^2 + 2\delta\varepsilon_k) \tag{2-11-9}$$

则椭偏率 $\varepsilon_k$ 的测量方法与公式(2-11-7)相同

$$\varepsilon_{\mathrm{k}}=\frac{\delta[I(+M)-I(-M)]}{4I_0} \tag{2-11-10}$$

## 实验装置

FD-SMOKE 表面磁光克尔效应实验系统.

## 实验内容

(1) 当放置样品时，要做好固定，防止加磁场时，样品位置轻微变化影响克尔信号的检测.

(2) 按照图 2-11-3 搭建和调整光路，根据起偏器标定好的角度设置入射线偏振光的偏振方向，调节光阑使入射激光斑最小. 注意有些激光器固有偏振属性，转动激光器使其偏振方向与起偏器的透光方向相同即可规避其影响. 控制扫描磁场，测量克尔信号，研究克尔角和磁场之间的关系.

(3) 测量克尔椭偏率时，在图 2-11-3 光路中的检偏器前放置四分之一波片，并调节四分之一波片的主轴与入射面平行或垂直. 控制扫描磁场，测量克尔信号，研究克尔椭偏率和磁场之间的关系.

## 问题思考

(1) 如何避免克尔光信号的饱和?

(2) 在测量克尔信号时，为什么要预置本底光强?

(3) 极克尔效应、纵克尔效应及横克尔效应在不同偏振光入射情况下现象形同吗?

## 参考文献

[1] 叶有祥. 新编物理实验教程. 下册. 北京: 科学出版社, 2009.

# 2-12 光学非线性测量

光在介质中传播时，光和介质之间存在着线性和非线性的相互作用. 由于介质内部原子内电场高达 $10^{10}$V/m 数量级，普通光源的电场强度无法与其比拟，产生的非线性光学现象一般较弱，难以测量，所以非线性光学研究，特别是非线性光学的实验研究与非线性光学材料的研究，随着 1960 年激光这一新型强光源技术的产生而蓬勃爆发，成为现代光学一个重要分支，也进而推动了激光技术的发展. 该领域的研究有重要的理论和技术意义.

光与介质间的非线性作用呈现出了各种非常繁杂的效应：光学克尔效应、双光子吸收、光学高次谐波、受激拉曼散射、受激布里渊散射、光致透明、光参量振荡、自聚焦、光学分叉和混沌、光学压缩态、光纤孤子……因为光的电场是与物质相互作用的主要因素，所以非线性光学的经典理论体系、半经典理论体系和量子理论体系基本上都是围绕着如何精确分析光与介质相互作用时介质的电极化率张量 $\chi^{(r)}$ 对光传播的响应情况展开的. 本实验中测量的非线性折射率、非线性吸收系数等物理参数即为三阶非线性电极化率 $\chi^{(3)}$ 的实部和虚部. 目前，介质的光学非线性测量采用的主要技术有非线性椭圆偏振法、非线性干涉法、自衍射法、简并四波混频法、波前分析法、三次谐波法、光克尔门法以及光束畸变法等. 本实验学习研究的 $z$-扫描技术是一种被普遍使用的光畸变法三阶非线性参数测量技术，由 M. Sheik-Bahae 等于 1989 年首次采用.

## 实验预习

(1) 什么是光学非线性现象？其中，什么是自聚焦效应？什么是非线性吸收现象？

(2) 什么是高斯光束？为什么本实验理论分析是基于检测光为高斯光束展开？

(3) 如何用一已知公式拟合实验数据？

## 实验目的

(1) 理解自聚焦、非线性吸收等非线性光学现象.

(2) 掌握非线性折射率系数和非线性吸收系数测量的原理和方法.

(3) 测量 $SiO_2$ 晶体、铅玻璃的非线性折射率系数、非线性吸收系数.

## 实验原理

### 1. 非线性介质的自聚焦和自散焦现象

自聚焦和自散焦现象都是光束横向光强分布不均匀导致介质折射率空间分布发生变化，介质折射率的不均匀反过来导致光束传播的过程中相位发生畸变，形成感生透镜效应，改变了光束的传播形态.

以自聚焦为例，假设一束激光 $TEM_{00}$ 单模的高斯光束入射非线性介质，该介质的折射率 $n$ 表示为

$$n = n_0 + \Delta n = n_0 + \gamma I \tag{2-12-1}$$

其中 $n_0$ 为介质的线性折射率，一般为频率的单变量函数；$\Delta n$ 为介质的非线性折射率，是光强的函数；$\gamma$ 为介质的非线性折射率系数；$I$ 为入射光强. 当非线性折射率

$\Delta n > 0$ 时，由于高斯光束横向的光强分布从中心向边缘连续减弱，由公式(2-12-1)可得光束经过区域的介质折射率 $n$ 横向分布也由中心向边缘连续减弱，这类似于光束经过的介质区域形成了一个折射率渐变的正透镜. 光束中心处的折射率大，光的光程长；边缘区域折射率逐次变小，光的光程逐次变短，光束等相位面发生畸变，形成光束会聚的效果.

本实验中利用透镜进一步对高斯光束做了会聚处理，仍然认为在透镜主光轴的像方一定区域的会聚光束是高斯光束. 如图 2-12-1 所示，设自聚焦介质的起始表面在光轴上的坐标为零. 一高斯光束入射到焦距为 $F$ 的薄透镜上，薄透镜位置坐标为 $z_2$. 入射光束束腰半径为 $\omega_0$，位置坐标为 $z_1$. 当不放置自聚焦介质时，经透镜会聚后的像方高斯光束束腰半径为 $\omega_0'$，位置坐标为 $z_3$，光束为自聚焦介质中的虚线所示；当放置自聚焦介质时，像方高斯光束入射到介质表面的光斑半径为 $d$，光束为自聚焦介质中的实线所示.

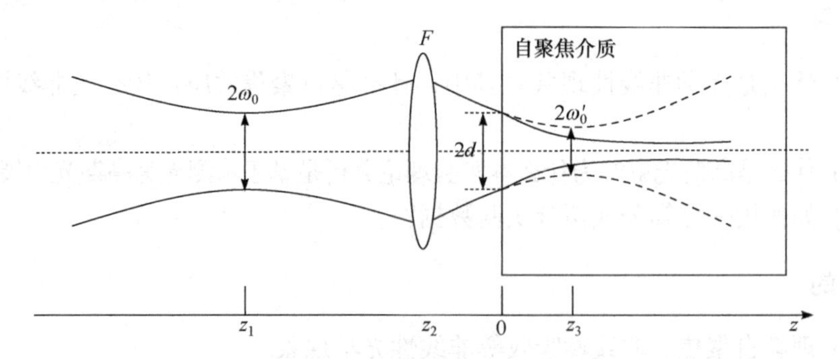


图 2-12-1　高斯光束的光学透镜聚焦和自聚焦示意图

(1) 当不放置自聚焦介质时，考虑到实验中所用 He-Ne 激光器 $TEM_{00}$ 基模的高斯光束束腰位于其共焦腔内部且透镜远离激光器，所以图 2-12-1 中位于 $z_1$ 位置处的入射光束的束腰与透镜的距离 $l = z_2 - z_1$ 远大于透镜焦距，即 $l \gg F$，故理论分析可以得到此时经透镜会聚后的高斯光束束腰位于透镜像方焦平面上，且 $\omega_0' \approx \dfrac{F}{l}\omega_0$.

(2) 当放置自聚焦介质时，设自聚焦参数为 $\theta = \dfrac{2z_3}{k\omega_0^2} \approx \dfrac{2F}{k\omega_0^2}$. 则像方空间不同的 $z$ 坐标处的光束截面积约为

$$S(z) \approx S(0)\left[1 - 4\theta\frac{z}{kd^2} + \frac{z^2}{k^2d^4}\left(4 + 4\theta^2 - \frac{4\gamma k^2 d^2}{n_0}A_0^2\right) + \cdots\right] \tag{2-12-2}$$

其中 $A_0$ 为光场电矢量振幅系数.

自聚焦焦点坐标为公式(2-12-3)，该位置设定为本实验光路主轴坐标零点

$$z_F = \frac{kd^2}{2}\frac{1}{\sqrt{\frac{P}{P_c}-1+\theta}} \tag{2-12-3}$$

其中 $P$ 为入射光束的总功率；$P_c = \dfrac{\pi\varepsilon_0 c^3}{2\gamma\omega^2}$ 为临界功率.

图 2-12-1 所示自聚焦介质中高斯光束会聚成极小的光束后，其衍射效应的影响会增强. 当衍射效应与自聚焦效应相比拟时，光束将不再会聚也不发散，光束直径为一定值向后传输，这称为自陷效应. 本实验应当规避自陷效应，所以选用薄介质开展实验.

当非线性折射率 $\Delta n < 0$ 时，高斯光束经过的介质区域形成一个折射率渐变的负透镜，光束发散，形成自散焦效应. 在实际实验中，可以通过扫描曲线形状判断自聚焦介质和自散焦介质种类.

2. *z*-扫描原理

根据测量目的和精度的不同，*z*-扫描装置的光路种类繁多. 本实验采用的 *z*-扫描实验装置如图 2-12-2 所示. 光源采用 He-Ne 连续激光器，其发出的入射高斯光束经透镜 F 会聚，又经小孔光阑对光束截面积做适当的限制后，被光强探测器 $D_2$ 测量，称为闭孔测量，该探测器 $D_2$ 为光电倍增管，测量精度较高，测得光功率为闭孔功率 $T_2$. 光阑前可选择放置 1∶1 分束镜，其反射光束经必要光路被探测器 $D_1$ 测量，称为开孔测量. 根据测量精度需要，选用 $D_1$ 为光电池，测得光功率为开孔功率 $T_1$. 样品置于坐标零点附近，即图 2-12-2 中 $z = 0$ 处附近，也即会聚高斯光束的束腰处附近，也即近似为透镜 F 像方焦点处附近. 样品可以随样品架在坐标零点前后一定范围内做匀速往返运动(此即所谓 *z*-扫描). 连续改变样品位置坐标 $z$，测量对应功率 $T_1$ 与 $T_2$，得到 *z*-扫描数据，经拟合等数学处理，得到样品的非线性折射率和非线性吸收系数.

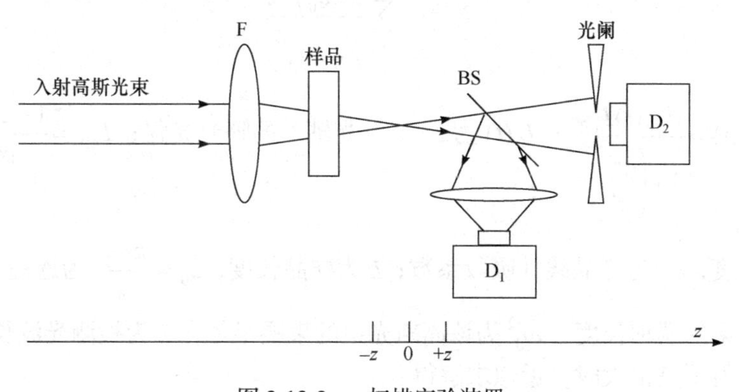


图 2-12-2　*z*-扫描实验装置

1) 非线性吸收系数 $\beta$ 的测量

为减小其他效应的干扰以及尽量避免样品的置入造成光束发散状态的改变，选用薄样品. 如图 2-12-2 所示 $z$-扫描实验装置，对于开孔测量光路，透镜 F 的会聚光束经样品后被分束镜反射进入光探测器 $D_1$. 当样品在导轨 $[-z,+z]$ 区间匀速移动时，经过的会聚程度不同的光束区域. 由于样品存在非线性吸收，其吸收系数为 $\alpha=\alpha_0+\beta I$. 其中 $\alpha_0$ 为样品的线性吸收系数；$\beta$ 为样品的非线性吸收系数；$I$ 为光强. 所以随着光场光强由弱变强，又由强变弱的过程，样品对光束的吸收程度不同，经样品出射的光强会发生变化，测得的开孔功率 $T_1$ 随样品坐标 $z$ 变化的 $T_1$-$z$ 扫描曲线称为开孔扫描曲线. 对于饱和吸收样品 $\gamma<0$，其开孔扫描曲线为关于光束会聚焦点对称的上凸峰型，如图 2-12-3 所示的实线；对于反饱和吸收样品 $\gamma>0$，为一下凹谷型，如图 2-12-3 所示的断续线. 因此可以通过线型判断样品非线性吸收系数的正负.

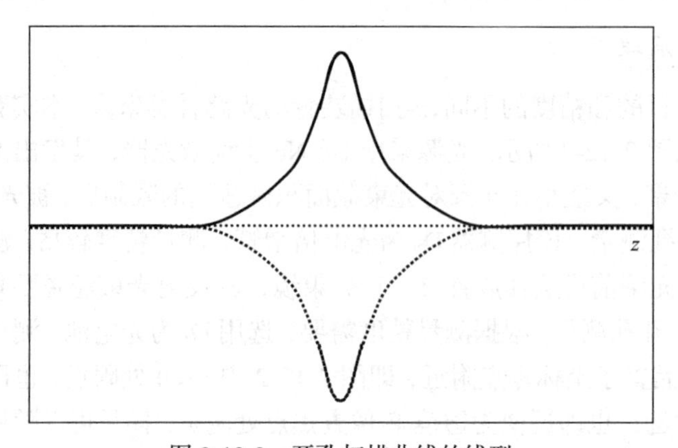


图 2-12-3　开孔扫描曲线的线型

理论分析得，当非线性吸收比较小时($q_0<1$)，归一化的开孔透过率扫描曲线为

$$T_1(z)=\sum_{m}^{\infty}\frac{(-q_0)^m}{(m+1)^{\frac{3}{2}}} \tag{2-12-4}$$

其中 $q_0(z,t)=\dfrac{\beta I_0(t)L_{\text{eff}}}{1+\left(\dfrac{z}{z_0'}\right)^2}$；$I_0(t)$ 为 $z=0$ 处光轴上的瞬时光强；$L_{\text{eff}}=\dfrac{1-\mathrm{e}^{-\alpha_0 L}}{\alpha_0}$ 为样品等效长度；$\alpha_0$ 为样品线性吸收系数；$L$ 为样品长度；$z_0'=\dfrac{\pi\omega_0'^2}{\lambda}$ 为透镜 F 像方会聚高斯光束的瑞利长度，$\omega_0'^2$ 为该高斯光束的束腰半径；$\lambda$ 为检测光波长.

当 $\beta$ 值不是很大时，近似求解得

$$\beta = \frac{z^{\frac{3}{2}}[1 - T_1(z = 0, S = 1)]}{I_0 L_{\text{eff}}} \tag{2-12-5}$$

其中 $S = 1 - e^{\frac{-2r_a}{\omega_a}}$ 为小孔的线性透过率(开孔时，$r_a = \infty$，$S = 1$；闭孔时，$r_a \to 0$，$S \to 0$)；$\omega_a$ 为小孔处的光束横截面半径.

2) 非线性折射率 $\gamma$ 的测量

对该薄样品，在闭孔扫描过程中，被透镜 F 会聚后的检测高斯光束经样品被光阑限制后由探测器 $D_2$ 测量，得到的一系列闭孔功率 $T_2$ 关于样品位置坐标 $z$ 的 $T_2$-$z$ 扫描曲线称为闭孔扫描曲线. 特别注意的是光阑起到了限定探测器只测量经样品出射光场特定面积上的光功率，因此闭孔扫描功率 $T_2$ 反映了经样品出射光场单位面积上光功率密度分布的变化，由此可以间接计算非线性折射率等参数. 具体扫描测量机理如下：会聚高斯光束入射到位于透镜 F 焦点左侧 $-z$ 位置的薄样品中，如果发生光自聚焦效应，则等效于置一附加正透镜于透镜 F 之后，使光束更加会聚，跨过焦点后向光阑方向传播的光束相比无自聚焦现象发生时，愈加发散. 因此，经光阑入射到探测器 $D_2$ 上的单位面积上的光场功率密度减小. 进一步随着样品从 $-z$ 位置向 $z = 0$ 处的焦点移动过程中，光线会聚程度逐步加强使得自聚焦效应也逐步加重(由公式(2-12-1)有 $\Delta n = \gamma I$)，从而 $D_2$ 测得的闭孔功率 $T_2$ 也迅速减小，扫描得到的 $T_2$-$z$ 曲线形成一个谷；反之，当样品由焦点向 $+z$ 方向移动时，扫描得到的 $T_2$-$z$ 曲线形成一个峰. 同理，如果样品为自散焦介质，则等效为透镜 F 后放置一附加的负透镜，其闭孔扫描得到的 $T_2$-$z$ 曲线与自聚焦介质的完全相反，为先峰后谷的线型. 如图 2-12-4 所示，自聚焦样品的闭孔扫描曲线为先谷后峰的实线，自散焦样品为先峰后谷的断续线. 综上可以根据具体扫描数据计算非线性折射率，同时根据线型判断样品的非线性折射率系数 $\gamma$ 的正负.

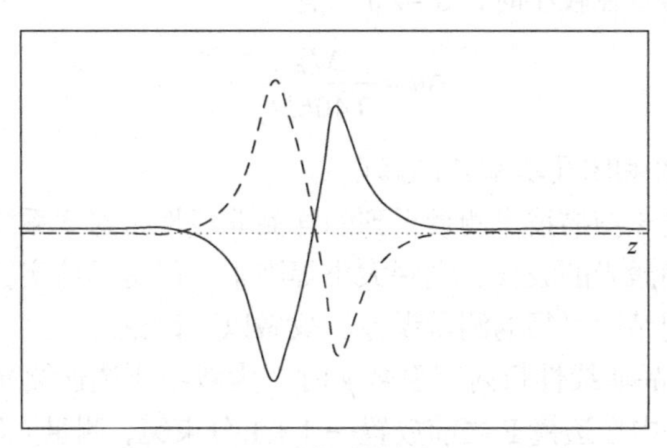


图 2-12-4　闭孔扫描得到的 $T_2$-$z$ 曲线

对以上过程具体分析，假设薄样品满足以下条件：

(1) 样品厚度满足 $L \ll z_0'$.

(2) 样品到小孔光阑的距离 $d \gg z_0$($z_0$为高斯光束的瑞利长度).

经理论分析可得：

样品内焦点( $z=0$ )处光轴上的光场相位为

$$\Delta\phi_0(t) = k\gamma I^2 L_{\text{eff}} \tag{2-12-6}$$

其中 $k$ 为检测光的波数.

通过小孔光阑被检测器 $D_2$ 测量的光强为

$$P_{T_2}(\Delta\phi_0(t)) = c\varepsilon_0 n_0 \pi \int_0^{r_a} \left| \boldsymbol{E}(r,t) \right|^2 r\mathrm{d}r \tag{2-12-7}$$

其中 $c$ 为真空中光速；$\varepsilon_0$ 为真空中的介电常数；$n_0$ 为介质的线性折射率；$\boldsymbol{E}(r,t)$ 为光阑平面上的光场分布；$r_a$ 为光阑半径.

归一化的闭孔 $z$-扫描透过率为

$$T(z) = \frac{\int_{-\infty}^{\infty} P_{T_2}(\Delta\phi_0(t))\mathrm{d}t}{S\int_{-\infty}^{\infty} P_{\mathrm{i}}(t)\mathrm{d}t} \tag{2-12-8}$$

其中 $P_{\mathrm{i}}(t)$ 为射入样品的瞬时光功率.

可以对归一化的闭孔 $z$-扫描透过率拟合得到公式(2-12-4)中所含的非线性折射率系数 $\gamma$. 另外经过理论分析得到，通过 $T(z)$ 曲线上的峰谷透过率差值 $\Delta T_{P-V}$ 由公式(2-12-9)可以计算得到非线性折射率 $\Delta n$

$$\Delta n = \frac{\Delta T_{P-V}}{0.406(1-S)^{0.25} kL_{\text{eff}}} \tag{2-12-9}$$

当小孔光阑的直径较小时，$S \to 0$，有

$$\Delta n = \frac{\Delta T_{P-V}}{0.406 kL_{\text{eff}}} \tag{2-12-10}$$

3) 开孔功率 $T_1$ 和闭孔功率 $T_2$ 的修正

理论上，通过 $z$-扫描技术测量得到的样品非线性折射率系数以及非线性吸收系数不依赖于检测激光的波长、光阑大小等因素，但是具体实验过程往往需要考虑各种因素以实现精确可靠的测量误差，故做以下讨论.

(1) 在测量样品非线性折射率系数 $\gamma$ 时，为减小所选连续光源输出功率起伏的影响，传统光路中在透镜 F 之前放置一 1：1 分束镜，测量光源的入射功率 $T_1'$，用其对同步测得的闭孔功率 $T_2$ 归一化，如公式(2-12-8)，作出闭孔扫描透过率曲线

$\frac{T_2}{T_1'}(z)$进行分析.

(2) 实验中应尽量避免非线性折射和非线性吸收效应间的相互影响. 比如测量非线性折射率的时候选择光源位于样品的正常吸收波段；反之测量非线性吸收系数的时候应该选择光源位于样品的非线性吸收波段. 对于需要在非线性吸收不能忽略的频段内测量样品的非线性折射系数时，与样品自聚焦效应同步发生的非线性吸收会影响非线性折射率系数的测量准确度. 在闭孔扫描过程中，可以采用本实验图 2-12-2 所示的光路，利用同步测得的开孔功率去归一化闭孔功率$\frac{T_2}{T_1}$，作出闭孔扫描透过率曲线$\frac{T_2}{T_1}(z)$进行分析，可以有效地减小误差.

(3) $z$-扫描测量的灵敏度随小孔光阑直径的减小而增大，但是无限地减小其直径会使得闭孔功率$T_2$的测量相对误差增大，所以应该根据不同样品对入射光束的衰减程度选择合适的小孔直径.

## 实验装置

XGX-1 型光学非线性测量仪.

## 实验内容

(1) 对光路进行调节，使各接收器能准确接收到光信号.

(2) 将样品固定在样品架上，调节激光器使激光入射到样品上.

(3) 恰当地选择可调小孔光阑孔径的大小单色仪的狭缝宽度.

(4) 调节光电倍增管的电源高压，选一最佳值，使其增益最大，而噪声最小.

(5) 控制计算机程序，测量样品开孔/闭孔能量谱及开孔/闭孔归一化透过率谱.

(6) 分别记录闭孔测量时孔径为 0.3mm 和 3.0mm 单色仪狭缝为 125μm 和 50μm 时的谱图.

## 问题思考

(1) 分析本实验的误差来源，并讨论提高测量精度的方法.

(2) 实验研究可调小孔光阑孔径对实验的影响.

(3) 分析探测器积分时间和样品移动速度对实验的影响.

## 参考文献

[1] 石顺祥, 陈国夫, 赵卫, 等. 非线性光学. 西安: 西安科技大学出版社, 2012.
[2] 闫吉祥, 崔小虹, 王茜蒨. 激光原理技术及应用. 北京: 北京理工大学出版社, 2006.

[3] 宋瑛林, 石光. 光学非线性测量新技术——4f相位成像技术. 北京: 国防工业出版社, 2016.

# 2-13　双光栅微弱振动测量

双光栅系统微弱振动测量实验综合运用多普勒效应、光栅衍射现象、光电转换技术等重要物理知识，将微弱机械振动的力学信号转换为光电信号，实现微弱振动的参量测量. 可以用于微弱振动速度、微弱振动位移、微小质量、间接测量弹性模量等微小量测量领域. 特别需要指出的是：①双光栅衍射技术还被用于2018年诺贝尔物理学奖激光啁啾脉冲放大技术中的谱宽扩展和压缩环节；②这里所研究的双光栅系统主要是讨论其振幅调制对其衍射现象的影响，与工程传感技术中所使用的双光栅莫尔条纹有一定的区别.

## 实验预习

(1) 矩形光栅和余弦光栅衍射现象的区别.

(2) 多普勒效应原理.

(3) 频差很小的两列波形成的拍现象.

## 实验目的

(1) 观察光拍的形成过程.

(2) 利用双光栅微弱振动测量系统测量微弱振动的位移.

(3) 研究音叉振动的谐振现象.

## 实验原理

### 1. 余弦光栅衍射特性及多普勒频移

与矩形光栅的矩形函数透射系数不同，余弦光栅(或称为正弦光栅)的折射率$n = n_0'[1 + t\cos(2\pi fx)]$呈余弦周期性连续变化，其中$n_0'$为其基础折射率，$t$为常数；$f = \dfrac{1}{d}$为余弦光栅的空间频率，$d$为余弦光栅的空间周期；$x$为放置余弦光栅的延展方向. 显然由于折射率的变化造成经过余弦光栅不同$x$坐标位置的平面光波的光程不同. 从而相较于入射平面光波，其出射光波的相位存在周期性、连续性的相位延迟. 相应地，出射光的波前就会形成连续性的褶皱. 但是其远场仍然满足光栅方程：$d\sin\theta = m\lambda$，其中$m = \pm 1, \pm 2, \cdots$为衍射级次. 另外，余弦光栅衍射只有0级和±1级三个级次的衍射光斑，这与矩形光栅有大量衍射级次十分不同. 考虑到余弦光栅的衍射级次较简单清晰，便于信号采集时有效地避免高次谐波的干扰，故本实验常常选用余弦光栅.

当余弦光栅平行于其光栅平面发生微弱的振动时，光栅出射光场的波前褶皱也会移动，相应的各级次衍射光线的出射位置也会发生变化. 余弦光栅振动造成同级次衍射光束的光程差变化如图 2-13-1 所示. 光栅沿着光栅平面发生运动，有一定宽度的垂直入射的平面光波 $t$ 时刻的波前和 0 时刻的波前发生 $vt$ 的位移，于是同一个衍射级次的衍射光束出射位置也相应地发生了 $vt$ 的位移，对于该衍射角为 $\theta$ 的第 $m$ 级衍射光束沿其衍射方向产生的光程差为 $vt\sin\theta$，等效为该衍射光束额外产生了一个附加相位 $\Delta\varphi$，如公式(2-13-1)所示.

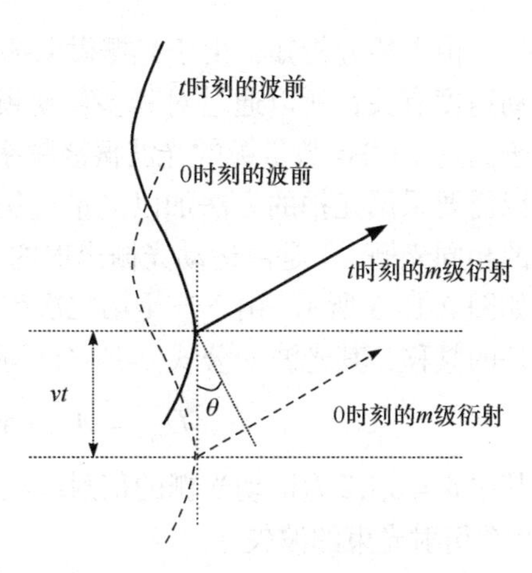


图 2-13-1　余弦光栅振动造成同级次衍射光束的光程差变化

$$\Delta\varphi = 2\pi\frac{vt\sin\theta}{\lambda} \tag{2-13-1}$$

其中 $\lambda$ 为入射光波的波长. 把光栅方程代入得

$$\begin{aligned}\Delta\varphi &= \frac{2\pi vt}{\lambda}\sin\theta = \frac{2\pi vt}{\lambda}\frac{m\lambda}{d} \\ &= m2\pi\frac{v}{d}t = m\omega_d t\end{aligned} \tag{2-13-2}$$

显然 $\omega_d = 2\pi\dfrac{v}{d}$ 是由于光栅振动造成的附加圆频率，称为多普勒频移.

光栅发生微弱振动时的衍射光信号可以表示为

$$E_m = A_m\cos(\omega t + m\omega_d t - \boldsymbol{k}_m\cdot\boldsymbol{r}),\quad m=\pm1,\pm2,\cdots \tag{2-13-3}$$

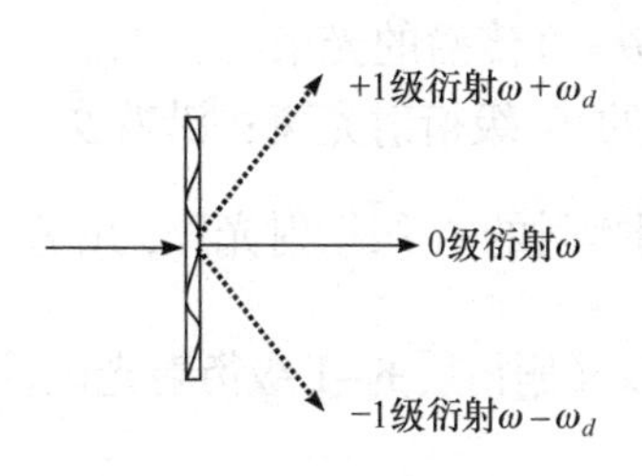


图 2-13-2　余弦光栅各衍射级次多普勒频移示意图

其中 $\boldsymbol{k}_m$ 为第 $m$ 衍射级次的波矢. 0 级衍射的波矢 $\boldsymbol{k}_0$ 沿光栅的法线方向；±1 级衍射的波矢 $\boldsymbol{k}_{\pm1}$ 分别沿与光栅的法线成 $\pm\theta$ 角的方向. 对于只有 0 级和 ±1 级衍射的余弦光栅，当光栅发生微弱振动时，其各衍射级次多普勒频移如图 2-13-2 所示. 由于运动速度垂直于 0 级衍射光束，所以实线表示的 0 级衍射光束没有发生多普勒效应，而点线表示的 ±1 级衍射光束会产生与其衍射角相关的多普勒频移.

2. 光拍的获得与检测

由上述分析知，由于光栅微弱振动产生的衍射光束的多普勒频移与光栅的振动速度有关，所以通过对其多普勒频移的测量可以得到光栅振动的信息. 显然对于高达 $10^{14}$Hz 数量级的光波振荡频率上附加的极小多普勒频移难以直接测量. 所以需要采用光拍的方法加以测量. 为此在振动光栅的后面静止放置一块与其平行的相同光栅. 于是由运动光栅出射的 3 个光束经静止光栅后形成 9 个衍射光束，如图 2-13-3 所示. 由于产生第二次衍射的光栅静止，所以第二次衍射不会产生额外的频移，其光波如公式(2-13-4)所示.

$$E_{mm'} = A_{mm'}\cos(\omega t + m\omega_d t - \boldsymbol{k}_{mm'}\cdot\boldsymbol{r}) \tag{2-13-4}$$

其中 $m = 0,1,2$ 为运动光栅的衍射级次，$m' = 0,1,2$ 为静止光栅的衍射级次；$\boldsymbol{k}_{mm'}$ 为 9 个衍射光束的波矢.

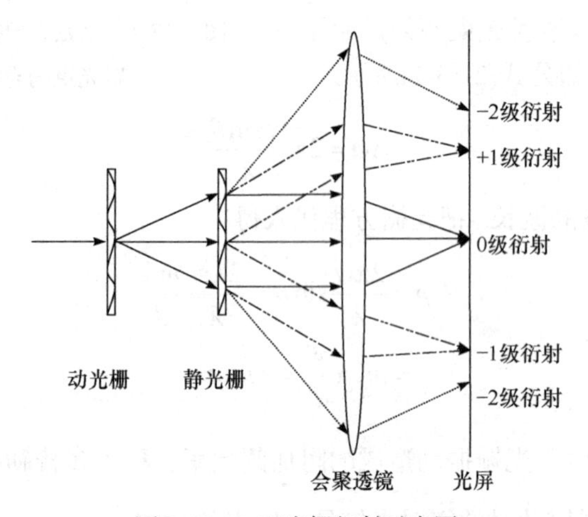


图 2-13-3　双光栅衍射示意图

由于入射激光束横截面光斑直径不为零，且两组光栅间距较小，所以这 9 个衍射光束经透镜会聚后叠加形成了 5 个方向. 沿着 $\theta = 0$ 传播的光束有：$E_{00}$、$E_{+1-1}$、$E_{-1+1}$ 三束，经透镜会聚后，形成双光栅衍射的 0 级衍射光斑；沿着 $\theta = \arcsin\dfrac{\lambda}{d}$ 传播的光束有：$E_{0+1}$、$E_{+10}$ 两束，形成双光栅衍射的+1 级衍射光斑；沿着 $\theta = -\arcsin\dfrac{\lambda}{d}$ 传播的光束有：$E_{0-1}$、$E_{-10}$ 两束，形成双光栅衍射的−1 级衍射光斑；沿着 $\theta \approx 2\arcsin\dfrac{\lambda}{d}$ 传播的光束有：$E_{+1+1}$ 一束，形成双光栅衍射的+2 级衍射光斑；沿着 $\theta \approx -2\arcsin\dfrac{\lambda}{d}$ 传播的光束有：$E_{-1-1}$ 一束，形成双光栅衍射的−2 级衍射光斑.

这 5 个衍射光斑，0 级衍射光斑为三束多普勒频移分别为 0、$\omega_d$、$-\omega_d$ 的光信号叠加而成；+1 级衍射光斑为两束多普勒频移分别为 0、$\omega_d$ 的光信号叠加而成；−1 级衍射光斑为两束多普勒频移分别为 0、$-\omega_d$ 的光信号叠加而成；±2 级衍射光斑是由单一圆频率(存在 $\pm\omega_d$ 的多普勒频移)的光束独自会聚形成. 由于多普勒频移 $\omega_d$ 远小于光信号的圆频率 $\omega$，所以除了 ±2 级衍射光斑，0 级和 ±1 级衍射光斑存在频差很小的高频信号叠加所形成的光拍. 由于 0 级衍射光斑的频差较复杂，故采用 ±1 级衍射光斑进行测量，计算由光探头检测到的光强如下：

$$I = \xi(E_{01'} + E_{10'})^2 = \xi\begin{bmatrix} A_{01'}^2 \cos^2(\omega t - \varphi_1) \\ A_{10'}^2 \cos^2[(\omega + \omega_d)t - \varphi_2] \\ A_{01'}A_{10'} \cos[(2\omega + \omega_d)t - (\varphi_2 + \varphi_1)] \\ A_{01'}A_{10'} \cos[\omega_d t - (\varphi_2 - \varphi_1)] \end{bmatrix} \tag{2-13-5}$$

其中只有 $\xi A_{01'}A_{10'}\cos[\omega_d t - (\varphi_2 - \varphi_1)]$($\xi$ 为探测设备的响应常数)为可检测的低频光拍信号.

3. 微弱振动振幅的检测

光探头所检测到的光拍信号光强的频率为 $f_d = \dfrac{\omega_d}{2\pi} = \dfrac{v}{d}$. 显然与光波的频率无关，仅与光栅的运动速度 $v$ 和光栅常数 $d$ 有关. 当把运动光栅固定于音叉上时，随着音叉的振动，运动光栅的速度做周期性变化，光拍信号的频率也做周期性变化. 在音叉由负的最大振幅振动到正的最大振幅的半周期时间内，正负最远位置处振动速度慢，对应的拍信号稀疏；平衡位置处振动速度最快，对应的拍信号稠密. 所以可以根据拍信号由稀疏到稠密再到稀疏判断音叉完成了 $2A_0$ 的振动，其中 $A_0$ 为音叉的振幅. 则

$$2A_0 = \int_0^{\frac{T}{2}} v\mathrm{d}t = \int_0^{\frac{T}{2}} f_d\, d\, \mathrm{d}t = d\int_0^{\frac{T}{2}} f_d\, \mathrm{d}t \tag{2-13-6}$$

其中 $T$ 为音叉的振动周期；$s = \int_0^{\frac{T}{2}} f_d\, \mathrm{d}t = \int_0^{\frac{T}{2}} \dfrac{1}{T_d}\mathrm{d}t$ 为音叉振动周期一半的时间内完整的拍信号个数. 因此音叉的微弱振动振幅为 $A_0 = \dfrac{1}{2}sd$，其中音叉半周期内的拍信号个数可以通过示波器观察. 由于音叉振动周期和拍信号周期可能不都满足整数倍，所以需要对示波器上的拍信号波群首尾处不足一个 $\dfrac{1}{4}$ 拍信号波形的部分进行折算

$$s = \text{完整}\frac{1}{4}\text{波形数个数} \times 4 + \frac{\arcsin\left(\frac{\text{首部幅度}}{\text{拍信号振幅}}\right)}{2\pi} + \frac{\arcsin\left(\frac{\text{尾部幅度}}{\text{拍信号振幅}}\right)}{2\pi} \quad (2\text{-}13\text{-}7)$$

**实验装置**

双光栅微弱振动测量实验仪示意图如图 2-13-4 所示，其主要由激光器、音叉、动光栅、静光栅、光探头以及内嵌机箱的控制器、外置示波器等器件构成.

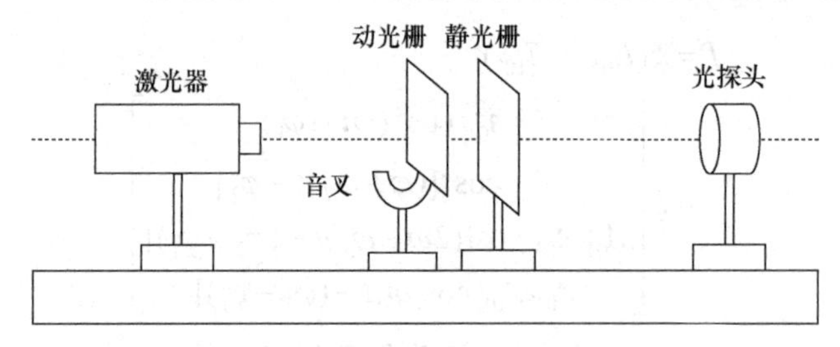


图 2-13-4　双光栅微弱振动实验仪

**实验内容**

(1) 熟悉双光栅微弱振动实验仪的结构.

(2) 了解振动光栅产生衍射光束多普勒频移的原理.

(3) 学习利用双光栅微弱振动测量仪测量微弱振动的振动幅度.

(4) 利用双光栅微弱振动测量仪研究音叉的谐振现象.

**问题思考**

(1) 余弦光栅和平面矩形衍射光栅的光学特性有什么区别？本实验可以选用平面矩形衍射光栅吗？

(2) 本实验使用余弦光栅时，第二块光栅的二级衍射光斑可以用来作为测量信号吗？0 级衍射光斑和 ±1 级衍射光斑的拍信号波形、频率一样吗？

(3) 入射激光的波长、两块光栅间距、两块光栅的平行程度等因素对实验测量有哪些影响？

(4) 如何调节两片光栅平面平行、条纹平行？

(5) 入射激光不能正入射第一块光栅会产生什么样的测量误差？

(6) 如何保证研究音叉谐振现象时，驱动功率相同？

**参考文献**

[1] 钟锡华. 现代光学. 北京: 北京大学出版社, 2012.
[2] 何焰蓝, 丁道一. 技术物理实验. 北京: 国防科技大学出版社, 2006.

# 第三单元　微 波 技 术

## 3-0　微波技术基础知识

微波是波长很短(频率很高)的电磁波. 它的波长在1mm～1m范围，它的频率在300MHz～300GHz之间. 按其波长又可分为分米波、厘米波、毫米波、亚毫米波. 微波在电磁波频谱中所处的位置决定了它的特点，如波长短、频率高、直线传播和量子特性等. 微波可用的频带很宽，信息容量大，还可畅通无阻地穿过电离层. 因此，微波技术被广泛地应用于雷达、导航、卫星通信、遥感技术、宇航、射电天文学等尖端领域. 微波量子能量为$10^{-6}$～$10^{-3}$ eV，它的量子特性为微波波谱学和量子电子学的发展提供了条件.

由于微波自身所具有的基本特点，在微波段处理问题的概念与方法，与低频电路截然不同. 研究微波电路必须考虑电路中电磁场的空间分布和电磁波的传播. 其方法是求解满足一定边界条件的麦克斯韦方程组. 也就是说要从“电路”转到“电磁场”的概念去研究和分析. 低频电路中经常测量的电压、电流和电阻概念已失去了原来的确定意义，而必须用场强$E$和$H$作为基本物理量，基本测量量则为功率、驻波、频率和特性阻抗等.

以下就微波测量系统一些实验中常用到的微波器件作简要介绍.

### 1. 微波信号源

微波信号源为各种测量设备或电子设备提供微波信号，微波信号源的核心部分是微波振荡器. 早期主要采用真空器件，如反射式速调管，近年来逐步改用半导体器件，如体效应管.

体效应管的工作原理是基于N型砷化镓(GaAs)的导电能谷——高能谷和低能谷结构，如图3-0-1所示. 它们的能量相差是0.36eV .处于这两类能谷中的电子具有不同的有效质量和不同的迁移率. 在常温下低电场时，大部分导电的电子处在电子迁移率高而有效质量较低的低能谷中，当随外加电场增大、大到足够使低能谷的电子能量增加至0.36eV时，大部分电子被激发跃迁到高能谷中，在那里电子迁移率低而有效质量较大，出现了随着外加电场的增大，电子的平均迁移速度反而减小的现象. 这种随电场的增加而导致电流下降的现象称为负阻效应，如图3-0-2所示.

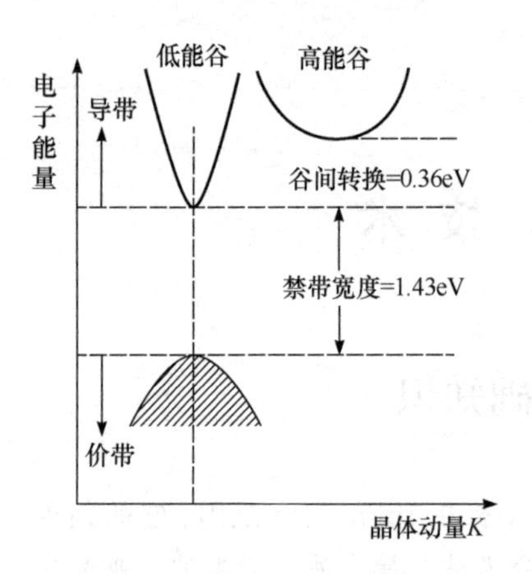


图 3-0-1　N 型 GaAs 的能带结构

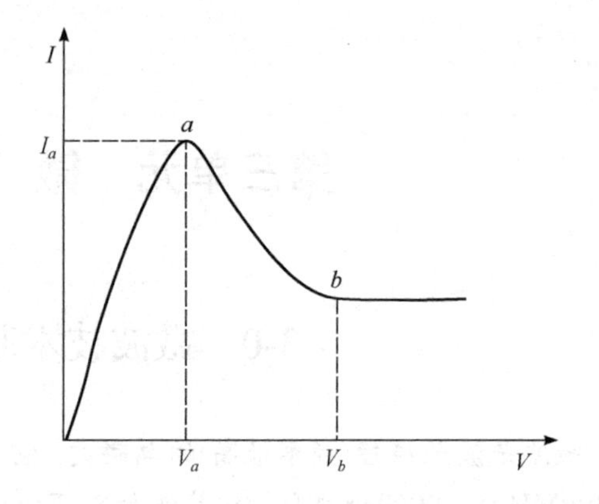


图 3-0-2　N 型 GaAs 中电流与外场的关系

图 3-0-3 所示为体效应管的振荡示意图. 在管两端加电压,当管内电场 $E$ 略大于 $E_r$ ( $E_r$ 为负阻效应起始电场强度)时，由于管内局部电量的不均匀涨落(通常在阴极附近)，在阴极端开始生成电荷的偶极畴；偶极畴的形成使畴内电场增大而使畴外电场下降，从而进一步使畴内的电子转入高能谷，直至畴内电子全部进入高能谷，畴不再长大. 此后，偶极畴在外电场作用下以饱和漂移速度向阳极移动直至消失. 而后整个电场重新上升，再次重复相同的过程，周而复始地产生畴的建立、移动和消失，构成电流的周期性振荡，形成一连串很窄的电流，这就是体效应管的振荡原理. 体效应管的振荡频率与偶极畴的渡越时间有关. 只要 GaAs 的厚度足够小,体效应管可以产生类似脉冲尖峰的振荡波形，振荡频率就可很高. 实际应用中，是将体效应管装在金属谐振腔中做成振荡器，通过改变腔体内的机械调谐装置可在一定范围内改变体效应管振荡器的工作频率. 体效应管由于其可调谐频率范围宽、噪声比较低、寿命长、构造简单以及价格低廉等，所以适合于测量用信号源.

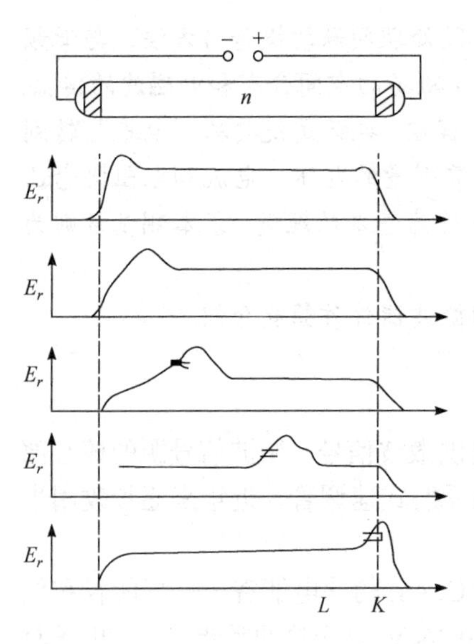


图 3-0-3　体效应管的振荡示意图

2. 微波传输线

微波传输线有同轴线、金属波导管、带状线和微带线等. 最常用的是金属波导管(简称波导)，它是一种空心的金属管，横截面形状有矩形和圆形两种. 矩形金属波导是微波传输系统中最常用的波导，它具有功率容量大、传输损耗小、使导行的电磁波极化方向固定不变的优点，因而被广泛应用. 矩形金属波导的几何结构如图 3-0-4 所示. 内部为空气或均匀介质. 一般使用铜或铝等良导体材料制成，内表面镀银后可提高导电率，银层上再镀铑或金可防止银层氧化. 矩形金属波导的加工非常精密，内表面光洁度要求很高，能避免电磁波多次反射而产生的高次寄生波.

理论分析证明：在波导中不能传播 TEM 波，只能传播横电波(即 TE 波或 $H$ 波，电场只有横向分量，而磁场兼有横向和纵向分量)和横磁波(即 TM 波或 $E$ 波，电场兼有横向和纵向分量，而磁场只有横向分量).

矩形波导的宽边定为 $x$ 方向，内尺寸用 $a$ 表示. 窄边定为 $y$ 方向，内尺寸用 $b$ 表示. 电磁波是沿着 $z$ 方向传播，如图 3-0-5 所示.

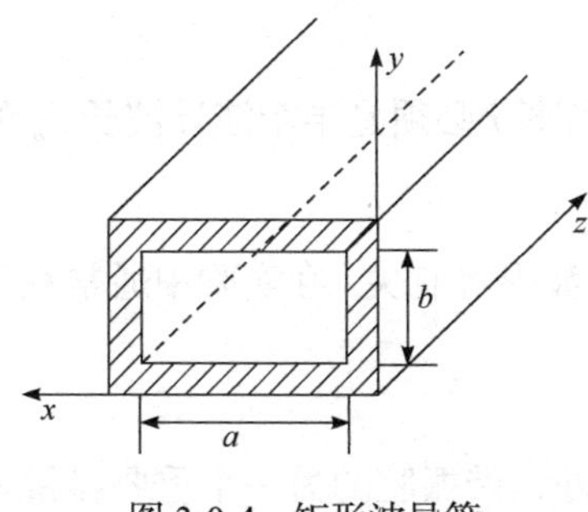


图 3-0-4 矩形波导管

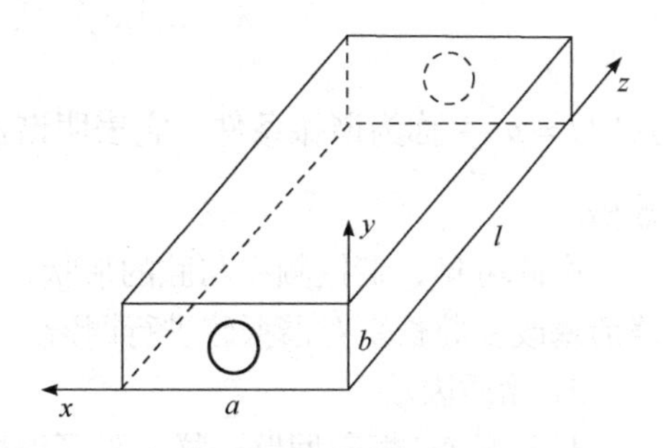


图 3-0-5 矩形谐振腔

矩形波导管中的主型波为 $TE_{10}$ 波. 在横截面为 $a \times b$ 的均匀、无耗、无限长矩形波导管中，充以介电常数为 $\varepsilon$、磁导率为 $\mu$ 的均匀介质(一般为空气). 为了使波导内只传播 $TE_{10}$ 波，波截面尺寸 $a$ 与 $b$ 的数值一般是取

$$a \approx 0.71\lambda, \ \ b \approx (0.3 \sim 0.35)\lambda$$

3cm 的矩形波导尺寸通常取

$$a \times b = 22.86\text{mm} \times 10.16\text{mm}$$

其主模频率范围为 $8.20 \sim 12.50\text{GHz}$，截止频率为 $6.557\text{GHz}$.

3. 谐振腔

谐振腔是微波系统中的重要元件，具有储能与实现频率选择的特性. 其功能相当于低频电路中的 $LC$ 振荡回路. 谐振腔按几何形状分类，常用的有矩形和圆柱形两种；按所用材料分类，有金属谐振腔、介质谐振腔等.

矩形谐振腔是由一段长为 $l$ 的波导管、两端用金属片短路而形成，能量可从一个端口金属片的小孔耦合(图 3-0-5). 当微波进入腔内后，便在腔内连续反射，若选择的波形与频率合适，即可产生驻波，也就是说发生了谐振现象. 如果谐振腔的损耗可忽略，则腔内振荡将持续下去. 矩形谐振腔中可能存在无穷多个 TE 或 TM 振荡模式，通常用 $TE_{mnp}$ 和 $TM_{mnp}$ 表示，式中下标 $m$、$n$、$p$ 为整数，$p$ 不能为零. 此外，对 TE 模，$m$、$n$ 不能同时为零；对 TM 模，$m$、$n$ 均不能为零.

下面介绍有关谐振腔的两个主要参数：谐振频率和品质因数.

1) 谐振频率

如图 3-0-5 所示，设矩形谐振腔的宽边为 $a$，窄边为 $b$，长为 $l$，沿 $z$ 方向进入腔体的 $TE_{10}$ 波在腔内来回反射，调节反射面的位置(即 $l$ 的数值)，可使腔内产生驻波，即发生谐振. 矩形谐振腔的谐振频率为

$$f_0 = \frac{c}{\lambda} = \frac{c}{2}\left[\left(\frac{1}{a}\right)^2 + \left(\frac{p}{l}\right)^2\right]^{1/2}, \quad p = 1, 2, 3, \cdots \tag{3-0-1}$$

式中 $l = p\dfrac{\lambda_g}{2}$ 称为谐振条件，它表明谐振腔的腔长 $l$ 必须是半个波导波长 $\lambda_g$ 的整数倍.

由此可见，谐振频率与腔的形状、尺寸、波形等有关. 在实验中通常利用短路活塞改变腔长来对谐振腔进行调谐.

2) 品质因数

与普通 $LC$ 振荡回路一样，除了谐振频率外，谐振腔的另一个重要参量是品质因数($Q$ 值)，它反映谐振腔效率的高低和频率选择性的好坏. 从 $Q$ 值能够知道在电磁振荡延续过程中有多少功率消耗. 相对谐振腔所储存的能量来说，功率的消耗越多，则 $Q$ 值就越低；反之，功率的消耗越少，$Q$ 值就越高. 所以有效的振荡回路，谐振腔必须有足够高的 $Q$ 值.

品质因数 $Q$ 的一般定义为

$$Q = \omega_0 \times \frac{\text{谐振腔内总储能}}{\text{每秒耗能}} = \omega_0 \frac{W_{\text{储}}}{W_{\text{耗}}} \tag{3-0-2}$$

式中 $\omega_0 = 2\pi f$ 为谐振角频率，$W_{\text{耗}}$ 是每秒的能量损耗，它包括腔壁电阻损耗 $W_{\text{腔}}$、腔内介质(或样品)损耗 $W_{\text{介}}$ 及腔通过耦合孔向外辐射损耗 $W_{\text{外}}$ 等，即

$$W_{\text{耗}} = W_{\text{腔}} + W_{\text{介}} + W_{\text{外}} \tag{3-0-3}$$

此时腔的 $Q$ 值称为有载品质因数，用 $Q_L$ 表示为

$$Q_L = \omega_0 \frac{W_{\text{储}}}{W_{\text{腔}} + W_{\text{介}} + W_{\text{外}}} \tag{3-0-4}$$

谐振腔的固有品质因数可由下式作近似估计：

$$Q_0 \approx \frac{1}{\delta}\frac{V}{S} \tag{3-0-5}$$

式中 $\delta$ 为腔壁的趋肤深度. 上式表明：$Q_0$ 与腔体积 $V$ 成正比，与内壁表面积 $S$ 成反比，比值 $\frac{V}{S}$ 越大，$Q_0$ 的数值也越大(这就是谐振腔多做成圆柱形的原因). 从物理上看，大致这样解释：$V$ 大则储能多，$S$ 小则损耗小，所以 $Q_0$ 值随 $\frac{V}{S}$ 的增大而增大.

矩形谐振腔按传输方式分为，通过式谐振腔和反射式谐振腔. 通过式谐振腔有两个耦合孔，一个孔输入微波以激励谐振腔，另一个孔输出微波能量.

通过式谐振腔的输出功率 $P_o(f)$ 和输入功率 $P_i(f)$ 之比称为腔的传输系数

$$T(f) = P_o(f)/P_i(f) \tag{3-0-6}$$

通过式谐振腔的有载品质因数 $Q_L$ 定义为谐振曲线的中心频率与半功率点的宽度比，即

$$Q_L = f_0/2\Delta f_{1/2} = f_0/|f_2 - f_1| \tag{3-0-7}$$

反射式谐振腔只开一个孔，该孔既是能量输入口又是能量的输出口. 反射式谐振腔的相对反射系数 $R(f)$ 定义为输入端的反射功率 $P_r(f)$ 与入射功率 $P_i(f)$ 之比，即

$$R(f) = P_r(f) / P_i(f) \tag{3-0-8}$$

反射式谐振腔的相对反射系数与频率的关系曲线称为反射式谐振腔的谐振曲线. 谐振腔的 $Q_0$ 值越高，谐振曲线越窄. 因此，$Q_0$ 值的高低除了表征谐振腔效率的高低外，还表示频率选择性的好坏.

4. 吸收式频率计

吸收式频率计(也称波长计)是用来测量微波频率，其结构如图 3-0-6 所示，它是由圆柱形谐振腔构成，因为它品质因数较高，在微波测量中高精度频率计常采用圆柱形谐振腔. 吸收式频率计能测出微波的波长，进而可换算出微波的频率，它是利用谐振法来直接测量微波频率的仪器. 在矩形波导宽边的中央开有一个长方形的小孔，通过小孔再连接一个圆柱形的谐振腔，并使读数装置(螺旋测微计)与谐振腔内的活塞同步. 如果调节活塞的位置，则谐振腔的几何尺寸会发生变化. 当腔的体积被调节在某个被测频率点时，谐振腔能吸收一部分波导管内传输的能量，并消耗在腔壁上. 吸收式波长计的读数是以微波系统输出指示值明显减小为判断依据的. 螺旋测微计上的读数 $D$ 与被测频率 $f$ 已事先校准好，只要根据谐振

时的 $D$ 值，再查找 $D$ - $f$ 曲线，即可获得待测频率.

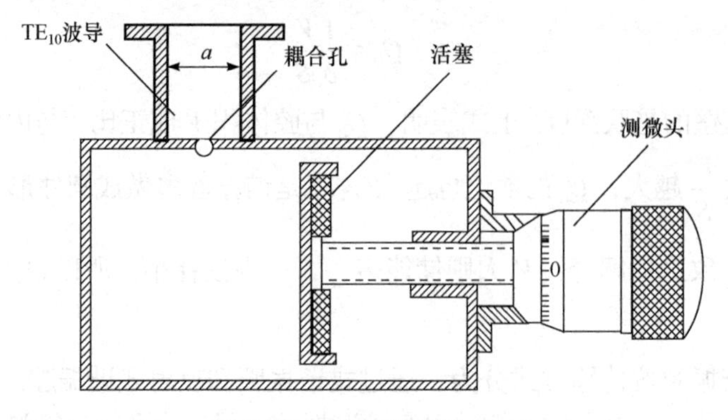


图 3-0-6　吸收式频率计

5. 隔离器

微波隔离器是最常用的微波波导元件，具有单向导通的特性(其正向为外壳箭头方向)，即正向(入射波)时微波功率几乎无衰减通过，而反向(反射波)时微波功率受到很大衰减难以通过. 其作用相当于无线电路中具有单向导通特性的二极管，常见的微波隔离器有共振吸收式和场移式两种.

共振吸收式隔离器的工作原理是利用磁化铁氧体对右旋交变磁场的共振吸收效应工作的，其结构如图 3-0-7 所示. 一般是在矩形波导的横向加上固定磁场，放置在波导横向的铁氧体片恰好能与反射波产生铁磁共振，继而抑制了反射波，而入射波则不会产生这种共振吸收. 但在做成器件之后，隔离器对入射波也会产生一些正向衰减，约为 1dB(1.259 倍). 对反射波的反向衰减则大于 20dB(100 倍). 使用时务必认清箭头方向以免装错.

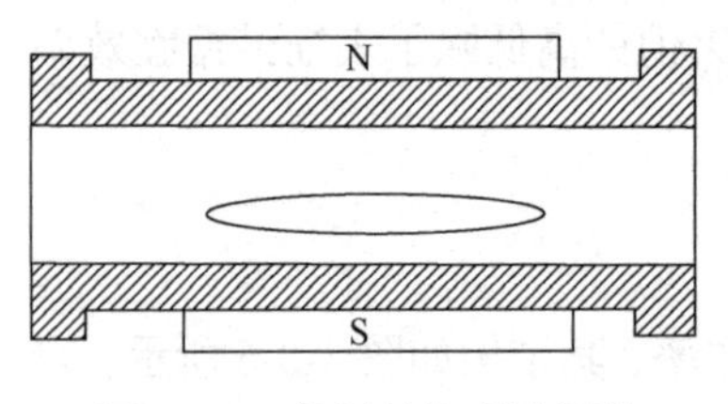


图 3-0-7　共振吸收式隔离器

隔离器是一种理想的低功率去耦合元件，常用于微波源与负载之间，用于减小因负载阻抗变化对微波源频率带来的影响，有利于微波源工作稳定.

6. 衰减器

衰减器是用来连续调节传输线路中的微波功率电平，也可当作振荡器与负载之间的去耦器件，相当于无线电路中的可变电阻器. 衰减器有固定式和可调式，按其工作原理可分为吸收式、截止式和旋转极化式三种.

实验中常用的是吸收式可变衰减器，其结构如图 3-0-8 所示. 由宽壁开槽的矩形波导及插入槽内的吸收片组成．通过调节吸收片插入波导的深度或离宽壁中线距离来改变衰减量．在矩形波导内安置的吸收片应平行于电场的极化方向，并能做横向的移动．通常，在不需要功率衰减时，吸收片是紧贴在波导管窄壁上．吸收片移到宽边中央时，功率衰减最大，吸收片移动的位置可由衰减器上方刻度盘中显示出来．吸收式可变衰减器刻度盘上的读数与衰减量之间的关系可用功率计测定．

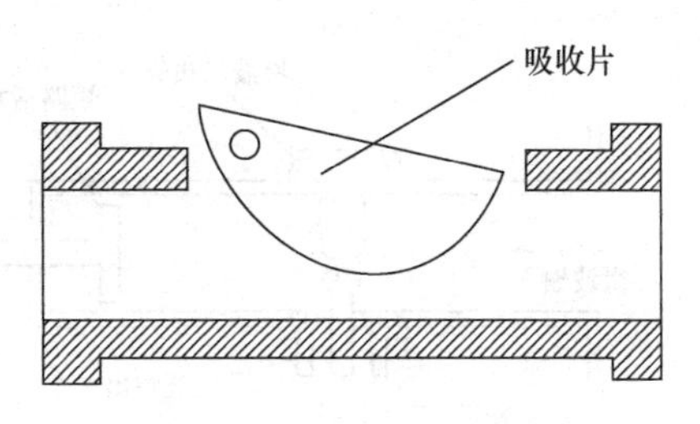

图 3-0-8 吸收式可变衰减器

7. 驻波测量线

驻波测量线是一种测量波导中电场分布的精密仪器，用来测量微波在波导管内的波导波长 $\lambda_g$ ，由一段在波导宽边中心开有长槽的波导管与可沿槽线移动的带有晶体检波器的探针和调谐机构组成(图 3-0-9)．探针从槽中伸入波导，从中拾取微波功率，同时可测量电场幅值的沿线分布．测量线是微波精密测量仪器，它的调整包括探针的穿透深度，短路活塞调谐及传动机构探头位置的调整．波导中的高频信号经探针耦合后，再经测量线内部检波二极管检波，就能输出一个与场强相对应的信号．

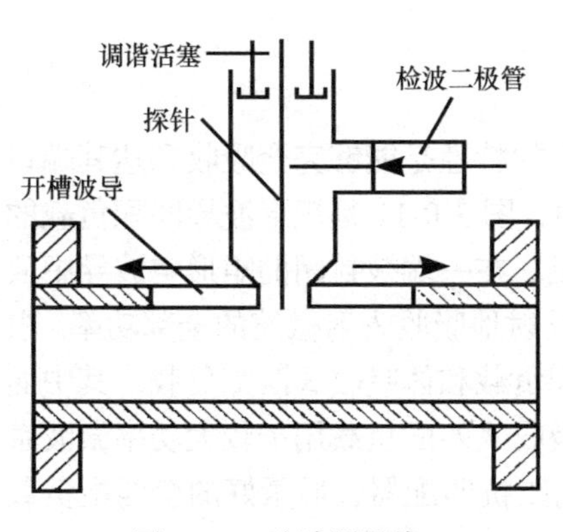

图 3-0-9 驻波测量线

8. 晶体检波二极管

晶体检波二极管是用来检测微波信号的元件，其结构是在一段直波导上加装微波检波二极管和短路活塞，如图 3-0-10 所示．晶体检波二极管置于平行微波电场方向，当有微波输入时，在晶体中感应出微波信号．如果加于晶体二极管上的信号(电压)较小，符合平方律检波，则晶体二极管电流与二极管检波接收的功率成正比．因此可由输出检波电流的大小来检测微波功率的强弱．但要实现绝对测量，必须准确知道检波率的大小，所以一般只在相对测量时使用．为了获得较大的检波信号输出，在测量前应调节短路活塞的位置，使它与晶体间的距离约为 $\lambda_g/4$，使晶体处于电场最大处．所以每当信号频率改变时，都应重新调节短路活塞，以保证检波器有较高的灵敏度和较好的匹配特性．常用的型号有 2DV27、

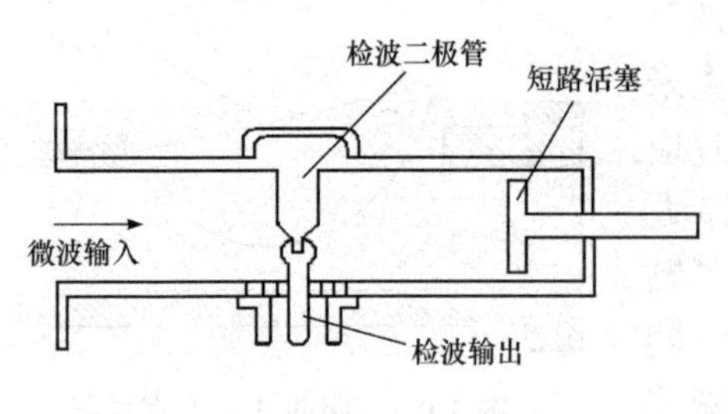


图 3-0-10　晶体检波二极管

2DV8 等. 其伏安曲线中电流与电压的关系为 $I = k \cdot U^n$，式中 $k$ 为比例常数；$n$ 为二极管的检波率.

检波二极管的伏安特性曲线可分成两段来考虑：

(1) 小信号段. 曲线呈非线性状，$n \approx 2$ (称平方律检波).

(2) 大信号段. 曲线近似直线，$n \approx 1$ (称线性检波).

实验中，由于检波电流值较小，通常是处在平方律检波的工作状态. 利用它的非线性进行检波，将微波信号转换为直流或低频信号，以便用普通的仪表指示(如检流计、示波器等).

9. 匹配负载

匹配负载是一单口终端短路波导元件，它的特性是能够完全吸收到达其端口的微波能量而不产生反射，因此它是耗能元件. 图 3-0-11 是矩形波导匹配负载的结构图，匹配负载是由吸收材料和匹配段构成，在一端被封闭的矩形空波导中放置一块带有渐变斜面的吸收片，它几乎能无反射地吸收入射微波的全部功率. 根据吸收材料的几何形状，可分为面吸收式匹配负载和体吸收式匹配负载，其中面吸收式匹配负载常用于小功率微波系统，体吸收式匹配负载用于较大功率微波系统. 匹配负载能为微波系统提供一个较理想的阻抗匹配器，质量好的全匹配负载可作为微波测量中的标准器件.

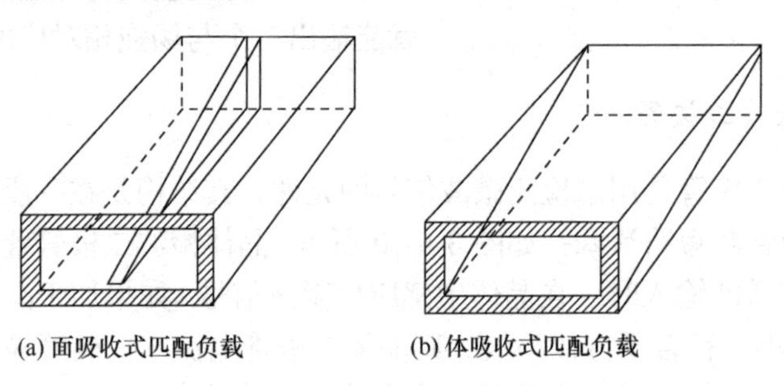

(a) 面吸收式匹配负载　　(b) 体吸收式匹配负载

图 3-0-11　矩形波导匹配负载结构图

10. 调配器

调配器的作用是使它后面的负载调成匹配. 常用的调配器有单螺调配器、三螺调配器和双 $T$ 接头调配器. 单螺调配器在波导宽边中央开一纵向小槽，插入一个小螺钉，它反射部分入射波，从而使波导的驻波分布图产生改变，这就等效于低频电路的电容和电感的串联组合作用，只要改变螺钉的深度和沿槽的位置，就相当于可调至任何所需的电抗来补偿任何失配和平衡微波电桥. 双 $T$ 接头调配器由 $E$ 臂和 $H$ 臂构成，在臂内各接有可移动的短路活塞，改变短路活塞在臂中的位置，便可获得系统匹配.

11. 短路器

短路器也是微波系统中常用的单端口元件，可分为固定式和可调式两类，固定式短路器即将传输线完全短路，它的特点是对任何频率的电磁波，反射系数 $\Gamma$ 都恒等于 1；可调式短路器就是短路活塞，它的特点是在特定的微波频率范围内，反射系数 $\Gamma$ 约等于 1，短路面的位置可移动. 短路活塞可分为接触式和非接触式两种. 可调式短路器由短路活塞与传动读数装置(螺旋测微计)构成，用来提供可移动的短路面，是一个可变电抗，在微波测量中常用作调配、测波导波长等.

### 参考文献

[1] 王子宇. 微波技术基础. 北京: 北京大学出版社, 2003.
[2] 吕斯骅, 段家忯. 近代物理实验技术. 北京: 高等教育出版社, 1991.

## 3-1 微波的传输特性和基本测量

微波技术是第二次世界大战期间发展起来的一门电子技术，其重要标志是雷达的发明与使用. 微波技术不仅在国防、通信、工农业生产的各个方面有着广泛的应用，而且在当代科学研究中也已成为一种十分重要的研究手段，对科学的发展做出了重要的贡献，如高能粒子加速器、受控热核反应、射电天文与气象观测、分子生物学研究、等离子体参量测量、遥感技术等方面. 使用微波直线加速器和微波频谱仪可对原子和分子结构进行研究；微波衍射仪可用来研究晶体结构；微波波谱仪可测定物质的许多基本物理量；微波谐振腔又可用来测量低损耗物质的介质损耗及介质常数等. 因此，微波技术是一门独特的科学技术，应该掌握它的基本知识和实验方法.

### 实验预习

(1) 一个典型的微波传输系统包括哪几部分？
(2) 了解波导管的三种工作状态，掌握频率、功率及驻波比的测量方法.

## 实验目的

(1) 熟悉微波传输系统的组成部分.
(2) 掌握微波的频率、功率、驻波比和波导波长测量.

## 实验原理

我们将定向传输微波能量的线路称为微波传输系统，其中最基本的参数有频率、驻波比、功率等. 要对这些参数进行测量，就要了解微波在规则波导内传播的特点、各种常用元器件及仪器的结构原理和使用方法，从而掌握一些微波测量的基本技术.

### 1. 波导传输特性

理论分析证明：在波导管中不能传播TEM波，只能传播横电波(即TE波或$H$波，电场只有横向分量，而磁场兼有横向和纵向分量)和横磁波(即TM波或$E$波，电场兼有横向和纵向分量，而磁场只有横向分量).

矩形金属波导是微波传输系统中最常用的波导，它具有单模传输、频带宽、功率容量大、传输损耗小、模式简单稳定、易于激励和耦合等优点，因而成为应用最广泛的一种最低模式的主波型. 矩形金属波导的几何结构如图3-0-4所示. 通常在矩形波导中采用TE波，其中$TE_{10}$是矩形波导的最低型模，又称主模或基模.

实验中最常见的矩形波导管中的主型波是$TE_{10}$波. 在横截面为$a\times b$的均匀、无耗、无限长矩形波导管中，充以介电常数为$\varepsilon$、磁导率为$\mu$的均匀介质(一般为空气). 若在开口端输入圆频率为$\omega$的电磁波，则管内的电磁场分布由麦克斯韦方程组和边界条件可推导出沿$z$轴方向传播$TE_{10}$波的各个分量为

$$\begin{cases} E_y = E_0 \sin\left(\dfrac{\pi}{a}x\right)\mathrm{e}^{\mathrm{j}(\omega t-\beta z)} \\ E_x = E_z = 0 \\ H_x = -\dfrac{\beta}{\omega\mu}E_0 \sin\left(\dfrac{\pi}{a}x\right)\mathrm{e}^{\mathrm{j}(\omega t-\beta z)} \\ H_z = \mathrm{j}\dfrac{\pi}{\omega\mu^2\alpha}E_0 \cos\left(\dfrac{\pi}{a}x\right)\mathrm{e}^{\mathrm{j}(\omega t-\beta z)} \\ H_y = 0 \end{cases} \tag{3-1-1}$$

其中，相位常数

$$\beta = \frac{2\pi}{\lambda_g} \tag{3-1-2}$$

波导波长

$$\lambda_g = \frac{\lambda}{\sqrt{1-(\lambda/\lambda_c)^2}} \tag{3-1-3}$$

临界波长

$$\lambda_c = 2a \tag{3-1-4}$$

自由空间波长

$$\lambda = \frac{c}{f} \tag{3-1-5}$$

矩形波导中 $TE_{10}$ 波的电磁场结构如图 3-1-1 所示. 下面将讨论 $TE_{10}$ 波中电磁场的简单结构.

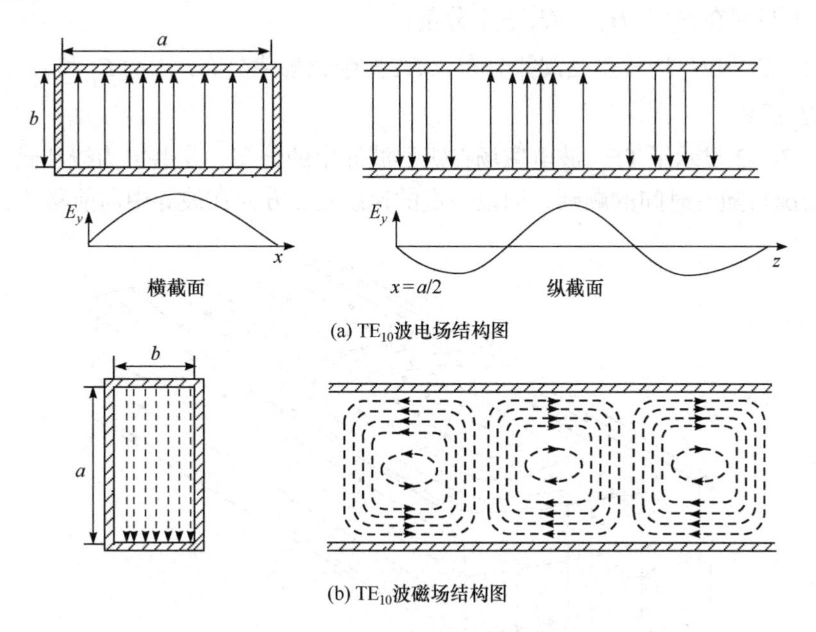


图 3-1-1 矩形波导中 $TE_{10}$ 波的电磁场结构

1) 电场结构

$TE_{10}$ 波中的电场 $\boldsymbol{E}$ 只有 $E_y$ 分量，其电场线将与 $x$-$z$ 平面处处正交. 在 $x$-$y$ 平面内，$E_y = E_0 \sin\left(\frac{\pi x}{a}\right) e^{j(\omega t - vz)}$，说明电场强度只与 $x$ 有关，且按正弦规律变化. 在 $x=0$ 及 $x=a$ 处(即波导中的两个窄边上)，$E_y = 0$；在 $x=\frac{a}{2}$ 处(即波导宽边中央)，$E_y = E_{y\max}$. 由于能量是沿 $z$ 方向传播的，因此，$E_y$ 将沿 $z$ 方向呈行波状态，并

在 $x=\frac{a}{2}$ 的纵剖面内，$E_y$ 沿 $z$ 轴也是按正弦分布，如图 3-1-1(a)所示.

2) 磁场结构

$TE_{10}$ 波中的磁场 $\boldsymbol{H}$ 只有 $H_x$ 和 $H_z$ 分量，其磁力线是分布在 $x$-$z$ 平面内的闭合曲线，如图 3-1-1(b)所示. 由于 $E_y$ 和 $H_x$ 决定着电磁波沿 $z$ 方向传播的能量，就必然要求 $E_y$ 与 $H_x$ 同相，即沿 $z$ 方向在 $E_y$ 最大处，$H_x$ 也最大，在 $x$ 方向上，$H_x$ 呈正弦分布(与 $E_y$ 同相)，所以 $H_x$ 在横截面和纵剖面的分布情况也与 $E_y$ 相同.

在讨论 $H_z$ 分布时，必须注意到，在 $z=0$ 的截面上，$H_z$ 沿 $x$ 方向呈余弦变化，即在 $x=0$ 及 $x=a$ 处，$H_z$ 有最大值，而在 $x=\frac{a}{2}$ 处，则有 $H_z=0$.

$TE_{10}$ 波电磁场的特点可以归结为：

(1) 只存在 $E_y$、$H_x$、$H_z$ 三个分量；

(2) $E_y$ 和 $H_x$ 均按正弦规律分布，$H_z$ 按余弦规律分布. 因而 $E_y$ 和 $H_x$ 同相，并与 $H_z$ 反相.

图 3-1-2 显示了 $TE_{10}$ 波电磁场在矩形波导中的分布，这些电力线和磁力线的分布情况将随着时间的顺延，而以一定的速度沿 $z$ 方向在波导中向前移动着.

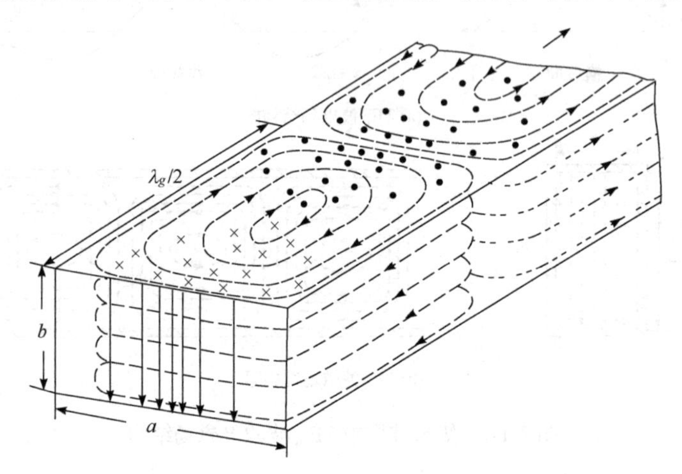


图 3-1-2　$TE_{10}$ 波电磁场在矩形波导中的分布

2. 波导管的工作状态

在一般情况下，波导管并非均匀和无限长的，实验中波导的终端接有晶体检波器或其他负载. 当入射的电磁波没有被负载吸收，即在不匹配的状态下，电磁波在波导中传输时会产生反射波，由于入射波和反射波的相干性，在波导中形成驻波. 为描述驻波，引入反射系数与驻波比的概念.

反射系数 $\Gamma$ 定义为

$$\Gamma = \frac{E_\mathrm{r}}{E_\mathrm{i}} = |\Gamma| \mathrm{e}^{\psi} \tag{3-1-6}$$

式中 $\psi$ 表示终端反射波 $E_\mathrm{r}$ 与入射波 $E_\mathrm{i}$ 的相位差，反射系数一般是复数.

驻波比 $\rho$ 的定义为

$$\rho = \frac{|E_y|_{\max}}{|E_y|_{\min}} \tag{3-1-7}$$

反射系数 $\Gamma$ 与驻波比 $\rho$ 之间显然有

$$\rho = \frac{1+|\Gamma|}{1-|\Gamma|} \tag{3-1-8}$$

$$|\Gamma| = \frac{\rho - 1}{\rho + 1} \tag{3-1-9}$$

其中，$\rho \geqslant 1$; $|\Gamma_0| \leqslant 1$.

电磁场在波导中传输产生反射波的情况与波导的终端负载有关，下面分别讨论.

(1) 行波状态.

若微波传输线的负载无反射地吸收了全部入射功率，传输系统中只有从微波源到负载的单向行波，传输线中的这种状态称为行波状态，此时终端接以的负载称为“匹配负载”. 在行波状态下：$|\Gamma| = 0$，$\rho = 1$，其行波幅值为 $|E_\mathrm{i}|$，如图 3-1-3(a)所示.

(2) 纯驻波状态.

若微波负载完全不吸收入射功率，入射波的功率全部被反射，这种全反射状态就是纯驻波状态. 如终端负载接以理想导体板时(即“终端短路”)，将形成全反射. 此时 $|\Gamma| = 1$，$\rho \to \infty$，在驻波波节处 $|E_y|_{\min} = 0$，驻波波腹处 $|E_y|_{\max} = 2|E_\mathrm{i}|$，如图 3-1-3(b)所示.

(3) 行驻波状态.

一般情况下，波导中传播的既非行波，也非纯驻波，而是行波与部分反射波的叠加，称为行驻波状态. 此时 $0 < |\Gamma| < 1$，$1 < \rho < \infty$，称混波状态，其幅度值为 $(1+|\Gamma|)|E_\mathrm{i}|$. 图 3-1-3 中(a)、(b)、(c)分别为波导内以终端为坐标原点的三种状态时电场随 $l$ 的分布曲线.

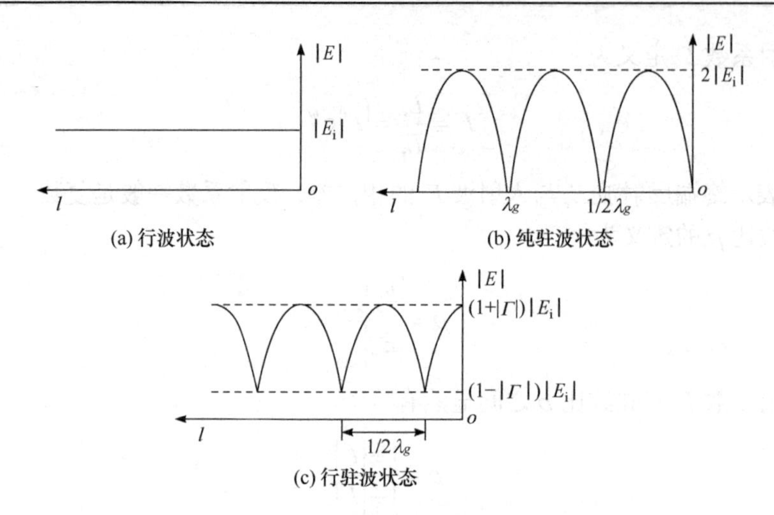


图 3-1-3　不同负载情况下电场在波导中的分布图

## 实验装置

实验中常用的微波基本测量装置如图 3-1-4 所示. 微波信号源(常用的有 3cm 固态型号源或反射式速调管源)，微波测量系统由 3cm 波段波导元件组成，主要有隔离器、可调式衰减器、吸收式频率计、驻波测量线、晶体检波器等(各波导元件可参见“3-0 微波技术基础知识”).

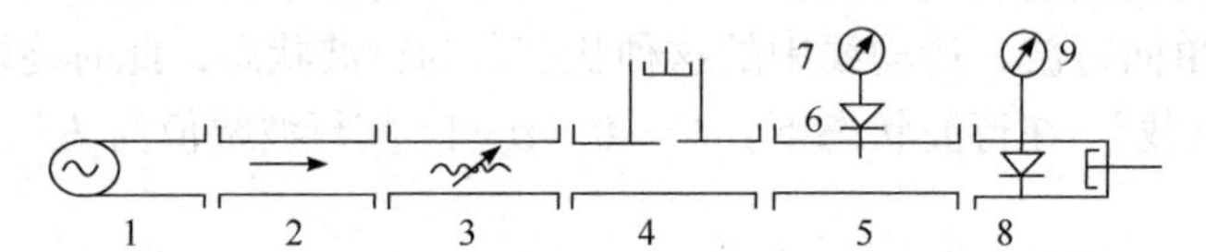


1-微波信号源；2-隔离器；3-可调式衰减器；4-吸收式频率计；5-驻波测量线；6-检波晶体；7-选频放大器；8-晶体检波器；9-微安表

图 3-1-4　微波基本测量装置图

## 实验内容

微波传输基本测量内容虽然很多，但是频率测量、功率测量和驻波比测量是三个基本测量.

### 1. 微波频率测量

频率的测量是微波测量技术中的一个重要方面. 实验中一般采用“直接”和“间接”两种不同的方法来测量频率.

1) 直接测量法

直接测量法是使用吸收式频率计(也称谐振腔频率计)来测量微波频率，其工作原理是谐振腔频率计只有一个输入端与微波传输线相连接，以形成传输线内微波的能量分支. 当谐振腔频率计的固有频率与传输的微波频率失谐时，此时它既不吸收微波能量也基本不影响微波的传输，而当谐振腔频率计的固有频率调到与传输的微波频率谐振时，此时波导中的部分能量进入腔内，从而使输出的微波能量明显减少，这一现象可通过观察检流计的电流突降得到指示，电流减幅最大的位置即为频率的测量值.

实验中常用的吸收式频率计有两种，一种是直读式频率计，通过频率计上的频率刻度可直接读出微波频率的数值；另一种是间接式频率计，通过调谐吸收式频率计中的螺旋杆. 当吸收式频率计的腔体被调节到谐振点时，输出到指示器的功率最小，此时读出螺旋测微计的读数 $D$，通过 $D$-$f$ 刻度表查出被测的微波频率.

2) 间接测量法

间接测量法是使用驻波测量线，先测出波导波长 $\lambda_g$，然后由公式

$$\lambda = \frac{\lambda_g}{\sqrt{1+\left(\dfrac{\lambda_g}{\lambda_c}\right)^2}} \tag{3-1-10}$$

计算出待测微波信号在自由空间的波长$\lambda$，最后再由自由空间波长 $\lambda$ 与频率 $f$ 的关系求出频率，式中 $\lambda_c$ 为波导的截止波长.

在 3cm 微波系统中，波导的尺寸：$a \times b = 22.86\text{mm} \times 10.16\text{mm}$. 对于 $H_{10}$ 波而言，截止波长 $\lambda_c = 2a = 45.72\text{mm}$.

微波系统中接入不匹配负载时，就将出现驻波，使用测量线就能很方便地测量出相邻两个波长点之间的距离：$D_2 - D_1 = \lambda_g/2$.

图 3-1-5 表示出了通过驻波波节点的位置来找出波导波长 $\lambda_g$ 的方法.

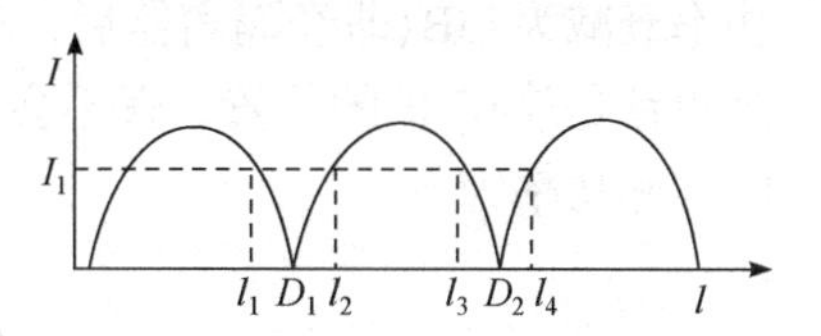

图 3-1-5　用等电势法找驻波的波节

由于在驻波波节处指示仪器的数值很小，且驻波波节处波形的变化很陡，因而就很难找到波节点准确位置. 为了提高测量的精度，可利用波节点两侧波形对称的特点，采用“等电势法”进行.

所谓等电势法，就是先在任意一个波节点 $D_1$ 的左右两侧找出 $l_1$ 及 $l_2$ 两个位置，使指示仪微安表的读数均为 $I_1$，则此波节点的正确位置为 $D_1 = \dfrac{l_1 + l_2}{2}$；同理，

可在相邻波节点 $D_2$ 的左右两侧找出 $l_3$ 及 $l_4$，则 $D_2=\dfrac{l_3+l_4}{2}$，所以

$$\lambda_g = 2\left|D_1 - D_2\right| \tag{3-1-11}$$

2. 微波功率测量

实验通常使用吸收式功率计来测量微波功率，其探头的结构是由两种不同金属组成的回路，如果加热其中一个结点，造成两个结点之间的温度差，于是在此回路中将产生正比于温差的热电动势，它可将微波能转变成直流电势，这种转变通过探头中的铋-锑热电偶膜片来实现. 当功率计探头接入系统终端时，就构成了微波系统的负载. 探头内装有铋-锑热电偶，可将微波产生的热能转换成电能，并直接由功率计表头上的读数得知被测功率值.

如果忽略传输线本身对信号的衰减，并假设功率计探头的阻抗 $Z_L$ 与微波系统的特性阻抗 $Z_C$ 相匹配(即 $Z_L=Z_C$)，则信号源输出的功率将全部被负载所吸收. 但在一般情况下，功率计探头的输入阻抗 $Z_L$ 不可能做得完全与微波系统的特性阻抗 $Z_C$ 相匹配(即 $Z_L \neq Z_C$)，则一部分功率将会由探头反射回来，它正比于探头的功率反射系数 $|\Gamma|^2$，这种损耗称为“反射损耗”. 此时功率计所吸收的功率应为

$$P_L = P_H\left(1-|\Gamma|^2\right) \tag{3-1-12}$$

其中，$P_L$ 为功率计所测得的功率值；$P_H$ 为系统终端输出的真实功率；$\Gamma$ 为反射系数$\left(\Gamma=\dfrac{\rho-1}{\rho+1}\right)$.

另外，在传输系统中，传输线本身也会对信号源的输出功率 $P_0$ 产生一定的衰减，这种衰减称为“插入损耗”. 它主要是由于系统中的隔离器、可变衰减器等元件对信号功率 $P_0$ 产生的衰减所致(其他元器件的衰减可忽略不计). 隔离器的正向功率衰减为 1dB (即经隔离器后，输入功率就有 1.259 倍的衰减). 只要可变衰减器的指针是放在“0”的位置，就不会引入衰减，为此，经传输系统衰减后，系统终端的实际功率为

$$P_H = \frac{P_0}{K} = \frac{P_0}{1.259} \tag{3-1-13}$$

式中，$1/K$ 是以倍数表示的微波元件的插入损耗. 至此，不难得出微波信号源所发出的功率应为

$$P_0 = \frac{K}{1-|\Gamma|^2}\cdot P_L \tag{3-1-14}$$

3. 微波驻波比测量

驻波比测量可以判断微波传输系统是否处于良好的匹配状态，因此，通过对驻波比的测量，就能检查系统的匹配情况，进而明确负载的性质. 驻波的测量有好几种方法，比较直观的有两种，即用驻波测量线和用可变短路器来测量. 在实验中通常用驻波测量线，根据直接法测中小驻波比，等指示度法(或称二倍最小功率法)测大驻波比，其方法如下.

1) 直接法

直接法可以直接测出驻波比. 当检波晶体满足平方律时，由驻波波腹点和波节点处的检波电流 $I_{\max}$ 和 $I_{\min}$，即得驻波比

$$\rho=\sqrt{\frac{I_{\max}}{I_{\min}}} \tag{3-1-15}$$

对于中驻波比，$1.5\leqslant\rho\leqslant 6$，测一个波腹点和波节点的数据即可；对于小驻波比，$1.005\leqslant\rho\leqslant 1.5$. 由于波腹、波节平坦，不易准确测定，须测量若干个波腹和波节的数据，再取平均值

$$\bar{\rho}=\sqrt{\frac{\sum I_{\max i}}{\sum I_{\min i}}}=\frac{1}{n}\sum\sqrt{\frac{I_{\max i}}{I_{\min i}}} \tag{3-1-16}$$

2) 等指示度法(也称二倍最小功率法)

对于大波比，$\rho\geqslant 6$，由于波腹与波节相差很大，检波晶体的检波特性偏离平方律. 通常采用等指示度法(或称二倍最小功率法). 这种方法只在电场强度最小点附近测量驻波电场的分布规律，测量方法如下.

首先用测量线找出最小检波电流 $I_{\min}$，然后在 $I_{\min}$ 左右找到 $2I_{\min}$ 的两点，记下这两点的坐标 $x_1$ 和 $x_2$，如图 3-1-6 所示.

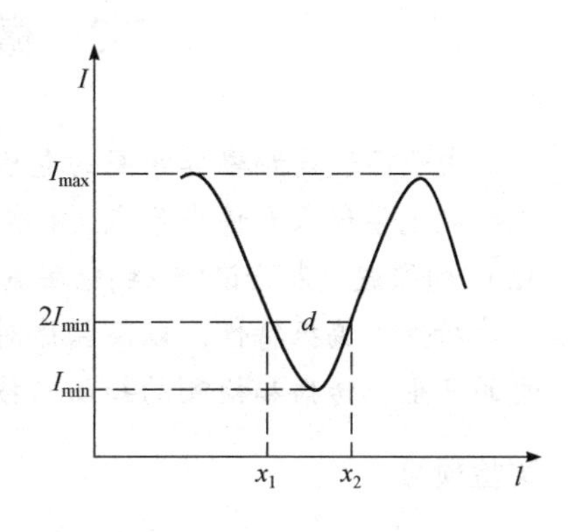

图 3-1-6　二倍最小功率法

设 $d=|x_1-x_2|$，再测出波导波长 $\lambda_g$，可以证明驻波比 $\rho$ 和 $d$ 、$\lambda_g$ 有如下关系：

$$\rho=\frac{\sqrt{2-\cos^2\left(\frac{\pi d}{\lambda_g}\right)}}{\sin^2\left(\frac{\pi d}{\lambda_g}\right)} \tag{3-1-17}$$

当$\rho \gg 1$时，$d \ll \lambda_g$，上式近似为

$$\rho \approx \frac{\lambda_g}{\pi d} \tag{3-1-18}$$

应该指出：$d$与$\lambda_g$的测量精度对测量结果的影响很大，因此必须用高精度的探针位置指示装置(如百分表)进行读数.

**问题思考**

(1) 一个典型的微波测试系统包括哪几部分？

(2) 简要说明吸收式频率计的结构及测量微波频率的工作原理.

(3) 怎样比较准确地测定波导波长$\lambda_g$？为什么波导波长$\lambda_g$大于自由空间波长$\lambda$？

(4) $P_0$、$P_L$、$P_H$三种不同的功率值其含义有何不同？它们之间有何内在联系？

**参考文献**

[1] 王子宇. 微波技术基础. 北京: 北京大学出版社, 2003.
[2] 董树义. 微波测量. 北京: 国防工业出版社, 1985.
[3] 吴思诚, 王祖铨. 近代物理实验. 北京: 高等教育出版社, 2005.

## 3-2　微波光学特性实验

由于微波是频率非常高的电磁波，具有一些与光波类似的特性. 因此，用微波研究光学现象有许多优点. 本实验就是利用3cm固体信号发生器产生的波长约3mm的微波，来验证(定性)电磁波的一些特性和规律，例如反射特性、衍射特性、干涉特性、偏振特性，以及晶体对电磁波的衍射特性等. 通过本实验，还可对微波的产生、传播和检测的知识与技术有所了解.

**实验预习**

(1) 了解微波的基本特性.

(2) 熟练掌握电磁波的反射、衍射、干涉、偏振，以及晶体对电磁波的衍射特性等.

(3) 考虑用微波做光学实验时，有哪些因素可能对实验结果带来影响.

**实验目的**

(1) 用微波验证(定性)电磁波的一些特性和规律，例如反射特性、衍射特性、

干涉特性、偏振特性等.

(2) 掌握用微波验证晶体对电磁波的衍射特性的方法.

(3) 分析并掌握实验中产生误差的原因.

## 实验原理

微波是波长很短、频率很高的电磁波，用微波和用光波做波动实验所说明的波动现象及其规律是一致的. 由于微波的波长比光波的波长在量级上差一万倍左右，因此用微波做波动实验比用光波做波动实验更直观和方便. 本实验是利用微波分光仪做六个波动实验，以下分别进行介绍.

### 1. 反射实验

电磁波是平面波，在传播过程中如遇到障碍物，必定发生反射. 若以一块大的金属板作为障碍物，当电磁波以某一入射角投射到此金属板上，它所遵循的反射定律为：反射线在入射线和通过入射点的法线所决定的平面内，反射线和入射线分居在法线两侧，反射角等于入射角.

### 2. 单缝衍射和双缝干涉实验

(1) 单缝衍射. 如图 3-2-1 所示，当一平面电磁波入射到一宽度和波长可以比拟的狭缝时，就发生衍射现象. 在缝后出现的衍射波强度并不是均匀的，中央最强同时也最宽，在中央的两侧衍射波强度迅速减小，直至出现衍射波强度的最小值，即一级极小，此时衍射角

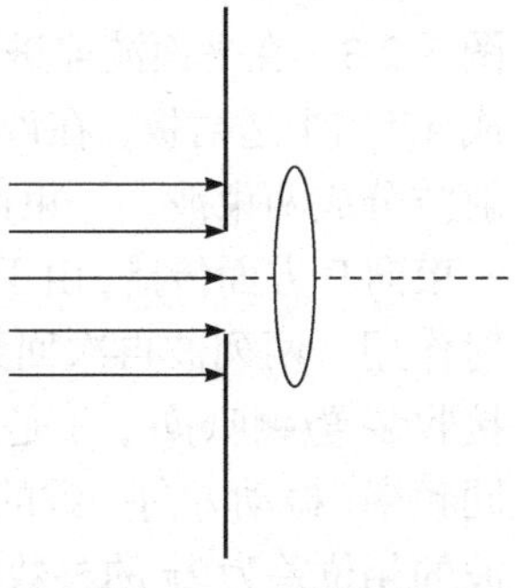

图 3-2-1 单缝衍射

$$\varphi = \arcsin\frac{\lambda}{a} \tag{3-2-1}$$

其中$\lambda$是波长，$a$ 是狭缝宽度，两者取同一长度单位. 随着衍射角增大，衍射波强度又逐渐增大，直至出现一级极大值，此角度为

$$\varphi = \arcsin\left(\frac{3}{2}\cdot\frac{\lambda}{a}\right) \tag{3-2-2}$$

(2) 双缝干涉.如图 3-2-2 所示，当一平面电磁波垂直入射到一金属板的两条狭缝上，则每一条狭缝就是次级波波源，由两缝发出的次级波是相干波. 因此在金属板的背后空间中，将产生干涉现象. 当然，光通过每一个狭缝也有衍射现象. 因此实验观察的现象是衍射和干涉两者结合的结果.

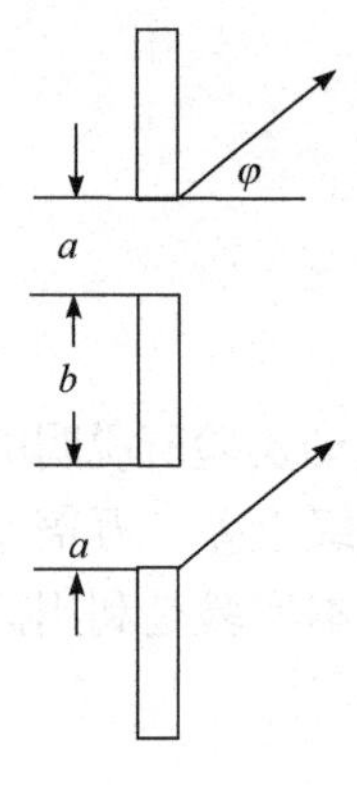

图 3-2-2　双缝干涉

若令双缝的宽度 $a$ 接近波长 $\lambda$，例如所采用的微波长 $\lambda = 3.2\text{cm}$，当 $a = 4.0\text{cm}$ 时，单缝的一级极小接近 53°．根据双缝干涉规律，当两缝间距 $b$ 较大时，干涉强度受单缝衍射的影响小；当 $b$ 较小时，干涉强度受单缝衍射影响大.

干涉加强的角度为

$$\phi = \arcsin\left(k\frac{\lambda}{a+b}\right),\quad k = 0,1,2,3,\cdots \tag{3-2-3}$$

干涉减弱的角度为

$$\phi = \arcsin\left(\frac{2k+1}{2}\frac{\lambda}{a+b}\right),\quad k = 0,1,2,3,\cdots \tag{3-2-4}$$

3. 迈克耳孙干涉实验

迈克耳孙干涉实验的基本原理见图 3-2-3，在平面波前进的方向上放置一块成 45°的半透射板，在该板的作用下，将入射波分成两束波，一束向 A 方向传播，另一束向 B 方面传播，由于 A、B 两板的全反射作用，两列波再次回到半透射板并到达接收装置(喇叭)处，于是接收装置收到两束同频率、振动方向一致的两列波．如果两列波的相位差为 2π 的整数倍，则干涉加强；如果相位差为 π 的奇数倍，则干涉减弱．在实验中，将 A 板固定，B 板可移动，即可改变两列反射波的相位.

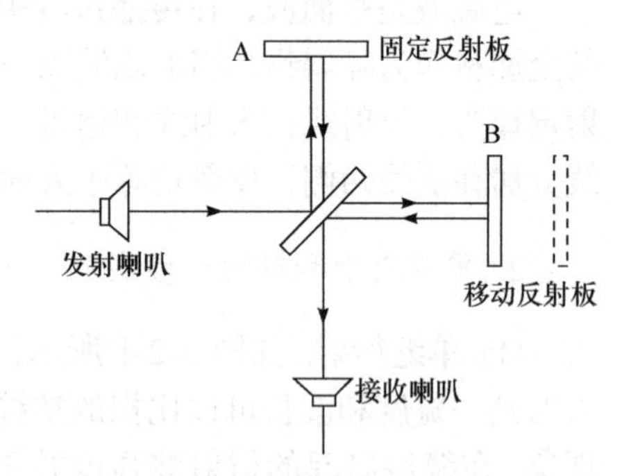

图 3-2-3　迈克耳孙干涉示意图

4. 偏振实验

微波在自由空间传播是横电磁波，它的电场强度矢量 $\boldsymbol{E}$ 与磁场强度矢量 $\boldsymbol{H}$ 和波的传播方向 $\boldsymbol{S}$ 垂直，它们的振动面的方向总是保持不变．$\boldsymbol{E}$、$\boldsymbol{H}$、$\boldsymbol{S}$ 遵守乌莫夫-坡印亭矢量关系，如图 3-2-4 所示，即 $\boldsymbol{E}\times\boldsymbol{H} = \boldsymbol{S}$.

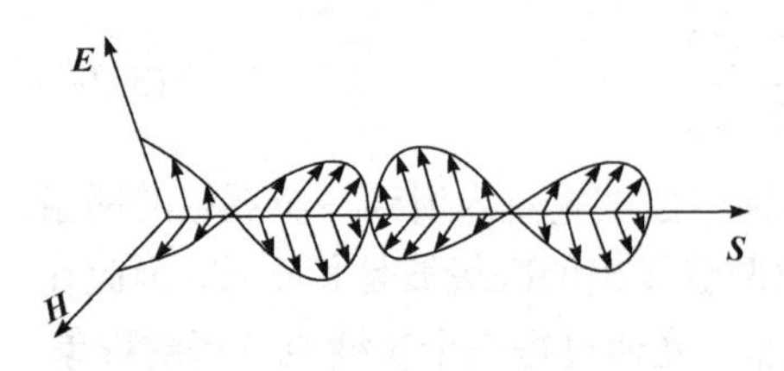

图 3-2-4　$\boldsymbol{E}$、$\boldsymbol{H}$、$\boldsymbol{S}$ 遵守乌莫夫-坡印亭矢量关系

如果 $E$ 在垂直于传播方向平面内沿一条固定的直线变化，这样的横电波叫线极化波，也称为偏振波．我们知道在矩形波导中传播的微波是 $TE_{10}$ 波，它是竖直偏振

(极化)的，如果接收端波导的放置状态与发射端一致，则接收端能接收到微波，其强度为$I_0$. 如果接收端波导相对于发射端波导沿中心轴线旋转一角度$\varphi$，则只有垂直于波导宽面的微波分量在波导中存在，平行于宽面的分量被衰减掉，此时检测到的微波强度为

$$I = I_0 \cos^2 \varphi \tag{3-2-5}$$

此式就是光学中著名的马吕斯(Malus)定律.

5. 布拉格衍射实验

晶体具有自然外形和各向异性的性质，这与晶体内的离子、原子或分子在空间按一定的几何规律排列密切相关. 晶体内的离子、原子或分子占据着点阵结构，两相邻结点的距离叫晶体的晶格常数. 真实晶体的晶格常数约为$10^{-8}$cm 数量级，X 射线的波长与晶体的晶格常数属同一数量级. 由于晶体结构的周期性，实际上晶体起着三维衍射光栅的作用. 因此可以利用X 射线通过晶体的衍射现象来研究晶体的晶格常数，以达到对晶体结构的了解.

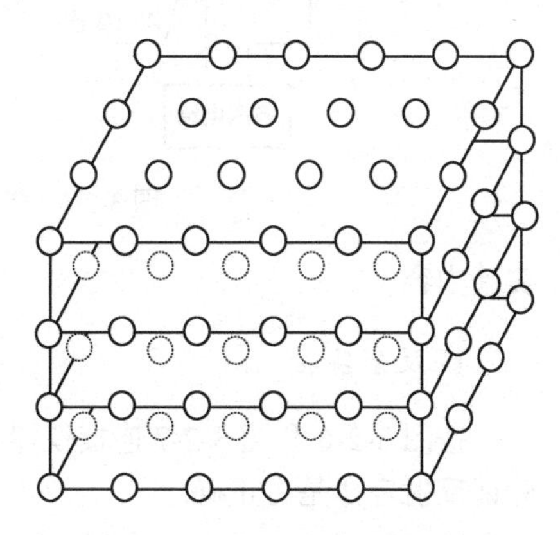

图 3-2-5　原子按立方排列的晶体模型

本实验是以微波代替X 射线，人为地制作了一个立方形点阵的模拟晶体，其模型见图 3-2-5. 当微波入射到模拟晶体上时，除了要引起晶体表面点阵的散射外，还要引起晶体内部平面点阵的散射，这些散射波之间遵循布拉格衍射定律(详细论述可参见第五单元“5-0　X 射线与晶体结构基本知识”).

设相邻散射平面点阵间距为$d$，则从两相邻平面散射出来的射线之间的波程差为$2d\sin\theta$，则相互干涉加强的条件为

$$2d\sin\theta = n\lambda, \quad n = 1,2,3,\cdots \tag{3-2-6}$$

式中$\lambda$为射线波长，$\theta$为掠射角(入射线与晶面之间的夹角)，$n$为反射系数，$n=1$称一级反射，$n=2$称二级反射，此式即为模拟布拉格衍射实验的基本公式.

布拉格公式中的掠射角$\theta$可以通过实验直接测定. 衍射波的强度随$\theta$的改变而改变，于是可得到$I$-$\theta$的分布曲线，由$I$的极大值所对应的$\theta$可求出晶面间距$d$，或已知晶面间距$d$来计算$I$极大所对应的$\theta$.

## 实验装置

微波分光仪的装置示意图如图 3-2-6 所示，该装置由微波发生、变换、接收

和检测等部分组成. 稳压电源、体效应管和谐振腔共同组成了“微波固态源”，所产生的微波经耦合孔进入波导管；波导管为矩形波导管，它能在来自谐振腔的微波中选出 $TE_{10}$ 波，该波形的电场分量是竖直的，由天线发射出去，天线的方向增益约 20dB；在波导管中有衰减器，可以控制微波的输出强度(功率). 分波元件可以是反射板、单缝板、双缝板、半透射板、模拟晶体板等. 微波的发射固定在一个固定的金属臂上，该活动臂能绕放置分波元件的度盘旋转，其旋转角度能从度盘上读出. 在接收端的波导中有垂直于宽面放置的检波二极管，将接收到的微波信号变成直流或低频信号输出，与之连接的微安表能检测到该电流，且该电流与接收到的微波强度成正比.

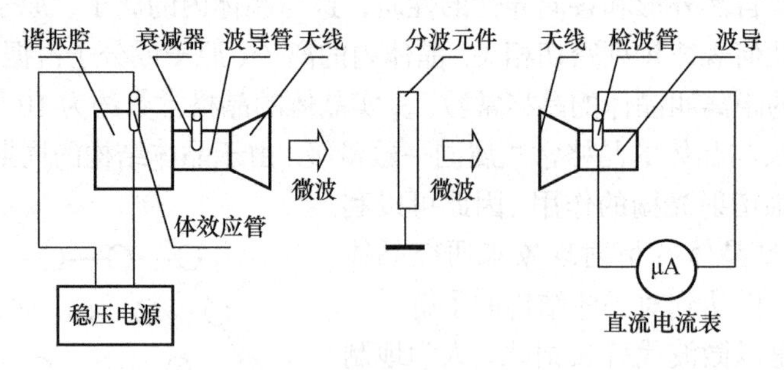


图 3-2-6　微波分光仪的装置示意图

## 实验内容

1. 反射实验

按图 3-2-6 和图 3-2-7 连接仪器，然后转动度盘，通过微安表的电流强度变化，验证反射定律是否正确.

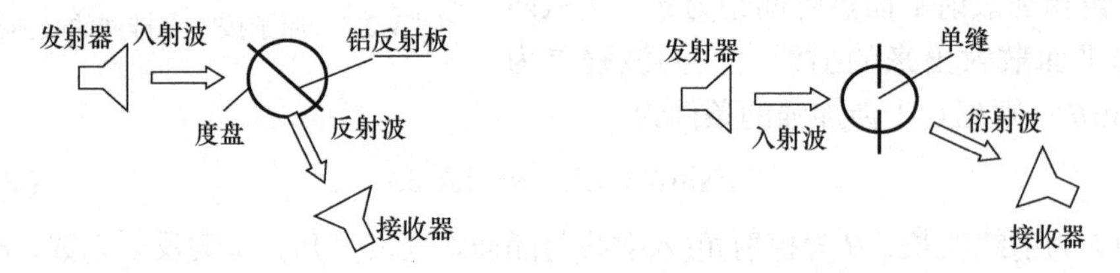


图 3-2-7　反射实验的配置示意图　　图 3-2-8　单缝衍射实验配置示意图

2. 单缝衍射和双缝干涉实验

按图 3-2-6 和图 3-2-8 连接仪器；然后改变衍射角，绘出单缝衍射强度与衍射角的关系 ($I$ - $\varphi$) 曲线，并与实验曲线上求得的结果进行比较；双缝干涉实验的装置类似于图 3-2-8，只要把其中的单缝换成双缝即可，调整过程也相同.

3. 迈克耳孙干涉实验

实验装置如图 3-2-9 所示，半透射板可采用 2mm 厚的普通玻璃板，半透射板与两喇叭轴线互成 45°、两喇叭口面互成 90°. 实验时，将可移反射板移到读数机构的一端，在此附近测出一个极小的位置，然后旋转读数机构上的手柄使反射板移动，从微安表上测出 $n+1$ 个极小值，同时从读数机构上得到相应的位移读数，从而得到可移反射板的移动距离 $L$，则微波波长 $\lambda=2L/n$ .

4. 偏振实验

做偏振实验不需在度盘上放任何分波元件，将两喇叭口面互相平行，其轴线在一条直线上，接收喇叭可绕其轴线旋转，每旋转一个角度，测量接收到的微波强度，利用角度和强度数据，验证马吕斯定律.

5. 布拉格衍射实验

实验装置如图 3-2-10 所示，用(100)晶面簇作为散射点阵面，测定相当于第一级和第二级的掠射角 $\theta_1$ 和 $\theta_2$ ，并与式(3-2-6)计算得到的 $\theta_1$ 和 $\theta_2$ 进行比较. 由实验测定相应于第一级掠射角 $\theta$ ，代入式(3-2-6)计算波长.

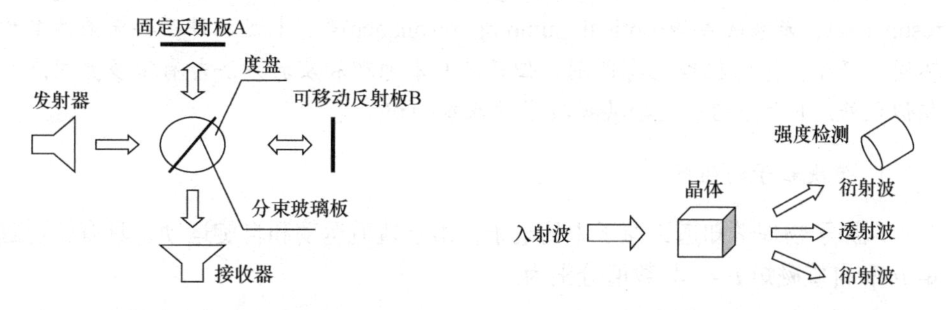


图 3-2-9　微波迈克耳孙干涉实验原理图　　图 3-2-10　晶体对微波衍射实验示意图

应指出的是：为了避免微波在两喇叭之间的直接入射，入射角取值范围最好在 30°～70°之间.

## 问题思考

(1) 本实验只能“定性”观察和验证电磁波的特性，你认为是什么原因?

(2) 在布拉格衍射实验中，反射系数 $n\geqslant 3$ 的极大值是否存在? 为什么?

(3) 分析并掌握实验中产生误差的原因.

## 参考文献

[1] 高铁军, 孟祥省, 王书运. 近代物理实验. 北京: 科学出版社, 2009.

# 第四单元　磁共振技术

## 4-0　磁共振技术基础知识

磁共振是指具有磁矩的微观粒子(包括原子、原子核、电子、质子、中子和离子等)，在恒定外磁场的作用下，造成能级的塞曼分裂，此时若在垂直于恒定外磁场方向施加一频率合适的交变电磁场，将出现粒子在相邻塞曼能级之间的跃迁，这种现象称为磁共振. 由于磁共振研究的对象是处于基态的塞曼能级，具有能深入物质内部又不破坏物质原来状态和结构，并且具有迅速、准确、分辨率高等优点，因此它发展很快，在物理、化学、生物学、医学等领域都得到了广泛的应用.

磁共振技术按其研究对象可分为核磁共振(nuclear magnetic resonance)、电子自旋或电子顺磁共振(electron paramagnetic resonance)、铁磁共振(ferromagnetic resonance)、光泵磁共振(optical pumping resonance)等. 上述几种磁共振虽然名称不同，产生共振的机理也有区别，但是其基本原理和实验方法却有很多共同点和相似之处. 下面介绍一些磁共振技术的基本知识.

1. 微观粒子的磁矩

从原子物理学知道，原子中的电子，由于轨道运动和自旋运动，具有轨道磁矩 $\mu_l$ 和自旋磁矩 $\mu_s$，其数值分别为

$$\mu_l = \frac{e}{2M_e}P_l, \quad \mu_s = \frac{e}{M_e}P_s \tag{4-0-1}$$

其中 $M_e$ 为电子的质量，$e$ 为电子的电荷量，$P_l$ 和 $P_s$ 分别表示电子的轨道角动量和自旋角动量.

对于单电子原子其总磁矩 $\mu_j$ 数值为

$$\mu_j = g\frac{e}{2M_e}P_j \tag{4-0-2}$$

式中 $g = 1 + \frac{j(j+1) - l(l+1) + s(s+1)}{2j(j+1)}$ 称为朗德因子. 由上式可以看出：若原子的磁矩完全由电子的自旋磁矩所贡献，则 $g = 2$；反之，若磁矩完全由电子的轨道磁矩

所贡献，则 $g=1$；若两者都有贡献，则 $g$ 在 1 与 2 之间. 因此，$g$ 与原子的具体结构有关，其数值可以由实验精确测定. 同样，原子核也具有磁矩 $\mu_I$，其数值可以表示为

$$\mu_I = g\frac{e}{2M_{\rm p}}P_I \tag{4-0-3}$$

式中 $g$ 为原子核的朗德因子，其数值只能由实验测得. $P_I$ 为核的角动量，$M_{\rm p}$ 是质子的质量. 由于 $M_{\rm p}=1836M_{\rm e}$，因此原子核的磁矩比原子中的电子磁矩小得多.

原子磁矩的单位通常用玻尔磁子 $\mu_{\rm B}$ 表示，核磁矩的单位用核磁子 $\mu_I$ 表示，在国际单位制中

$$\mu_{\rm B} = \frac{\hbar e}{2M_{\rm e}} = 9.2741\times10^{-24}\,{\rm J\cdot T^{-1}},\quad \mu_I = \frac{\hbar e}{2M_{\rm p}} = 5.0508\times10^{-27}\,{\rm J\cdot T^{-1}}$$

这样，原子磁矩和原子核磁矩可以分别表示成

$$\mu_j = g\frac{\mu_{\rm B}}{\hbar}P_j,\quad \mu_I = g\frac{\mu_N}{\hbar}P_I \tag{4-0-4}$$

式中 $\hbar=h/2\pi=1.0546\times10^{-34}\,{\rm J\cdot s}$ 为约化普朗克常量. 为了表达简便起见，往往不再区别原子和原子核的角动量及其磁矩，引入一个系数 $\gamma$，将磁矩与角动量的关系记为 $\boldsymbol{\mu}=\gamma\boldsymbol{P}$，$\gamma$ 称为回磁比. 根据量子力学，角动量与磁矩在空间的取向是不连续的. $\boldsymbol{P}$ 与 $\boldsymbol{\mu}$ 在外磁场方向的投影只能取以下数值

$$P_z = m\hbar,\quad \mu_z = \gamma m\hbar \tag{4-0-5}$$

式中 $m$ 为磁量子数.

2. *磁矩在恒定磁场中的运动*

若将具有磁矩 $\mu$ 的微观粒子置于恒定磁场 $\boldsymbol{B}_0$ 中，则它受到一磁转矩的作用 $\boldsymbol{L}=\boldsymbol{\mu}\times\boldsymbol{B}_0$，此力矩引起微观粒子角动量变化，即

$$\boldsymbol{L} = \frac{{\rm d}\boldsymbol{P}}{{\rm d}t} \tag{4-0-6}$$

由于 $\boldsymbol{\mu}=\gamma\boldsymbol{P}$，上式变为

$$\frac{{\rm d}\boldsymbol{\mu}}{{\rm d}t} = \gamma\boldsymbol{\mu}\times\boldsymbol{B}_0 \tag{4-0-7}$$

这就是磁矩在外磁场 $\boldsymbol{B}_0$ 作用下的运动方程. 求解这个方程，可知，磁矩 $\boldsymbol{\mu}$ 绕磁场 $\boldsymbol{B}_0$ 做拉莫尔进动，如图 4-0-1 所示，进动角频率为

$$\omega_0 = \gamma B_0 \tag{4-0-8}$$

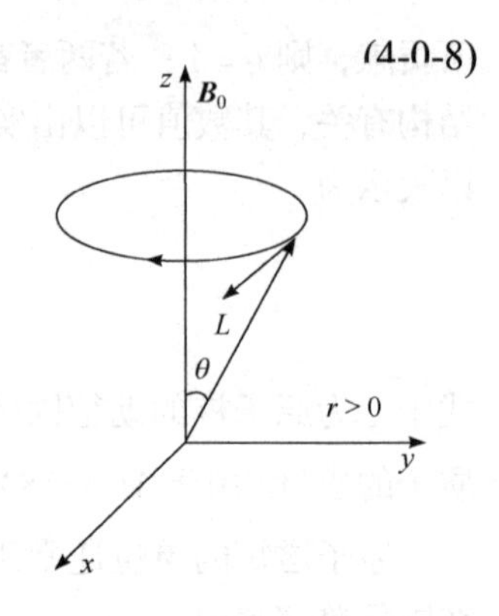

图 4-0-1　磁矩在恒定磁场做拉莫尔进动

3. 磁矩在恒定磁场中的能量

磁矩在恒定磁场 $\boldsymbol{B}_0$ 中具有磁势能

$$E = -\boldsymbol{\mu} \cdot \boldsymbol{B}_0 = -\mu_z B_0 = -\gamma m \hbar B_0 \tag{4-0-9}$$

由此可见，磁矩在恒定磁场中只能具有分立的能级.

例如，自旋 $I=2$ 的原子核，$m$ 取值为 $I, I-1, \cdots, -I$ 共有 $2I+1=5$ 个值，即具有 5 个等间隔的磁能级，相邻能级之间的间隔为 $\Delta E = \gamma \hbar B_0$，这些磁能级又称为塞曼能级，如图 4-0-2 所示. 由于这些能级间隔很小，故共振跃迁发生在射频段或微波段.

4. 磁共振条件

如果在与恒定磁场 $\boldsymbol{B}_0$ 相垂直的方向上施加一个射频或微波辐射场 $\boldsymbol{B}_1$($\boldsymbol{B}_1 \ll \boldsymbol{B}_0$)，此时磁矩 $\boldsymbol{\mu}$ 以角频率 $\omega_0$ 绕 $z$ 轴做拉莫尔进动的同时，在 $\boldsymbol{B}_1$ 的作用下还绕 $\boldsymbol{B}_1$ 方向旋进. 当 $\boldsymbol{B}_1$ 的旋进角频率 $\omega_1$ 与进动的角频率 $\omega_0$ 相等时，磁矩 $\boldsymbol{\mu}$ 当与 $\boldsymbol{B}_1$ 相对静止，$\boldsymbol{B}_1$ 对磁矩的作用导致磁矩 $\boldsymbol{\mu}$ 绕 $\boldsymbol{B}_1$ 磁场方向进动(图 4-0-3).

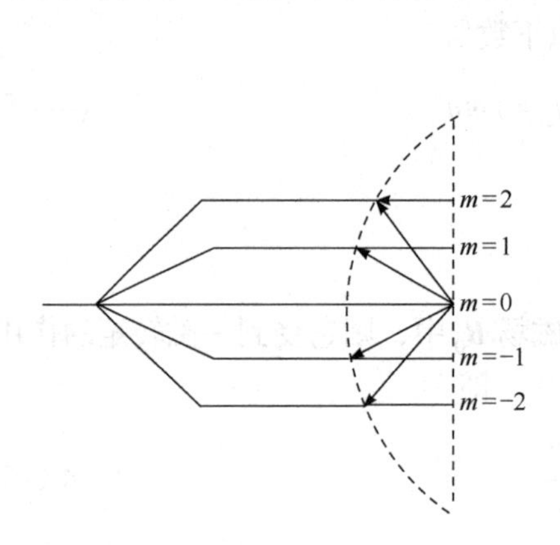

图 4-0-2　磁矩在磁场中的能级

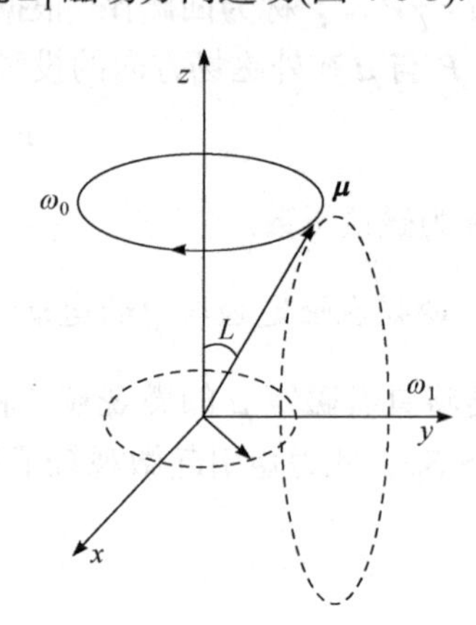

图 4-0-3　磁共振 $\boldsymbol{\mu}$ 的运动状态

同理，旋进角频率 $\omega_1$ 应满足 $\omega_1 = \gamma B_1$.此旋进的作用结果使 $\boldsymbol{\mu}$ 与 $\boldsymbol{B}_0$ 之间的夹角 $\theta$ 增大，根据磁势能公式(4-0-9)可知磁势能发生改变，夹角 $\theta$ 增大表明磁矩吸收磁场 $\boldsymbol{B}_1$ 的能量，磁矩通过与周围环境物质的能量交换，将所吸收的能量释放出来，使夹角 $\theta$ 减小，从而又在吸收 $\boldsymbol{B}_1$ 的电磁能，此过程不断地继续下去，这就是

磁共振现象，因此磁共振条件是

$$\omega = \omega_0 = \gamma B_0 \tag{4-0-10}$$

即当外加射频或微波辐射场的频率 $\omega_1$ 等于磁矩在恒定磁场作用下的拉莫尔进动频率 $\omega_0$ 时，射频或微波辐射场的能量被吸收，将产生磁共振.

另外，磁共振跃迁还可用量子理论来解释，由磁偶极辐射跃迁的选择定则 $\Delta m = \pm 1$ 可知，只有相邻塞曼能级之间的共振跃迁才是允许的. 如果辐射场的光子能量 $h\nu = \hbar\omega$ 等于塞曼能级中相邻能级的能量差 $\Delta E = \gamma\hbar B_0$，即 $\hbar\omega = \gamma\hbar B_0$ 时，将会引起共振跃迁，所以发生磁共振的条件

$$\omega = \gamma B_0 \tag{4-0-11}$$

### 5. 饱和与弛豫

1) 饱和现象

在共振跃迁过程中，对于每一个粒子来说，从低能级跃迁到高能级和从高能级跃迁到低能级的概率是相同的. 在热平衡状态下各能级的粒子数遵从玻尔兹曼分布，即低能级的粒子数稍多于高能级的粒子数，因而吸收过程占优势. 经过一段时间后，当处于高能级的粒子数与低能级的粒子数相等时(平衡态被破坏，处于非平衡态)，上述系统不再从辐射场吸收能量，纯吸收为零，共振吸收信号消失，这一现象称为共振饱和. 达到饱和以后，即使再有辐射场的作用，粒子系统对辐射场能量的净吸收也将为零.

应指出的是，在辐射场的作用下，除有共振吸收过程外，还有受激辐射过程，即高能级上的粒子在辐射场的作用下，回到低能级并辐射出电磁波现象. 上面所讨论的饱和现象，实际上是综合了共振吸收和受激辐射的总效果，这时高能级和低能级上的粒子数目达到动态平衡.

2) 弛豫过程

处于高能级的粒子以非辐射跃迁的方式回到低能级的现象称为弛豫过程. 在这个过程中，粒子从高能级跃迁到低能级释放的能量不是以光子的形式发射，而是通过粒子间的自旋-自旋相互作用和自旋-晶格相互作用进行，这部分能量最后转变为热能. 弛豫过程的长短用弛豫时间来描述，弛豫过程的存在使粒子分布能保持低能级上的粒子数目略多于高能级上的数日，即恢复到玻尔兹曼平衡的分布情况. 这是共振发生后得以维持的必要条件.

(1) 自旋-晶格弛豫.

自旋-晶格弛豫(也称纵向弛豫)是一种原子核体系向周围环境转移能量的过程，即把能量传递给周围的晶格，变成晶格热运动的能量. 弛豫过程所需要的时间越短，表示弛豫过程效率越高，与周围晶格耦合强，使系统可较快恢复到玻尔

兹曼平衡状态，时间越长，就越容易发生吸收饱和现象，以致看不到共振吸收信号. 自旋-晶格弛豫的时间用$T_1$表示，它和周围环境的温度及样品的物理状态有关.

(2) 自旋-自旋弛豫.

自旋-自旋弛豫(也称为横向弛豫)是发生在原子核体系内部，原子核与一同类核交换能量的过程. 处于上能级的粒子与处于下能级的粒子靠近而相互作用时，就有可能交换能量，结果高能级的粒子回到低能级，低能级的粒子则跃迁到高能级，从而整个体系的能量保持不变. 自旋-自旋弛豫的时间用$T_2$来表示.

由此可见，不管弛豫时间是$T_1$还是$T_2$，它们都和物质的结构、物质内部的相互作用有关. 物质结构和相互作用的变化，都可以引起弛豫时间的变化. 因此，对弛豫时间的研究是磁共振研究的一个重要方面.

**参考文献**

[1] 褚圣麟. 原子物理学. 北京: 高等教育出版社, 1979.
[2] 陈泽民. 近代物理与高新技术物理基础-大学物理续编. 北京: 清华大学出版社, 2001.
[3] 吴思诚, 王祖铨. 近代物理实验. 北京: 高等教育出版社, 2005.

# 4-1 核磁共振

核磁共振(nuclear magnetic resonance，NMR)，是指具有磁矩的原子核在恒定磁场中由电磁辐射引起的共振跃迁现象. 1939 年美国物理学家拉比(I. I. Rabi)在德国物理学家斯特恩(Ott. Stern)分子束法测质子磁矩实验的基础上，利用分子束磁共振方法测量氢核磁矩，观察到了磁共振，为此他获得 1944 年的诺贝尔物理学奖. 1946 年美国科学家珀赛尔(E. M. Purcell)和布洛赫(F. Bloch)两个小组独立地用吸收法和感应法分别在石蜡和水这类一般状态的物质中观察到对电磁波吸收和色散的核磁共振信号，这项重大发现使他们分享了 1953 年的诺贝尔物理学奖.

20 世纪 70 年代以来，随着计算机的引入，核磁共振技术的发展和应用，进入了一个新时代. 1974 瑞士科学家恩斯特(R. R. Ernst)等用脉冲核磁共振技术和傅里叶变换方法，实现了高分辨二维核磁共振谱，为此，他获得 1991 年的诺贝尔化学奖. 1973 年美国科学家劳特布尔(Lauterbur)发明了核磁共振成像技术，2003 年获得诺贝尔医学奖. 自 1946 年以来，许多科学家在这方面做出了杰出贡献，并因此而获得诺贝尔奖，据统计，到 1995 年已有 12 位诺贝尔获奖者(其中包括两位化学奖)对核磁共振发展做出贡献，这在诺贝尔奖历史上也是罕见的. 这也说明了核磁共振技术在科学研究和实际应用中的重要性.

由于核磁共振的方法和技术可以深入物质内部而不破坏样品，并且具有迅速、准确、分辨率高等优点，所以得到迅速发展和广泛应用. 核磁共振已成为确定物质分子结构、组成和性质的重要实验方法. 现在核磁共振技术已是物理、化学、生物学研究中的重要实验手段，同时也是许多应用科学，如医学、遗传学、石油分析等科学研究的重要工具.

## 实验预习

(1) 了解NMR发生的必要条件及共振发生之后恢复平衡的描述过程.

(2) 恒定外磁场、射频场和扫场在实验中各起到什么作用？外磁场均匀性对共振信号有什么影响？

## 实验目的

(1) 掌握核磁共振基本原理和稳态核磁共振实验方法.

(2) 观察氢核磁共振现象，测量恒定磁场强度，$^{19}$F的朗德因子、回磁比.

## 实验原理

下面以氢核为研究对象，介绍核磁共振的基本原理. 氢核虽然是最简单的原子核，但同时它也是目前在核磁共振应用中最常见和最有用的核.

### 1. 原子核的磁共振

核磁共振的发生是因为原子核具有磁矩，而核磁矩又源自原子核具有自旋运动，因而具有自旋角动量，用$\boldsymbol{P}_I$表示. 磁矩是一个矢量，用符号$\boldsymbol{\mu}$表示，它与角动量的关系为

$$\boldsymbol{\mu}=\gamma\boldsymbol{P}_I \quad \text{或} \quad \boldsymbol{\mu}=g_N\frac{e}{2m_{\mathrm{p}}}\boldsymbol{P}_I \tag{4-1-1}$$

式中$\gamma=g_N\dfrac{e}{2m_{\mathrm{p}}}$称为回磁比，是原子核的特征参数；$e$为电子电荷，$m_{\mathrm{p}}$为质子质量；$g_N$为朗德因子，随原子核种类而变，对氢核而言$g_N=5.5851$.

按照量子力学，原子自旋核角动量的大小由下式决定：

$$P_I=\sqrt{I(I+1)}\hbar \tag{4-1-2}$$

式中$\hbar=\dfrac{h}{2\pi}$，$h$为普朗克常量；$I$为核的自旋量子数，可取$I=0,\dfrac{1}{2},1,\dfrac{3}{2},\cdots$.

把原子核放入外磁场$\boldsymbol{B}$中，可取坐标轴$z$方向为$\boldsymbol{B}$的方向. 原子核的自旋角动量在$\boldsymbol{B}$方向的投影值由下式决定：

$$P_B=m\hbar \tag{4-1-3}$$

式中 $m$ 为磁量子数，可取 $m=I,I-1,\cdots,-(I-1),-I$ ，共有 $2I+1$ 个可能的取值. 核磁矩在 $\boldsymbol{B}$ 方向上的投影值为

$$\mu_{\mathrm{B}}=g_N\frac{e}{2m_{\mathrm{p}}}P_B=g_N\frac{e}{2m_{\mathrm{p}}}m\hbar=g_N\left(\frac{e\hbar}{2m_{\mathrm{p}}}\right)m$$

将它写为

$$\mu_{\mathrm{B}}=g_N\mu_N m \tag{4-1-4}$$

式中 $\mu_N=\dfrac{e\hbar}{2m_{\mathrm{p}}}=5.050787\times10^{-27}\ \mathrm{J\cdot T^{-1}}$ 称为核磁子，是核磁矩的单位.

磁矩为 $\boldsymbol{\mu}$ 的原子核在恒定磁场 $\boldsymbol{B}$ 中，它与磁场既有能量的相互作用，也有力矩的相互作用，磁场与原子核磁矩的相互作用能为

$$E=-\boldsymbol{\mu}\cdot\boldsymbol{B}=-g_N\mu_N mB \tag{4-1-5}$$

该能级将在磁场中分裂出 $2I+1$ 个塞曼子能级. 对氢核而言，其自旋量子数 $I=\dfrac{1}{2}$，所以磁量子数 $m$ 只能取两个值，即 $m=1/2$ 和 $m=-1/2$ ，氢原子核的基态在磁场中会分裂出 2 个塞曼子能级，附加能量分别为

$$E_1=-\frac{1}{2}g_N\mu_N B\quad\left(m=\frac{1}{2}\right)\quad 和\quad E_2=\frac{1}{2}g_N\mu_N B\quad\left(m=-\frac{1}{2}\right) \tag{4-1-6}$$

磁矩在外场方向上的投影也只能取两个值，如图 4-1-1(a)所示，与此相对应的能级如图 4-1-1(b)所示.

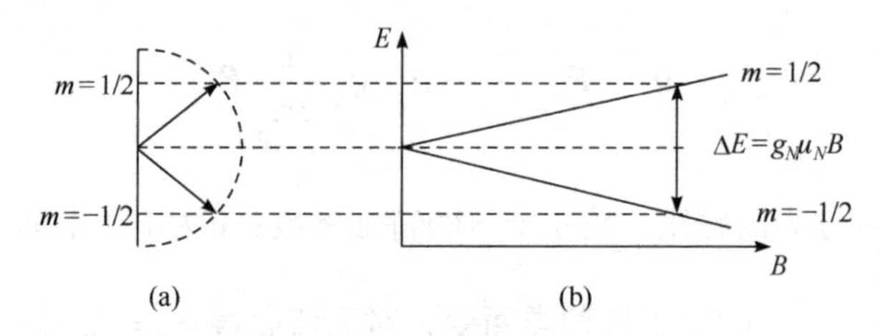


图 4-1-1 氢核能级在磁场中的分裂

根据量子力学中的选择定则，只有 $\Delta m=\pm1$ 的两个能级之间才能发生跃迁，这两个跃迁能级之间的能量差为

$$\Delta E=g_N\mu_N B \tag{4-1-7}$$

由此式可知：相邻两能级之间的能量差 $\Delta E$ 与外磁场 $B$ 的大小成正比，磁场越强则两个能级分裂也越大.

在实验中若在与恒定磁场 $\boldsymbol{B}_0$ 垂直的平面上加一个高频磁场(如射频场或微波

电磁场)作用于氢核，当高频磁场的频率满足 $h\nu=\Delta E$ 时，就会引起原子核在上下能级之间的跃迁. 这种跃迁称为共振跃迁. 即

$$h\nu_0=g_N\mu_N B_0 \tag{4-1-8}$$

则氢核就会吸收电磁场的能量，由 $m=1/2$ 的能级跃迁到 $m=-1/2$ 的能级，这就是核磁共振吸收现象. 式(4-1-8)就是核磁共振条件. 为了应用上的方便，常写成

$$\nu_0=\left(\frac{g_N\mu_N}{h}\right)B_0,\quad 即\,\omega_0=\gamma B_0 \tag{4-1-9}$$

公式(4-1-9)表示核磁共振发生的基本条件，不管什么类型的核磁共振，都要首先满足该式，它集中了核磁共振的三要素，即磁场、射频信号和原子核.

2. 核磁共振信号强度

上面讨论的是单个核放在外磁场中的核磁共振理论，但实际中所用的样品是大量同类核的集合. 如果处于高能级上的核数目与处于低能级上的核数目没有差别，则在高频电磁场的激发下，上、下能级上的核都要发生跃迁，并且跃迁概率是相等的，吸收能量等于辐射能量，我们就观察不到任何核磁共振信号. 只有当低能级上的原子核数目大于高能级上的核数目，吸收能量比辐射能量多，这样才能观察到核磁共振信号. 在热平衡状态下，核数目在两个能级上的相对分布由玻尔兹曼因子决定

$$\frac{N_2}{N_1}=\exp\left(-\frac{\Delta E}{kT}\right)=\exp\left(-\frac{g_N\mu_N B_0}{kT}\right) \tag{4-1-10}$$

式中 $N_1$ 为低能级上的核数目，$N_2$ 为高能级上的核数目，$\Delta E$ 为上、下能级间的能量差，$k$ 为玻尔兹曼常量，$T$ 为绝对温度. 当 $g_N\mu_N B_0\ll kT$ 时，上式可近似写成

$$\frac{N_2}{N_1}=1-\frac{g_N\mu_N B_0}{kT} \tag{4-1-11}$$

此式说明，低能级上的核数目比高能级上的核数目略微多一点. 对氢核来说，如果实验温度 $T=300\mathrm{K}$，外磁场 $B_0=1\mathrm{T}$，则

$$\frac{N_2}{N_1}=1-6.75\times10^{-6}\quad 或\quad \frac{N_1-N_2}{N_1}\approx7\times10^{-6} \tag{4-1-12}$$

这说明，在室温下，每百万个低能级上的核比高能级上的核大约只多出 7 个. 这就是说，在低能级上参与核磁共振吸收的每一百万个核中只有 7 个核的核磁共振吸收未被共振辐射所抵消. 所以核磁共振信号非常微弱，检测如此微弱的信号，需要高质量的接收器.

由公式(4-1-11)可以看出，温度越高，粒子差数越小，对观察核磁共振信号越

不利. 外磁场 $\boldsymbol{B}_0$ 越强，粒子差数越大，越有利于观察核磁共振信号. 这就是一般核磁共振实验要求在强磁场、低温环境的原因.

另外，要观察到核磁共振信号，不仅磁场强度要足够强，磁场在样品范围内还应高度均匀. 因为，核磁共振信号由公式(4-1-8)决定，如果磁场不均匀，则样品内各部分的共振频率不同. 对某个频率的电磁波，将只有极少数核参与共振，结果信号被噪声所淹没，难以观察到核磁共振信号.

## 实验装置

核磁共振实验装置方框图如图 4-1-2 所示，它包括永久磁铁、扫场线圈及其电源、探头与样品、边限振荡器、数字频率计、示波器、高斯计等.

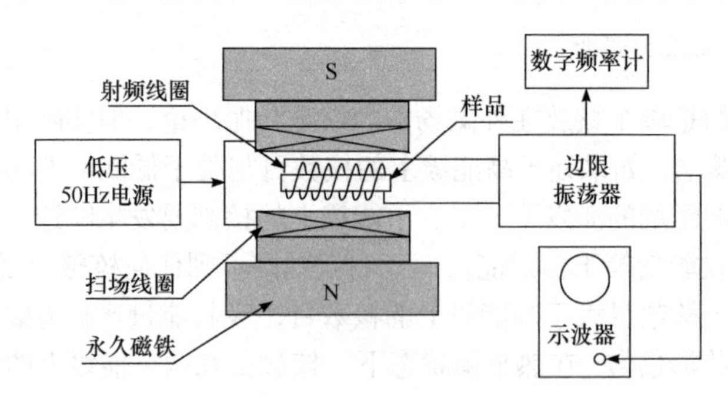


图 4-1-2　核磁共振实验装置方框图

### 1. 磁铁

磁铁的作用是产生恒定磁场 $\boldsymbol{B}_0$，它是核磁共振实验装置的核心，要求磁铁能够产生尽量强的、非常稳定、非常均匀的磁场. 核磁共振实验装置中的磁铁有三类：永久磁铁、电磁铁和超导磁铁. 永久磁铁的优点是，不需要磁铁电源和冷却装置，运行费用低，而且稳定度高，目前实验教学中常用的是永久磁铁. 电磁铁的优点是通过改变励磁电流可以在较大范围内改变磁场的大小. 为了产生所需要的磁场，电磁铁需要很稳定的大功率直流电源和冷却系统，另外还要保持电磁铁温度恒定. 超导磁铁最大的优点是能够产生高达十几特斯拉的强磁场，同时磁场的均匀性和稳定性也很好，但超导磁铁需要使用液氮或液氦实现超导，这给实验带来了不便. 本实验采用永磁铁，磁场强度约为 0.5T，中心区磁场均匀度高于 $10^{-6}$.

### 2. 边限振荡器和探头

边限振荡器具有与一般振荡器不同的输出特性，其输出幅度随外界吸收能量的轻微增加而明显下降，当吸收能量大于某一阈值时即停振，因此通常被调整在振荡和不振荡的边缘状态，故称为边限振荡器.

边限振荡器既是射频场$\boldsymbol{B}_1$的发射源，又作为共振信号的接收器. 为了观察核磁共振吸收信号，把样品放在边限振荡器的振荡线圈中，振荡线圈放在固定磁场$\boldsymbol{B}_0$中. 由于边限振荡器是处于振荡与不振荡的边缘，当样品吸收的能量不同时，振荡器的振幅将有较大的变化. 当发生共振时，样品吸收增强，振荡变弱，经过二极管的倍压检波,就可以把反映振荡器振幅大小变化的共振吸收信号检测出来，进而用示波器显示. 这种把发射线圈兼做接收线圈的探测方法称为单线圈法. 包括样品在内的线圈称为探头.

3. 扫场单元

观察核磁共振信号最好的手段是使用示波器,但是示波器只能观察交变信号，所以必须想办法使核磁共振信号交替出现. 有两种方法可以达到这一目的. 一种是扫频法，即让磁场$\boldsymbol{B}_0$固定，使射频场$\boldsymbol{B}_1$的角频率$\omega$连续变化，通过共振区域，当$\omega=\omega_0=\gamma\cdot B_0$时，出现共振峰. 另一种方法是扫场法，即把射频场$\boldsymbol{B}_1$的角频率$\omega$固定，而让磁场$B_0$连续变化，通过共振区域，这两种方法是完全等效的，显示的都是共振吸收信号频率与频率差$(\omega-\omega_0)$之间的关系曲线.

由于扫场法简单易行，确定共振频率比较准确，所以现在通常采用大调制场技术；在恒定磁场$B_0$上叠加一个低频调制磁场$B'=B'_m\sin\omega' t$，那么此时样品所在区域的实际磁场为$B_0+B_m\sin\omega' t$. 由于调制场的幅度$B'_m$大于共振谱线的线宽，调制磁场一个周期通过共振点两次,在示波器上可看到两个共振信号. 当射频场(或微波场)角频率$\omega$与拉莫尔进动频率$\omega_0$相等时，即$\omega=\omega_0=\gamma B_0$时谱线为等间隔分布，此时$B'=0$，共振磁场为$B_0$，如图 4-1-3(a)所示；当$\omega\neq\omega_0$，$\omega=\gamma B'_0=\gamma(B_0+B'_m\sin\omega' t)$时，共振磁场为$B'_0$，谱线为不等间隔分布，如图 4-1-3(b)所示.

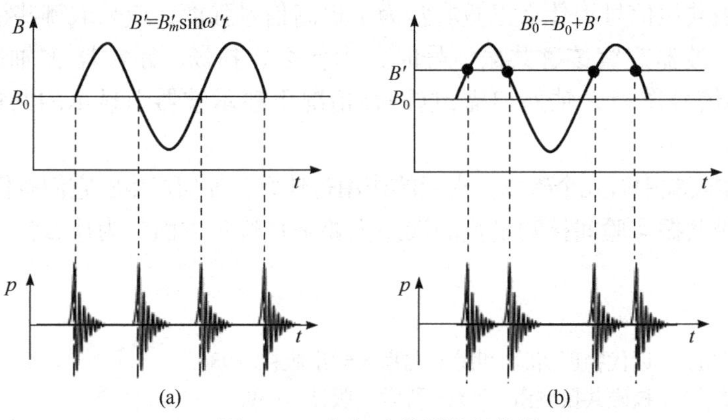


图 4-1-3　扫场法检测共振信号

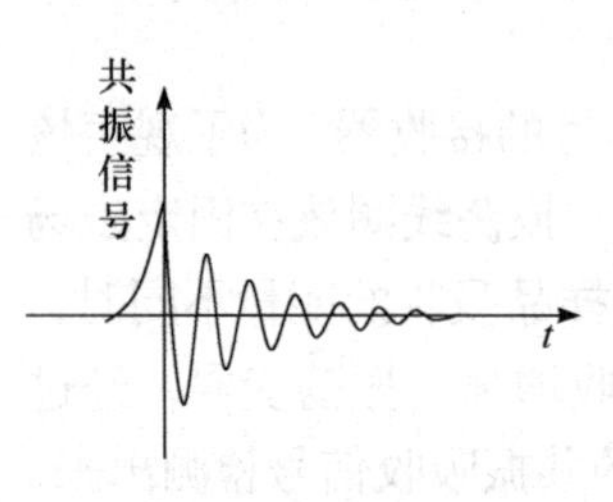

图 4-1-4 弛豫过程与尾波

应该指出的是，因为扫场速度很快，也就是通过共振点的时间比弛豫时间少得多，这时共振吸收信号的形状会发生很大的变化. 在通过共振点之后，会出现衰减振荡，这个衰减的振荡称为“尾波”，如图 4-1-4 所示. 这种尾波非常有用，因为磁场越均匀，尾波越大. 所以应调节匀场线圈使尾波达到最大.

## 实验内容

(1) 观察氢核(质子$^{1}\mathrm{H}$)的核磁共振吸收信号.

当磁场扫描到共振点时，即可在荧光屏上观察到两个形状对称的信号波形. 它对应于调制磁场一个周期内发生的两次核磁共振，再把波形调节到屏的中央位置上并使两峰重合，这时质子共振频率和磁场满足$\omega=\gamma B_0$.

(2) 精确测定恒定磁场$B_0$，并估计误差$\Delta B_0$.

由于总磁场$B_0'$是由恒定磁场$B_0$和扫描磁场$B'$组成的，恒定磁场$B_0$较强，扫描磁场$B'$要弱 3～4 个数量级，这两个分量都可以用核磁共振法来测量.

(3) 用聚四氟乙烯样品，观察$^{19}\mathrm{F}$的核磁共振现象，测定其朗德因子$g_{\mathrm{F}}$、回磁比$\gamma_{\mathrm{F}}$和核磁矩$\mu_{\mathrm{F}}$.

(4) 计算间接测量量：回磁比$\gamma_{\mathrm{F}}$、朗德因子$g_{\mathrm{F}}$和核磁矩$\mu_{\mathrm{F}}$的不确定度，并写出表示不确定度的完整表达式：$Y=(y\pm\Delta)$.

## 问题思考

(1) 产生核磁共振的条件是什么？

(2) 核磁共振信号为什么很微弱？为了提高信号强度，应采取哪些措施？

(3) 用示波器观察核磁共振信号时，为什么要扫场？示波器$X$轴采用内扫描和用扫场信号作为$X$轴外扫描，这两种情况下在示波器上显示的共振信号一样吗？

(4) 在本实验中有几个磁场？它们的作用是什么？如何产生？它们有何区别？

(5) 核磁共振实验间接测量量的误差主要来自哪些方面？为什么？

## 参考文献

[1] 吴思诚, 王祖铨. 近代物理实验. 北京: 北京大学出版社, 1986.
[2] 裘祖文, 裴奉奎. 核磁共振波谱. 北京: 科学出版社, 1989.
[3] 张孔时, 丁慎训. 物理实验教程. 北京: 清华大学出版社, 1991.
[4] 吕斯骅, 朱印康. 近代物理实验技术. 北京: 高等教育出版社, 1991.

# 4-2　脉冲核磁共振实验

脉冲核磁共振(pulse-NMR，PNMR)是NMR技术的重要发展. 1957年Lawe和Norberg从理论上证明，一个矩形RF脉冲过后，所测得的核的自由感应衰减 (free induction decay，FID)信号能转换成慢扫描所得的谱. 特别是强而窄的RF脉冲，可实现对样品内所有的核自旋同时激发，这样大大提高了测量效率. 这一重大发现，奠定了NMR广泛应用的基础，但限于当时的技术条件，脉冲核磁共振早期发展非常缓慢. 直到计算机技术和傅里叶变换技术迅速发展之后，1974年由瑞士科学家恩斯特把这种思想付诸实践，发明了脉冲傅里叶变换核磁共振(PFT-NMR)技术. 把瞬态的FID信号转变为稳态的NMR波谱，建立了PFT- NMR波谱学，这是NMR领域的一次革命，导致了NMR技术突飞猛进的发展.

从技术手段上来说，NMR的应用主要有两方面：NMR波谱学的应用和近年发展起来的NMR成像的应用. 目前广泛应用于分析测试的NMR谱仪，医学诊断中应用的NMR成像技术，都是PFT-NMR技术取得的成果，NMR已成为现代医学诊断、化学结构分析的尖端手段.

## 实验预习

(1) 掌握自由衰减信号、自旋回波的产生机制.

(2) 掌握弛豫时间$T_1$和$T_2$的物理意义，以及两者之间的数量关系.

(3) 理解$90°$-$\tau$-$180°$脉冲序列及$180°$-$\tau$-$90°$脉冲序列的物理意义.

## 实验目的

(1) 观察核磁矩对射频脉冲的响应加深对弛豫时间的理解.

(2) 学会用基本脉冲序列来测定液体样品的弛豫时间$T_1$、$T_2$.

## 实验原理

### 1. PNMR的波谱学分析

在连续波NMR实验里，我们知道了NMR发生的条件是

$$\omega=\gamma B \tag{4-2-1}$$

这个条件对于PNMR也是必须的，但是实现方法上有很大的不同. 在连续波NMR中，实现共振的方法是固定射频信号的频率，采样周期性的扫描场，让公式(4-2-1)周期性地满足，从而能用示波器观察NMR. 在PNMR中，磁场$B_0$是固定的，而

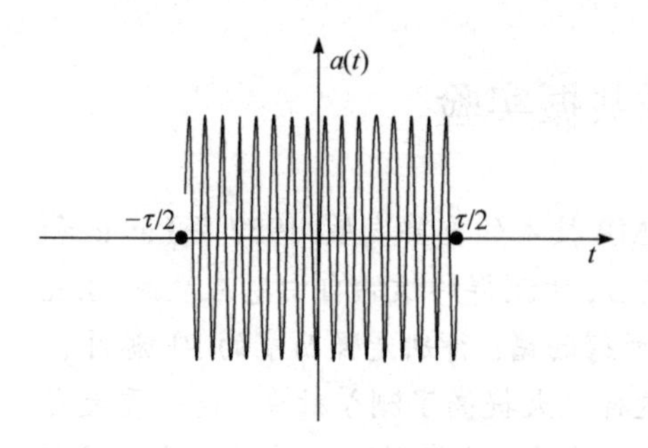

图 4-2-1 矩形射频脉冲波形

射频信号不再是连续的无穷长的波列，而是采取了脉冲波形，一种常见的波形是矩形脉冲，其形状见图 4-2-1.

图 4-2-1 表示射频信号是在 $-\tau/2$～$\tau/2$ 这段时间内发射的，在此段时间以外不再发射，形成了一段有限长的波列. 射频波形的这一变化，使得发射信号的频谱起了重要的变化. 在连续波 NMR 中，发射信号的频谱是单一的频率，即频率计上的读数；而在 PNMR 中，信号的频谱是连续的，可以用傅里叶变换进行计算，计算公式是

$$A(\omega)=\int_{-\infty}^{\infty}a(t)\mathrm{e}^{-\mathrm{i}\omega t}\mathrm{d}t \tag{4-2-2}$$

射频信号的波列可以用复数表示为

$$a(t)=\begin{cases}a_0\mathrm{e}^{\mathrm{i}\omega_0 t}, & |t|\leqslant\tau/2\\ 0, & |t|>\tau/2\end{cases} \tag{4-2-3}$$

其中，$\omega_0$ 是发射信号的圆频率，$a_0$ 是波振幅. 将表达式(4-2-3)代入公式(4-2-2)，得脉冲信号的频谱为

$$A(\omega)=a_0\tau\cdot\frac{\sin\dfrac{(\omega-\omega_0)\tau}{2}}{\dfrac{(\omega-\omega_0)\tau}{2}} \tag{4-2-4}$$

式(4-2-4)表示的频谱具有“抽样函数”的形式，其频谱图见图 4-2-2，它是以 $\omega_0$ 为中心两边振荡衰减的函数，衰减得很快，主要的频率成分在主峰以内，主峰的范围为 $\omega_0-2p/t\sim\omega_0+2p/t$. 根据图 4-2-2 和共振条件(4-2-1)，可以得出如下两点结论.

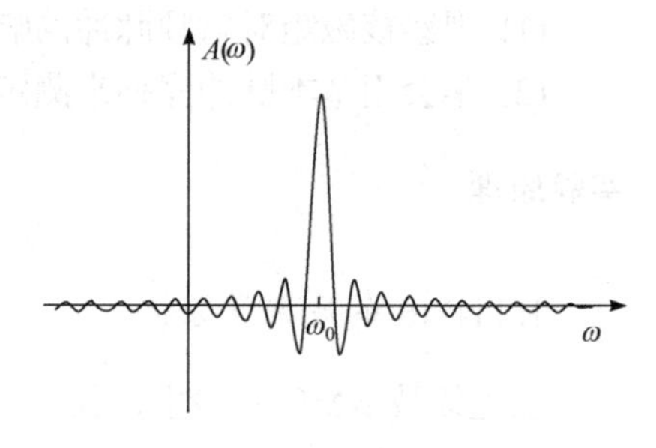

图 4-2-2 矩形脉冲的频谱

(1) 只要磁场大小调整到了对应主峰内的某个频率，共振就能发生. 由于主峰内各种频率成分的幅度不同，若在不同频率共振，共振信号的幅度也将不同，对应中心频率的共振，共振信号幅度最大.

(2) 因为频谱具有一定的带宽，所以即使样品内某种原子核的 $\gamma$ 因子有小范围

内的分布，也能够让它们都共振. 这对于化学结构分析是非常有用的，因为不同的化学环境会导致某种原子核的表观$\gamma$因子有微小变化，即化学位移.

需要指出的是，图 4-2-1 与图 4-2-2 是互逆的，即如果射频发射的波形包络线是图 4-2-2 的样子，则其频谱的波形就是矩形，频率严格限制在矩形内，在频谱图上没有两边振荡的部分. 这对于医学成像限定激发层的厚度是非常必要的.

2. 宏观磁化强度矢量与弛豫过程

磁共振研究的对象不可能是单个核，而是包含大量等同核的系统，将所有单个自旋核的磁矩进行矢量求和，可得到总体的磁化矢量，即宏观磁化强度矢量 $\boldsymbol{M}$

$$\boldsymbol{M}=\sum_{t=1}^{N}\boldsymbol{\mu}_{\mathrm{i}} \tag{4-2-5}$$

$\boldsymbol{M}$ 是一宏观矢量，体现了原子核系统被磁化的程度，在没有外磁场的条件下，不同自旋核的磁矩取向杂乱无章，此时宏观磁化强度为零. 在外磁场作用下，其取向与外磁场 $\boldsymbol{B}_0$ 一致，每个核磁矩均绕 $\boldsymbol{B}_0$ 方向旋进，它们彼此间的相位是随机的，如图 4-2-3(a)所示. 总的宏观 $\boldsymbol{M}_0$ 与 $\boldsymbol{B}_0$ 的方向与 $z$ 轴一致，在 $x$、$y$ 方向的分量为零. 具有磁矩的核系统，在恒磁场 $\boldsymbol{B}_0$ 的作用下，它受到力矩 $\boldsymbol{M}\times\boldsymbol{B}_0$，因此有

$$\frac{\mathrm{d}\boldsymbol{M}}{\mathrm{d}t}=\gamma\boldsymbol{M}\times\boldsymbol{B}_0 \tag{4-2-6}$$

若在某种因素(如射频场 $B_1$)作用下，宏观磁化矢量 $M$ 将偏离 $z$ 轴，绕 $\boldsymbol{B}_0$ 做拉莫尔进动，如图 4-2-3(b)所示，进动角频率 $\omega_0=\gamma B_0$.

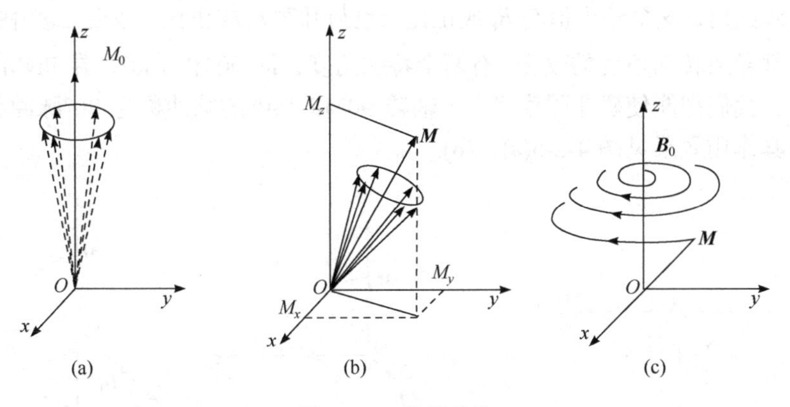


图 4-2-3　宏观磁化

当射频场 $\boldsymbol{B}_1$ 作用结束，核系统从不平衡状态逐渐恢复到平衡状态，同时释放出光子能量，也可以把能量交给周围物质，这个过程称为弛豫过程，如图 4-2-3(c)所示.

从微观角度理解，弛豫过程可分为两类：一类是由于自旋磁矩与周围物质(晶格)相互作用使 $M_z$ 逐渐恢复到 $M_0$，称为自旋-晶格弛豫，也称为纵向弛豫，以弛豫时间 $T_1$ 表示；另一类称为自旋-自旋弛豫，它导致 $\boldsymbol{M}$ 的横向分量 $M_{xy}$ 逐渐趋于零，称为横向弛豫，以弛豫时间 $T_2$ 表示.

3. 射频脉冲磁化矢量的作用

设磁场的方向沿着 $z$ 轴，在 $x$ 方向施加线偏振的射频磁场(用线圈产生)

$$B_x = 2B_1\cos(\omega_0 t) \tag{4-2-7}$$

我们可以把该磁场分解为两个在 $xy$ 平面内反方向旋转的圆偏振磁场，其振幅均为 $B_1$，见图 4-2-4. 理论分析表明，只有旋转方向与核磁矩或者磁化强度旋转方向一致的圆偏振磁场才对共振有贡献，另一个旋转方向的磁场无贡献. 我们知道，平衡态下，样品的磁化强度矢量是平行于 $z$ 轴的. 若引入一个与旋进同步的旋转坐标系 $x'y'z'$，其转轴 $z'$ 与固定坐标系的 $z$ 轴重合，转动角频率 $\omega$ 与射频脉冲旋转磁场的频率也相同，$\boldsymbol{M}$ 在旋转坐标系中是静止的，则磁化强度 $\boldsymbol{M}$ 在 $\boldsymbol{B}_1$ 的作用下遵循方程

$$\frac{\mathrm{d}\boldsymbol{M}}{\mathrm{d}t} = \gamma \boldsymbol{M} \times \boldsymbol{B}_1 \tag{4-2-8}$$

根据此方程，如果脉冲作用时间是 $t_p$，则 $\boldsymbol{M}$ 将绕 $x$ 轴向 $y'$ 方向转过一个角度 $\theta$，且

$$\theta = \gamma B_1 t_p \tag{4-2-9}$$

$\theta$ 称为倾倒角，这个角度值与 $B_1$ 成正比，也与脉宽 $t_p$ 成正比，改变二者中的任何一个，都导致转动角度的改变. 有两个特殊角度，即 90°和 180°，在 PNMR 中特别重要，我们把能使磁化强度离开 $z$ 轴转 90°和 180°的脉冲称为 90°脉冲和 180°脉冲，其作用效果见图 4-2-5(a)、(b).

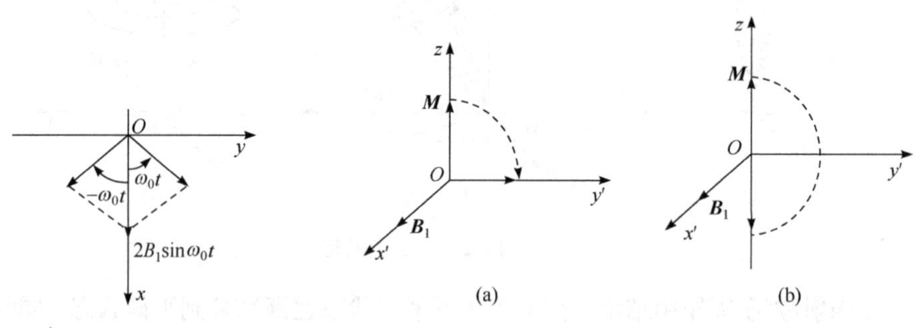


图 4-2-4 线偏振波分解成两个圆偏振波　　图 4-2-5 90°射频脉冲和 180°射频脉冲的作用

很显然，180°脉冲作用以后，磁化强度还在 $z$ 轴，不能在 $x$ 或 $y$ 方向的线圈

内感应出信号，而 90°脉冲作用后，磁化强度恰好倒在了 $xy$ 平面内，它能在 $x$ 或 $y$ 方向的线圈内感应出信号，即 FID 信号，而且信号强度是最大的. 其他角度的脉冲作用也能产生 FID 信号，但幅度要小于 90º 脉冲作用的效果.

射频脉冲作用过后，磁化强度要经历弛豫过程恢复平衡态，包括纵向分量 $M_z$ 和横向分量 $M_{xy}$ 分别恢复到平衡态的值 $M_0$ 和 0. 但是，这两个分量的弛豫过程是独立的，而且横向弛豫过程比纵向弛豫过程要快，因为假如相反，$z$ 分量已经弛豫到平衡态，而横向分量还有不为 0 的值，则合成的总磁化强度就大于平衡态的值，而这是不可能的.

关于作用时间脉宽 $t_p$，可以给出其定义，即脉冲宽度远小于两个方向的弛豫时间

$$t_p \ll T_1, T_2 \tag{4-2-10}$$

这样，只要射频场 $B_1$ 足够强，则 $t_p$ 值均可做到足够小而满足式(4-2-9)的要求，这就意味着射频脉冲作用期间弛豫作用可忽略不计.

4. 自由感应衰减信号

设 $t=0$ 时刻加上射频脉冲场 $\boldsymbol{B}_1$，到 $t=t_p$ 时 $\boldsymbol{M}$ 绕 $\boldsymbol{B}_1$ 旋转 90°而倾倒在 $y'$ 轴上，这时 $\boldsymbol{B}_1$ 消失，核磁矩系统将由弛豫过程恢复到热平衡状态. 其中 $M_z \to M_0$ 的变化速度取决于 $T_1$，$M_x \to 0$ 和 $M_y \to 0$ 的衰减速度取决于 $T_2$，在旋转坐标系看来 $\boldsymbol{M}$ 没有进动，恢复到平衡位置的过程如图 4-2-6(a)所示，在实验室坐标系看来 $\boldsymbol{M}$ 绕 $z$ 轴旋进按螺旋形式回到平衡位置，如图 4-2-6(b)所示. 在这个弛豫过程中，若在垂直于 $z$ 轴方向上置一个接收线圈，便可感应出一个射频信号，其频率与进动频率 $\omega_0$ 相同，其幅值按照指数规律衰减，称为自由感应衰减(free inductive decay)信号，简称为 FID 信号. 经检波并滤去射频以后，观察到的 FID 信号是指数衰减的包络线，如图 4-2-6(c)所示. FID 信号与 $\boldsymbol{M}$ 在 $xy$ 平面上横向分量的大小有关，所以 90°脉冲的 FID 信号幅值最大，180°脉冲的幅值为零.

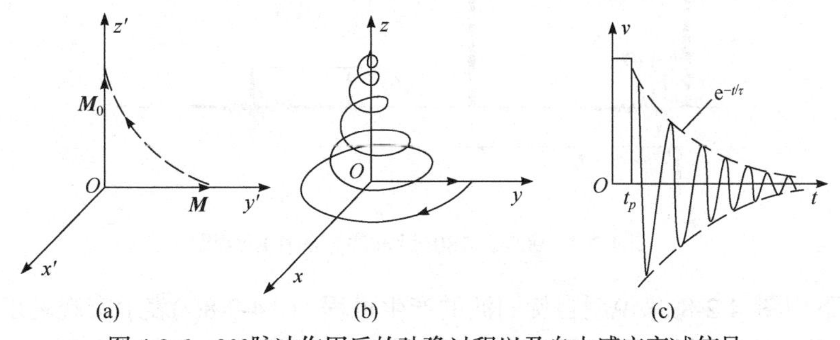


图 4-2-6　90°脉冲作用后的弛豫过程以及自由感应衰减信号

实验中由于恒定磁场 $B_0$ 不可能绝对均匀，样品中不同位置的核磁矩所处的外场大小有所不同，其进动频率各有差异，实际观测到的 FID 信号是各个不同进动频率的指数衰减信号的叠加，设 $T_2'$ 为磁场不均匀所等效的横向弛豫时间，则总的 FID 信号的衰减速度由 $T_2$ 和 $T_2'$ 两者决定，可以用一个称为表现横向弛豫时间 $T_2^*$ 来等效：

$$\frac{1}{T_2^*}=\frac{1}{T_2}+\frac{1}{T_2'} \tag{4-2-11}$$

若磁场域不均匀，则 $T_2'$ 越小，从而 $T_2^*$ 也越小，FID 信号衰减也越快. 为了消除 $T_2'$ 的影响，实验中常采用自旋回波的方法.

5. 自旋回波

自旋回波(spin-echo，SE)是哈恩在 1950 年最早提出的，自旋回波是一种用双脉冲或多个脉冲来观察核磁共振信号的方法，现在讨论核磁矩系统对两个或多个射频脉冲的响应，在实际应用中，常用两个或多个射频脉冲组成脉冲序列，周期性地作用于核磁矩系统. 例如在 90°射频脉冲作用后，经过 $\tau$ 时间再施加一个 180°射频脉冲，便组成一个 90°-$\tau$-180° 脉冲序列(同理，可根据实际需要设计其他脉冲序列). 这些脉冲序列的脉宽 $t_p$ 和脉距 $\tau$ 应满足下列条件：

$$t_p \ll T_1, T_2, \tau \tag{4-2-12}$$

$$T^*{}_2 < \tau < T_1, T_2 \tag{4-2-13}$$

90°-$\tau$-180° 脉冲序列的作用结果如图 4-2-7 所示，在 90°射频脉冲后即观察到 FID 信号；在 180°射频脉冲后面对应于初始时刻的 $2\tau$ 处还观察到一个回波信号. 这种回波信号是在脉冲序列作用下核自旋系统的运动引起的，故称自旋回波.

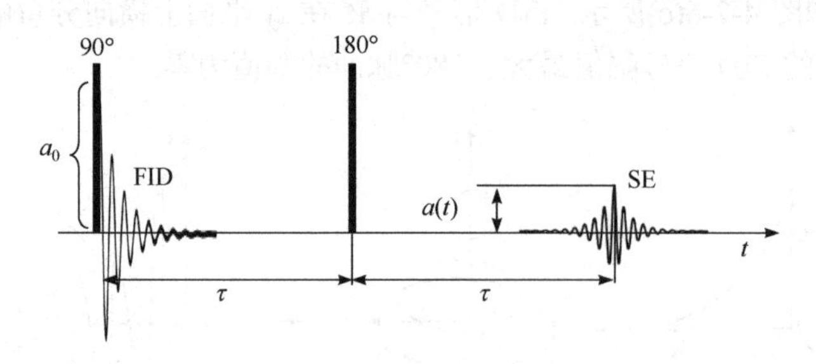


图 4-2-7　90°-$\tau$-180° 脉冲序列的作用结果

以下用图 4-2-8 来说明自旋回波的产生过程. 图 4-2-8(a)表示宏观磁矩 $\boldsymbol{M}_0$ 在 90°射频脉冲作用下绕 $x'$ 轴倒向 $y'$ 轴上；图 4-2-8(b)表示脉冲消失后核磁矩自由进

动受到$B_0$不均匀的影响，很快散相，使部分磁矩的进动频率不同，引起磁矩的进动频率不同，磁矩相位分散并成扇形展开. 为此可把$M$看成是许多分量$M_i$之和. 从旋进坐标系看来，进动频率等于$\omega_0$的分量相对静止，大于$\omega_0$的分量(图中以$M_1$代表)向前转动，小于$\omega_0$的分量(图中以$M_2$为代表)向后转动；图 4-2-8(c)表示 180°射频脉冲的作用使磁化强度各分量绕$z'$轴翻转 180°，并继续它们原来的转动方向；图 4-2-8(d)表示$t=2\tau$时刻各磁化强度分量刚好会聚到$-y'$轴上重聚，所以 180°脉冲又叫再聚焦脉冲，它抵消了磁场不均匀性造成的影像. 图 4-2-8(e)表示$t>2\tau$以后，用于磁化强度各矢量继续转动而又呈扇形展开. 因此，在$t=2\tau$处，得到如图 4-2-7 所示的自旋回波信号.

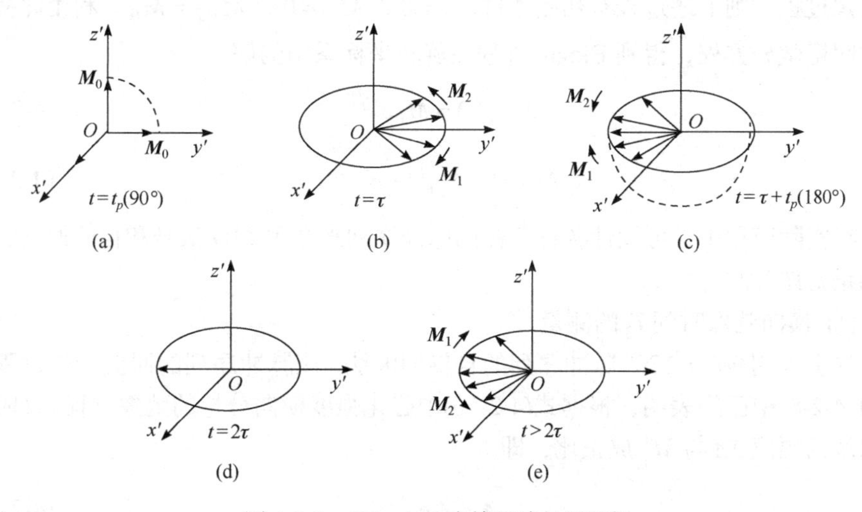


图 4-2-8　90°-τ-180°自旋回波矢量图解

由此可知，自旋回波与 FID 信号密切相关，如果不存在横向弛豫，则自旋回波幅值应与初始的 FID 信号一样，但在$2\tau$时间内横向弛豫作用不能忽略，宏观磁化强度各横向分量应减小，使得自旋回波信号幅值小于 FID 信号的初始幅值，而且脉距$\tau$越大则自旋回波相幅值越小.

6. 弛豫时间的测量

核磁共振现象的发现者布洛赫(Bloch)从经典理论出发，提出了以他名字命名的著名方程，即 Bloch 方程，在实验室坐标系中表示为

$$\frac{\mathrm{d}\boldsymbol{M}}{\mathrm{d}t}=\gamma(\boldsymbol{M}\times\boldsymbol{B})-\frac{1}{T_2}(M_x\boldsymbol{i}+M_y\boldsymbol{j})+\frac{1}{T_1}(M_0-M_z)\boldsymbol{k} \tag{4-2-14}$$

式中$M$为磁化矢量，$T_1$、$T_2$分别为纵向弛豫时间和横向弛豫时间. 在实验室坐标系中求解出宏观磁化矢量的运动轨迹是很困难的，为了简化求解，引入了旋转坐

标系. 旋转坐标系与实验室坐标系的 $z$ 轴重合，$xy$ 平面则以 $z$ 为轴，以拉莫尔频率旋转. 在此坐标系中，宏观磁化矢量 $\boldsymbol{M}$ 的进动被作为背景得以消除，观察到的只有射频作用和弛豫效应. 在旋转坐标系下 Bloch 方程有比较简单的形式

$$\frac{\mathrm{d}M_{x'y'}}{\mathrm{d}t}=-\frac{1}{T_2}M_{x'y'} \tag{4-2-15}$$

$$\frac{\mathrm{d}M_{z'}}{\mathrm{d}t}=-\frac{1}{T_1}(M_0-M_{z'}) \tag{4-2-16}$$

为简单求解，只考虑在外磁场 $\boldsymbol{B}_0$ 中，核系统在 90°射频脉冲的激励下，且仅限于纯弛豫过程，则上述过程有初始条件：$t=0$，$M_{z'}=0$，$M_{x'y'}=M_0$，利用此初始条件解得微分方程，得到 Bloch 方程在旋转坐标系中的解

$$M_{x'y'}(t)=M_0\mathrm{e}^{-t/T_2} \tag{4-2-17}$$

$$M_{z'}(t)=M_0\left(1-\mathrm{e}^{-t/T_1}\right) \tag{4-2-18}$$

在实际应用中，可设计各种各样的脉冲序列来产生 FID 信号和自旋回波，用以测量弛豫时间 $T_1$ 和 $T_2$.

(1) 横向弛豫时间 $T_2$ 的测量.

这里采用 90°-$\tau$-180° 脉冲序列的自旋回波法. 该脉冲序列的回波产生过程，在图 4-2-8 中已经表明，根据式(4-2-16)中磁化强度横向分量的弛豫过程，$t$ 时间自回波的幅值 $\Delta A$ 与 $M'_y$ 成正比，即

$$A=A_0\mathrm{e}^{-t/T_2} \tag{4-2-19}$$

式中 $t$=2$\tau$，$A_0$ 是 90°射频脉冲刚结束时 FID 信号的幅值与 $M_0$ 成正比，实验中只要改变脉距 $\tau$，则回波的峰值就相应地改变，若依次增大 $\tau$ 测出若干个相应的回波峰值，便得指数衰减的包络线，对式子(4-2-19)两边取对数，可得直线方程

$$\ln A=\ln A_0-2\tau/T_2 \tag{4-2-20}$$

式中 $2\tau$ 作为自变量，则直线斜率的倒数便是 $T_2$，由此便可求出横向弛豫时间.

(2) 纵向弛豫时间 $T_1$ 的测量.

这里采用 90°-$\tau$-180° 脉冲序列的反转恢复法，首先用 180°射频脉冲把磁化强度 $\boldsymbol{M}$ 从 $z'$ 轴翻转到 $-z'$ 轴，见图 4-2-9(a)，这时 $M_z=-M_0$，$\boldsymbol{M}$ 没有横向分量，也就没有 FID 信号，但纵向弛豫过程会使 $M_z$ 由 $-M_0$ 经过零值向平衡值 $M_0$ 恢复，在恢复过程的 $\tau$ 时刻施加 90°射频脉冲，则 $\boldsymbol{M}$ 便翻转到 $-y'$ 轴上，见图 4-2-9(b)，这时接收线圈将会感应得 FID 信号，该信号的幅值正比于 $M_z$ 的大小，$M_z$ 的变化规律可由式(4-2-15)方程求解，并根据 180°射频脉冲作用后的初始条件为 $t$=0 时

$M_z = -M_0$ 而得

$$M_z = M_0\left(1 - 2e^{-t/T_1}\right) \tag{4-2-21}$$

图 4-2-9(c)表示 90°射频脉冲作用前的瞬间，$M_z$ 的大小与脉距 $\tau$ 的关系. 可见总可以选择到合适的 $\tau$ 值，使 $t = \tau$ 时 $M_z$ 恰好为零，并由式(4-2-19)求得 $\tau = T_1 \ln 2$ ，故

$$T_1 = \frac{\tau}{\ln 2} \tag{4-2-22}$$

这种求 $T_1$ 的方法常称为“零法”，只要改变 $\tau$ 的大小使 FID 信号刚好等于零便可，不过，应该反复多次进行，把 $\tau$ 值测准.

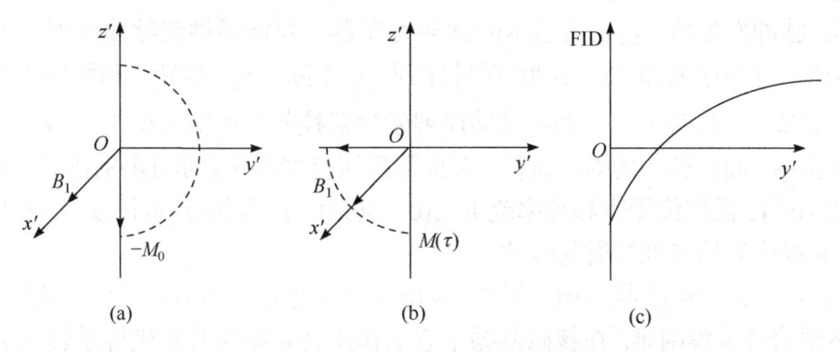


图 4-2-9　180°-$\tau$-90°脉冲序列的作用及其 FID 信号

## 实验装置

PNMR 实验装置框图如图 4-2-10 所示，其组成包括电磁铁、磁场电源、探头、脉冲发生器、射频开关放大器、射频相位检波器、示波器和计算机等.

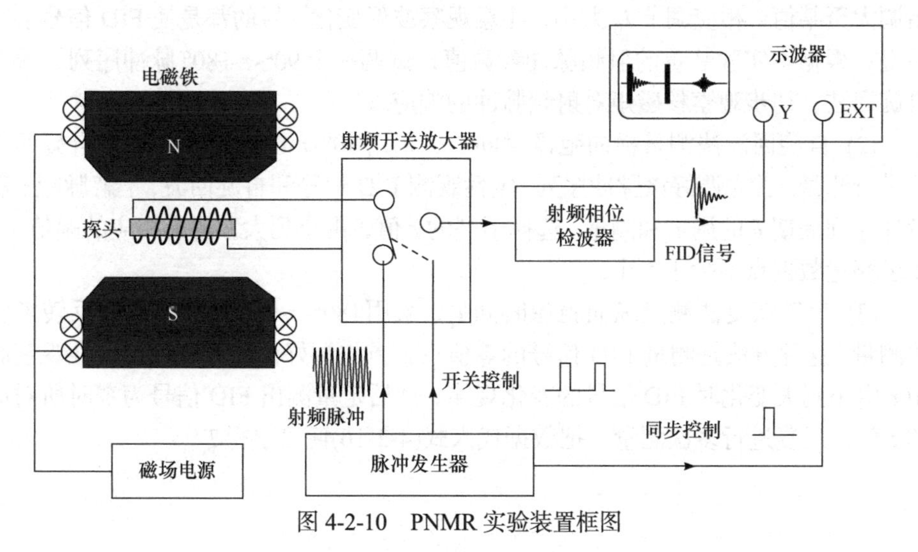


图 4-2-10　PNMR 实验装置框图

(1) 磁铁系统. 由钕铁硼材料和轭铁组成，磁极左右各两组线圈，一组调节磁场强度，一组调节磁场均匀度.

(2) 探头. 由射频发射线圈组成，它既是脉冲射频场发射线圈，也是观察自由旋进信号的接收线圈. 这些信号经接收机放大和检波后，再送到示波器显示出来，样品放入射频线圈内.

(3) 射频开关放大器. 开关放大器是射频切换开关. 在旋转射频场加载时将射频线圈与射频脉冲连接，此时射频脉冲与相位检波器内的放大器断开. 在观察自由旋进信号时将射频线圈与相位检波器的放大器相连，这样既可以方便观察自由旋进信号，同时又能避免放大器因大功率烧毁.

(4) 脉冲发生器. 它是最基本的脉冲程序器，要能提供双脉冲序列，可产生 $90°\text{-}\tau\text{-}180°$ 脉冲序列和 $180°\text{-}\tau\text{-}90°$ 脉冲序列，其中脉宽 $t_p$、脉距 $\tau$ 和脉冲周期 $T$ 均可连续调节. 射频开关放大器受脉冲序列发生器控制，使输入探头回路不是连续的射频振荡，而是脉冲的射频振荡. 振荡器采用直接数字合成(DDS)技术，具有高稳定度($10^{-8}$)、低相位噪声和频率范围大(0～30MHz)、高精度(步长 0.02Hz)调节等特点. 它提供射频基准和射频脉冲.

(5) 射频相位检波器. 相位检波器在电子学中是将高频信号转变成低频信号，因为高频信号采集困难. 在核磁共振中它的作用就是将实验室坐标系转变为旋转坐标系，才能保证每次激发时相位是一致的，从而能够得到成像所必需的相位精度.

(6) 计算机. 编译各种脉冲序列，将采集数据进行处理.

## 实验内容

(1) 观察 FID 信号和自旋回波. 用第一脉冲进行观察，第一脉冲宽度由零开始调大至某值，相应调节 $I_0$ 大小，注意观察波形变化，目的都是使 FID 信号衰减最慢；根据本实验装置的射频脉冲参数值，试调一个 $90°\text{-}\tau\text{-}180°$ 脉冲序列，寻找自旋回波，初步观察核磁矩对射频脉冲的响应.

(2) 自旋回波法测量横向弛豫时间 $T_2$. 采用 $90°\text{-}\tau\text{-}180°$ 脉冲序列的自旋回波法进行测量. 首先调好该脉冲序列，定性观测 FID 信号和自旋回波，了解脉距 $\tau$ 和脉冲序列周期 $T$ 的调节和测量. 选择不同的 $\tau$ 值，由小到大，测出相应的幅值 $A$，要求测量数据点不少于 5 个.

(3) 反转恢复法测量纵向弛豫时间 $T_1$. 采用 $180°\text{-}\tau\text{-}90°$ 脉冲序列的反转恢复法测量. 这种方法是测量 FID 信号的零值点，首先调好该脉冲序列，定性观察脉距 $\tau$ 由小到大变化时 FID 信号的变化规律，然后定量测出 FID 信号为零时所对应的 $\tau$ 值，反复进行多次测量，把数据代入式(4-2-16)便可求得 $T_1$.

**问题思考**

(1) 瞬态 NMR 实验对射频磁场的要求与稳态(连续波 CW)NMR 实验对射频磁场的要求有什么不同?

(2) 何谓射频脉冲? 何谓FID信号? 90°射频脉冲和180°射频脉冲的FID信号幅值是怎样的? 为什么?

(3) 何谓90°-$\tau$-180°脉冲序列和180°-$\tau$-90°脉冲序列? 这些脉冲的参数$t_p$、$\tau$、$T$等要满足什么要求? 为什么?

(4) 试述倾倒角$\theta$的物理意义.

(5) 为什么自旋回波法可以消除磁场不均匀的影响?

**参考文献**

[1] 吴思诚, 王祖铨. 近代物理实验. 3版. 北京: 高等教育出版社, 2005.
[2] 赵喜平. 磁共振成像. 北京: 科学出版社, 2006.

# 4-3　电子自旋共振

电子自旋共振(electron spin resonance, ESR)亦称电子顺磁共振(electron paramagnetic resonance, EPR), 1944年由苏联物理学家扎伏伊斯基首先观察到. 它是指电子自旋磁矩在磁场中受相应频率的电磁波作用时发生的共振跃迁现象. 这个现象在具有未成对自旋磁矩的顺磁物质(即含有未耦电子的化合物)中能够观察到. 因此, 电子自旋共振是探测物质中未耦电子(如自由基、内电子壳层未填满的金属离子和稀土离子、固体中的杂质和缺陷等), 通过对这类顺磁物质的电子自旋共振波谱的观测(如测量$g$因子、线宽、弛豫时间、超精细结构参数等), 从而获得有关物质中未成对电子状态以及它们与周围原子相互作用, 微观结构方面的信息. 这种方法具有很高的灵敏度和分辨率, 能深入到物质内部进行细致分析而不破坏样品结构以及对化学反应无干扰等优点. 目前, 被广泛应用于物理、化学、生物和医学等领域的研究中. 近年来, 一种新的高时间分辨电子顺磁共振技术, 被用来研究激光光解所产生的瞬态顺磁物质(光解自由基)的电子自旋极化机制, 从而获得分子激发态与自由基反应动力学方面的信息, 成为光物理与光化学研究中的一种重要手段.

**实验预习**

(1) 电子自旋共振研究的对象是什么?

(2) 了解反射式谐振腔、微波元件魔T的工作原理及使用方法.

## 实验目的

(1) 掌握用微波段实验方法，观察二苯基苦酸基联氨(DPPH)顺磁样品中电子自旋共振信号.

(2) 测定 DPPH 的 $g$ 因子、共振线宽和弛豫时间 $T_2$.

## 实验原理

### 1. 电子自旋共振条件

由原子物理学可知，原子中电子的轨道角动量 $P_l$ 和自旋角动量 $P_s$ 会引起相应的轨道磁矩 $\mu_l$ 和自旋磁矩 $\mu_s$，而 $P_l$ 与 $P_s$ 的总角动量 $P_j$ 引起相应的电子总磁矩为

$$\mu_j = -g\frac{e}{m_e}P_j \tag{4-3-1}$$

式中 $m_e$ 为电子质量，$e$ 为电子电荷，负号表示电子总磁矩方向与总角动量方向相反. $g$ 是一个无量纲的常数，称朗德 $g$ 因子. 它与原子的具体结构有关，通过实验精确测定 $g$ 的数值可判断电子运动状态的影响，从而有助于了解原子的结构.

通常原子磁矩的单位用玻尔磁子 $\mu_B$ 表示，$\mu_B = \dfrac{\hbar e}{2m_e} = 9.2741\times10^{-24}\,\mathrm{J\cdot T^{-1}}$，这样原子中电子的磁矩可写成

$$\mu_j = -g\frac{\mu_B}{\hbar}P_j = \gamma P_j \tag{4-3-2}$$

式中 $\gamma$ 称回磁比

$$\gamma = -g\frac{\mu_B}{\hbar} \tag{4-3-3}$$

由量子力学可知，在外磁场中角动量 $P_j$ 和磁矩 $\mu_j$ 在空间的取向是量子化的. 在外磁场方向( $z$ 轴)的投影

$$P_z = m\hbar \tag{4-3-4}$$

$$\mu_z = \gamma m \tag{4-3-5}$$

式中 $m$ 为磁量子数，$m = j, j-1, \cdots, -j$ .

当原子磁矩不为零的顺磁物质置于恒定外磁场 $B_0$ 中时，其相互作用能也是不连续的，其相应的能量为

$$E = -\mu_j \cdot B_0 = -\gamma m\hbar B_0 = -mg\mu_B B_0 \tag{4-3-6}$$

由于电子的自旋量子数 $s = 1/2$，则电子的磁量子数 $m = \pm 1/2$，两相邻磁能级之间的能量差为

$$\Delta E = g\mu_B B_0 \tag{4-3-7}$$

若在垂直于恒定外磁场 $B_0$ 方向加一交变电磁场(射频场或微波场)，其频率满足

$$\omega\hbar = \Delta E = g\mu_B B_0 \tag{4-3-8}$$

当 $\omega = \omega_0$ 时，即交变磁场的能量恰好等于相邻两个塞曼能级差，电子在相邻能级间就有跃迁. 这种在交变磁场作用下，电子自旋磁矩与外磁场相互作用所产生的能级间的共振吸收现象，称为电子自旋共振，也称为电子顺磁共振. 式(4-3-8)可写成

$$\omega = g\frac{\mu_B}{\hbar}B_0 \quad 或 \quad f = g\frac{\mu_B}{h}B_0 \tag{4-3-9}$$

式(4-3-9)即为电子自旋共振条件.

2. 电子顺磁共振研究对象

由上述分析可知，电子顺磁现象只能发生在原子的固有磁矩不为零的顺磁材料中. 对于许多原子来说，其基态 $J \neq 0$，有固有磁矩，能观察到顺磁共振现象. 但是当原子结合成分子和固体时，却很难找到 $J \neq 0$ 的电子状态，这是因为具有惰性气体结构的离子晶体以及靠电子配对耦合而成的共价键晶体都形成饱和的满壳层电子结构而没有固有磁矩. 另外，在分子和固体中，电子轨道运动的角动量要被邻近的原子或离子所产生的电场(晶格场或分子场)完全地或部分地猝灭，所以分子和固体中的磁矩主要来自电子自旋磁矩的贡献. 故电子顺磁共振又称为电子自旋共振. 根据泡利(W. Pauli)不相容原理，一个分子轨道中只能容纳两个自旋相反的电子. 如果分子中所有分子轨道都已成对地填满，它们的自旋磁矩完全抵消，分子呈现抗磁性. 通常大多数的化合物都是抗磁性，不是电子自旋共振的研究对象. 当分子轨道中只有一个电子时(即分子中具有一个未偶的电子的化合物)，电子自旋磁矩不被抵消，分子才呈现顺磁性. 正是这种未偶电子向我们提供了电子自旋共振信息.

本实验测量的标准样品为含有自由基的有机物 DPPH(Di-phenyl-picryl-Hydrazyl)，叫二苯基苦酸基联氨. 其分子式为 $(C_6H_5)_2N-NC_6H_2(NO_2)_3$，结构式如图 4-3-1 所示. 它的第二个 N 原子少了一个共价键，有一个未偶电子，或者说一个未配对的“自由电子”，是一个稳定的有机自由基. 对于这种自由电子，它只有自旋角动量而没有轨道角动量，或者说它的轨道角动量完全猝灭了. 故在实验中能容易地观察到电子自旋共振现象. 由于 DPPH 中的“自由电子”并不是完全自由的，其 $g$ 因子标准值为 2.0037(2)，标准线宽为 $2.7\times10^{-4}$ T.

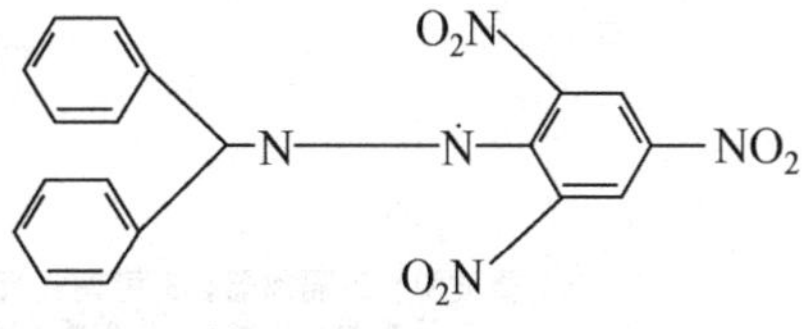

图 4-3-1　DPPH 分子结构式

3. ESR 与 NMR 的比较

电子自旋共振(ESR)和核磁共振(NMR)分别研究未偶电子和原子核塞曼能级间的共振跃迁，基本原理和实验方法上有许多共同点，但也有不同之处.

由于玻尔磁子 $\mu_B$ 与核磁子 $\mu_N$ 之比等于质子质量与电子质量之比 1836.152710(37)(1986 年国际推荐值)，因此，在相同磁场下核塞曼能级裂距较电子塞曼能级裂距小 3 个数量级. 这样在通常磁场条件下 ESR 的频率范围落在电磁波谱的微波段，所以在弱磁场的情况下，可观察电子自旋共旋现象. 根据玻尔兹曼分布规律，能级裂距大，上、下能级间粒子数的差值也大，因此 ESR 的灵敏度较 NMR 高，可检测低至$10^{-4}$ mol 的样品，例如半导体中微量的特殊杂质. 此外，由于电子磁矩较核磁矩大 3 个数量级，电子的顺磁弛豫相互作用较核弛豫相互作用强得多，纵向弛豫时间 $T_1$ 和横向弛豫时间 $T_2$ 一般都很短，因此除溶液自由基外，ESR 谱线一般都较宽.

ESR 只能考察与未偶电子相关的几个原子范围内的局部结构信息，对有机化合物的分析远不如 NMR 优越；但 ESR 能方便地用于研究固体. ESR 的最大特点在于，它是检测物质中是否含有未偶电子的唯一直接的方法，只要材料中有顺磁中心，就能进行研究. 即使样品中本来不存在未偶电子，也可用吸附、电解、热解、高能辐射、氧化还原等化学反应和人工方法产生顺磁中心.

## 实验装置

微波段 ESR 谱仪由产生恒定磁场的磁场系统，产生交变磁场的微波源和微波传输线路，带有样品的谐振腔以及 ESR 信号的检测和显示系统等组成. 实验中的有关微波元件可参看微波实验部分，实验装置如图 4-3-2 所示.

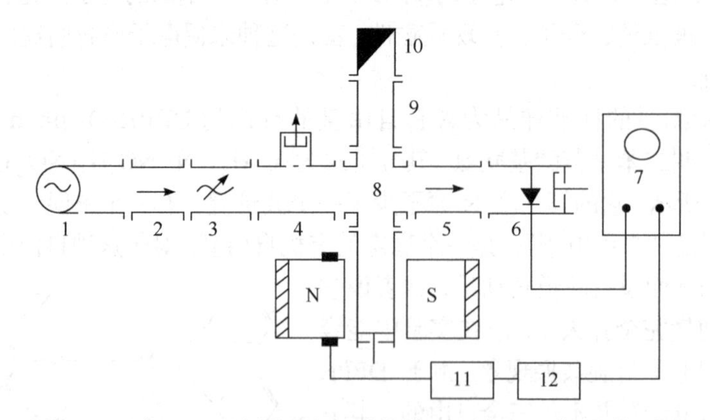


1-微波源；2-隔离器；3-可调式衰减器；4-频率计；5-隔离器；6-检波晶体二极管；7-示波器；8-魔T；9-单螺调配器；10-终端负载；11-扫场电源；12-移相器

图 4-3-2　微波段 ESR 谱仪方框图

下面对微波源、磁场系统、样品腔、魔T等作简单介绍.

(1) 微波源. 微波源可采用反射式速调管微波源或固态微波源. 本实验采用3cm固态微波源，它具有寿命长、输出功率较大、输出频率较稳定等优点，用其作微波源时，ESR的实验装置比采用速调管简单.

(2) 魔T. 魔T是一个具有与低频电桥电路相类似特性的微波元器件，在微波测量、微波器件等方面有着广泛用途，其结构如图4-3-3所示. 它有四个臂，相当于一个E～T和一个H～T组成，故又称双T电桥. 魔T是一种互易无损耗四端口网络，具有“双臂隔离，旁臂平分”的特性. 利用四端口S矩阵可证明，只要1、4臂同时调到匹配，则2、3臂也自动获得匹配；反之亦然. E臂和H臂之间固有隔离，反向臂2、3之间彼此隔离，即从任一臂输入信号都不能从相对臂输出，只能从旁臂输出. 信号从H臂输入，同相等分给2、3臂；E臂输入则反相等分给2、3臂. 由于互易性原理，若信号从反向臂2、3同相输入，则E臂得到它们的差信号，H臂得到它们的和信号；反之，若2、3臂反相输入，则E臂得到和信号，H臂得到差信号. 当输出的微波信号经隔离器、衰减器进入魔T的H臂(1臂)，同相等分给2、3臂，而不能进入E臂(4臂). 3臂接单螺调配器和终端互载；2臂接可调的反射式矩形样品谐振腔，样品DPPH在腔内的位置可调整. E臂(4臂)接隔离器和晶体检波器；2、3臂的反射信号只能等分给E、H臂，当3臂匹配时，E臂上微波功率仅取自于2臂的反射.

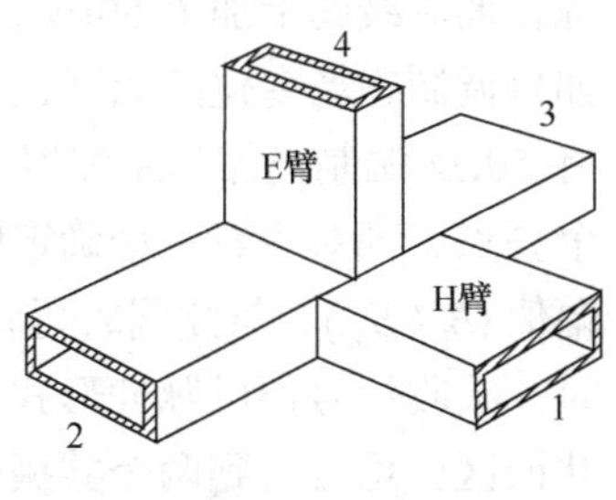

图4-3-3　魔T

(3) 样品腔. 样品腔结构如图4-3-4所示，是一个反射式终端活塞可调的矩形谐振腔. 谐振腔的末端是可移动的活塞，调节活塞位置，使腔长度等于半个波导波长的整数倍$\left(\ell = P\dfrac{\lambda_g}{2}\right)$时，谐振腔谐振. 当谐振腔谐振时，电磁场沿谐振腔长$l$方向出现$P$个长度为$\dfrac{\lambda_g}{2}$的驻立半波，即$TE_{10P}$模式. 腔内闭合磁力线平行于波导宽壁，且同一驻立半波磁力线的方向相同、相邻驻立半波磁力线的方向相反. 在相邻两驻立半波空间交界处，微波磁场强度最大，微波电场最弱. 满足样品磁共振吸收强，非共振的介质损耗小的要求，所以是放置样品最理想的位置.

在实验中应使外加恒定磁场$B$垂直于波导宽边，以满足ESR共振条件的要求. 样品腔的宽边正中开有一条窄槽，通过机械传动装置可使样品处于谐振腔中的任何位置并可以从窄边上的刻度上直接读数，调节腔长或移动样品的位置，可测出波导波长$\lambda_g$；调节腔长还可测定样品腔的振荡模式$TE_{10P}$.

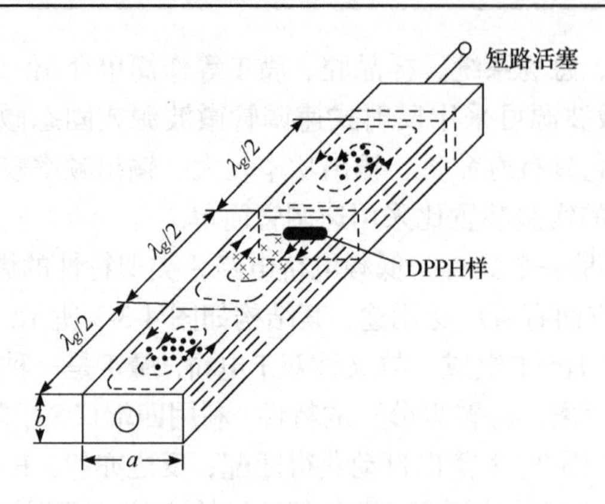


图 4-3-4　样品腔磁场结构

(4) 磁场系统. 磁场系统由带调制磁场的永久磁铁扫场源和移相器组成. 永久磁铁提供与谱仪工作频率相匹配的样品磁能级分裂所必需的恒定磁场 $B_0$，扫场源在调制线圈上加上 50Hz 的低频电流，这样便产生一个交变磁场，设为 $B_m \sin \omega t$. 如果调制磁场变化的幅度，比磁共振信号的宽度大，则可以扫出整个共振信号. 若将 50Hz 调制场加至示波器 $x$ 轴扫描，这样示波器屏幕的横轴电子束留下的每一个亮点，都对应着一个确定的瞬时磁场值 $B_0 + B_m \sin(2\pi x 50t)$，其中 $B_m$ 是调制场幅值 $(B_0 // B_m)$. 与此同时再将微波信号经过检波后接至示波器 $y$ 轴，则发生共振时，吸收信号便以脉冲形式显现在示波器上. 因调制场变化一周时，有两次通过共振区，均可看到两个共振信号，如图 4-3-5(a)所示，这时再通过移相器给示波器 $x$ 轴提供可移相的 50Hz 扫描信号，适当调节移相器中的电位器，此两个基本点共振信号将重合. 如图 4-3-5(b)所示.

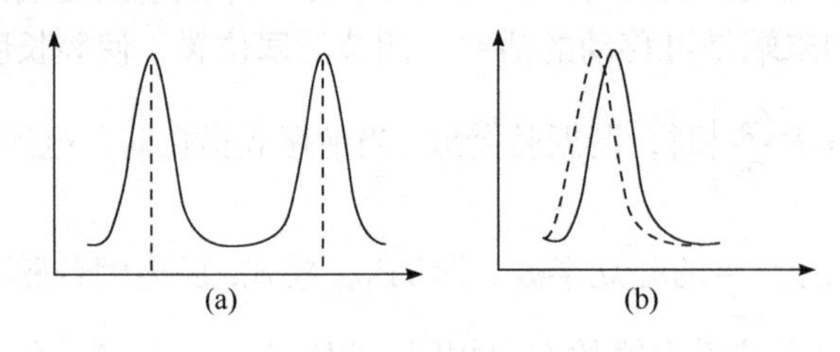


图 4-3-5　ESR 共振信号

## 实验内容

(1) 按图 4-3-3 实验装置连接好线路，了解和熟悉各仪器的使用和调节方法，开启系统中各仪器的电源、预热 15～20min.

(2) 调匹配. 主要调节魔 T 的 3 臂连接的单螺调配器(或双 T 调配器)，使系统匹配.

(3) 样品腔调谐. 将样品腔接至魔T的2臂，然后调节反射样品腔末端可移动活塞. 当腔长等于半个波导波长整数倍时，样品腔谐振，此时电表指示最小，调节样品位置于$\frac{\lambda_g}{2}$整数倍处. 调节反射样品腔长，测出三个谐振点位置：$L_1$、$L_2$、$L_3$，按下式求出$\overline{\lambda_g}$.

$$\frac{\overline{\lambda_g}}{2}=\frac{1}{2}\left[(L_3-L_2)+\frac{1}{2}(L_3-L_1)\right] \tag{4-3-10}$$

(4) 观察ESR信号，计算$g$因子. 加入恒定磁场和扫场电压，当磁场$B_0$为共振所需磁场时，在示波器上出现电子自旋共振信号的共振波形，如图 4-3-5(a)所示. 用高斯计测得恒定磁场$B_0$，根据共振条件$hf_0=g\mu_B B_0$，计算$g$因子.

(5) 测定共振线宽，确定弛豫时间$T_2$(选做).

**问题思考**

(1) 简述ESR的基本原理.

(2) 实验中不加扫场，能否观测到ESR信号？为什么？

(3) DPPH样品应放在谐振腔的什么位置？为什么？

(4) 为什么在弱磁场的情况下能观察到EPR，而不易观察NMR现象？

**参考文献**

[1] 冯蕴深. 磁共振原理. 北京: 高等教育出版社, 1992.
[2] 吴思诚, 王祖铨. 近代物理实验. 3版. 北京: 高等教育出版社, 2005.
[3] 王子宇. 微波技术基础. 北京: 北京大学出版社, 2003.

## 4-4　光泵磁共振实验

研究物质内部结构的最初方法是光谱学方法，通过物体发出的光谱或对连续谱的吸收研究物体的成分和结构. 如果要研究原子分子等微观粒子内部更精细的结构和变化，光谱学方法就受到仪器分辨率和谱线线宽的限制. 在此情况下，必须采用波谱学方法. 波谱学方法是利用物质的微波或射频共振以研究原子的精细结构、超精细结构，以及因磁场存在而分裂形成的塞曼子能级. 对于固态或液态物质，由于样品浓度大，共振信号较强，可以采用核磁共振、电子自旋共振等波谱学方法，但是，对于气态样品，由于样品浓度降低了几个数量级，很难得到理想强度的共振信号，所以，要想研究气体原子的精细结构、超精细结构及塞曼分裂，必须寻找新的方法来提高共振信号强度.

20 世纪 50 年代初期，法国科学家卡斯特莱(A.Kastler)等提出了光抽运技术(optical pumping，又称光泵)，即用圆偏振光来激发原子，打破原子在能级间的玻尔兹曼热平衡，造成原子在各能级上的偏极化分布，这时再以相应频率的射频场激励原子使其产生磁共振. 在探测磁共振方面，不直接探测原子对射频量子的发射和吸收，而是采用光探测法，探测原子对光量子的发射和吸收. 由于光量子的能量比射频量子高七八个数量级，所以探测信号灵敏度有很大提高. 也就是说，光泵磁共振，实际就是用一个射频信号控制一个光频信号的吸收过程.

光抽运-磁共振技术的出现，不仅使微观粒子结构的研究前进了一步，而且在激光、电子频率标准和精测弱磁场等方面也有重要突破. 1966 年，卡斯特莱因发现和发展了研究原子中核磁共振的光学方法(即光泵磁共振法)而获诺贝尔物理学奖.

光泵磁共振实验，物理内容丰富，综合程度很高，涵盖了原子物理学中的众多内容，对原子的能级分裂、精细结构、超精细结构、塞曼分裂及磁共振原理等的理解和掌握起到了很大的促进作用. 在物理思想、实验设计和实验方法上都有其独到之处.本实验以铷(Rb)原子气体为样本，观察光抽运现象、光泵磁共振现象，测量铷(Rb)原子基态的 $g_F$ 因子及当地地磁场等.

## 实验预习

(1) 熟悉磁共振的基础知识和铷原子基态及最低激发态的精细结构和超精细结构，熟悉弱磁场下的塞曼分裂.

(2) 熟悉光泵磁共振的基本原理，光泵磁共振与核磁共振等的不同.

(3) 熟悉光抽运原理，以及用光抽运进行磁共振观察和测量的基本方法.

(4) 熟悉用光泵磁共振信号测量铷元素基态 $g_F$ 因子的方法.

(5) 了解用光泵磁共振法测量地磁场的方法.

## 实验目的

(1) 熟悉磁共振的基础知识和铷原子基态及最低激发态的精细结构和超精细结构，熟悉弱磁场下的塞曼分裂.

(2) 熟练掌握光泵磁共振的基本原理.

(3) 熟练掌握光抽运技术，以及用光抽运进行磁共振观察和测量的基本方法.

(4) 掌握用光泵磁共振信号测量铷元素基态 $g_F$ 因子的方法.

(5) 了解用光泵磁共振法测量地磁场的方法.

## 实验原理

### 1. 铷原子基态和最低激发态

铷($Z$=37)是一价金属元素，天然铷有两种稳定的同位素：$^{85}$Rb 和 $^{87}$Rb，二者的比例接近 2：1.它们的基态都是 $5^2S_{1/2}$，即主量子数 $n = 5$，轨道量子数 $L = 0$，自旋量子数 $S = 1/2$，总角动量量子数 $J = 1/2$($LS$ 耦合).

在 $LS$ 耦合下，铷原子的最低激发态仅由价电子的激发所形成，其轨道量子数 $L=1$，自旋量子数 $S=1/2$，电子的总角动量 $J=L+S$ 和 $L-S$，即 $J=3/2$ 和 1/2，形成双重态：$5^2P_{1/2}$ 和 $5^2P_{3/2}$，这两个状态的能量不相等，产生精细分裂. 因此，从 5P 到 5S 的跃迁产生双线，分别称为 $D_1$ 和 $D_2$ 线，它们的波长分别是 794.8nm 和 780.0nm，其形成过程表示在图 4-4-1 中.

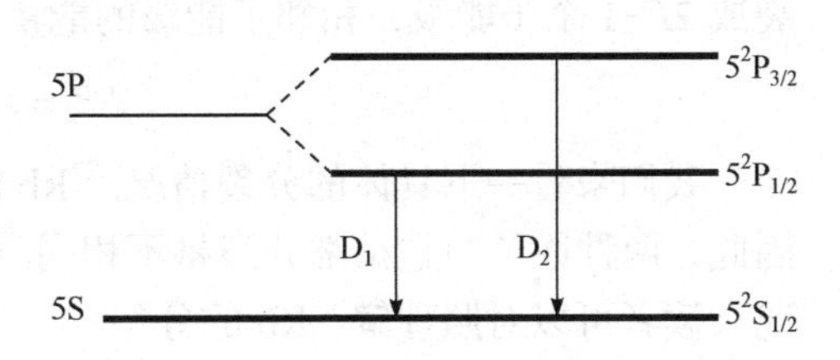


图 4-4-1　Rb 原子光谱 D 双线结构的形成

通过 $LS$ 耦合形成了电子的总角动量 $\boldsymbol{P}_J$，与此相联系的核外电子的总磁矩 $\boldsymbol{\mu}_J$ 为

$$\boldsymbol{\mu}_J = -g_J \frac{e}{2m} \boldsymbol{P}_J \tag{4-4-1}$$

其中

$$g_J = 1 + \frac{J(J+1) - L(L+1) + S(S+1)}{2J(J+1)} \tag{4-4-2}$$

就是著名的朗德因子，$m$ 是电子质量，$e$ 是电子电荷.

原子核也有自旋和磁矩，核自旋量子数用 $I$ 表示. 核角动量 $\boldsymbol{P}_I$ 和核外电子的角动量 $\boldsymbol{P}_J$ 耦合成一个更大的角动量，用符号 $\boldsymbol{P}_F$ 表示，其量子数用 $F$ 表示，则

$$\boldsymbol{P}_F = \boldsymbol{P}_J + \boldsymbol{P}_I \tag{4-4-3}$$

与此角动量相关的原子总磁矩为

$$\boldsymbol{\mu}_F = -g_F \frac{e}{2m} \boldsymbol{P}_F \tag{4-4-4}$$

其中

$$g_F = g_J \frac{F(F+1) + J(J+1) - I(I+1)}{2F(F+1)} \tag{4-4-5}$$

在有外静磁场 $\boldsymbol{B}$ 的情况下，总磁矩将与外场相互作用，使原子产生附加的能量

$$E = -\boldsymbol{\mu}_F \cdot \boldsymbol{B} = g_F \frac{e}{2m} \boldsymbol{P}_F \cdot \boldsymbol{B} = g_F \frac{e}{2m} M_F \hbar B = g_F M_F \mu_B B$$

其中 $\mu_B = \dfrac{e\hbar}{2m} = 9.2741 \times 10^{-24}\,\mathrm{J \cdot T^{-1}}$ 称为玻尔磁子，$M_F$ 是 $\boldsymbol{P}_F$ 的第三分量的量子数，

$M_F = -F, -F+1, \cdots, F-1, F$，共有 $2F+1$ 个值. 我们看到，原子在磁场中的附加能量 $E$ 随 $M_F$ 变化，原来对 $M_F$ 简并的能级发生分裂，称为超精细分裂，一个 $F$ 能级分裂成 $2F+1$ 个子能级，相邻子能级的能量差为

$$\Delta E = g_F \mu_B B \tag{4-4-6}$$

我们来看一下具体的分裂情况. $^{87}Rb$ 的核自旋 $I = 3/2$，$^{85}Rb$ 的核自旋 $I = 5/2$，因此，两种原子的超精细分裂将不相同. 我们以 $^{87}Rb$ 为例，介绍超精细分裂的情况，读者可以对照理解 $^{85}Rb$ 的分裂.

对于电子态 $5^2S_{1/2}$，角动量 $\boldsymbol{P}_J$ 与角动量 $\boldsymbol{P}_I$ 耦合成的角动量 $\boldsymbol{P}_F$ 有两个量子数：$F=I+J$ 和 $I-J$，即 $F=2$ 和 1.

同样，对于电子态 $5^2P_{1/2}$，耦合成的角动量 $\boldsymbol{P}_F$ 也有两个量子数：$F=2$ 和 1. 对于电子态 $5^2P_{3/2}$，耦合后的角动量 $\boldsymbol{P}_F$ 有四个量子数：$F=3,2,1,0$.

我们可以画出原子在磁场中的超精细分裂情况，如图 4-4-2 所示.由于实验中 $D_2$ 线被滤掉，所涉及的 $5^2P_{3/2}$ 态的耦合分裂也就不用考虑.

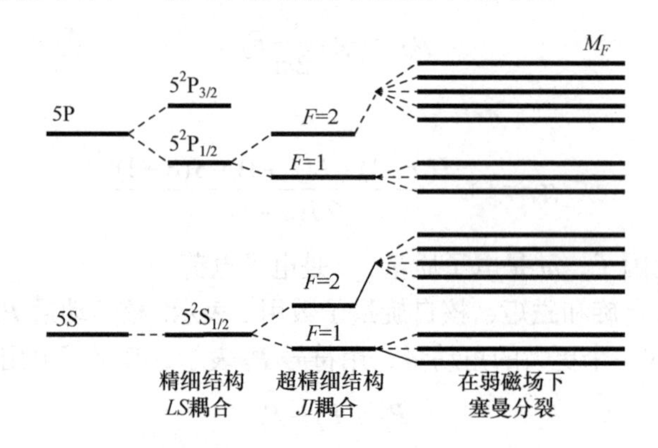


图 4-4-2 $^{87}Rb$ 原子能级超精细分裂

实验中，我们要对铷光源进行滤光和变换，只让 $D_1\sigma^+$(右旋圆偏振)光通过并照射到铷原子蒸气上，观察铷蒸气对 $D_1\sigma^+$光的吸收情况，基本实验装置如图 4-4-3 所示.

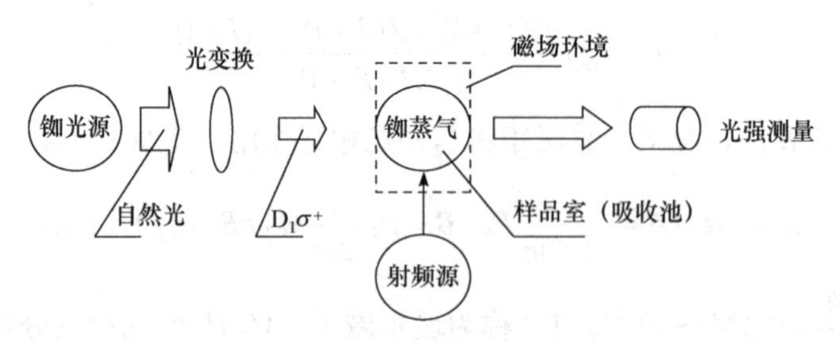


图 4-4-3 光泵磁共振基本流程图

需要指出的是：

(1) 以常温对应的能量 $k_BT$ 来衡量，超精细分裂和之后的塞曼分裂的裂距都是很小的，根据玻尔兹曼分布

$$\frac{N_1}{N_{\text{total}}}=e^{-\frac{E_1}{k_BT}} \tag{4-4-7}$$

由 $5^2S_{1/2}$ 分裂出的 8 条子能级上的原子数应接近均匀分布；同样，由 $5^2P_{1/2}$ 分裂出的 8 条子能级上的原子数也接近均匀分布.

(2) 如果考虑到热运动造成的多普勒效应，铷光源发出的 $D_1\sigma^+$光实际包含了连续频率的光，这些光使得 $D_1$ 线有一定的宽度，同时也为铷蒸气可能进行的各种吸收提供了丰富的谱线.

2. 光抽运-铷原子的偏极化

处于磁场环境中的铷原子对 $D_1\sigma^+$光的吸收遵守如下选择定则：

$$\Delta F=0,\pm1;\quad \Delta M_F=+1$$

根据这一选择定则可以画出吸收跃迁图，如图 4-4-4 所示.我们看到，5S 能级中的 8 条子能级除了 $M_F=+2$ 的子能级外，都可以吸收 $D_1\sigma^+$光而跃迁到 5P 有关的子能级，$M_F=+2$ 的子能级上的原子既不能往高能级跃迁也没有条件往低能级跃迁，所以其原子数是不变的；另一方面，跃迁到高能级的原子通过自发辐射等途径很快又跃迁回 5S 低能级，发出自然光，跃迁选择定则是

$$\Delta F=0,\pm1;\ \Delta M_F=0,\ \pm1$$

相应的跃迁见图 4-4-4 的右半部分. 应当注意的是，退激跃迁中有一部分原子的状态变成了 5S 能级中的 $M_F=+2$ 的状态，而这一部分原子是不会吸收光再跃迁到 5P 上去的，那些回到其他 7 个子能级的原子都可以再吸收光重新跃迁到 5P 能级. 当光连续照射着，跃迁 5S→5P→5S→5P→…这样的过程就会持续下去. 5S 态中 $M_F=+2$ 子能级上的原子数就会越积越多，而其余 7 个子能级上的原子数越来越少，相应地，对 $D_1\sigma^+$光的吸收越来越弱，最后，差不多所有的原子都跃迁到了 5S 态的 $M_F=+2$ 的子能级上，从而实现“粒子数反转”.由于其余 7 个子能级上的原子几乎都被抽运到高能级，以至于没有概率吸收光，光强测量值不再发生变化. 上述过程称为铷原子的偏极化过程，又叫光抽运过程，最后所达到的状态为铷原子的偏极化状态.

通过以上的考察可以得出这样的结论：在没有 $D_1\sigma^+$光照射时，5S 态上的 8 个子能级几乎均匀分布着原子，而当 $D_1\sigma^+$光持续照射时，较低的 7 个子能级上的原子逐步被“抽运”到 $M_F=+2$ 的子能级上，出现了“粒子数反转”的现象. 用

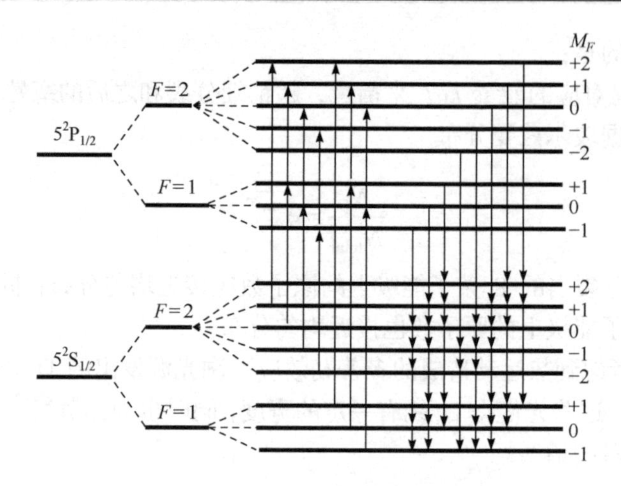


图 4-4-4　$^{87}Rb$ 原子对 $D_1\sigma^+$光的吸收和退激跃迁

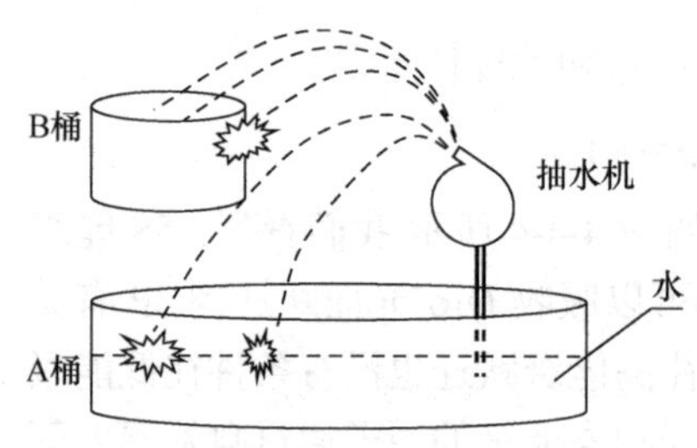


图 4-4-5　展示“光泵”过程的抽水机

图 4-4-5 做个形象的比喻：一个抽水机不断地从 A 桶中往上抽水，水从高处洒下，其中一部分被B桶接住,其余部分又回到了A桶，如果不断地抽水，则最后肯定能将 A 桶的水全抽到 B 桶.

顺便指出.

(1) 如果是用 $D_1\sigma^-$光照射铷蒸气，将会把原子“抽运”到 $M_F = -2$ 的子能级上.

(2) 对于 $^{85}Rb$，$D_1\sigma^+$ 光是将原子抽运到 $M_F = +3$ 的子能级上.

铷原子在进行光抽运的同时，也在进行着相反过程，即系统由非热平衡分布状态趋向于平衡分布状态，这一过程称为弛豫过程. 本实验的弛豫过程主要是由于铷原子与容器壁的碰撞及原子之间的碰撞造成的. 为了减小弛豫过程而保持铷原子较高的偏极化，在样品中充入一种分子磁矩很小的缓冲气体，如氮气，充入的氮气浓度比铷蒸气高 5～6 个数量级,因而大大减少了铷原子间及与器壁之间的碰撞. 由于缓冲气体分子磁矩很小，铷原子与其碰撞对原子在能级上的分布影响很小，从而保持了铷原子分布的高度偏极化. 此外，处于 $5^2P_{1/2}$态的原子须与缓冲气体碰撞多次才能发生能量转移，由于所发生的过程主要是无辐射跃迁，所以返回到基态中 8 个塞曼子能级的概率均等，因此，缓冲气体分子还有利于粒子更快地被抽运到 $M_F$ =+2 子能级的过程. 铷样品泡温度升高，气态铷原子密度增大，铷原子与器壁及铷原子间的碰撞都增加，弛豫过程加快，使原子分布的偏极化减小. 但温度过低，铷蒸气原子数不足，也会使信号幅度变小. 所以存在一个最佳温度范围，一般在 40～60℃之间(铷的熔点是 38.89℃).

3. 光泵磁共振跃迁

经过光抽运的铷原子蒸气在“粒子数反转”后，如果在垂直于静磁场 $\boldsymbol{B}$ 和垂直于光传播方向上加一射频振荡磁场，并且调整射频量子频率 $\nu$，使之满足

$$h\nu = g_F \mu_{\mathrm{B}} B \tag{4-4-8}$$

这时将出现“射频受激辐射”，辐射跃迁的选择定则为：$\Delta F = 0$；$\Delta M_F = \pm 1$，在射频场的扰动下，处于 $M_F = +2$ 子能级上的原子会放出一个频率为 $\nu$、方向和偏振态与入射量子完全一样的量子而跃迁到 $M_F = +1$ 的子能级，$M_F = +2$ 上的原子数就会减少；同样，$M_F = +1$ 子能级上的原子也会通过“射频受激辐射”跃迁到 $M_F = 0$ 的子能级上；……，如此下去，5S 态的上面 5 个子能级很快就都有了原子，于是光吸收过程又重新开始，光强测量值又降低；跃迁到 5P 态的原子在退激过程中可以跃迁到 5S 态的最下面的 3 个子能级，所以，用不了多久，5S 态的 8 个子能级上全有了原子.由于此时 $M_F = +2$ 子能级上的原子不再能久留，所以光跃迁不会造成新的“粒子数反转”.“射频受激辐射”过程可以用图 4-4-6 表示.

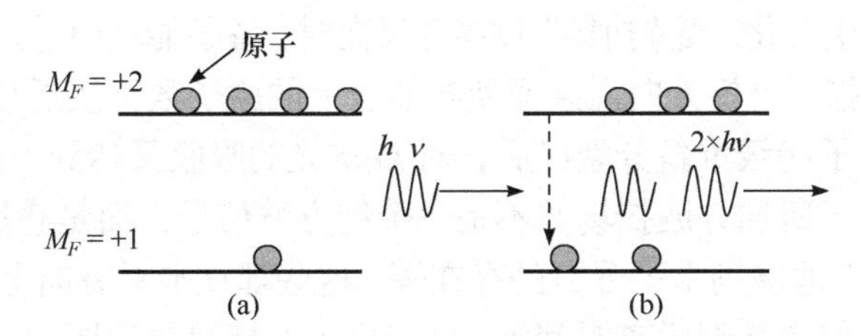


图 4-4-6　“射频受激辐射”示意图

通过以上分析得到如下结论：

处于静磁场中的铷原子对偏振光 $D_1\sigma^+$ 的吸收过程能够受到一个射频信号的控制，当没有射频信号时，铷原子对 $D_1\sigma^+$ 光的吸收很快趋于零，而当加上一个能量等于相邻子能级的能量差的射频信号(即公式(4-4-3)成立)时又引起强烈吸收.根据这一事实，如果能让公式(4-4-3)周期性地成立，则可以观察到铷原子对 $D_1\sigma^+$ 光的周期性吸收的现象. 实验中是固定频率 $\nu$ 而采用周期性的磁场 $B$ 来实现这一要求的，称为“扫场法”.

4. 光抽运和光泵磁共振的观察

“扫场法”采用的周期性信号一般有两种：方波信号和三角波信号. 方波信号用于观察“光抽运”过程，三角波信号用于测量有关参数. 在加入了周期性的“扫描场”以后，水平方向总磁场为

$$\boldsymbol{B}_{\text{total}} = \boldsymbol{B}_{\text{DC//}} + \boldsymbol{B}_{\text{S}}(t) + \boldsymbol{B}_{\text{e//}} \tag{4-4-9}$$

其中 $\boldsymbol{B}_{\mathrm{DC}//}$ 是一个由通有恒定直流电流的线圈所产生的磁场，$\boldsymbol{B}_{\mathrm{e}//}$ 是地球磁场的水平分量，这两部分磁场的大小在实验中不变；$\boldsymbol{B}_{\mathrm{S}}(t)$ 是周期性的扫描场. 实验中，上述三磁场均为同轴水平方向，但有同向与反向两种情况，所以公式中加入了矢量符号. 地球磁场的垂直分量被另一对线圈产生的磁场所抵消.

1) 用方波观察“光抽运”

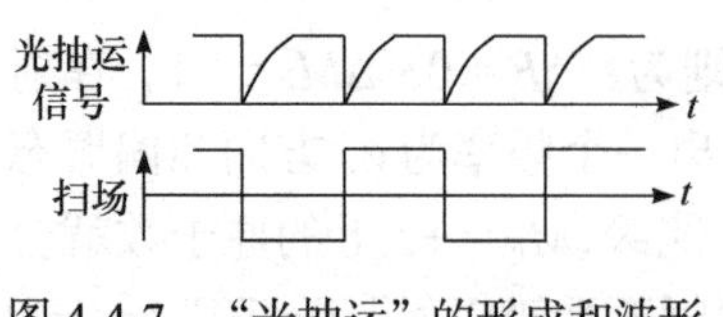


图 4-4-7　“光抽运”的形成和波形

将直流线圈产生的磁场 $\boldsymbol{B}_{\mathrm{DC}//}$ 调到零，加上方波扫场信号，若扫场为纯方波，则其波形如图 4-4-7，它是关于零点对称的.

在方波刚加上的瞬间，样品泡内铷原子 5S 态的 8 个子能级上的原子数近似相等，即每个子能级上的原子数各占总原子数的 1/8，因此，将有 7/8 的原子能够吸收 $\mathrm{D}_1\sigma^+$光，此时对光的吸收最强，探测器上接收的光信号最弱. 随着原子逐步被“抽运”到 $M_F = +2$ 的子能级上，能够吸收 $\mathrm{D}_1\sigma^+$光的原子数逐渐减少，透过样品泡的光逐渐增强. 当“抽运”到 $M_F$=+2 子能级上的原子数达到饱和时，透过样品泡的光强达到最大而不再发生变化. 当“扫场”过零并反向时，各子能级简并，原来是 $M_F = +2$ 的原子，通过碰撞，自旋方向混杂而使各能级上的原子数又接近相等，当“扫场”反向、铷原子各子能级重新分裂以后，对 $\mathrm{D}_1\sigma^+$光的吸收又达到了最大.

实验中，由于所加方波扫场并不是一个纯方波信号，而是叠加了一个直流分量，另外，还由于地磁场水平分量的存在等，这些都在水平方向上造成磁场叠加，从而使方波磁场偏离甚至脱离时间轴. 可能出现的情况要比图 4-4-7 所示复杂得多. 同学们可对 $\boldsymbol{B}_{\mathrm{DC}//}$ 和 $\boldsymbol{B}_{\mathrm{S}}(t)$ 的大小及其与 $\boldsymbol{B}_{\mathrm{e}//}$ 间的方向关系进行仔细分析，讨论可能发生的各种情况及对应条件.

2) 用三角波观察光泵磁共振

首先将“方波扫场”改为“三角波扫场”信号，调节水平直流线圈磁场 $\boldsymbol{B}_{\mathrm{DC}//}$ 大小使光抽运信号消失，这时铷原子蒸气保持偏极化状态. 继续改变 $\boldsymbol{B}_{\mathrm{DC}//}$ 大小至某个值，加上射频场，调节射频场频率，当射频场频率 $\nu$ 与水平方向总磁场 $\boldsymbol{B}_{\mathrm{total}}$ 满足 $h\nu = g_F \mu_g \boldsymbol{B}_{\mathrm{total}}$ 时，即产生共振信号，如图 4-4-8 和图 4-4-9 所示，图中 $B_{//}$ 表示水平方向总恒定磁场. 当射频场频率 $\nu$ 变化时，共振信号也随之变化，图 4-4-8 显示了满足共振条件的磁场处于三角波磁场的最大值和最小值之间的情况，图 4-4-9 对应的共振磁场处于三角波磁场最大值处.

当水平方向总恒定磁场 $B_{//}$ 小于三角波扫场幅值时(用 $B_{\mathrm{SP}}(t)$ 表示扫场中的纯三角波分量，即 $B_{//} < |B_{\mathrm{SP}}(t)|$)，三角波扫场不脱离零轴，因此在每个三角波扫场周期中，铷原子能级都将发生重新简并再分裂的情况，这时改变射频场频率，共振信号与光抽运信号将先后都出现在三角波扫场的每个周期中，出现光抽运信号

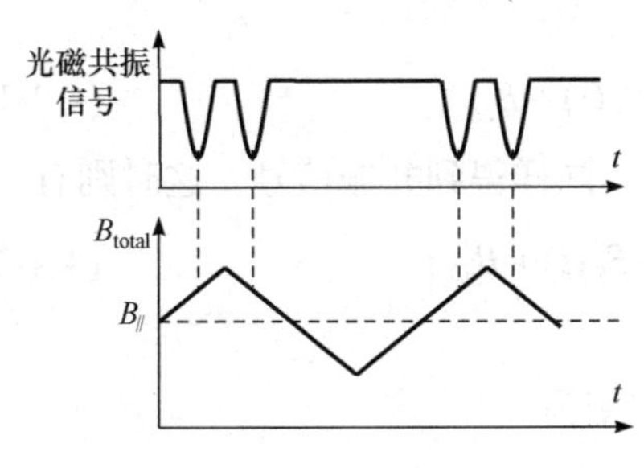


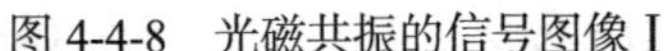
图 4-4-8 光磁共振的信号图像 I

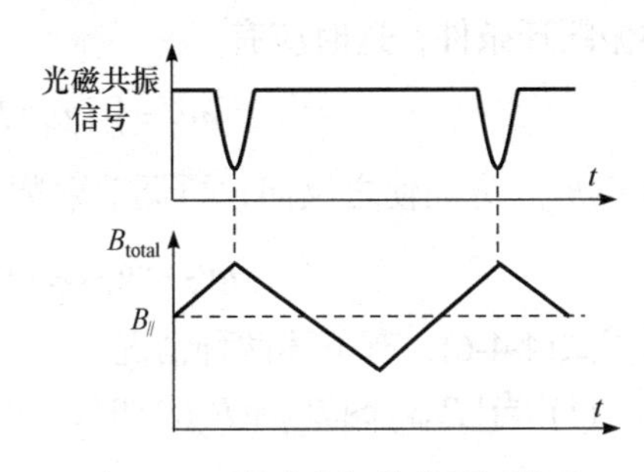


图 4-4-9 光磁共振的信号图像 II

和共振信号混杂的情况. 因此，为了防止光抽运信号对光泵磁共振信号的影响，一般要求水平方向总恒定磁场 $B_{//} > |B_{\text{SP}}(t)|$，使得三角波扫场脱离零轴，始终处于大于或小于零的位置. 一般通过增加水平磁场直流线圈电流的方法达到这一目的.

当射频场幅值较大时，还可能出现谐波共振情况. 即当射频场频率 $\nu$ 与水平方向总磁场 $B_{\text{total}}$ 满足 $nh\nu = g_F \mu_g B_{\text{total}}$ 时，也出现共振现象. 并且随着射频场强度的增大，谐波共振峰也增多，但谐波共振峰的强度要减小一半以上.

以上介绍的是针对样品只存在一种原子的情况，事实上，样品中同时存在 $^{87}\text{R}_\text{b}$ 和 $^{85}\text{R}_\text{b}$，所以，一般在示波器上能看到两种原子造成的光泵磁共振信号，随着射频场频率 $\nu$ 的变化，二者是交替出现的.

5. $g_F$ 因子的测量

1) 换向法

实验中水平方向总磁场 $\boldsymbol{B}_{\text{total}} = \boldsymbol{B}_{\text{DC}//} + \boldsymbol{B}_{\text{S}}(t) + \boldsymbol{B}_{\text{e}//}$，其中直流线圈产生的水平磁场 $B_{\text{DC}//}$ 可以通过线圈的电流 $I$ 由 $B_{\text{DC}//} = \dfrac{16\pi}{5^{3/2}} \dfrac{NI}{r} \times 10^{-7}(\text{T})$ 计算，式中 $N$ 为线圈匝数，$r$ 为线圈有效半径(m)，$N$ 和 $r$ 的值见表 4-4-1；$I$ 为通过线圈的电流(A)，$B$ 为磁感应强度，普朗克常量 $h = 6.626 \times 10^{-34}\text{J} \cdot \text{S}$，玻尔磁子 $\mu_\text{B} = 9.274 \times 10^{-24}\text{J} / \text{T}$.

**表 4-4-1 各线圈匝数和有效半径**

| | 水平场直流线圈 | 扫场线圈 | 垂直场直流线圈 |
|---|---|---|---|
| 匝数 $N$ | 250 | 250 | 100 |
| 有效半径 $r$/m | 0.2409 | 0.2360 | 0.1530 |

根据共振条件 $h\nu = g_F \mu_\text{B} B_{\text{total}}$，当通过改变 $\boldsymbol{B}_{\text{DC}//}$ 方向，把 $\boldsymbol{B}_{\text{e}//}$ 和 $\boldsymbol{B}_\text{S}(t)$ 抵消后即可求出 $g_F$ 值. 因此，我们采用换向法进行两次测量，以便求得 $g_F$.

首先使 $B_{\text{DC}//}$、$B_{\text{e}//}$、$B_\text{S}(t)$ 同向，调节射频场频率，当出现共振信号时，根据

共振跃迁条件，这时应有

$$h\nu_1 = g_F \mu_B (B_{DC//} + B_S(t) + B_{e//}) \tag{4-4-10}$$

改变 $B_{DC//}$ 方向使之反向，再调节射频场频率，同样得到共振信号，这时则有

$$h\nu_2 = g_F \mu_B |-B_{DC//} + B_S(t) + B_{e//}| \tag{4-4-11}$$

对于式(4-4-6)，有下述两种情况：

(1) 当 $|B_{DC//}| > |B_{e//} + B_S(t)|$ 时，式(4-4-11)变为

$$h\nu_2 = g_F \mu_B ( B_{DC//} - B_S(t) - B_{e//}) \tag{4-4-12}$$

由式(4-4-10)和式(4-4-12)得

$$g_F = \frac{h(\nu_1 + \nu_2)}{2\mu_B B_{DC//}} \tag{4-4-13}$$

(2) 当 $|B_{DC//}| < |B_{e//} + B_S(t)|$ 时，式(4-4-11)变为

$$h\nu_2 = g_F \mu_B ( B_S + B_{e//} - B_{DC//}) \tag{4-4-14}$$

由式(4-4-10)和式(4-4-14)得

$$g_F = \frac{h(\nu_1 - \nu_2)}{2\mu_B B_{DC//}} \tag{4-4-15}$$

当 $B_{DC//}$ 与 $B_{e//}$ 、$B_S(t)$ 同向时，调节射频信号源频率，使之从小到大变化，这时的共振信号首先在对应扫场的谷点出现，并逐渐移向波峰；当 $B_{DC//}$ 与 $B_{e//}$ 、$B_S(t)$ 反向时，再调节射频信号源频率，这时出现的共振信号首先在对应扫场的波峰出现，并逐渐移向谷底.

采用固定射频频率 $\nu$，改变水平恒定场直流线圈电流 $I$ 的方法同样可求 $g_F$ 因子. 这一方法由同学们自己进行讨论.

对于上述方法，需要注意的是：当 $B_{total}$ 较小时(三角波扫场过零点)，在改变水平恒定场直流线圈电流大小或方向过程中会有光抽运峰出现，这样便导致光抽运信号与磁共振信号的混杂，增加了磁共振信号的判断难度. 区分光抽运信号和磁共振信号的方法是：断开射频信号源，仍存在的信号是光抽运信号，否则是磁共振信号.

2) 线性拟合法

由共振条件 $h\nu = g_F \mu_B (B_{DC//} + B_S(t) + B_{e//})$ 得

$$B_{DC//} = -B_S - B_{e//} + \frac{h}{g_F \mu_B}\nu \tag{4-4-16}$$

又知 $B_{DC//} = \frac{16\pi NI}{5^{3/2} r} \times 10^{-7}$ (T)$=QI$ ，式中 $Q = \frac{16\pi N}{5^{3/2} r} \times 10^{-7}$ ，从而得

$$I = -\frac{1}{Q}(B_S + B_{e//}) + \frac{h}{Qg_F\mu_B}\nu \tag{4-4-17}$$

由式(4-4-17)知，$I$ 和 $\nu$ 之间呈线性关系.

实验中，只要测量出在不同水平磁场直流线圈电流 $I$ 下的共振射频频率 $\nu$，画出 $I$-$\nu$ 关系曲线，即可求得该直线斜率，进而求得铷原子的 $g_F$ 因子.

这一方法没有对 $\boldsymbol{B}_{DC//}$、$\boldsymbol{B}_S(t)$ 和 $\boldsymbol{B}_{e//}$ 磁场方向进行讨论，同学们自己对这一情况进行分析，并讨论是否对测量 $g_F$ 因子造成影响.

对每一种原子造成的共振信号都可以用上面介绍的方法测量其 $g_F$ 因子. $g_F$ 因子的理论值由公式(4-4-5)计算.由公式不难看出，$g_F$ 因子的值不仅与原子有关，还与量子数 $F$ 的值有关. 对于 $^{87}Rb$，我们测量的是 5S 态中 $F$=2 的 $g_F$ 因子，而对于 $^{85}Rb$ 来讲，测量的则是 5S 态中 $F$=3 的 $g_F$ 因子(同学们考虑为什么？).

6. 地磁场的测量

利用光泵磁共振信号，也可测量出地球磁场水平分量 $B_{e//}$，方法是首先测出 $g_F$ 因子，然后进行如下操作.

首先使 $\boldsymbol{B}_{DC//}$、$\boldsymbol{B}_S(t)$ 和 $\boldsymbol{B}_{e//}$ 同向，调节射频场频率，使出现共振信号，这时有

$$h\nu_1 = g_F\mu_B(B_{DC//} + B_S + B_{e//}) \tag{4-4-18}$$

然后使 $\boldsymbol{B}_{DC//}$ 与 $\boldsymbol{B}_S(t)$ 及 $\boldsymbol{B}_{e//}$ 反向，调节射频场频率至 $\nu_3$，使出现共振信号，这时则有

$$-h\nu_3 = g_F\mu_B(-B_{DC//} - B_S + B_{e//}) \tag{4-4-19}$$

由式(4-4-18)和式(4-4-19)得

$$B_{e//} = \frac{h(\nu_1 - \nu_3)}{2g_F\mu_B} \tag{4-4-20}$$

由于实验中所用方波扫场并不是一个纯方波扫场，而是含有一直流成分. 由于这一直流成分的存在，当改变所加方波扫场方向时，对光抽运信号的产生及信号的对称性构成影响. 利用这一现象,亦可测定地磁场. 同学们可对这一问题进行思考和讨论.

## 实验装置

目前，近代物理实验室广泛使用的光泵磁共振实验仪是 DH807 型共振仪，实验的总体装置如图 4-4-10 所示.主体装置如图 4-4-11 所示.

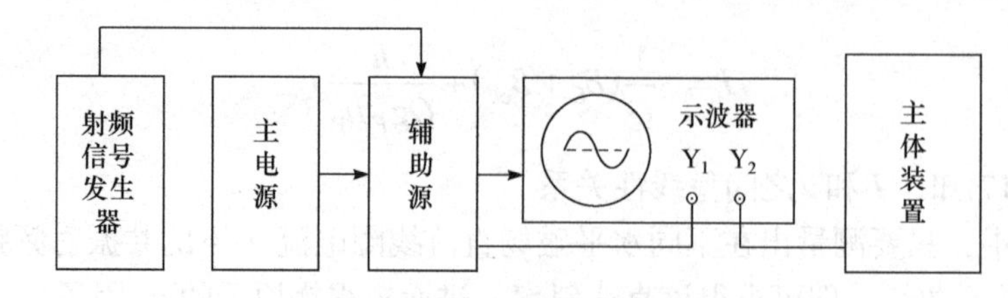


图 4-4-10　实验装置方框图

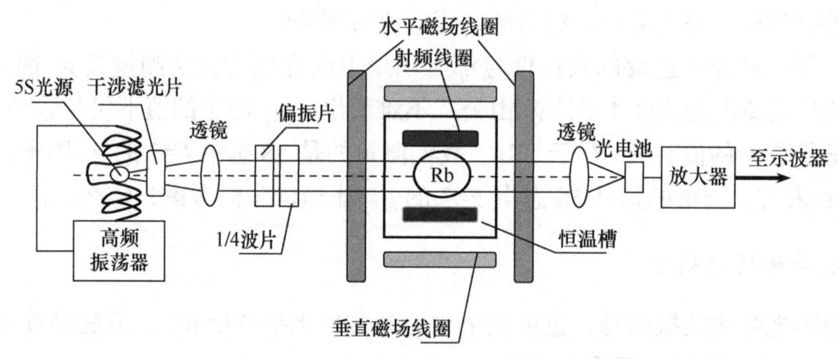


图 4-4-11　光泵磁共振主体单元构成示意图

(1) 光源为铷原子光谱灯.

由高频振荡器(频率约为 55 ~ 65MHz)、温控装置(80 ~ 90℃)及铷灯泡组成. 铷灯泡在高频电磁场激励下进行无极放电而发光，产生铷光谱，包括 $D_1$=794.8nm 及 $D_2$=780.0nm 光谱线. $D_2$ 光谱线对光抽运过程有害，出光处装一干涉滤光片，其中心波长为 794.8±5nm，将 $D_2$ 线滤掉.

(2) 偏振光装置.

由光源产生的光首先经过一个凸透镜变为平行光，然后再经过一个偏振片和 1/4 波片，使 $D_1$ 光变为 σ 圆偏振光.

(3) 铷样品泡吸收池和磁场线圈部分.

主体装置的最中心为铷样品泡.铷样品泡中充以天然比例的铷($^{87}$Rb 占 27.85%，$^{85}$Rb 占 72.15%)和约 $10^3$Pa 的缓冲气体. 在铷样品泡两侧对称放置一对小射频线圈，它为铷原子磁共振跃迁提供射频场. 铷样品泡和小射频线圈都置于圆柱形恒温槽内，称为样品池. 恒温槽温度控制在 40～60℃的范围.在吸收池上下和左右两侧，对称放置了两对亥姆霍兹线圈，上下一对线圈产生的磁场用以抵消地磁场竖直分量. 左右两侧的线圈有两套绕组，一组在外，产生水平直流磁场；另一组在内，产生方波或三角波扫场(10Hz 方波和 20Hz 三角波磁场)，实际就是在直流磁场上叠加一个方波或三角波调制磁场.

(4) 电源.

包括主电源和辅助电源两部分. 主电源提供水平磁场线圈和垂直磁场线圈的

励磁电源，磁场大小可通过线圈电流进行调节；辅助源提供对样品室温度的控制、方波与三角波扫场间的转换和强度调节，以及对扫场、水平场和垂直场方向的转换等. 线圈产生的各磁场方向，可用小磁针放入线圈中心进行判断.

(5) 光电接收装置.

透过铷样品吸收池的 $D_1\sigma$ 圆偏振光，经透镜聚焦后，由光敏检测器接收，再经信号放大后送入示波器.

主体单元的各组成部分装在一光具座上，光路调到与地磁场方向平行，基座要调到水平，透镜要调到使光电探测器的信号最强，并注意遮光以防外部的光对探测器造成干扰，系统要共轴等.

## 实验内容

### 1. 调光路和系统预热

借助于磁针和水平仪，将光具座调至与地磁场水平分量平行和水平. 将铷灯、透镜、样品室、光电探测器等放于光具座上，调至共轴. 连好各部分的电缆. 将主电源上的水平和垂直磁场的励磁电流调至最小，将辅助源上的扫场幅度调至最小，将信号源的输出调至最小，接通各部分电源，让样品室和铷灯预热至有关的指示灯亮为止.接通双踪示波器电源，进行必要的调整. 将扫场信号接 $Y_1$ 通道，光电探测器的输出信号接 $Y_2$ 通道.

### 2. 观察光抽运信号

预置垂直场的电流约为 0.06A，用来抵消地磁场的垂直分量. 保持直流磁场的励磁电流为零，增大方波扫场幅度，根据磁针的指示，将扫场的方向调至与地球磁场的水平分量方向相反. 旋转偏振片，调节扫场幅度，改变垂直场的方向并细调其大小，使光抽运信号的幅度最大. 再仔细调节透镜，使光路聚焦，光抽运信号最强. 这些调节可能要反复进行几次.

改变线圈产生的垂直场大小，观察光抽运信号变化.

### 3. 观察磁共振信号

将扫场由方波改为三角波，增加水平磁场线圈电流，直到光抽运信号消失，并继续增加电流至一定值. 调节射频场频率，直到出现共振信号. 在同一个水平场下，将可能出现对应不同频率的两个共振信号，请判断它们分别是属于哪一种原子引起的. 改变射频场频率时，注意观察共振信号的变化趋势及其与水平磁场的关系. 改变水平磁场线圈电流的方向，再仔细观察，并对所观察到的现象进行解释.

4. 测量 $^{87}$Rb 和 $^{85}$Rb 的 $g_F$ 因子

根据原理部分对测量方法的介绍，自己设计测量方案.

5. 测量地磁场水平分量 $B_{e//}$

根据实验原理，自己设计测量方案.

## 问题思考

(1) 为什么不使用 $^{87}$Rb 的 $D_2$ 线作为泵浦光?
(2) 使用周期性的“扫描场”有什么好处?
(3) 实验中怎样区分 $^{87}$Rb 和 $^{85}$Rb 的共振信号?
(4) 分别计算和实验对应的 $^{87}$Rb 和 $^{85}$Rb 的 $g_F$ 因子，并将实验值与其比较.
(5) 地磁场的垂直分量必须很好地被抵消，怎样知道这一点?
(6) 在三角波的一个扫描周期内，能否由 $^{87}$Rb 原子引起两个吸收谷?
(7) 简述铷原子的偏极化过程.
(8) 简述铷原子光泵磁共振原理.

## 参考文献

[1] 褚圣麟. 原子物理学. 北京: 高等教育出版社, 1979.
[2] 何元金. 马兴坤. 近代物理实验. 北京: 清华大学出版社, 2003.
[3] 高铁军, 孟祥省, 王书运. 近代物理实验. 北京: 科学出版社, 2009.

# 第五单元　X 射线、电子衍射和结构分析

## 5-0　X 射线与晶体结构基础知识

1895 年，德国物理学家伦琴(W. C. Röntgen)在研究真空管高压放电现象时发现了 X 射线. 这一发现立即引起科学界人士的浓厚兴趣. 1912 年，劳厄等利用晶体作为光栅，成功地观察到了 X 射线的衍射现象，证实了 X 射线是波长很短的电磁辐射，其波长范围约为 10～0.01nm. 自 1901 年伦琴获得首届诺贝尔物理学奖后，到 1927 年期间，曾有劳厄、贝克莱(C. G. Barkla)、曼 · 西格巴恩(M. Siegbahn)和康普顿等六人由于在 X 射线方面的研究而获得了诺贝尔物理学奖. X 射线技术目前已渗透到物理学、化学、生物学、天文学、材料学及医学等广大的科学技术领域中，并得到广泛应用，而且还在不断发展中.

X 射线是波长很短的电磁波，在 X 射线晶体分析中常用的是波长介于 0.05～0.2nm 之间的射线. 由于 X 射线的波长比可见光波长(400～760nm)短，而接近晶体中原子间的距离，而且当射线照射到晶体上时，会产生特殊的衍射现象. 通过研究这些衍射线的分布，可以知道晶体中原子的排列方式，即可研究物质的微观结构. 因而 X 射线晶体分析技术不仅是固体理论研究中的重要工具，而且在技术上研究各种工艺过程(如金属热处理中退火、淬火等)对材料性能的作用也是极为重要的.

1. X 射线产生的方法和物理过程

1) X 射线的产生

目前产生 X 射线的方法是利用高速电子和物质碰撞所产生的辐射，常见的是用 X 射线管，它是一个真空二极管，如图 5-0-1 所示. 阴极是炽热的钨丝，它发射电子，阳极表面是受电子轰击的靶，两极加上几十千伏的高压，以便使阴极发射的电子获得高速度. 高速运动的电子打在阳极靶面上就能激发 X 射线. 靶面上被电子轰击部分叫做焦点. X 射线就是从焦点上射出来的. 目前用于结构分析的 X 射线管主要类型如图 5-0-2 所示. 其中，用于阳极的靶材通常为 Cu、Fe、Cr、Mo、Ni 等纯金属.

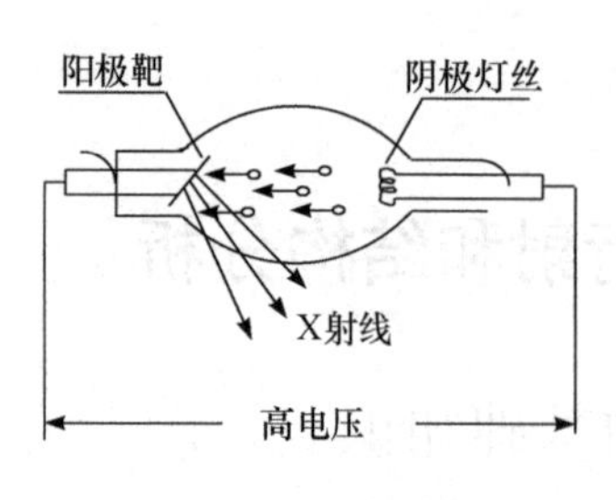


图 5-0-1　X 射线管

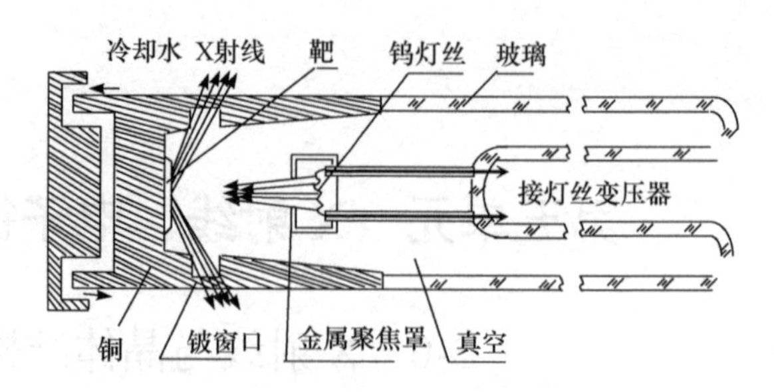


图 5-0-2　密封式灯丝 X 射线管的剖面示意图

2) X 射线谱

由 X 射线管发出的 X 射线可以分为两部分：一部分是具有连续波长的 X 射线，构成连续 X 射线谱；另一部分是具有一定波长的 X 射线，叠加在连续 X 射线谱上，称为标志 X 射线谱. 如图 5-0-3 所示. 下面分别讨论这两组谱线的特点.

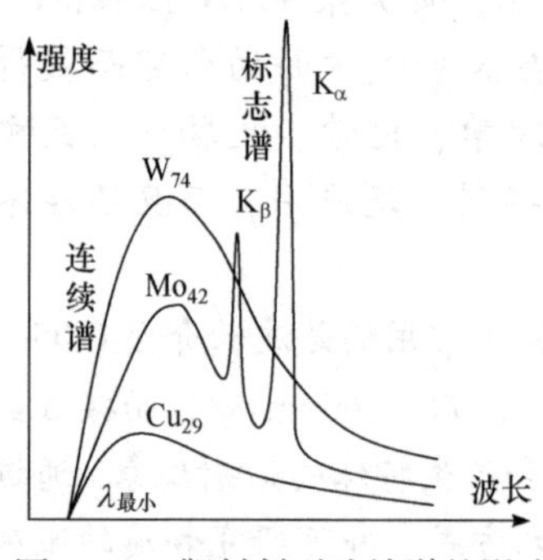


图 5-0-3　靶材料对连续谱的影响

(1) 连续谱.

当 X 射线管中具有很高速度的电子运动到阳极表面时，电子运动突然受到制止，电子周围的电磁场发生急剧变化，根据电磁场理论，要发生韧致辐射，即产生了电磁波，由于极大量的电子射到阳极上的条件不可能完全相同，因此产生的电磁波具有各种不同的波长，形成了一个从某一最短波长 $\lambda_{最小}$ 开始，连续的包括各种波长的 X 射线.

连续谱的强度与管电流 $I$ 有关，当管电流增加时，连续谱的强度也增大；管电压的大小也直接影响连续谱的强度，并决定产生的 X 射线最小波长 $\lambda_{最小}$，此外，连续谱还和靶的材料有关，靶的原子序数越大，强度也越大.

(2) 标志谱.

标志谱是由于电子轰击阳极，引起阳极物质原子内层电子的跃迁而产生的. 在本质上和一般光谱中的谱线是一样的. 不过这里是靠近原子核的内层电子被激发后，外层电子跃迁到较低的能级时释放光子所形成的. 由于跃迁能级间的间隔比外层电子间的能级间隔大得多，所以这些光子的能量也大，波长也就短得多了.

标志谱线的波长只决定于阳极材料的原子结构而与工作电压无关. 只要工作电压高到某一定值 $V_R$，就能够使内层电子激发，这样就会产生标志谱线. 一般标志谱线有很多条，分为 K、L、M 等线系，有用的是波长最短，强度最大的 K 系谱线，其中包含 $K_\alpha$ 和 $K_\beta$ 线，它们又各有更精细的结构，但常由于不能分辨而不去注意，只需注意 $K_\alpha$ 的强度约为 $K_\beta$ 的 5～10 倍，$K_\alpha$ 的波长比 $K_\beta$ 的略长. 例如

铜靶的 $\lambda_{K_\alpha}=1.542\text{Å}$，$\lambda_{K_\beta}=1.392\text{Å}$.

2. X 射线与物质的相互作用

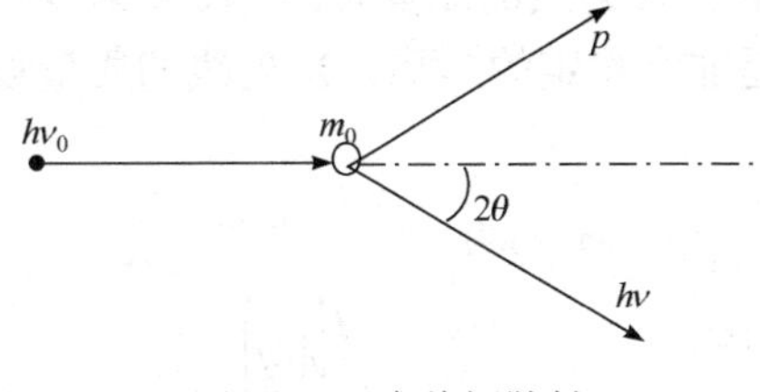

图 5-0-4　康普顿散射

物质对 X 射线的散射主要是电子与 X 射线相互作用的结果. 物质中的核外电子可分为两大类：原子核束缚不紧和原子核束缚较紧的电子，X 射线照射到物质表面后对这两类电子会产生两种散射效应.

(1) 非相干散射——康普顿散射.

当 X 射线光子与束缚力不大的外层电子或价电子或金属晶体中自由电子相碰撞时产生能量交换，其散射过程为非相干散射，可用一个光子与一个电子的非弹性碰撞机制来描述，如图 5-0-4 所示. 在碰撞过程中，电子被撞离原运行方向，同时带走光子的一部分动能成为反冲电子；原来的 X 射线光量子也因碰撞而损失掉一部分能量，使得波长增加并与原方向偏离 $2\theta$ 角. 根据能量守恒和动量守恒定律，可推导出散射线波长的增加值为

$$\Delta\lambda=\lambda-\lambda_0=\frac{h}{m_0c}(1-\cos 2\theta)\approx 0.024(1-\cos 2\theta)(\text{nm}) \tag{5-0-1}$$

式中 $2\theta$ 为光子的散射角，即散射方向偏离入射方向的角度，$m_0$ 为电子反冲前的质量.

(2) 相干散射——弹性散射或汤姆孙散射.

入射光子在散射前后能量不变的散射为相干散射. 当光子打在重原子上时，由于大部分电子被紧密束缚，光子打在这些电子上，等于和整个原子相碰，光子传给原子的能量极小，亦即 $\Delta\lambda$ 很小，$\lambda\approx\lambda_0$，即相干散射. 相干散射是 X 射线在晶体中产生衍射现象的基础.

3. X 射线的吸收和衰减

(1) 衰减规律.

当一束单色 X 射线透过一层均匀物质时，其强度将随穿透深度的增加呈指数规律减弱，即 $I=I_0\mathrm{e}^{-\mu_l t}$，式中 $\mu_l$ 为线吸收系数，$t$ 为物质厚度. $\mu_l$ 表征沿穿越方向单位长度上 X 射线强度衰减的程度，它与 X 射线的波长、吸收物质及吸收物质的物理状态有关.

(2) 质量吸收系数 $\mu_m$.

质量吸收系数 $\mu_m=\dfrac{\mu_l}{\rho}$，表示单位质量的物质对 X 射线的吸收程度(或衰减程

度)，式中 $\rho$ 为吸收体物质的密度，这样透射 X 射线的强度可表示为 $I = I_0 e^{-\mu_m \rho t}$. 由于 X 射线的能量大，吸收 X 射线的主要是原子的内层电子，而原子的内层结构是非常稳定的. 所以 X 射线的质量吸收系数 $\mu_m$ 只与吸收体的元素种类 $Z$ 及入射 X 射线的波长 $\lambda$ 有关，实验表明有如下关系：$\mu_m \approx k\lambda^3 Z^3$. 图 5-0-5 给出了金属铅的 $\mu_m$-$\lambda$ 关系曲线. 由图可见，整个曲线并不像上式的关系那样 $\mu_m$ 随 $\lambda$ 的减小而单调下降，当波长减小到某几个值处，$\mu_m$ 值突增，于是若干个跳跃台阶将曲线分为若干段，每段曲线连续变化满足上式. $\mu_m$ 值突增是由于在这几个波长处产生了光电效应，使 X 射线大量被吸收，于是 $\mu_m$ 突增若干倍，这几个发生突变吸收的波长称为吸收限波长.

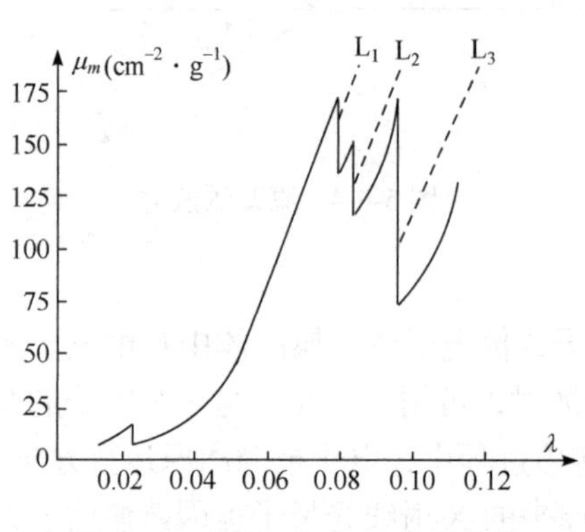

图 5-0-5 铅的 $\mu_m$ 与 $\lambda$ 关系曲线

(3) 吸收限的应用——滤波片的选择.

多晶体 X 射线衍射实验中，主要是利用K 系特征 X 射线作辐射源. K 系特征谱线包括 $K_\alpha$、$K_\beta$ 两条线，它们将在晶体衍射中产生两套花样，使分析工作复杂化，为此希望能从K 系谱线中滤去 $K_\beta$ 线. 可选择一种合适的材料，使其吸收限波长 $\lambda_k$ 刚好位于 $K_\alpha$、$K_\beta$ 波长之间，且尽可能靠近 $K_\alpha$ 线波长. 当将这种材料制成的滤波片置于入射线束或衍射线束光路中时，滤波片将强烈吸收 $K_\beta$ 线，而对 $K_\alpha$ 线吸收很少，这样就可得到基本上是单色的 $K_\alpha$ 线，如图 5-0-6 所示.

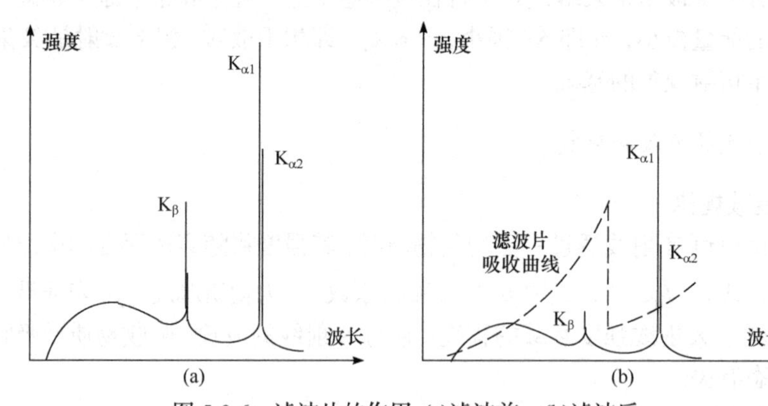

图 5-0-6 滤波片的作用. (a)滤波前；(b)滤波后

一般滤波片的选择规律是，滤波片的原子序数 $z_r$ 应比阳极靶材原子序数 $z_b$ 小 1 或 2，即当 $z_b < 40$ 时，$z_r = z_b - 1$；当 $z_b > 40$ 时，$z_r = z_b - 2$.

物质对 X 射线的吸收主要是由原子内部的电子跃迁而引起的. 在这个过程中还会发生 X 射线的光电效应、二次特征辐射和俄歇效应等.

4. 关于晶体学的基本知识

1) 有关名词

(1) 阵点(lattice point)：根据晶体结构的周期性特点，不考虑构成晶体的具体的原子、原子团或分子，而用几何点代替这种具有周期性特点的原子、原子团或分子，这种几何点即为阵点(又称基元).

(2) 空间点阵(space lattice)：晶体结构中的原子或原子团用阵点代替后所构成的阵点的空间排列称为空间点阵.

在空间点阵中，阵点具有两大特点：一是其排列的周期性，二是等同性. 周期性表示阵点按特定的规律在空间重复排列；等同性表示每个阵点周围的几何环境与物理环境是完全相同的. 因此，实际的晶体结构就可以用空间点阵来表示.

(3) 晶格(lattice)：将空间点阵中的阵点按一定规律用假想的直线连接起来所构成的几何框架称为晶格，如图 5-0-7 所示.

(4) 晶胞(unite cell)：连接某一阵点到三个不在同一方向上的阵点的矢量，用 $\boldsymbol{a}$、$\boldsymbol{b}$、$\boldsymbol{c}$ 表示，以 $a$、$b$、$c$ 为棱形成一个平行六面体，若此平行六面体遵循以下条件，则为晶胞. ①较好地表现出晶体的宏观对称性；②平行六面体的三条棱之间直角数最多；③平行六面体体积最小，如图 5-0-7 和图 5-0-8 所示(注意和原胞的区别). 实际晶体可以认为是由晶胞在三维空间堆垛起来的. 根据晶胞内所含的阵点数，晶胞又分为简单晶胞和复杂晶胞，简单晶胞又叫初级晶胞，只在平行六面体每个顶角上有一阵点；复杂晶胞除在顶角外，可在体心、面心或底心等位置上也有阵点.

(5) 晶格常数(lattice parameter)：描述晶胞的物理量有六个，即三个棱长 $a$、$b$、$c$ 及三个棱之间的夹角 $\alpha$、$\beta$、$\gamma$，称为晶格常数. 一般地，用 $\alpha$ 表示 $\boldsymbol{b}$ 与 $\boldsymbol{c}$ 之间的夹角，$\beta$ 表示 $\boldsymbol{c}$ 与 $\boldsymbol{a}$ 之间的夹角，$\gamma$ 表示 $\boldsymbol{a}$ 与 $\boldsymbol{b}$ 之间的夹角，如图 5-0-8 所示.

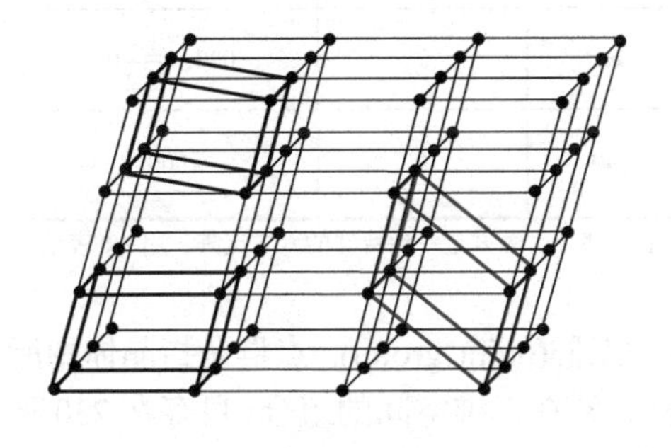

图 5-0-7 三维晶格及晶胞的选取

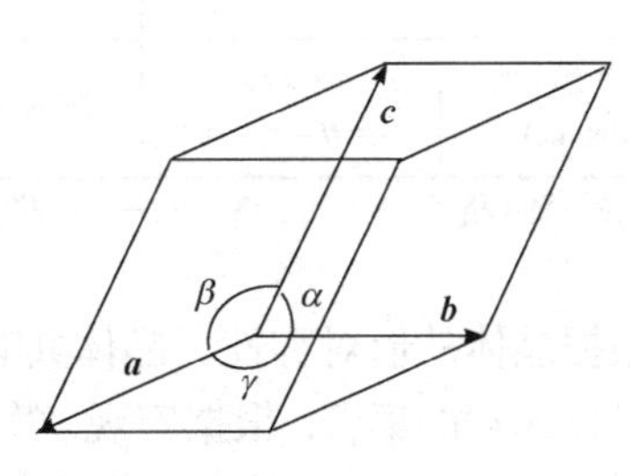


图 5-0-8 晶胞

2) 晶体结构的分类

晶体按结构可分为七个晶系，14 种布拉维点阵(格子)，列于表 5-0-1，如图 5-0-9 所示.

表 5-0-1　晶系和布拉维点阵(crystal system and bravais lattice)

| 晶系 | 点阵常数 | 布拉维点阵 | 点阵符号 | 阵胞内阵点数 | 阵点坐标 |
|---|---|---|---|---|---|
| 立方 (cubic) | $a=b=c$ $\alpha=\beta=\gamma=90°$ | 简单立方 | *c*P | 1 | 000 |
| | | 体心立方 | *c*I | 2 | 000，$\frac{1}{2}\frac{1}{2}\frac{1}{2}$ |
| | | 面心立方 | *c*F | 4 | 000，$\frac{1}{2}\frac{1}{2}0,\frac{1}{2}0\frac{1}{2},0\frac{1}{2}\frac{1}{2}$ |
| 正方 (tetragonal) | $a=b\neq c$ $\alpha=\beta=\gamma=90°$ | 简单正方 | *t*P | 1 | 000 |
| | | 体心正方 | *t*I | 2 | 000，$\frac{1}{2}\frac{1}{2}\frac{1}{2}$ |
| 正交 (orthorhombic) | $a\neq b\neq c$ $\alpha=\beta=\gamma=90°$ | 简单正交 | *o*P | 1 | 000 |
| | | 体心正交 | *o*I | 2 | 000，$\frac{1}{2}\frac{1}{2}\frac{1}{2}$ |
| | | 底心正交 | *o*C | 2 | 000，$\frac{1}{2}\frac{1}{2}0$ |
| | | 面心正交 | *o*F | 4 | 000，$\frac{1}{2}\frac{1}{2}0,\frac{1}{2}0\frac{1}{2},0\frac{1}{2}\frac{1}{2}$ |
| 菱方 (thombohedral) | $a=b=c$ $\alpha=\beta=\gamma\neq 90°$ | 简单菱方 | *h*R | 1 | 000 |
| 六方 (hexagonal) | $a=b\neq c$ $\alpha=\beta=90°$ $\gamma=120°$ | 简单六方 | *h*P | 1 | 000 |
| 单斜 (monoclinic) | $a\neq b\neq c$ $\alpha=\gamma=90°$ $\beta\neq 90°$ | 简单单斜 | *m*P | 1 | 000 |
| | | 底心单斜 | *m*C | 2 | 000，$\frac{1}{2}\frac{1}{2}0$ |
| 三斜 (triclinic) | $a\neq b\neq c$ $\alpha\neq\beta\neq\gamma\neq 90°$ | 简单三斜 | *a*P | 1 | 000 |

注：P—简单格子，F—面心格子，I—体心格子，C—底心格子，菱方是一种特殊的六方点阵，用 *h*R 表示.

根据晶体外形对称性，晶体共有 32 种点群(point group). 点群是指晶体中所有点对称元素的集合. 根据宏观、微观对称元素在三维空间的组合，可存在 230 种空间群(space group) . 这 230 种空间群分属于 32 种点群. 所谓空间群是指晶体中原子组合所有可能方式.

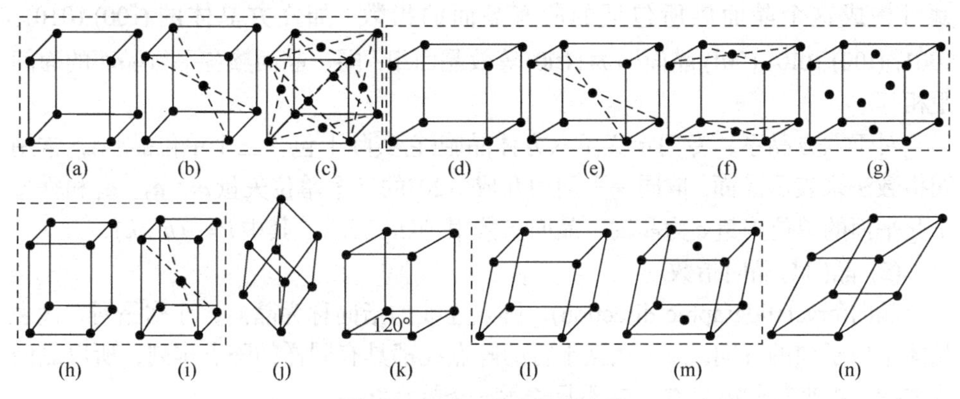


图 5-0-9　十四种布拉维点阵

(a) 简单立方；(b) 体心立方；(c) 面心立方；(d) 简单正方；(e) 体心正方；(f) 底心正交；(g) 面心正交
(h) 简单正方；(i) 体心正方；(j) 简单菱方；(k) 简单六方；(l) 简单单斜；(m) 底心单斜；(n) 简单三斜

3) 晶面与晶向

(1) 晶面及晶面指数.

晶面(crystallographic plane). 同处一个结点面内的所有阵点构成的点阵面称为晶面，代表了晶体中的原子平面. 晶体点阵中，相互平行的点阵面都具有同样的阵点排列，因此，晶面通常指一组平行等距的点阵面，不只限于单一点阵面.

晶面指数(indices of crystallographic plane). 晶体学中用晶面指数表示晶面的取向及其面间距. 其确定方法为：①在所求晶面外取晶胞的某一顶点为原点 $O$，晶胞的三棱边为三个晶轴 $\boldsymbol{a}$、$\boldsymbol{b}$、$\boldsymbol{c}$，晶胞的三个棱长 $a$、$b$、$c$ 为对应晶轴的单位矢量长度；②量出待测晶面在三个坐标轴上的截距 $x$、$y$、$z$；③取截距 $x$、$y$、$z$ 的倒数，并化为最小整数 $h$、$k$、$l$，加以圆括号 $(hkl)$ 即是.

晶面指数亦称米勒指数(Miller，英国晶体学家)，记为 $(hkl)$. 如图 5-0-10，晶面 $ABC$ 在三晶轴上的截距分别为 $x$、$y$、$z$，则晶面的三指数分别为：$h=\dfrac{1}{x}$，$k=\dfrac{1}{y}$，$l=\dfrac{1}{z}$.

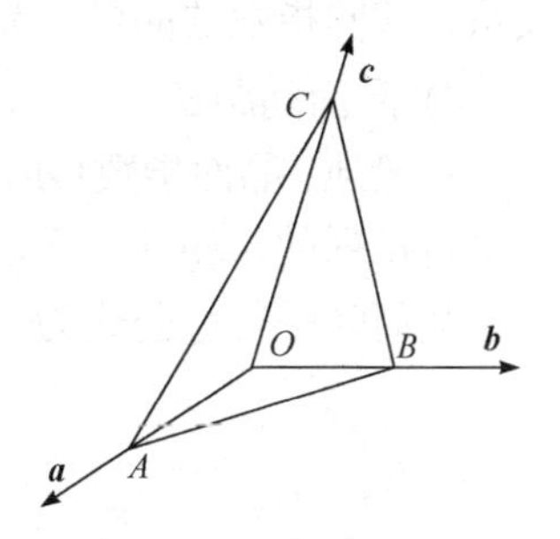


图 5-0-10　晶面指数的确定

说明：① $h,k,l$ 为整数，若不要求表示晶面距的话，可将 $h,k,l$ 化为互质的整数；②当 $h,k,l$ 为负值时，负号加在指数上方，如 $\left(h\bar{k}l\right)$；③当晶面与某晶轴平行时，认为晶面与该轴的截距为∞，其倒数为 0.

晶面族. 晶体中的某些晶面可能是完全相同的，它们能借助对称元素的作用相互替换，而不会使晶体有任何变化，这样的一组晶面称为晶面族，也称等效晶面组，记为$\{hkl\}$. 将$\{hkl\}$中的$\pm h$、$\pm k$、$\pm l$改变符号和顺序，进行任意排列组合，就可构成这个晶面族所包括的所有晶面的指数. 如立方晶体的(100)、(010)、(001)、$(\bar{1}00)$、$(0\bar{1}0)$、$(00\bar{1})$晶面即为{100}等效晶面组. 同一晶面族各平行晶面的面间距相等.

对于六方晶系，专门定义了六方体晶胞(它实际上包含三个单位晶胞)，常用四指数法来表示晶面. 取同一平面内互成 120°的三个单位矢量$\boldsymbol{a}_1$、$\boldsymbol{a}_2$、$\boldsymbol{a}_3$和垂直于此平面的单位矢量$\boldsymbol{c}$为晶轴，晶面指数用$(hkil)$表示，其中$i=-(h+k)$.

(2) 晶向与晶向指数.

晶向(crystallographic direction)，阵点连线的指向称为晶向，亦称晶列，代表晶体中原子列的方向. 由于相互平行的阵点线都具有同样的阵点排列，所以晶向通常指一组平行的阵点线，并不只表示一条阵点线.

晶向指数(orientation index)，亦称晶列指数，表示晶向(晶列)的指向. 其确定方法为：①确定坐标系$\boldsymbol{a}$、$\boldsymbol{b}$、$\boldsymbol{c}$，以三基矢长度$a$、$b$、$c$为各坐标轴单位长度；②过坐标原点，作一直线与待求晶向平行；③在该直线上任取一点，并确定该点的坐标$(x,\ y,\ z)$；④将此值化成最小整数$u$、$v$、$w$，并加以方括号$[uvw]$即是.

$[uvw]$代表一组互相平行方向一致的晶向. $(x_1,y_1,z_1)$,$(x_2,y_2,z_2)$两点连线的晶向指数为$[x_2-x_1,\ y_2-y_1,\ z_2-z_1]$. 一般地，通过指数看特征，通过正负看走向.

晶向族. 晶体中原子排列周期相同的所有晶向为一个晶向族，用$\langle uvw\rangle$表示. 同一晶向族中不同晶向的指数，数字组成相同. 已知一个晶向指数后，对$\pm u$、$\pm v$、$\pm w$进行排列组合，就可得出此晶向族所有晶向的指数. 如$\langle 111\rangle$晶向族的 8 个晶向指数代表 8 个不同的晶向；$\langle 110\rangle$晶向族的 12 个晶向指数代表 12 个不同的晶向.

晶向与晶面的关系. 在立方晶系中，同指数的晶面和晶向之间有严格的对应关系，即同指数的晶向与晶面相互垂直，也就是说$[hkl]$晶向是$(hkl)$晶面的法向.

4) 晶面间距$d$

一般地，晶面指数$(hkl)$表示的是一组相互平行的等间距排列的晶面，这组相互平行排列的两相邻晶面之间的距离即称为晶面间距，用$d$表示.

晶面间距普适公式为

$$\frac{1}{d^2}=\left(\frac{h}{a}\right)^2+\left(\frac{k}{b}\right)^2+\left(\frac{l}{c}\right)^2 \tag{5-0-2}$$

对于立方晶体，其晶面间距公式和晶面夹角的余弦分别为

$$d=\frac{a}{\sqrt{h^2+k^2+l^2}},\quad \cos\varphi=\frac{h_1h_2+k_1k_2+l_1l_2}{\sqrt{h_1^2+k_1^2+l_1^2}\times\sqrt{h_2^2+k_2^2+l_2^2}} \tag{5-0-3}$$

通常，低指数的晶面间距较大，而高指数的晶面间距则较小. 晶面间距愈大，该晶面上的原子排列愈密集；晶面间距愈小，该晶面上的原子排列愈稀疏.

5. 晶体中 X 射线衍射理论——布拉格方程

当一束 X 射线照射到晶体上时，首先被电子散射，在一个原子(分子或离子等)系统中，所有电子的散射波都可以近似地看作是由原子中心发出的，因此可以把晶体中每个原子都看成是一个新的散射波源，它们各自向空间辐射与入射波同频率的电磁波. 这些散射波的干涉作用使得空间某些方向上的波始终保持叠加，即出现衍射线；而在另一些方向上的波则始终相消，就没有衍射线产生. 所以，X 射线在晶体中的衍射现象，实质上是大量原子散射波相互干涉的结果. 每种晶体产生的衍射花样都反映出晶体内部的原子分布规律. 下面就讨论衍射花样与晶体结构之间的关系.

1) 单晶面散射

对于晶体，我们可以把它看成是由许多平行的晶面组成的. 当一束平行 X 射线以 $\theta$ 角照到同一个单晶面上时，晶面上任意两个原子(分子或离子等)的散射波在晶面反射方向上的光程差均相同，如图 5-0-11(a)所示. 这说明它们的相位相同，是干涉加强的方向. 由此可得出：一个晶面对 X 射线的衍射在形式上可以看成晶面对入射线的反射.

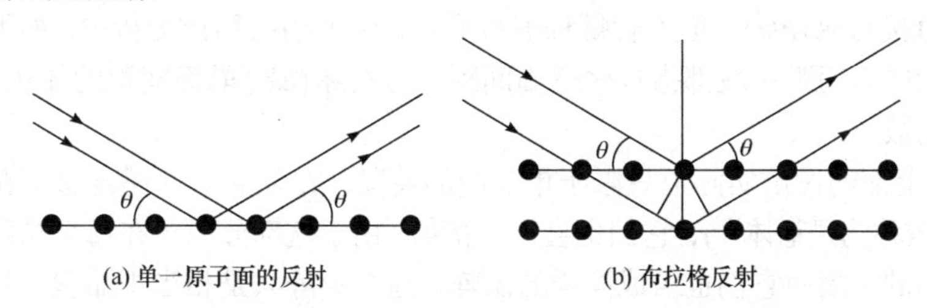

(a) 单一原子面的反射　　(b) 布拉格反射

图 5-0-11　晶体中晶面上的原子对 X 射线光子或电子的相干散射

2) 晶体衍射

由于 X 射线的波长短，穿透能力强，晶体对 X 射线的衍射，实际上是由许多平行晶面对 X 射线产生的反射波叠加的结果，干涉加强的条件是晶体中任意相邻两晶面上的原子(分子或离子等)散射波在晶面反射方向上的相位差为 $2\pi$ 的整数倍，或者说光程差等于波长的整数倍(图 5-0-11(b))，亦即

$$2d\sin\theta = n\lambda \tag{5-0-4}$$

式中 $n$ 为衍射级数，正整数；$\theta$ 为掠射角，也称半衍射角，$2\theta$ 称为衍射角，这就是布拉格方程. 布拉格定律亦可这样表述：当入射 X 射线与某晶面之间的掠射角 $\theta$ 满足 $2d\sin\theta = n\lambda$ 关系式时，在与入射 X 射线方向成 $2\theta$ 角的方向上产生衍射 X

射线.

3) 布拉格方程的讨论

(1) 选择反射 $\theta$ 只有满足布拉格方程时才有反射，所以布拉格衍射是一种选择反射.

(2) 晶体衍射的极限条件. 由 $2d\sin\theta = n\lambda$ ，得 $\lambda = \frac{2d\sin\theta}{n} \leqslant 2d$ ，也就是说，能够被晶体衍射的 X 射线的波长必须小于参加反射的晶面中最大面间距的 2 倍，或 $d = \frac{n\lambda}{2\sin\theta} \geqslant \frac{\lambda}{2}$，即当入射 X 射线波长 $\lambda$ 一定时，只有满足晶面距 $d \geqslant \frac{\lambda}{2}$ 的晶面才能产生衍射.

(3) 晶面指数和衍射指数. 在布拉格方程中，$n$ 取正整数，$n$=1 为一级衍射，$n$ = 2 为二级衍射，但这样处理问题不够方便，为简单起见，常将问题这样处理，将布拉格方程进行以下变换，即由 $2d_{hkl}\sin\theta = n\lambda$ ，得 $2\frac{d_{hkl}}{n}\sin\theta = \lambda$ ，令 $d_{nhnknl} = \frac{d_{hkl}}{n}$ ，则得 $2d_{nhnknl}\sin\theta = \lambda$ ，令 $H = nh, K = nk, L = nl$ ，又得

$$2d_{HKL}\sin\theta = \lambda \tag{5-0-5}$$

这一形式表示晶面($hkl$)的任何一级衍射均可看作是($HKL$)衍射面的一级衍射. ($HKL$)称为衍射面的衍射指数或干涉指数. 而习惯上，在许多参考书中，又常将($HKL$)直接写成($hkl$)，但不管哪种书写形式，在 X 射线衍射分析中，如无特殊说明，所用的面间距一般都指($HKL$)面间距，为实际($hkl$)晶面间距的 $1/d$，指数亦为衍射指数.

(4) 上面的讨论实际上只限于单晶胞的情况，在复晶胞中还含有不在晶胞顶点的原子(称为“基体”)，它们也会产生衍射. 由于这部分原子在每个晶胞中的位置是相同的，因而它们也组成同样的点阵，这个点阵只是相当于晶胞点阵平移一个小距离的结果. 总之，复晶胞可以看作是几个完全相同的点阵彼此相互错开一点叠加起来的. 既然各点阵是相同的，产生衍射的条件也就相同，不会因非定点原子的存在产生新的衍射线. 不过，衍射线的强度是各个点阵衍射线的合成，由于它们是相干的，且有一定的光程差，有可能使某些衍射线完全消失，称为结构消光.

## 参考文献


[1] 石德珂, 王红洁. 材料科学基础. 2 版. 北京: 机械工业出版社, 2003.

[2] 范雄. 金属 X 射线学. 北京: 机械工业出版社, 1996.

[3] 马礼敦. 近代 X 射线多晶衍射——实验技术与数据处理. 北京: 化学工业出版社, 2004.

[4] 梁敬魁. 粉末衍射法测定晶体结构. 北京: 科学出版社, 2003.

[5] 周玉, 武高辉. 材料分析测试技术——材料 X 射线衍射与电子显微分析. 2 版. 哈尔滨: 哈尔滨工业大学出版社, 2007.

# 5-1　衍射仪法测定晶体的晶格常数

X射线又称X光，是波长在 $10\sim10^{-2}$nm 范围的电磁波，它在医学(如X射线诊断)、工业(X射线探伤)、材料科学(X射线分析)、天文学(X射线望远镜)及生物学(X射线显微镜)等方面的应用十分广泛. 其应用大体可分为三个方面：①利用不同元素对X射线的不同吸收效应，用于检查、发现物体内部的缺陷及其形态的X射线透视学；②利用高能X射线撞击物质时，产生物质中所含各元素的特征X射线的能量或波长的不同，来检测材料的化学组成和含量的X射线荧光光谱术；③利用X射线在晶体和非晶体物质中的衍射和散射效应，进行物质结构分析的X射线衍射术. 本实验即是上述第三个方面的应用，利用单色X射线测定晶体的结构参数，如晶面间距 $d$、晶格常数 $a$ 等.

任何一种晶体材料的点阵常数都与它所处的状态有关. 当外界条件(如温度、压力等)以及化学成分、内应力等发生变化时，点阵常数都会随之改变. 这种点阵常数的变化是很小的，通常在 $10^{-5}$nm 量级，但精确测定这些变化对研究材料的相变、固溶体含量及分解、晶体热膨胀系数、内应力、晶体缺陷等诸多问题非常有用. 所以精确测定点阵常数的工作非常必要.

本实验是以一定波长的X射线照射晶体，搜集、记录晶体周围的衍射花样，进而通过测量计算等处理方法，得到有关该晶体结构的信息. 收集记录多晶体衍射花样常用的方法有德拜相法和衍射仪法.

## 实验预习

(1) 立方晶系各点阵形式的X射线衍射角正弦平方比具有什么规律?

(2) 多晶体的X射线衍射遵循什么规律? 在X射线衍射分析中，布拉格定律一般采用什么样的表达形式?

(3) 熟悉 X 射线衍射仪的结构和使用方法，初步了解数据采集和数据处理方法.

## 实验目的

(1) 学习立方晶系X射线衍射图的标定方法，判定多晶体的结构类型并计算其晶格常数.

(2) 掌握X射线衍射仪法测定晶体的晶格常数的方法原理.

(3) 熟悉 X 射线衍射仪的构造和使用方法，初步了解数据采集和数据处理方法.

(4) 学习有关X射线的防护知识.

## 实验原理

### 1. 多晶体的布拉格衍射

一般金属材料多半是多晶体，它是由许多混乱取向的小晶粒组成，每个小晶粒内部的点阵排列方式是完全相同的. 用单一波长(单色)的 X 射线照射多晶样品时，如果 X 射线是平行线束，对于某一定指数的晶面族，只有掠射角 $\theta$ 满足布拉格方程时，才能产生衍射. 由于多晶体中小晶粒的混乱排列，总会有若干小晶粒中的某些晶面族恰好能使掠射角 $\theta$ 满足布拉格方程，不同的晶面族要求不同的掠射角，从而，不同的晶面族的衍射线就和原射线形成不同的夹角而射出. 用这些方向不同的衍射线就可研究晶体的内部结构，把这些衍射线强度和对应的衍射角记录下来，然后对记录数据进行处理计算得到该晶体的点阵常数.

对于粉末晶体，与入射 X 射线成掠射角 $\theta$ 的 $(hkl)$ 晶面族的衍射线和入射 X 射线的夹角都将为 $2\theta$，使衍射线形成一个以原射线为轴的圆锥面，其顶角为 $4\theta$，顶点在样品的被照射部分，这个圆锥常称为“衍射圆锥”，如图 5-1-1 所示. 对于不同指数的晶面，晶面间距不同，要求的掠射角也不同，当它们符合衍射条件时，相应地会形成许多张角不同的衍射线，共同以入射 X 射线为中心轴，分散在 $2\theta = 0°\sim180°$ 的范围内. 因此，实际上将有许多个顶角各不相同的衍射圆锥，如图 5-1-2 所示.

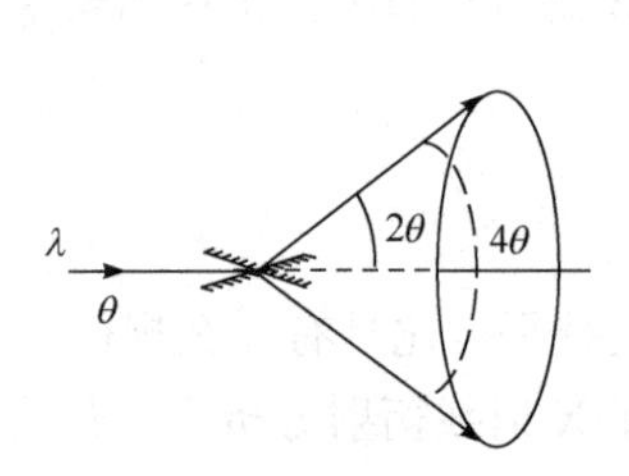


图 5-1-1 衍射圆锥的形成

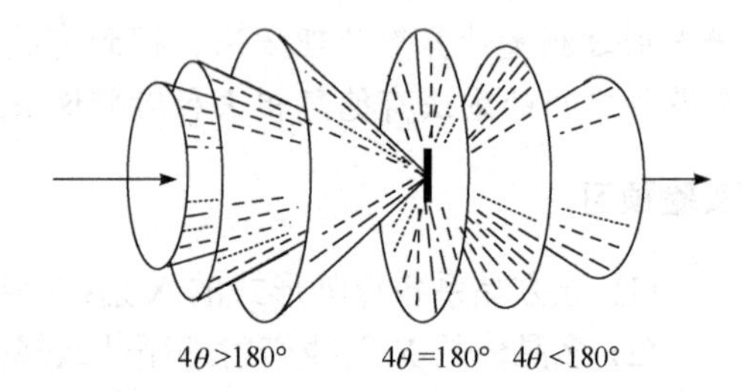


图 5-1-2 多晶体不同晶面（$hkl$）的衍射

### 2. 立方晶体 X 射线衍射规律

每一种晶体都有它特定的结构，不可能有两种晶体的晶胞大小、形状、晶胞中原子的数目和位置完全一样，不同的晶体点阵类型，其 X 射线衍射图表现出不同的特征. 分析衍射图各衍射峰间的特点和规律，就可由此判断晶体的结构形式.

立方晶系的晶体有三种点阵类型：简单立方、体心立方和面心立方(以 F 表示). 它们的衍射图特征各不相同，因此可以由 X 射线粉末图来鉴别.

由立方晶体晶面间距公式(5-0-3)及布拉格定律(5-0-5)可得

$$a=\frac{\sqrt{H^2+K^2+L^2}}{2\sin\theta}\lambda \quad 或 \quad \sin^2\theta=\frac{\lambda^2}{4a^2}\left(H^2+K^2+L^2\right) \tag{5-1-1}$$

现按指数平方和增大的顺序写出简单立方点阵的衍射指数($HKL$)：(100)、(110)、(111)、(200)、(210)、(211)、(220)、(221)、(300)、(310)、(311)、(222)、(320)、(321)、(400)、(410)、(322)、(330)、(331)、(420)等，其平方和 $H^2+K^2+L^2$ 的值分别是 1、2、3、4、5、6、8、9、10、11、12、13、14、16、17、18、19、20、21、22、24、25 等，其中缺 7、15、23 等项. 如果所有晶面组在满足布拉格定律时都能产生衍射，则它们所对应的衍射角 $\theta_i$ 的正弦平方的比应遵循上述可能取值的规律，即 $\sin^2\theta_1:\sin^2\theta_2:\sin^2\theta_3:\cdots=1:2:3:4:5:6:8:9:10:11:12:13:14:16:\cdots$，但由于结构消光的原因，实际晶体要产生衍射，除要求满足布拉格定律外，还要满足一定其他条件，如体心立方晶体要求 $H+K+L$ 为偶数；面心立方晶体要求 $H$、$K$、$L$ 为全奇数或全偶数，否则产生结构消光. 因此简立方晶体(无结构消光)、体心立方晶体和面心立方晶体遵循的规律如下.

简立方晶体

$$\sin^2\theta_1:\sin^2\theta_2:\sin^2\theta_3:\cdots=1:2:3:4:5:6:8:9:10:11:12:13:14:16:\cdots$$

体心立方晶体

$$\sin^2\theta_1:\sin^2\theta_2:\sin^2\theta_3:\cdots=2:4:6:8:10:12:14:\cdots$$

面心立方晶体

$$\sin^2\theta_1:\sin^2\theta_2:\sin^2\theta_3:\cdots=3:4:8:11:12:16:19:20:\cdots$$

从以上 $\sin^2\theta$ 比可以看出，简单立方和体心立方的差别在于前者无“7”“15”“23”等衍射线，而面心立方则具有明显的二密一稀分布的衍射线. 因此，根据立方晶体衍射线 $\sin^2\theta$ 之比规律，可以鉴定立方晶体所属的点阵类型，表 5-1-1 列出立方点阵三种形式的衍射指标及其平方和.

**表 5-1-1　立方晶系的衍射指标及其平方和**

| $h^2+k^2+l^2$ | 简单(P) | 体心(I) | 面心(F) | $h^2+k^2+l^2$ | 简单(P) | 体心(I) | 面心(F) | $h^2+k^2+l^2$ | 面心(F) |
|---|---|---|---|---|---|---|---|---|---|
| 1 | 100 | | | 14 | 321 | 321 | | 27 | 511 |
| 2 | 110 | 110 | | 15 | | | | 32 | 440 |
| 3 | 111 | | 111 | 16 | 400 | 400 | 400 | 35 | 521 |
| 4 | 200 | 200 | 200 | 17 | 410 | | | 36 | 600 |
| 5 | 210 | | | 18 | 411 | 411 | | 40 | 620 |

续表

| $h^2+k^2+l^2$ | 简单(P) | 体心(I) | 面心(F) | $h^2+k^2+l^2$ | 简单(P) | 体心(I) | 面心(F) | $h^2+k^2+l^2$ | 面心(F) |
|---|---|---|---|---|---|---|---|---|---|
| 6 | 211 | 211 | | 19 | 331 | | 331 | 43 | 533 |
| 7 | | | | 20 | 420 | 420 | 420 | 44 | 622 |
| 8 | 220 | 220 | 220 | 21 | 421 | | | 48 | 444 |
| 9 | 300 | | | 22 | 332 | 332 | | 51 | 711 |
| 10 | 310 | 311 | | 23 | | | | 52 | 640 |
| 11 | 311 | | 311 | 24 | 422 | 422 | 422 | 56 | 642 |
| 12 | 222 | 222 | 222 | 25 | 500 | | | 59 | 731 |
| 13 | 320 | | | 26 | 510 | | | … | |

3. 晶格常数的精确计算

晶格常数由式(5-1-1)计算，式中波长$\lambda$是经过精确计算得到的，有效数字达五位以上($\lambda_{k\alpha}$=1. 54051 Å)，对于一般的测定可以认为没有误差，米勒指数$h$、$k$、$l$是整数，无所谓误差，因此晶格常数的精确度取决于$\sin\theta$的精确度，在$\Delta\theta$相同的情况下，由高角度$\theta$所得的$\sin\theta$值将比低角度$\theta$所得的$\sin\theta$精确得多.

用衍射仪测量晶格常数的主要误差来源为：线焦点在衍射仪圆的位移、样品的偏心、平板试样透明、垂直发散测量等. 消除误差的方法有：精密实验法、图解外推法、最小二乘法、内标法等. 下面对最小二乘法作一简单介绍.

因为

$$\Delta\sin^2\theta = 2\sin\theta\cos\theta\cdot\Delta\theta \tag{5-1-2}$$

由分析误差来源得

$$\Delta\theta = K\sin 2\theta \tag{5-1-3}$$

所以

$$\Delta\sin^2\theta = 4K\sin^2\theta\cdot\cos^2\theta = C\sin^2 2\theta \tag{5-1-4}$$

式中$K$、$C$均为常数，对于立方晶系

$$\sin^2\theta_0 = \left(\lambda^2/4a^2\right)\left(h^2+k^2+l^2\right) \tag{5-1-5}$$

而

$$\sin^2\theta - \sin^2\theta_0 = \Delta\sin^2\theta \tag{5-1-6}$$

式中$\theta_0$为真实值，$\theta$为观察值. 将式(5-1-2)、式(5-1-3)代入式(5-1-4)，得

$$\sin^2\theta - \left(\lambda^2/4a^2\right)\left(h^2+k^2+l^2\right) = C\sin^2 2\theta \tag{5-1-7}$$

令

$$A=\lambda^2/4a,\quad \alpha=h^2+k^2+l^2,\quad \sigma=10\sin^2 2\theta,\quad D=C/10$$

式(5-1-5)可写成

$$\sin^2\theta_i=A\alpha_i+D\sigma_i \tag{5-1-8}$$

对于每一条衍射线均可列出式(5-1-5)形式的方程.

最小二乘法原理. 对某物理量作多次测量，若只有偶然误差，则此物理量的最可几值(为各次误差的平方和)为最小值时，有

$$\sum V_i^2=\sum\left(A\alpha_i+D\sigma_i-\sin^2\theta_i\right)^2=\text{极小} \tag{5-1-9}$$

根据求极小值的原理，应有

$$\frac{\partial\sum V_i^2}{\partial A}=0;\quad \frac{\partial\sum V_i^2}{\partial D}=0 \tag{5-1-10}$$

得正则方程

$$\begin{aligned}&A\sum\alpha_i^2 D\sum\alpha_i\sigma_i=\sum\alpha_i\sin^2\theta_i\\&A\sum\alpha_i^2+D\sum\alpha_i\sigma_i=\sum\alpha_i\sin^2\theta_i\end{aligned} \tag{5-1-11}$$

解正则方程得

$$A=\frac{\sum\sigma_i^2\sum\alpha_i\sin^2\theta_i-\sum\alpha_i\sigma_i\sum\sigma_i\sin^2\theta_i}{\sum\alpha_i^2\sum\sigma_i^2-\left(\sum\alpha_i\sigma_i\right)^2} \tag{5-1-12}$$

应用时，先计算出各衍射线的 $\sin^2\theta_i$、$\alpha_i$及$\sigma_i$，按式(5-1-12)算出 $A$，然后由 $A=\lambda^2/\left(4a^2\right)$ 计算晶格常数 $a$.

## 实验装置

本实验是采用衍射仪法，X 射线衍射仪原理示意图如图 5-1-3 所示. 实验样品为 NaCl 多晶粉末或 NaCl 单晶.

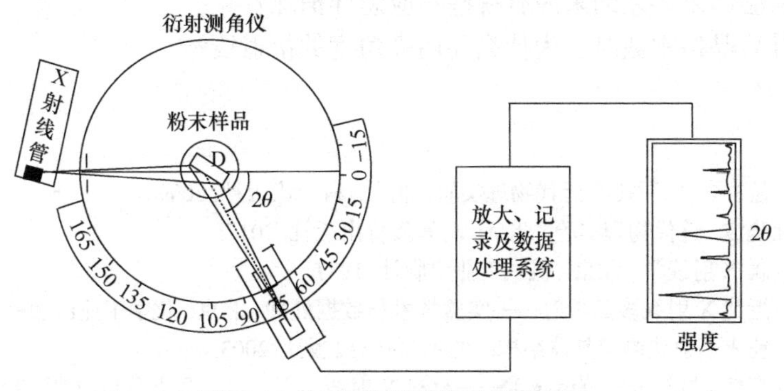


图 5-1-3　X 射线衍射仪原理示意图

X 射线衍射仪主机由三个基本部分构成：①X 射线源(是一台发射 X 射线强度高度稳定的 X 射线发生器)；②衍射角测量部分(一台精密分度的测角仪)；③X 射线强度测量记录部分(X 射线检测器及与之配套的计算机记录系统).

## 实验内容

(1) 打开实验装置，将准备好的晶体样品放入样品台并固定好，关好铅玻璃门.

(2) 设置相关实验参数，如 X 射线管阴极灯丝电流 $I$、两极间电压 $V$，数据采集时间$\Delta t$、数据采集间隔$\Delta\beta$、$\beta$-2$\beta$耦合扫描方式等.

(3) 扫描采集开始.

(4) 数据扫描采集结束，记录各衍射峰对应的衍射角及峰强度.

数据处理

(1) 首先计算每个衍射峰 $\beta_i$ 所对应的晶面间距 $d_i$；对照 NaCl 的 PDF 卡找出产生衍射的晶面的衍射指数($HKL$)；

(2) 由每个 $\beta_i$ 计算 NaCl 晶体的晶格常数 $a_i$，然后求其平均值 $a=\overline{a_i}$；

(3) 查 NaCl 的 PDF 卡片，找出 NaCl 单晶的晶格常数 $a_i$，将实验值和其比较求相对误差.

## 问题思考

(1) 对于一定波长的 X 射线，是否晶面间距 $d$ 为任何值的晶面都可产生衍射？

(2) 在 X 射线衍射实验中晶面的衍射指数或干涉指数和晶体的晶面指数有何区别？

(3) 根据消光规律推导立方晶体衍射规律.

(4) 实验结果误差的来源有哪些？应怎样消除？

(5) 计算晶格常数时，为什么要用高角度的衍射线？

## 参考文献

[1] 高铁军, 孟祥省, 王书运. 近代物理实验. 北京: 科学出版社, 2009.
[2] 韩炜, 杜晓波. 近代物理实验. 北京: 高等教育出版社, 2017.
[3] 范雄. 金属 X 射线学. 北京: 机械工业出版社, 1981.
[4] 马礼敦. 近代 X 射线多晶衍射——实验技术与数据处理. 北京: 化学工业出版社, 2004.
[5] 梁敬魁. 粉末衍射法测定晶体结构. 北京: 科学出版社, 2003.
[6] 周玉, 武高辉. 材料分析测试技术——材料 X 射线衍射与电子显微分析. 2 版. 哈尔滨: 哈尔

滨工业大学出版社, 2007.
[7] 黄新民, 解挺. 材料分析测试方法. 北京: 国防工业出版社, 2006.

## 5-2　X 射线衍射物相定性分析

在材料分析工作中常常需要首先确定的是材料的组成. 材料的组成包括两部分工作：一是确定材料的组成元素及其含量；二是确定这些元素的存在状态，即是什么物相. 材料由哪些元素组成，可以通过化学分析、光谱分析、X 射线荧光分析、X 射线能谱和波谱分析等方法来实现，这些工作通常称为成分分析. 材料由哪些物相构成必须通过 X 射线衍射分析、电子衍射分析的方法加以确定，这些工作称为物相分析或结构分析. 例如对于钢铁材料(Fe-C 合金)，成分分析可以知道其中 C 的含量、合金元素的含量、杂质元素的含量等. 但这些元素的存在状态可以不同，如碳以石墨的物相形式存在形成的是灰口铸铁；若以元素形式存在于固溶体或化合物中则形成铁素体或渗碳体. 究竟 Fe-C 合金中存在哪些物相，则需要物相分析来确定.

X 射线物相定性分析的任务是利用 X 射线衍射方法，鉴别出待测试样是由哪些物相所组成，即确定试样是由某几种元素形成的哪些具有固定结构的化合物(其中包括单质元素、固溶体和化合物).

### 实验预习

(1) 实验前要求学生学习并掌握 X 射线衍射法进行物相定性分析的基本原理和方法.

(2) 熟悉 PDF 卡片的内容，学会通过 PDF 卡片索引查找所需 PDF 卡的方法.

(3) 熟悉计算机自动检索的原理和方法.

### 实验目的

(1) 掌握 X 射线衍射物相定性分析的基本原理和方法.

(2) 学习并掌握用计算机自动检索进行物相分析的方法步骤.

(3) 熟悉并学会使用 PDF 卡片.

### 实验原理

1. 物相定性分析

任何一种结晶物质(包括单质元素、固溶体和化合物)都有特定的晶体结构，包括结构类型，晶胞的形状和大小，晶胞中原子、离子或分子的品种、数目和位置等. 在一定波长X射线照射下，每种晶体物质都给出自己特有的衍射花样(衍射线的位置和强度)，晶体的 X 射线衍射图像实质上就是晶体微观结构的反映，因此，每种晶态物质与其X射线衍射图之间都有着一一对应的关系. 任何一种晶态物质都有自己独立的 X 射线衍射图，不会因为其他种物质混聚在一起而产生变化，多相物质的衍射花样只是由它所含物质的衍射花样机械叠加而成，这是X射线衍射物相定性分析的依据.

由布拉格定律知道，晶体中只有满足布拉格方程$2d\sin\theta=\lambda$的晶面才能产生衍射，但这只是衍射产生的必要条件，除此之外，实验中衍射峰的产生还与晶体的结构因子有关. 晶体每条衍射线的强度$I$有如下关系式：$I=I_0K|F|^2V$，式中$|F|^2$即为结构因子，其值取决于晶体的结构，它是晶胞内原子坐标的函数，由它决定了衍射强度. 可见$d$和$I$都是由晶体的结构所决定的，因此每种物质都必有其特有的$d$-$I$数据组. 在定性物相分析时，通常用$d$-$I$数据组代表衍射花样，即将由试样测得的$d$-$I$数据组(衍射花样)与已知结构物质的标准$d$-$I$数据组(衍射花样)进行对比，从而鉴定出试样中存在的物相. 为此需要积累大量的各种已知结构物质的衍射图资料、$d$-$I$数据组作为参考标准，而且还要有一套实用的查找、对比的方法，才能迅速完成未知物衍射图的辨认、解释，得出其物相组成的鉴定结论.

物相定性分析，就是要求我们将样品的粉末(或块体、薄膜等)衍射数据分别和那些已知的晶体粉末衍射数据相比较，找出与其一致的$d$-$I$数据组，从而确认样品的物相.

2. PDF 卡片

1938年，由J. D. Hanawalt首先发起，开始制备$d$-$I$数据组衍射图样数据卡片工作. 1942年“美国材料试验协会(ASTM)”出版了大约1300张衍射数据卡片，称为ASTM卡片. 这种卡片数量逐年增多，到1963年共出版了13集，以后每年出版一集. 1969年成立了“粉末衍射标准联合委员会”(joint committee powder diffraction standards)，简称JCPDS. 由它负责编辑和出版粉末衍射卡，称为PDF卡片. 至1999年，JCPDS卡片集已经有39集，化合物总数已超过50000种，并且PDF数据卡片的数目以每年约2000张的速度在增长. 新卡片中既有新物相卡片，也有对某些旧卡片修正的新卡片，如$\alpha$-$Al_2O_3$，旧卡片号为10-173，新卡片号为37-1462. PDF卡片分为有机物和无机物两大类，每张卡片记录一种物相. PDF卡片的形式和内容如表5-2-1所示.

**表 5-2-1　PDF 卡片的形式**

X-XXXX

<table>
<tr><td>$d$</td><td>$d_1$</td><td>$d_2$</td><td>$d_3$</td><td>$d$</td><td colspan="6">化学分子式</td></tr>
<tr><td>$I/I_1$</td><td>$I_1$</td><td>$I_2$</td><td>$I_3$</td><td>$I$</td><td colspan="3">物质名称</td><td colspan="3">矿物名称</td></tr>
<tr><td colspan="5">实验条件数据</td><td>$d$/Å</td><td>$I/I_1$</td><td>$hkl$</td><td>$d$/Å</td><td>$I/I_1$</td><td>$hkl$</td></tr>
<tr><td colspan="5">物质晶体学数据</td><td rowspan="3"></td><td rowspan="3"></td><td rowspan="3"></td><td rowspan="3"></td><td rowspan="3"></td><td rowspan="3"></td></tr>
<tr><td colspan="5">光学及其他物理性质数据</td></tr>
<tr><td colspan="5">试样来源、化学分析数据及化学处理方法</td></tr>
</table>

说明：

(1) 卡片左上角的数字 X-XXXX 叫做卡片号，头位数字为卡片属于 PDF 的第几集，后四位数字表示该卡片的编号. 有的卡片号在符号 $I/I_1$ 的下面.

(2) 卡片中左上方给出该物质粉末衍射图中强度最大的三条线的 $d$ 值：$d_1$、$d_2$、$d_3$ 和相对强度 $I/I_1$ 值：$I_1$、$I_2$、$I_3$，其中 $I_1$ 以 100 表示，其余类推. 另外还给出了衍射图中最大的 $d$ 值及相应的相对强度 $I$，$d$ 值的单位为 Å.

(3) 卡片中右下方给出该物质粉末衍射图中全部线条的 $d$ 值及相对强度 $I/I_1$，有的还给出每条线条的晶面指数($hkl$).

3. 卡片索引

为了顺利地找到所需要的卡片，必须利用卡片索引. 先将实验数据与索引对照，找到一致的那一条索引，再由它去找卡片，这样可大大缩短查找卡片的时间. 和 PDF 卡片相对应，卡片索引也分为“有机”和“无机”两类，每类又分为数字索引和字母索引. 对未知样品中可能所含的物相完全不知道时，可利用数字索引；而对样品中可能所含的物相中某一种或全部已经知道或估计到，或者要证实这些物相存在时，便可利用字母索引.

1) 数字索引

数字索引中，应用最多是 Hanawalt 索引，另外还有 Fink 索引等. Hanawalt 索引是按图样中三条强线及对应的相对强度来表征每一种物质的. 索引先按最强线 $d_1$ 的数值范围分为许多组，在每一组内又按次强线 $d_2$ 减小的顺序排列分为若干亚组，在同一亚组中 $d_2$ 值相同时，则按 $d_3$ 减小的顺序排列. 如表 5-2-2 所示.

表 5-2-2　数字索引

| $d_1$ | $d_2$ | $d_3$ | $I_1$ | $I_2$ | $I_3$ | 化学分子式 | 物质英文名称 | 卡片号 |
|---|---|---|---|---|---|---|---|---|
| 2. 28 | 1. 50 | 1. 78 | 100 | 100 | 70 | $CS_3Bi(NO_2)_6$ | Cesium Bismuth Carbide | 2-1129 |
| 2. 28 | 1. 49 | 1. 10 | 100 | 100 | 100 | $CS_3Ir(NO_2)_6$ | Cesium Iriddium Nitrite | 2-1130 |
| 2. 27 | 1. 49 | 1. 07 | 100 | 60 | 60 | $X-W_2C$ | Alpha Tungsten Carbide | 2-1134 |

2) 字母索引

字母索引是按照物质英文名称的字母顺序排列而成的. 如果知道某种物相，则利用字母索引比利用数字索引方便而迅速. 从左到右的顺序依次为：物质英文名称、化学分子式、$d_1$、$d_2$、$d_3$、$I_1$、$I_2$、$I_3$和卡片号.

## 实验装置

多晶 X 射线衍射仪，见“5-1 衍射仪法测定晶体的晶格常数”.

## 实验内容

1. 样品准备

衍射仪一般采用块状平面试样，它可以是整块的多晶体，亦可用粉末压制，或者前实验制备的多晶薄膜. 金属样品可从大块中切割出合适的大小(例如20mm×15mm)，经砂轮、砂纸磨平再进行适当的浸蚀而得. 分析氧化层时表面一般不作处理，而化学热处理层的处理方法须视实际情况进行(例如可用细砂纸轻磨去氧化层).

粉末样品应有一定的粒度要求，颗粒大小约在1～10μm数量级. 粉末过200～350 目[①]筛子即合乎要求，常用的方法是取适量样品，在玛瑙研钵中研磨和过筛，一般当手摸无颗粒感时，即认为晶粒大小已符合要求. 根据粉末的数量可压在深框或浅框中. 压制时一般不加黏结剂，所加压力以使粉末样品压平为限. 当粉末数量很少时，可在平玻璃片上抹上一层凡士林，再将粉末均匀撒上.

对于溅射或蒸发薄膜，为了获得足够强度的 X 射线衍射数据，薄膜样品需要一定厚度，根据衍射仪的功率大小，薄膜厚度的要求不尽相同，一般地，薄膜厚度大于 50nm. 固定薄膜在样品板上时，注意薄膜表面要和样品板表面高度一致.

2. 数据采集

(1) 打开实验装置，将准备好的晶体样品放入样品台并固定好，关好铅玻璃门；

① 200～350 目即为 40～70 微米孔径.

(2) 设置相关实验参数，如 X 射线光管阴极灯丝电流 $I$、两极间电压 $V$，数据采集时间 $\Delta t$、数据采集间隔 $\Delta\beta$、$\beta$-2$\beta$ 耦合扫描方式等；

(3) 扫描采集开始；

(4) 数据扫描采集结束，记录各衍射峰对应的衍射角及峰强度.

3. 数据处理

1) 计算机自动检索法

(1) 打开“X 射线衍射数据处理软件系统”. 进入系统后，打开保存的文件，在窗口中显示出相应的衍射图，它是对应一系列 $2\theta$ 角度位置的 X 射线衍射强度分布图，其每一条衍射线表现为一个高出背景的衍射峰. 由于测量误差的存在，可对衍射图做一些初步的处理：图谱的平滑、背底的扣除和弱峰的辨认等.

(2) 寻峰：单击“寻峰”图标，根据对话框提示输入寻峰条件.

(3) 单击“数据处理”中的“定性分析”，根据对话框提示输入相应参数和元素，单击确定后等待分析结果.

(4) 根据样品来源和实验条件等，从分析结果中找出可能的相.

(5) 双击定性分析结果中的可能相，用手动检索从卡片库中调出各相的 PDF 卡，得到该相的晶体类型和晶胞参数等.

2) 利用数字索引和 FDF 衍射卡片进行物相定性分析的具体步骤

首先进行计算机自动检索法步骤的(1)和(2)操作；然后

(1) 确定三条强线 $d_1$、$d_2$、$d_3$ 和它们的相对强度 $I_1$、$I_2$、$I_3$，并假定它们属同一物相.

(2) 在数字索引中找出包括有 $d_1$ 的那一组，根据 $d_2$ 找到亚组，再根据 $d_3$ 找到亚组中的具体一行(即某种物质).

(3) 将索引和所得衍射图的 $d_1$、$d_2$、$d_3$ 及 $I_1$、$I_2$、$I_3$ 进行对比，在实验误差范围内，若基本一致，则初步肯定未知样品中可能含有索引所载的这种物质.

(4) 根据索引中所得的卡片号，在卡片库找到所需要的卡片，将卡片上的全部 $d$ 值和 $I/I_1$ 值与所得未知样品的 $d$ 值和 $I/I_1$ 值对比，在实验误差范围内，若基本符合，则肯定未知样品便是所查这张卡片的物质，分析完成.

(5) 若除去和卡片相一致的线条以外还有一些线条，表明还有未知物相待定，此时再将剩余的线条作归一化处理，即令其中最强线的强度增高到 100，其余线条的强度乘以归一化因数，随后再通过一般的数字索引步骤找出这些剩余线条所对应的卡片，若全部符合，鉴定工作便告完成，否则继续进行上述步骤.

3) 利用字母索引和 PDF 卡片进行物相定性分析的具体步骤

(1) 根据已知相分的英文名称，从文字索引中找出它们的卡片编号，然后找出卡片.

(2) 将所得未知样品的 $d$ 值和 $I/I_1$ 值与第一步查出的卡片一一对照，若此卡片能与所测样品的某些线条很好地符合，即可肯定样品中含有此卡片所载的这种物质.

(3) 若除去和卡片相一致的线条以外还有一些线条，表明还有未知物相待定，此时再用数字索引检索定出，直到鉴定工作完成.

由上面可看出，当未知物质为单一物相时，分析比较简单；但当未知物质为多相混合物时，分析就要复杂得多. 实际上，物相分析就是采用不厌其烦的尝试法，特别是当一种相分的某根线条和另一种相分的某根线条重叠，而且这根重叠的线条又为衍射图中最强线条之一或最强线时，则混合物的分析就更加困难. 通常的办法只能先对其中一种相分做出试验性的鉴定，当找到所测 $d$ 值的一部分和某一相分卡片上 $d$ 值一致时，先将这些线条分出来(这些线条属于这一相分)，再将重叠线条的相对强度分成两部分，将其一部分指定属于前面那一相，而将剩余部分，连同未鉴定的线条再按上述步骤进行处理. 有时可能所取的三条最强线不是一种单一物相的，此时就要舍弃其中某一条，再另取一条，然后再尝试.

应当注意，在比较众 $d$ 值时，应考虑到所测的未知物质的 $d$ 值和 $I/I_1$ 值与卡片上稍有出入，特别是当各种相分的某些衍射线条有互相重合的可能性时，$I/I_1$ 的出入可能很大. 其次卡片上某些强度很弱的线条，可能在被测样品的衍射图上没有出现.

4) 说明

利用计算机对衍射数据进行处理，可以帮助人们进行 PDF 卡片检索，自动解释样品的粉末衍射数据. 但是计算机的应用并不意味着可以降低对分析者工作水平的要求，它只能帮助人们节省查对 PDF 卡片的时间，只能给人们提供一些可供参考的答案，而正式的结论必须由分析者根据各种资料数据加以核定才能得出. 并且用计算机来解释衍射图时，对 $d$-$I$ 数据质量的要求，也更为严格.

## 问题思考

(1) 简述用 X 射线衍射进行物相分析的方法原理.

(2) 结合具体实验内容，简述衍射图的测量、计算、检索等处理过程.

(3) 将测量数据、计算处理结果进行列表，并与 PDF 卡片数据列表对比.

(4) 对误差进行分析，并对被测物质的分析结果做出结论.

## 参考文献

[1] 高铁军, 孟祥省, 王书运. 近代物理实验. 北京: 科学出版社, 2009.

[2] 韩炜, 杜晓波. 近代物理实验. 北京: 高等教育出版社, 2017.

[3] 范雄. 金属 X 射线学. 北京: 机械工业出版社, 1981.
[4] 马礼敦. 近代 X 射线多晶衍射——实验技术与数据处理. 北京: 化学工业出版社, 2004.
[5] 梁敬魁. 粉末衍射法测定晶体结构. 北京: 科学出版社, 2003.
[6] 周玉, 武高辉. 材料分析测试技术——材料 X 射线衍射与电子显微分析. 2 版. 哈尔滨: 哈尔滨工业大学出版社, 2007.
[7] 黄新民, 解挺. 材料分析测试方法. 北京: 国防工业出版社, 2006.

# 5-3　原子力显微镜

1981 年 IBM 苏黎世实验室的 Binning 博士和 Rohrer 教授发明了扫描隧道显微镜(scanning tuning microscope，STM)，人类第一次能够直接在单个原子尺度上对物质表面进行探测并成像. 但是由于 STM 利用隧道电流对样品表面成像，所以无法用来对绝缘样品进行成像研究. 为解决这一问题，IBM 苏黎世研究实验室的比宁(Binning)、魁特(Quate)和格勃(Gerber)于 1986 年发明了原子力显微镜(Atomic Force Microscope，AFM). 原子力显微镜，也称扫描力显微镜(scanning force microscope，SFM)，是一种纳米级高分辨的扫描探针显微镜. AFM 测量的是探针顶端原子与样品原子间的相互作用力——即当两个原子离得很近使电子云发生重叠时产生的泡利(Pauli)排斥力或范德瓦耳斯力. 工作时计算机控制探针和样品表面做相对扫描运动，根据探针与样品表面物质的原子间的作用力强弱成像.

原子力显微镜不仅具有原子、甚至是亚原子级分辨率，而且可以适用于真空、大气以及液相环境. 原子力显微镜的分析对象不仅包括导体、半导体，还包括绝缘体样品，可以在特定环境下实现对样品的原位测量，且对样品制备基本没有特殊要求. 原子力显微镜除了对样品表面形貌、力学性质成像之外，还能够实现对单个原子的操纵，因此得到了广泛的应用. 简单地说，原子力显微镜是一种可以在真空、大气和液相环境中对样品进行纳米级分辨率成像、具备纳米操纵与组装能力的、可以测量小到 pN 量级作用力的一种强有力的微观表面分析仪器. 原子力显微镜对物理学、化学、材料科学、生命科学以及微电子技术等研究领域有着十分重大的意义和广阔的应用前景.

## 实验预习

(1) 了解原子力显微镜与扫描隧道显微镜的异同.
(2) 熟悉原子力显微镜的结构、成像原理、力探测方式、扫描模式.
(3) 熟悉计算机软件图像处理方法.

## 实验目的

(1) 掌握原子力显微镜的结构和工作原理.
(2) 掌握两种原子力显微镜的力检测方式.
(3) 熟悉原子力显微镜的操作和调试过程.
(4) 熟悉用计算机软件处理原始图像数据.

## 实验原理

### 1. 原子间作用力

原子力显微镜是利用原子之间的范德瓦耳斯力(van der Waals force)作用来呈现样品的表面特性. 假设两个原子中，一个是在悬臂(cantilever)的探针尖端，另一个是在样品的表面，它们之间的作用力会随距离的改变而变化，其作用力与距离的关系如图 5-3-1 所示，当原子与原子很接近时，彼此电子云斥力的作用大于原子核与电子云之间的吸引力作用，所以合力表现为斥力的作用，反之若两原子分开有一定距离，其电子云斥力的作用小于彼此原子核与电子云之间的吸引力作用，故合力表现为引力的作用. 若从能量的角度来看，这种原子与原子之间的距离与彼此之间能量的大小也可从 Lennard-Jones 的公式中得到另一种印证.

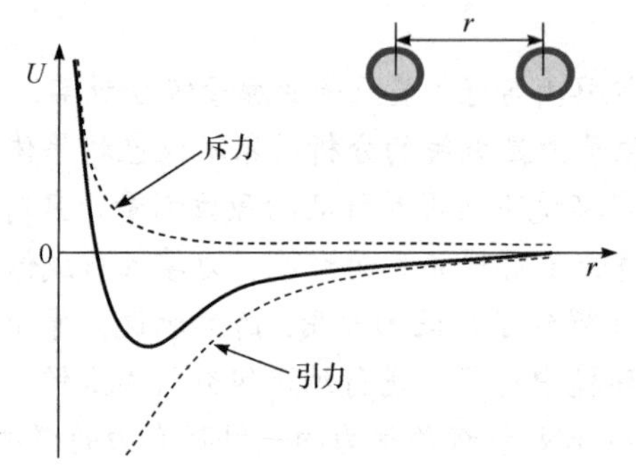


图 5-3-1　原子之间的作用力与原子之间距离的关系

从公式中知道，当 $r$ 降低到某一程度时其能量为 $+E$，也代表了在空间中两个原子是相当接近且能量为正值，若假设 $r$ 增加到某一程度，其能量就会为 $-E$，同时也说明了空间中两个原子之间的距离是相当远的，且能量为负值. 不管从空间上看，两个原子之间的距离与其所导致的吸引力和斥力，还是从当中能量的关系看，原子力显微镜就是利用原子之间那奇妙的关系来把原子样子给呈现出来的，让微观的世界不再神秘.

$$\text{Lennard-Jones 公式：} E_{\text{pair}}(r)=4\varepsilon\left(\frac{\alpha}{r^{12}}-\frac{\beta}{r^{6}}\right) \tag{5-3-1}$$

在原子力显微镜的系统中，是利用微小探针与待测物之间相互作用力来呈现待测物表面的物理特性. 所以在原子力显微镜中也利用斥力与吸引力的方式发展出两种操作模式：

(1) 利用原子斥力的变化而产生表面轮廓为接触式原子力显微镜(contact AFM)，探针与样品的距离约数个 Å .

(2) 利用原子吸引力的变化而产生表面轮廓为非接触式原子力显微镜(non-contact AFM)，探针与样品的距离约数十到数百 Å . 原子与原子之间的相互作用力因彼此之间的距离的不同而有所不同，其间能量表示也会不同.

2. 原子力显微镜的硬件架构

在原子力显微镜的系统中，可分成三个部分：压电扫描系统、力检测部分、反馈系统.

1) 压电扫描系统

压电扫描系统是通过压电扫描管实现的，通过在 $X$、$Y$ 方向上加载电压的变化使得扫描管上的样品对探针进行逐行扫描，每一行上各点的起伏通过反馈控制 $Z$ 方向上的伸缩来反映，这样通过记录每行的起伏数据来逐行扫描就得到了样品表面的高低形貌. 针尖与样品做逐行扫描时的信号与图像显示如图 5-3-2 所示. 其中，图 5-3-2(a)为扫描每一行时的信号变化，图 5-3-2(b)为二维扫描图像.

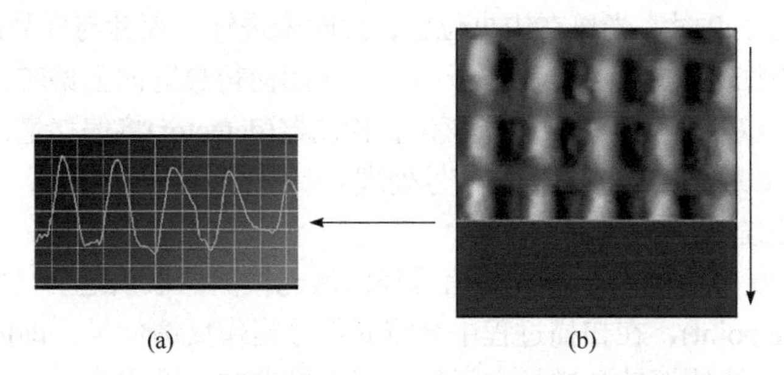


图 5-3-2　针尖与样品做逐行扫描时的信号(a)和图像显示(b)

2) 力检测部分

在原子力显微镜系统中，所要检测的力是原子与原子之间的泡利排斥力(接触模式)或范德瓦耳斯力($10^{-12}$～$10^{-6}$ N，非接触模式). 这个力 $F$ 会使微悬臂发生微小的弹性形变，并且与微悬臂的形变之间遵循胡克定律：$F=-kx$，其中 $k$ 为微悬臂的力常数. 所以只要测出微悬臂形变量的大小，就可以获得针尖与样品之间作用力的大小. 这微小悬臂有一定的规格，如微米级的长度和宽度，弹性系数以及针尖的形状. 不同规格的探针适合不同的样品，可以依照样品特性及操作模式的不同而选择不同类型的探针.

原子力显微镜中的检测方式有两种：一种是光学偏转检测法，另一种是隧道电流检测法. 图 5-3-3 为光学偏转检测法示意图.

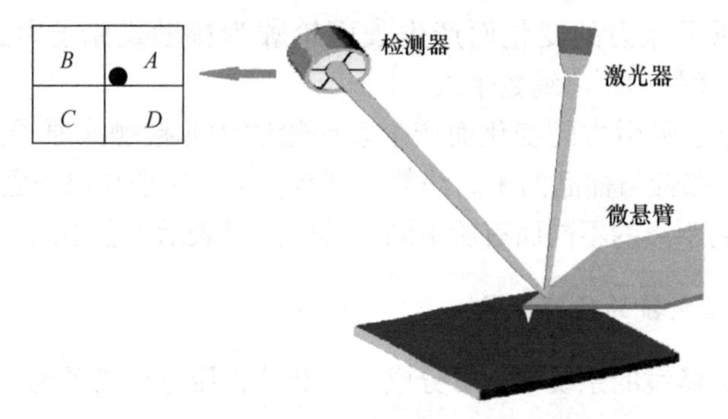


图 5-3-3　光学偏转检测法示意图

当针尖与样品之间有了相互作用之后，会使得探针的微悬臂上下摆动，所以当激光照射在悬臂的末端时，其反射光在接收器中的位置中也会因为悬臂上下摆动而移动. 激光束在检测器四个象限中的强度差值(偏移量)是上面两个象限总光强($A+B$)与下面两个象限总光强($C+D$)之差，通过光强(light intensity)的变化来记录光斑位置的变化.

$$LI_{\text{difference}} = LI(A+B) - LI(C+D) \tag{5-3-2}$$

当$LI_{\text{difference}}$=0 时，光斑在中央位置，此时未进针，探针与样品没有接触. 当探针与样品接触时，探针－样品原子间斥力作用使得悬臂向上偏转，四象限接收器接收的光强$LI_{\text{difference}}>0$. 激光光斑位置检测器(detector)将偏移量记录下并转换成电的信号，以供 SPM 控制器作信号处理.

3) 反馈系统

在原子力显微镜的系统中，将信号经由激光检测器取入之后. 在反馈系统中设定一个值(setpoint)，在扫描过程中会将此信号当作反馈信号，即内部的调整信号. 通过反馈系统使探针和样品之间的作用力稳定在该设定值，并驱使通常由压电陶瓷管制作的扫描器做适当的移动实现扫描.

原子力显微镜便是结合以上三个部分来将样品的表面特性呈现出来的：在原子力显微镜的系统中，使用微小悬臂来检测针尖与样品之间的相互作用，这作用力会使悬臂摆动，再利用激光将光照射在悬臂的尖端背面，当摆动形成时，会使反射光的位置改变而造成偏移量，此时激光检测器会记录此偏移量，也会把此时的信号给反馈系统，以利于系统做适当的调整，最后再将样品的表面特性以图像的方式给呈现出来.

3. 原子力显微镜的基本原理

原子力显微镜的工作模式有接触模式、轻敲模式和相移模式.

(1) 接触模式下,针尖与样品表面轻轻接触. 由于针尖尖端原子与样品表面原子间存在极微弱的排斥力，样品表面的起伏不平使探针带动微悬臂弯曲变化，而微悬臂的弯曲又使得光路发生变化，使得反射到激光位置检测器上的激光光点位置变化，通过记录激光点位置的变化来探知样品的表面形貌.

(2) 在轻敲模式下，扫描成像时针尖对样品进行“敲击”，两者间只有瞬间接触. 这样就克服了接触模式中因针尖被拖过样品而受到摩擦力、黏附力、静电力等的影响，并有效地克服了扫描过程中针尖划伤样品的缺点，适合于柔软或吸附样品的检测，特别适合检测有生命的生物样品. 轻敲模式通过振幅的变化来探知样品的表面形貌.

(3) 作为轻敲模式的一项重要的扩展技术,相移模式(相位移模式)是通过检测驱动微悬臂探针振动的信号源的相位角与微悬臂探针实际振动的相位角之差(即两者的相移)的变化来成像. 引起该相移的因素很多，如样品的组分、硬度、黏弹性质等. 因此利用相移模式(相位移模式)可以在纳米尺度上获得样品表面局域性质的丰富信息. 迄今相移模式(相位移模式)已成为原子力显微镜的一种重要检测技术.

下面，我们以激光检测原子力显微镜接触模式来说明其工作原理. 系统输出 $X$、$Y$ 方向上的加载电压，实现样品对探针水平面上的二维扫描，同时由于反馈的作用,所以样品表面的起伏通过 $Z$ 方向的电压来表达. 如图 5-3-4 所示,二极管激光器(laser diode)发出的激光束经过光学系统聚焦在微悬臂背面,并从微悬臂背面反射到由光电二极管构成的光斑位置检测器. 在样品扫描时，样品表面的原子与微悬臂探针尖端的原子间的相互作用力,微悬臂将随样品表面形貌而弯曲起伏，使得反射到激光位置检测器上的激光光点上下移动，检测器将光点位移信号转换成电信号并经过放大处理,由表面形貌引起的微悬臂形变量大小是通过计算激光束在检测器四个象限中的强度差值 $(A+B)-(C+D)$ 得到的. 将这个代表微悬臂弯曲的形变信号反馈至电子控制器驱动的压电扫描器,调节 $Z$ 方向的电压,使扫描器在垂直方向上伸长或缩短,从而调整针尖与样品之间的距离，使微悬臂弯曲的形变量在水平方向扫描过程中维持一定，也就是使探针－样品间的作用力保持一定. 在此反馈机制下，记录在垂直方向上扫描器的位移，探针在样品的表面扫描得到完整图像之形貌变化，这就是接触模式.

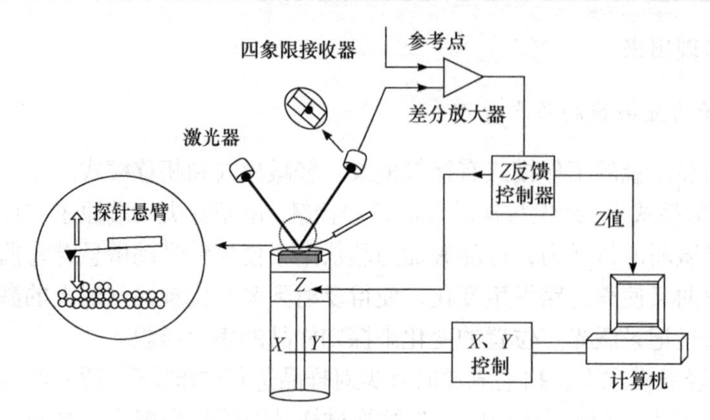


图 5-3-4　激光检测原子力显微镜工作原理示意图

## 实验装置

本原纳米仪器公司 CSPM 系列扫描探针显微镜，主要包括：SPM 仪器、控制机箱、计算机控制系统.

## 实验内容

采用接触模式观察 CD-R、DVD 光碟表面结构，观察预先通过真空蒸发等方式制备的薄膜.

(1) 观察 CD-R 光碟表面结构，通过图像处理软件测量轨道条纹间距.

CD-R 光碟片外观尺寸与一般 CD 光碟片相同，CD-R 光碟片也是利用激光的反射来解读资料. CD-R 光碟片一般都由五层结构合成：印刷层、保护漆层、反射层、有机染料层、基底层.

未记录数据的 CD-R 光碟片有预先做好的轨道，当 CD-R 光碟片刻录“数据”时，光碟刻录器发出高功率的激光打在 CD-R 光盘片在预刻轨道内，有机染料层吸收激光在轨道内物理烧出“槽”. 烧出的槽与未烧的部位对激光的反射率不同，CD-ROM 进行读取操作时，就可以利用光的反射来读取“数据”了.

(2) 观察 DVD 光碟表面，通过图像处理软件测量轨道条纹间距.

市面上销售的 DVD 光碟大都是压制而成的，所以这种光碟表面没有预刻轨道，而只有压制而成的数据记录点“pits”槽. 将样品换成 DVD 光碟，重复上述原子力显微镜实验操作，得到 DVD 光盘表面的形貌信息.

(3) 观察通过 PVD 或 CVD 方法自己制备的薄膜，描述薄膜表面形态，测量薄膜形状尺寸.

## 问题思考

(1) 原子力显微镜的原理是什么？为什么可以测试非导电样品？

(2) 原子力显微镜的检测方法有哪几种?

(3) 原子力显微镜的扫描模式有哪几种?

(4) 描述薄膜的表面形态及构成表膜形态的结构尺寸.

**参考文献**

[1] 白春礼. 扫描隧道显微术及应用. 上海: 上海科学技术出版社, 1992.
[2] 米文博, 王晓姹. 自旋电子学基础. 天津: 天津大学出版社, 2013.
[3] 韩秀峰, 等. 自旋电子学导论(上下卷). 北京: 科学出版社, 2014.

# 5-4　扫描电子显微镜

扫描电子显微镜(scanning electron microscope，SEM)，简称扫描电镜：是一种利用高能聚焦电子束扫描样品表面从而获得样品信息的电子显微镜. 它作为商品出现较晚，1940 年，英国剑桥大学首次试制成功扫描电镜，但由于分辨率差，照明时间长等原因并未进入实用阶段. 经过各国科学工作者的努力，尤其是随着电子工业技术的不断发展，20 世纪 60 年代，第一台商业制造的扫描电镜由英国 Cambridge 科学仪器公司推出，随后扫描电镜的成像技术和制造手段提高很快. 扫描电镜具有放大倍数范围大、连续可调、分辨率高、景深大、成像富有立体感、样品舱空间大且样品制备简单等特点. 另外，扫描电镜可以配备诸如 X 射线能谱仪(EDS)、背散射电子成像(BSD)、电子束感生电流(EBIC)等多种探测器，除形貌观察以外，可以同时进行显微组织形貌的观察及成分和晶体微观结构的分析，因此扫描电镜在许多领域都有广泛应用.

光学显微镜虽可以直接观察大块试样，但分辨本领、放大倍数、景深都比较低；透射电镜分辨本领和放大倍数虽高，但要求样品比较薄，制样极为困难. 扫描电镜是继透射电镜(TEM)之后发展起来的一种电子显微镜. 扫描电镜的成像原理与光学显微镜和透射电镜不同，不用透镜放大成像，而是以电子束为照明源，将聚焦很细的电子束以光栅状扫描方式照射到样品上，产生各种与样品性质有关的信号，然后加以放大处理获得样品的微观形貌放大像.

扫描电镜也存在自身的局限性，其所观察的样品必须干燥、无磁性且导电性良好，因此它只能直接观察导体和半导体的表面结构. 对于非导电材料，必须在其表面覆盖一层导电膜，但导电膜的粒度和均匀性等问题会限制图像对真实表面的研究. 本节主要以 ZEISS Sigma 500 热场发射扫描电镜为例，详细介绍扫描电镜的实验操作.

## 实验预习

(1) 熟悉和掌握扫描电子显微镜的原理和结构.
(2) 掌握扫描电子显微镜的试样制备方法.
(3) 了解电子束与样品相互作用产生的各种信号, 并学习如何拍摄二次电子像.

## 实验目的

(1) 学习并掌握扫描电子显微镜的原理和结构.
(2) 掌握扫描电镜的试样制备方法.
(3) 学习扫描电镜的操作和调试过程，并上机拍摄一张二次电子像.
(4) 学习扫描电镜的图像分析及描述方法.

## 实验原理

### 1. 扫描电子显微镜的基本结构和成像原理

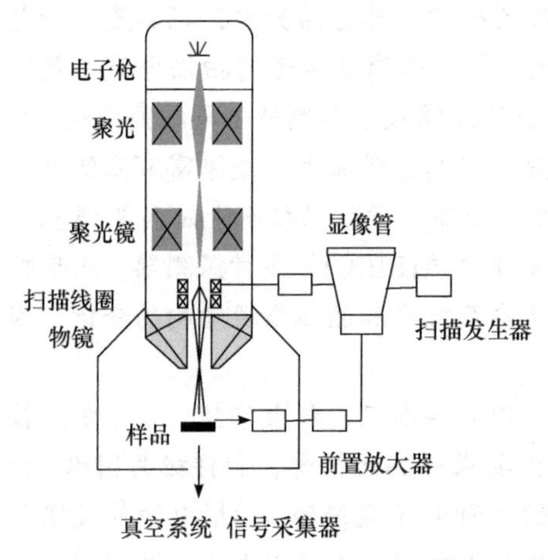


图 5-4-1 扫描电子显微镜原理图

扫描电子显微镜是继透射电镜之后发展起来的一种电子显微镜，简称扫描电镜. 它是将电子束聚焦后以扫描的方式作用样品，产生一系列物理信息，收集其中的二次电子、背散射电子等信息，经处理后获得样品表面形貌的放大图像. 扫描电镜主要由电子光学系统；信号检测处理、图像显示和记录系统及真空系统三大系统组成. 其中电子光学系统是扫描电镜的主要组成部分，主要组成：电子枪、电磁透镜、光阑、扫描线圈、样品室等，其结构原理如图 5-4-1 所示.

由电子枪发射出的电子经过聚光镜系统和末级透镜的会聚作用形成一束直径很小的电子束，投射到试样的表面，同时，镜筒内的偏置线圈使这束电子在试样表面作光栅式扫描. 在扫描过程中，入射电子依次在试样的每个作用点激发出各种信息，如二次电子、背散射电子、特征 X 射线等信号. 安装在试样附近的探测器分别检测相关反应表面形貌特征的形貌信息，如二次电子、背散射电子等，经过处理后送到阴极射线管的栅极调制其量度，从而在与入射电子束作同步扫描的显示器上显示出试样表面的形貌图像. 根据成像信号的不同(图 5-4-2)，可以在扫描电镜的显示器上分别产生二次电子像、背散射电子像、吸收电子像、X 射线元素分布图等. 本实验主要介绍二次电子成像.

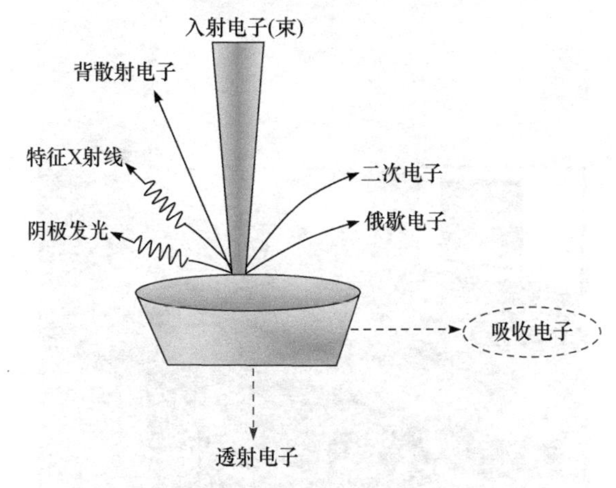


图 5-4-2　电子束与样品相互作用产生的信号

2. 扫描电子显微镜的特点

相对于透射电镜和光学显微镜而言，扫描电镜有其独特的优势，包括以下几个方面：

(1) 高的分辨率. 扫描电镜具有比光学显微镜高得多的分辨率，二次电子像分辨本领可达 7～10nm. 近年来，随着超高真空技术的发展和场发射电子枪的应用，扫描电镜的分辨本领得到进一步提高，现代先进的扫描电镜的分辨率能达到 0.6mm 左右.

(2) 放大倍数高且连续可调. 扫描电镜放大倍数可达 20 万～100 万倍.

(3) 景深大，成像富有立体感. 可直接观察各种试样凹凸不平的表面的细微结构.

(4) 多功能化. 配上波长色散 X 射线谱仪(简称波谱仪，WDS)或能量色散 X 射线谱仪(简称能谱仪，EDS)，在进行显微组织形貌观察的同时，还可对试样进行微区成分分析. 若配上不同类型的样品台和检测器可以直接观察处于不同环境(如高温、冷却、拉伸等)中的样品显微结构形态的动态变化过程，实现样品的原位分析.

(5) 试样制备简单. 块状或粉末、导电或不导电的样品不经处理或略加处理，就可以直接放到扫描电镜中进行观察，比透射电镜的制样简单，且得到的图像更接近于样品的真实状态.

## 实验装置

本实验采用 ZEISS Sigma 500 热场发射扫描电镜，其外形如图 5-4-3 所示.

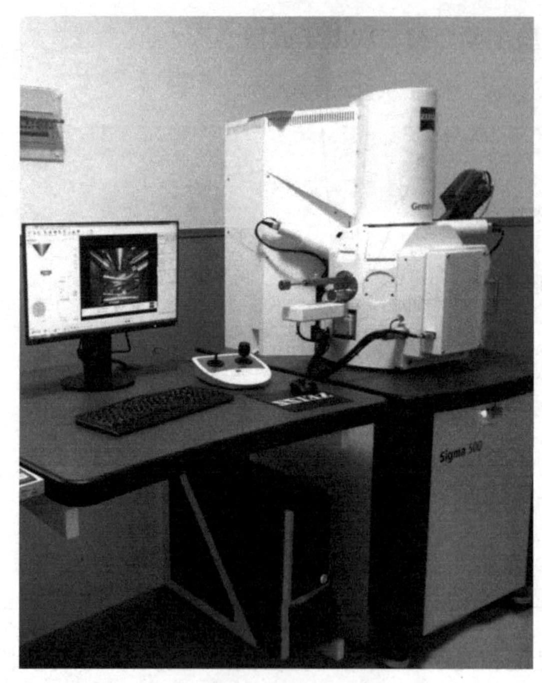


图 5-4-3　ZEISS Sigma 500 的外部图片

## 实验内容

1. 试样制备

常规电镜样品制备要求：样品必须是干燥的，不含水分或挥发性物质；具有一定机械强度，能经受电子束轰击；导电性良好，被激发时能够产生足够多的二次电子(导电性不好则须进行喷镀处理)；无磁性.

一般块体试样的尺寸为：直径小于 12mm，厚度小于 3mm. 若是导电试样，则可直接置入样品室中的样品台上进行观察，样品台一般为铜或铝质材料制成，在试样与样品台之间贴有导电胶，一方面可固定试样，防止样品台转动或上升下降时，样品滑动，影响观察；另一方面，起到释放电荷的作用，防止电荷聚集，使图像质量下降. 如果是非导电体试样，则需对试样喷一层约 10nm 的金、铜、铝或碳膜导电层. 导电层的厚度可由颜色来判定，厚度应适中，太厚，则会掩盖样品表面细节，太薄时，会使镀膜不均匀，局部放电，影响图像质量.

粉末试样的制备包括样品收集、固定和定位等环节. 其中粉末的固定是关键，通常用表面吸附法、火棉胶法、银浆法、胶纸(带)法和过滤法等. 最常用的是胶纸法，即先把双面胶纸粘贴在样品台上，然后将试样用牙签或棉棒蘸取后均匀地撒在胶纸上，待试样被粘牢后用洗耳球将表面未被粘住的样品吹去或将样品制备成悬浮液滴在铜片或硅片上，待溶剂挥发后粘附到样品台上观察. 对不导电的粉体仍需喷涂导电膜处理.

对于生物样品要经清洗、固定、脱水、干燥、镀膜后才能观察.

2. 扫描电子显微镜的操作

1) 进样观察

充气后打开舱门，将样品台卡在基座上，抽真空直至听到机器“咔”声响，此时 Vacuum 面板中 System Vacuum 的值约为 $5\times10^{-5}$ mbar，可以开始测试样品. 在 TV 模式下，通过摇杆将样品台移到合适的工作距离；打开并选择合适的加速电压(EHT)，导电性差的样品可以选择1～3kV，导电性好的样品可以选择10kV及以上的高电压；在 Aperture 面板中选择合适的光阑，一般选 30μm 即可(视样品情况而定).

选择合适的成像探头(一般二次电子成像选择 SE2 或 Inlens 探头)，调节 Mag/Focus 旋钮，低倍聚焦使能看清样品，移动样品台到感兴趣的区域，调节亮度(Brightness)和对比度(Contrast)使图像明暗合适；使用 Reduce 小窗口调焦，提高放大倍数后聚焦，如此反复直至所需要的放大倍数. 如果在聚焦过程中发现图像边界模糊变形、像散严重，则需要调节操作面板中的消像散旋钮(Stigmation)，使模糊边尽量减小，再聚焦直至图像清晰. 如果已经得到所需要的图像即可降噪保存.

2) 拍摄高质量图像的技巧

形貌观察的目标是为了得到高质量的理想图像，因此对于不同种类的样品也要采取不同的操作方法与技巧，本节以 ZEISS Sigma 500 为例，从加速电压的选择、光阑的选择、探头的选择、像散的影响以及镀膜的影响等方面介绍了拍摄高质量图像的方法.

(1) 加速电压的选择.

加速电压(EHT)的大小决定了电子枪发射电子的能量高低. 原则上，高加速电压能够增加探测信号的产率与强度，提高图像清晰度，但也需考虑样品的导电性，选择合适的加速电压. 如图 5-4-4 所示((a)，(b)，(c)，(d)分别为在 3kV,5kV，10kV,15kV 下拍摄的样品图像)，在不同加速电压下，高电压时所获取的样品表面信息相对减少，荷电问题随电压升高而加重. 因此，较低的电压有利于观察导电性稍差的样品表面形貌，并能有效地改善荷电问题.

(2) 光阑的选择.

光阑的选择应适度，光阑越大接收到的电子束束流越大，电子束的束斑直径越小. 对于不导电或导电性差的样品，电子束流越大，样品荷电现象越严重，难以得到理想的图像；反之，如果电子束流过小，探测器接收到的信号减弱分辨率下降，同样难以得到高质量的图片. 因此光阑的选择需视具体的测试情形而定.

图 5-4-4　不同加速电压下样品成像示意图：(a) 3 kV；(b) 5 kV；(c) 10 kV；(d) 15 kV

(3) 探头的选择.

Inlens 探头的最高加速电压为 20kV，图像分辨率更高，当需要高倍成像及观察样品表面细节时常选用该探头；SE2 探头的最高加速电压为 30kV，拍摄的图片立体感强，当样品放电严重或需要大景深、强立体感时常选用该探头. 如图 5-4-5(a), (b)所示，Inlens 模式下图像的分辨率更高但缺乏立体感，SE2 模式下景深大、立体感强，但清晰度略低于 Inlens 模式.

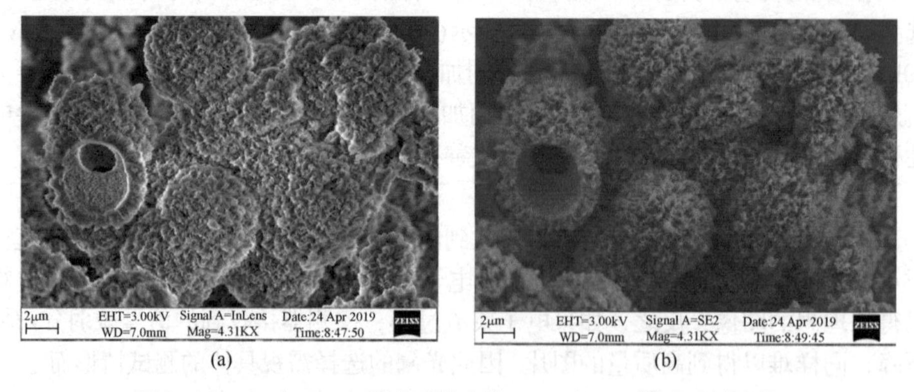


图 5-4-5　(a) 在 Inlens 模式下的成像；(b) 在 SE2 模式下的成像

(4) 像散的影响.

正焦点(In Focus)即为图像不变形的点，在拍摄时欠焦(Under Focus)和过焦(Over Focus)图像都会模糊不清或者形变(图 5-4-6(a), (b), (c)). 因此，若拍摄过程中感觉像散消不掉、图像调不清楚，应先检查聚焦(Focus)是不是在正焦点上，如果在正焦点上则可通过操作面板中的消像散旋钮(Stigmation)调节 $X$ 轴或 $Y$ 轴，使模糊边尽量减小，再聚焦直至图像清晰；如果不是正焦点即使感觉像散消掉了图像仍然不清晰，如图 5-4-6(d), (e), (f)所示.

图 5-4-6　像散的影响示意图下样品成像示意图：(a) 欠焦；(b) 正焦；(c) 过焦；(d) 有像散；(e)无像散；(f) 有像散

(5) 镀膜的影响.

为了改善样品的导电性，消除或减轻样品荷电现象，防止样品热灼伤，对于非导电或导电性差的样品需进行镀膜处理. 如图 5-4-7(a),(b)所示,镀膜后的 Inlens 图像，黑线消失且清晰度和对比度有明显提高，因此镀膜也可以提高图像质量.

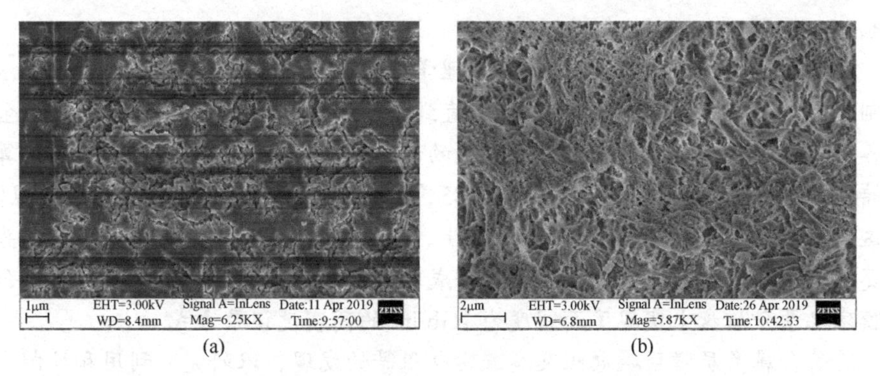


图 5-4-7　镀膜对样品成像的影响示意图：(a) 未镀膜；(b) 镀膜

3) 图像记录

通过反复调节，获得满意的图像后即可进行照相记录. 照相时，应适当降低增益，并将图像的亮度和对比度调整到适当的范围内，以获得背景适中、层次丰富、立体感强且柔和的照片.

4) 出样

将探头由 SE2 模式或者 Inlens 模式切换为 TV 模式，在状态栏中单击 All，选择 EHT off 关闭高压；在 Vacuum 面板中单击 Vent 充气，打开舱门取出样品后单击 Pump 重新抽真空，结束测试.

**问题思考**

(1) 简述扫描电子显微镜的构造及工作原理.

(2) 在图像处理中，如何改善图像衬度?

(3) 扫描电子显微镜有何局限性?

**参考文献**

[1] 章晓中. 电子显微分析. 北京: 清华大学出版社, 2006.
[2] 潘桂玲. 扫描电镜样品制备的优化. 电子显微学报, 2021.

# 5-5 薄膜的磁电阻测量

通有电流的金属或半导体，其电阻值随外磁场的变化而发生变化，这种现象称为磁致电阻效应，也称磁电阻(magnetoresistance，MR)效应. 目前，已被研究的磁性材料的磁电阻效应可以大致分为：正常磁电阻(ordinary MR，OMR)、各向异性磁电阻(anisotropic MR，AMR)、磁性多层膜和颗粒膜中的巨磁电阻(giant MR，GMR)、隧道磁电阻(tunnel MR，TMR)以及掺杂稀土氧化物中庞磁电阻(colossal MR，CMR)等.

磁阻效应最早是 1856 年由英国物理学家 W. Thomson 发现，但由于科技水平限制，这一现象并未引起人们的关注. 直到 1971 年，Hunt 提出可以利用铁磁金属的各向异性磁电阻效应来制作磁盘系统的读出磁头，使 AMR 效应成为了计算机存储技术发展史上的一座伟大丰碑. 1985 年，IBM 公司将 Hunt 的设想变成现实，将这种读出磁头用于 IBM3480 磁带机上，1990 年又将感应式的写入薄膜磁头与坡莫合金制作的磁电阻式读出磁头组合成双元件一体化的磁头，在 CoPtCr 合金薄膜磁记录介质盘上实现了面密度为 1Gb/in$^2$ 的高密度记录方式.

随着金属多层膜巨磁电阻及隧道磁电阻等的发现，以研究、利用和控制自旋极化的电子输运过程为核心的磁电子学(又称自旋电子学)得到很大的发展. 同时用巨磁电阻材料构成磁电子学器件，在信息存储领域中获得很大的应用. 法国科学家阿尔贝·费尔(Albert Fert)和德国科学家彼得·克鲁伯格(Grunberg)，也因分别于1988年和1986年独立发现巨磁电阻效应而共同获得2007年诺贝尔物理学奖. 巨磁电阻效应的发现，是凝聚态物理领域的一个划时代的发现. 正是由于这一效应的发现，极大地促进了电子自旋极化输送过程的研究，开创了磁学研究的最新前沿——磁电子学. 在对GMR效应研究的同时，基于这一效应的各种应用已经展开，并且在信息存储、高灵敏度传感器等高科技产业进入实用化阶段.

本实验向同学们提供了一个了解和进入磁性及磁性薄膜材料科学及研究的机会. 希望通过本实验，同学们能对磁性薄膜材料的知识和磁电子学有所了解，并由此引起对磁记录、磁传导等高新技术科学的兴趣.

## 实验预习

(1) 了解磁记录的发展历史、磁电阻的分类、磁电阻测量的意义.

(2) 熟悉磁电阻测量的原理和方法.

(3) 查阅有关磁性薄膜材料和薄膜技术的参考书，了解磁性薄膜材料科学和磁电子学的一些基本概念和知识.

## 实验目的

(1) 熟悉磁电阻、各向异性磁电阻、巨磁电阻、隧道磁电阻和庞磁电阻等基本概念.

(2) 掌握四探针法测量磁性薄膜磁电阻的原理和方法.

## 实验原理

### 1. 物质的磁性简介

自然界中的所有物质均有磁性，即其在外磁场中恒被磁化而获得磁矩. 单位体积的磁矩称为磁化强度$M$，磁化强度与磁场强度的比值定义为磁化率$\chi$，即$\chi = M/H$.

物质的磁性大体可分为五类，即抗磁性、顺磁性、反铁磁性、铁磁性及亚铁磁性.

抗磁性物质的磁化率为负，具磁化强度$M$与磁化场$H$反向；顺磁性物质的磁化率为正，$M$与$H$同向. 这两种物质磁化率的数值均很小，约为$10^{-4}$～$10^{-7}$；反铁磁性物质的磁化率也为正值，其数值亦很小，因此上述三种物质均属弱磁性物质. 但反铁磁性物质有磁相变点，称为(奈尔点)$T_N$. 当温度高于$T_N$时，呈顺磁性；温度低于$T_N$时，原子磁矩自发地反平行排列，或按螺旋形或其他形式排列，原子磁矩相互抵消；不加磁场时，$M=0$，在磁场作用下，$M$ 很小，磁化率 $\chi$ 约为 $10^{-5}$～$10^{-4}$，是磁有序的弱磁性.

铁磁性物质、亚铁磁性物质及反铁磁性物质均为磁有序物质，只有前两种物质属于强磁性物质，它们都有相变点，称为居里点 $T_C$，当温度高于 $T_C$ 时，物质呈顺磁性，只有当温度低于 $T_C$ 时才呈铁磁性或亚铁磁性. 强磁性的特点是其磁化率远高于弱磁性的磁化率，$\chi$ 约为 $10^0$～$10^5$，其磁化曲线呈非线性，较易于达到磁饱和，磁化率与磁导率随磁场而变，有磁滞现象等.

根据应用上的不同要求和材料表现的磁性差别，可将磁性材料分为软磁和硬磁两类.

软磁材料有硅钢片、铁镍合金等. 软磁材料的特点是，磁导率高、矫顽力低，在外磁场较弱时，磁化强度即可达到较高值，取消外磁场时，材料保留的剩余磁感应值很小，很容易退磁，宏观上不显磁性.

硬磁材料有碳钢、稀土钴等，这类材料是指在磁场中难于被磁化和一旦被磁化又难于退磁，因此硬磁材料也称永磁材料. 硬磁材料的特点是剩余磁感应值高、矫顽力高.

### 2. 磁性薄膜的磁电阻效应

磁电阻效应是指物质在磁场 $H$ 的作用下电阻发生变化的物理现象. 表征磁电阻效应大小的物理量为 MR，其定义为

$$\mathrm{MR}=\frac{\Delta\rho}{\rho}=\frac{\rho-\rho_0}{\rho_0}\times 100\% \tag{5-5-1}$$

其中 $\rho$ 和 $\rho_0$ 分别表示物质在某一不为零的磁场中和磁场为零的磁场中时的电阻率. 磁电阻效应按磁电阻值的大小和产生机理的不同可分为：正常磁电阻效应各向异性磁电阻效应、巨磁电阻效应、隧道磁电阻效应和庞磁电阻效应.

1) 正常磁电阻效应

正常磁电阻效应(OMR)在所有的金属和半导体材料中普遍存在，OMR 来源于磁场对电子的洛伦兹力，该力导致载流子运动发生偏转或产生螺旋运动，因而使电阻升高. 正常磁电阻 $\mathrm{OMR}>0$，当磁场不高时，$\mathrm{MR}\propto H^2$. 大部分材料的 OMR 都比较小. 以铜为例，当 $H=10^{-3}\mathrm{T}$ 时，铜的 OMR 仅为 $4\times10^{-8}\%$. 但金属 Bi 有较高的 OMR，Bi 薄膜在 1.2T 下，MR≈7%～22%，Bi 单晶在低温下可达 $10^2\%$～$10^3\%$. 半导体也有较大的 OMR，并已开发成商品化的磁电阻传感器，如 InSb-NiSb 共晶材料，在 0.3T 下，室温 $\mathrm{OMR}\approx 200\%$.

2) 各向异性磁电阻效应

在居里点以下，铁磁金属的电阻率随电流 $I$ 与磁化强度 $M$ 的相对取向而异，

称为各向异性磁电阻效应. 即 $\rho_{\perp} \neq \rho_{//}$. 其微观机制为基于电子自旋轨道耦合作用的自旋相关散射. 各向异性磁电阻值通常定义为

$$AMR = \Delta\rho / \rho = (\rho_{//} - \rho_{\perp}) / \rho_0 \tag{5-5-2}$$

其中 $\rho_0 = (\rho_{//} + 2\rho_{\perp}) / 3$.

低温 5K 时，铁、钴的各向异性磁电阻值约为 1%，而坡莫合金($Ni_{81}Fe_{19}$)的各向异性磁电阻值约为 15%，室温下坡莫合金的各向异性磁电阻仍有 2%～3%. 由于最大的 $\Delta\rho/\rho_0$ 值是在饱和状态下得到的，所以还必须定义单位磁场引起的电阻率变化作为器件的灵敏度，$S_v = (\Delta\rho/\rho_0)/\Delta H$. 对于坡莫合金，其饱和场约为10Oe①，所以它的灵敏度 $S = 0.2\%$～$0.3\%\,Oe^{-1}$. 图 5-5-1 所示为某衬底温度下沉积的 NiFe 单层薄膜的磁电阻(MR)变化曲线.

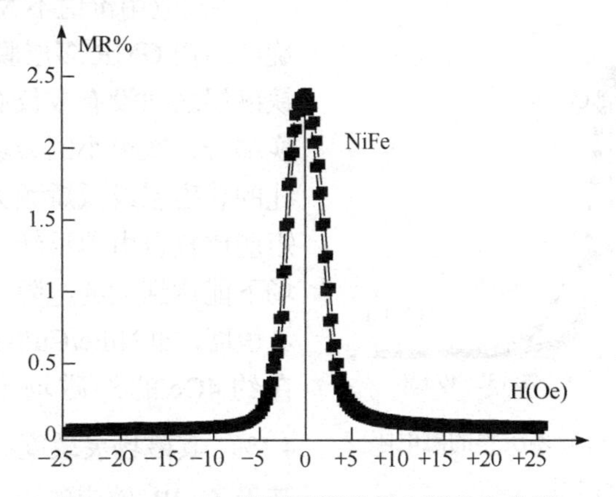

图 5-5-1　NiFe 单层薄膜的磁电阻变化曲线

3) 金属多层磁性薄膜中的巨磁电阻效应

磁性金属多层膜是由磁性金属材料(Fe、Ni、Co 及其合金等)与非磁性金属材料(铜、铬、银和金等 3d、4d 以及 5d 非金属)交替呈层状排布的三明治结构，如图 5-5-2 所示. 当非磁层厚度满足一定要求时，磁层通过非磁层进行交换作用. 磁层厚度合适时，相邻磁层间存在反铁磁耦合作用，从而在外磁场作用下呈现出巨

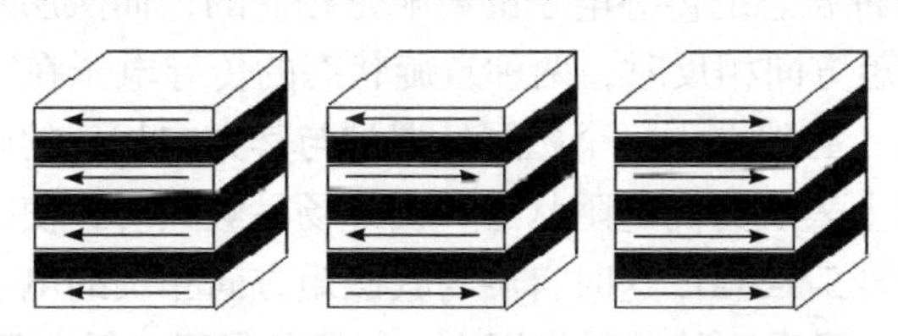
图 5-5-2　多层膜结构示意图

① 1Oe = 1Gb/cm = (1000/4π)A/m = 79.5775A/m.

磁电阻效应. 磁性金属多层膜的巨磁电阻效应与磁场方向无关，它仅依赖于相邻铁磁层的磁矩的相对取向，外磁场的作用不过是改变相邻铁磁层的磁矩的相对取向.

GMR 存在于金属磁性多层膜和颗粒膜中，多数实验表明，GMR 效应主要来源于界面自旋相关散射. 与 OMR、AMR 不同，GMR 是各向同性的，且$\Delta\rho/\rho<0$. 由于其$\Delta\rho/\rho$较大，比 AMR 约大一个数量级，故称为 GMR. 对于多层膜而言，其$\Delta\rho/\rho$变化比较大，如多晶 Co/Cu 多层膜在室温可达 70%，外加饱和磁场约为 10kOe，如图 5-5-3 所示. 但是，对于已发现的 GMR 金属多层膜，尽管能获得较大的$\Delta\rho/\rho$，可是多层膜中存在较强的层间交换耦合，使得外加饱和磁场较大(通常为10～20kOe)，从而降低其磁场灵敏度，使其应用价值不大. 后来，出现了自旋阀结构 GMR 多层膜. 在该多层膜中，铁磁层之间没有或仅有非常小的层间交换耦合，在很小的磁场作用下，未被钉扎的软磁层或低矫顽力的铁磁层中的磁矩能比较自由地反转，从而在较小的磁场下能达到大的电阻变化，提高了磁场灵敏度，如 NiFe/Cu/NiFe/FeMn 自旋阀，在约 4Oe 的外磁场下其$\Delta\rho/\rho$能达到 4.1%，其磁场灵敏度约为$1\%\,\text{Oe}^{-1}$. 目前基于 GMR 效应的应用大都采用自旋阀结构.

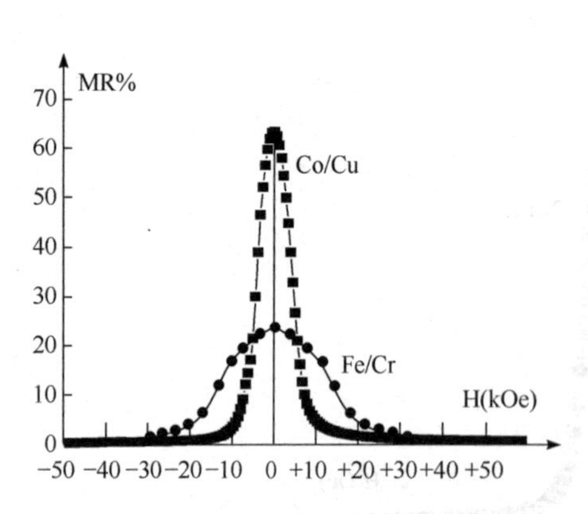


图 5-5-3 Fe/Cr，Co/Cu 多层膜的磁电阻变化曲线

在 Stoner 能带劈裂理论的基础上，英国物理学家 Mott 提出的二流体模型对巨磁电阻给予了简单解释. 图 5-5-4(a)对应着零场时传导电子的运动状态，此时多层膜中同一磁性层中原子的磁矩排列方向一致，但相邻磁层原子的磁矩反平行排列. 按照 Mott 的二流体模型，传导电子分为自旋向上和自旋向下的电子，多层膜中非磁性层对这两种状态的传导电子的影响是相同的，而磁层对其影响却完全不同. 当两磁层的磁矩方向相反时，两种自旋状态的传导电子在穿过磁矩与其自旋方向相同的磁层后，必然在下一个磁层处遇到与其方向相反的磁矩，并受到强烈的散射作用，宏观上表现为高电阻状态；当外场足够大时，使得磁层的磁矩都沿外场方向排列，如图 5-5-5(a)，这时自旋与其磁矩方向相反的电子受到的散射作用强，但方向相同的电子受到的散射作用小，宏观上表现出低电阻状态. 图 5-5-4(b)和图 5-5-5(b)分别表示对应高阻态和低阻态的等效电路图.

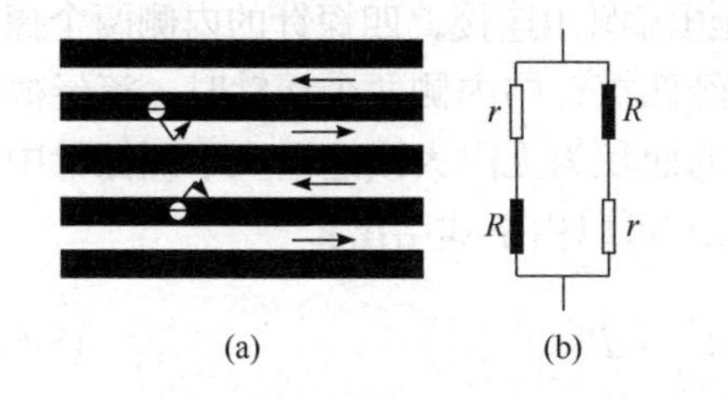


图 5-5-4　(a) 零场时传导电子的运动状态；(b) 对应高阻态的等效电路图

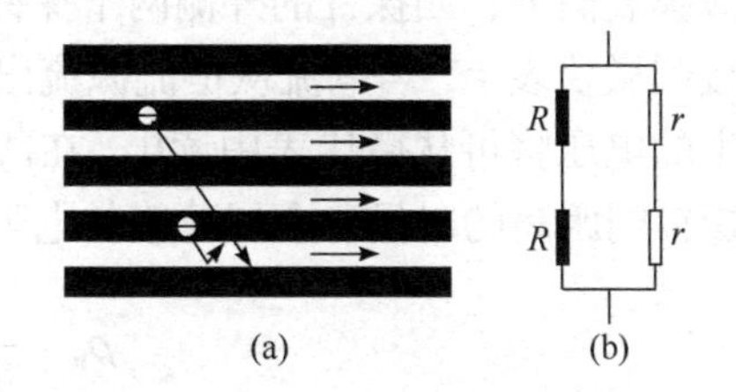


图 5-5-5　(a) 强场时传导电子的运动状态；(b) 对应低阻态的等效电路图

必须说明的是，上述模型的描述是非常粗略的，而且只考虑了电子在铁磁层内部的散射，即所谓的“体散射”. 实际上，在磁性材料与非磁性材料界面处的自旋相关散射有时更为重要，尤其是在一些较大的多层膜系统中，界面散射作用往往占主导地位.

4) 隧道磁电阻效应

TMR 存在于铁磁金属层/绝缘层/铁磁金属层(FM/I/FM)和铁磁金属层/绝缘层/铁磁金属层/反铁磁层(FM/I/FM/AFM)等类型的磁隧道结中，其机制为自旋极化电子的隧道效应. 在磁隧道结中，磁场克服两铁磁层的矫顽力就可使它们的磁化方向转至与磁场方向一致，这时隧道电阻为极小值；若将磁场减小至负，矫顽力小的铁磁层的磁化方向首先反转，两铁磁层的磁化方向相反，隧道电阻为极大值. 因而只需一个非常小的外磁场便可实现 TMR 极大值，所以 TMR 的磁场灵敏度非常高. 这个优点使得 TMR 比 AMR、GMR 材料更适于用来制造非易失的磁随机存储器(magnetic random access memory，MRAM). 目前，国内外都在致力于这方面的研究.

5) 庞磁电阻效应

CMR 存在于类钙钛矿结构的氧化物中，其中以 Mn 系氧化物最为显著. 其机制比较复杂，一般认为来源于双交换作用. CMR 材料的共同特征是在一定的稳定范围磁场内使其从顺磁性或反铁磁性变为铁磁性，且在其磁性发生转变的同时氧化物从半导体的导电特性转变为金属性，从而使其电阻率发生巨大的变化，有时甚至高达数个数量级.

### 3. 磁性薄膜磁电阻的测量

由于金属薄膜的电阻很低，它的电阻率的测量需要采用四端接线法. 铁磁金属薄膜磁电阻也很低，所以，它的电阻率测量也需要采用四端接线法. 但是为了满足实际的需要，在生产、科研、开发中测量金属薄膜电阻率的四端接线法已经发展成四探针法. 四探针法测量铁磁金属薄膜磁电阻原理如图 5-5-6 所示. 将待测磁性薄膜置于一对通电的亥姆霍兹线圈的中轴线的中心，共线四探针的针尖接触到薄膜表面上，四探针的外侧两个探针同恒流源相连接，四探针的内侧两个探针连接到微伏表上. 当电流从恒流源流出流经四探针的内侧两个探针时，流经薄膜产生的电压将可从微伏表中读出. 在薄膜的面积为无限大或远远大于四探针中相邻探针间距离的时候，金属薄膜的电阻率 $\rho_F$ 可以由下式给出：

$$\rho_F = \frac{\pi}{\ln 2} \times \frac{V}{I} \times d \tag{5-5-3}$$

式中 $d$ 是薄膜的膜厚，$I$ 是流经薄膜的电流，由恒流源提供，$V$ 是电流流经薄膜时产生的电压，由微伏(或纳伏)表读出. 但对于各向异性磁电阻薄膜，由于在不同方向上的磁阻不同，共线四探针不能测量薄膜各向异性磁电阻效应(AMR)，必须采用非共线四探针来测量薄膜各向异性磁电阻，如图 5-5-7 所示.

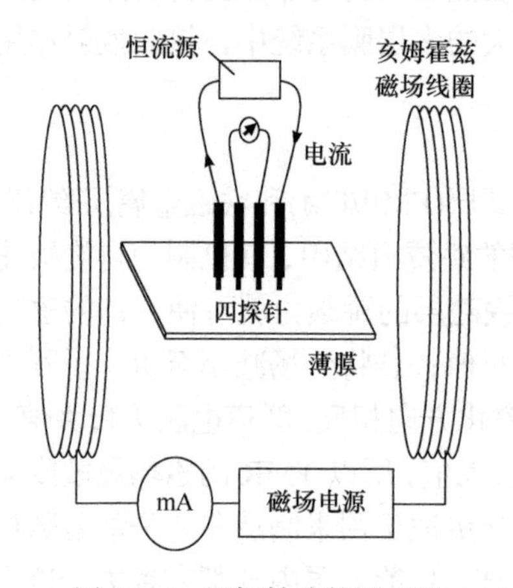

图 5-5-6　四探针法的原理图

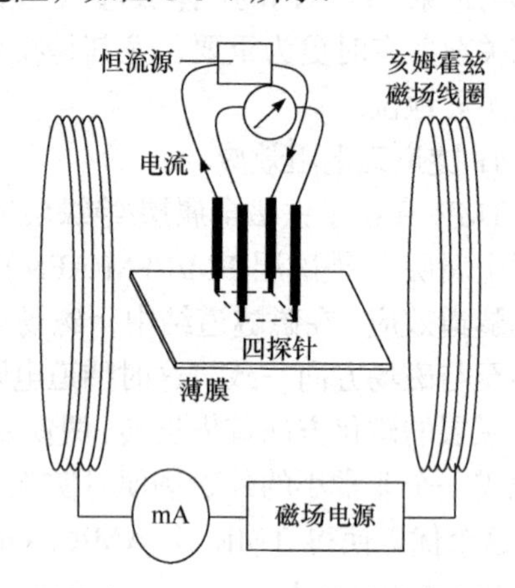

图 5-5-7　非共线四探针测量测量图

## 实验装置

四探针组件的结构示意图如图 5-5-6 和图 5-5-7 所示. 其中包括亥姆霍兹磁场线圈、四探针组件、亥姆霍兹线圈稳流电源、数控电流源和直流数字电压表. $N$ 组不同沉积条件的 NiFe 薄膜和 NiFe /Cu/NiFe 三层薄膜材料，或自制多层膜材料.

## 实验内容

1. 测量铁磁金属 NiFe 薄膜的磁电阻

(1) 打开亥姆霍兹线圈稳流电源、数控电流源和直流数字电压表的开关，使仪器预热 15min.

(2) 调整样品台的高低，使样品台表面恰在两个亥姆霍兹线圈的中心，以保证样品处于均匀磁场中.

(3) 把样品放在样品台上,使具有薄膜的一面向上. 让四探针的针尖轻轻接触到薄膜的表面，然后拧动四探针架上的螺丝把四探针架固定在样品台上，使四探针的所有针尖同薄膜有良好的接触. 旋转样品台，使薄膜电流方向与磁场方向平行或垂直.

(4) 把四探针引线的端子分别正确地插入相应的数控电流源的“电流输出”孔和直流数字电压表的“输入”孔中. 注意电流的方向和电势的高低关系.

(5) 先给薄膜施加一恒定的电流，如 5mA，调节磁场亥姆霍兹线圈电流，从零慢慢增大到数字电压表示数基本不再增加(即达到饱和)为止，测量并记录不同磁场下对应的电压值；再将磁场慢慢降为零，测量记录不同磁场下对应的电压值；然后让电流反向，重复以上操作.

(6) 旋转样品台 90°，重复步骤(5).

2. 测量 NiFe/Cu/NiFe 三层薄膜的磁电阻或其他自制多层膜

注意：换测量样品时，一定要把恒流源的电流调为零，测量方法同上.

3. 数据处理

(1) 计算薄膜零场电阻率 $\rho_F$ .

(2) 使用计算软件画出薄膜电流分别与磁场平行和垂直时的磁电阻( $MR_{//}$、$MR_{\perp}$ )随磁场的变化曲线；画出各向异性磁电阻(AMR)随磁场的变化曲线；根据曲线找出最大磁电阻和饱和磁场，并计算该薄膜材料的 AMR.

(3) 计算薄膜材料的灵敏度 $S_v$ .

$$S_v = (\Delta\rho/\rho_0) / \Delta H$$

公式中的 $\Delta H$ 取磁电阻饱和的磁场强度.

## 问题思考

(1) 什么是磁电阻效应？磁电阻效应有哪几种？

(2) 分析磁电阻随磁场变化的规律.

(3) 分析平行磁电阻与垂直磁电阻随磁场变化的特点，理解它们的关系与差别.

(4) 四探针法测量薄膜磁电阻时，哪些因素可能带来实验误差？在实验中应如何避免或尽量减小？

## 参考文献

[1] Coey J M D. Magnetism and Magnetic Materials. 北京：北京大学出版社, 2014.
[2] 严密，彭晓领. 磁学基础与磁性材料. 浙江：浙江大学出版社, 2006.
[3] 韩秀峰，等. 自旋电子学导论(上下卷). 北京：科学出版社, 2014.

[4] 王力衡, 黄运添, 郑海涛. 薄膜技术. 北京: 清华大学出版社, 1991.

# 5-6 电子衍射实验

早在20世纪初，人们就对光具有波粒二象性有了一个全面认识.1924年法国物理学家德布罗意在爱因斯坦光子理论的启示下，提出了一切微观粒子都具有波粒二象性的假设.1927年戴维逊和革末用镍晶体反射电子衍射实验测得了电子波长，从而验证了德布罗意假设. 同时汤姆孙完成了用电子穿过晶体薄膜得到衍射纹的实验，进一步证明了德布罗意的波粒二象性的论点.1937年诺贝尔物理学奖授予戴维逊和汤姆孙，以表彰他们用晶体对电子衍射所作出的实验发现.

电子衍射技术是目前分析研究固体薄膜和表面层晶体结构的先进技术. 在现今的电子工业中，许多元件和器件都是由各种固体薄膜制成，在研究新元件、新材料时，常常需要了解各种薄膜的晶体结构、晶体取向等信息，电子衍射技术是获得这些信息的有效方法之一.

## 实验预习

(1) 德布罗意假设的内容是什么?

(2) 本实验是怎样验证德布罗意公式的?

(3) 简述电子衍射管的结构及各部分作用.

## 实验目的

(1) 了解电子衍射仪的结构，掌握其使用方法.

(2) 通过观察电子穿过晶体薄膜的衍射图像，验证德布罗意公式，加深对电子的波粒二象性的认识.

(3) 掌握利用电子衍射分析晶体结构的方法.

## 实验原理

### 1. 德布罗意假设和电子波的波长

1924年德布罗意提出物质波的假说，即一切微观粒子，也与光子一样具有波粒二象性，并把微观实物粒子的动量 $P$ 与物质波波长 $\lambda$ 之间的关系表示为

$$\lambda=\frac{h}{P}=\frac{h}{mv} \tag{5-6-1}$$

式中 $h$ 为普朗克常量，$m$、$v$ 分别为粒子的质量和速度，这就是德布罗意公式. 若电子在电压为 $U$ 的电场中加速，当电子的速度远小于光速时，电子获得的动能为

$$\frac{1}{2}mv^2 = eU \tag{5-6-2}$$

将式(5-6-2)代入式(5-6-1)得

$$\lambda = \frac{h}{\sqrt{2meU}} = \sqrt{\frac{150}{U}} = \frac{12.25}{\sqrt{U}}\text{Å} \tag{5-6-3}$$

对于一个静止质量为 $m_0$ 的电子，当加速电压在几十千伏时，由于电子速度的加大而引起的电子质量的变化就不可忽略. 根据狭义相对论的理论，电子的质量为

$$m = \frac{m_0}{\sqrt{1-\frac{v^2}{c^2}}} \tag{5-6-4}$$

式中 $c$ 是真空中的光速，将式(5-6-4)代入式(5-6-1)，即可得到电子波的波长

$$\lambda = \frac{h}{mv} = \frac{h}{m_0 v}\sqrt{1-\frac{v^2}{c^2}} \tag{5-6-5}$$

利用相对论的动能表达式得

$$eU = mc^2 - m_0c^2 = m_0c^2\left(\frac{1}{\sqrt{1-\frac{v^2}{c^2}}} - 1\right) \tag{5-6-6}$$

从式(5-6-6)得到

$$v = \frac{c\sqrt{e^2U^2 + 2m_0c^2eU}}{eU + m_0c^2} \tag{5-6-7}$$

$$\sqrt{1-\frac{v^2}{c^2}} = \frac{m_0c^2}{eU + m_0c^2} \tag{5-6-8}$$

将式(5-6-7)和式(5-6-8)代入式(5-6-5)得

$$\lambda = \frac{h}{\sqrt{2m_0eU\left(1+\frac{eU}{2m_0c^2}\right)}} \tag{5-6-9}$$

将 $e$=1.602×10$^{-19}$C，$h$=6.626×10$^{-34}$ J·s，$m_0$=9.110×10$^{-31}$kg，$c$=2.998×10$^{8}$m/s 代入式(5-6-9)

$$\lambda = \frac{12.26}{\sqrt{U\left(1+0.978\times10^{-6}U\right)}} \approx \frac{12.26}{\sqrt{U}}\left(1-0.489\times10^{-6}U\right)\text{Å} \tag{5-6-10}$$

电子衍射是以电子束直接打在晶体上而形成. 在本实验装置中, 衍射管的电子枪和荧光屏之间固定了一块直径为 15mm 的圆形金属薄膜靶. 电子束聚焦在靶面上, 并成为定向电子束流. 电子束由 20kV 以下的电压加速, 通过偏转板时, 被引向靶面上任意部位.

2. 晶体的电子衍射

晶体对电子衍射的几何关系如图 5-6-1 所示. 衍射规律由布拉格定律给出

$$2d\sin\theta = n\lambda \tag{5-6-11}$$

式中 $d$ 为晶面间距, $\theta$ 为掠射角, $n$ 为整数.

由于多晶金属薄膜是由相当多不同取向的单晶体组成的多晶体, 当电子束入射到多晶薄膜上时, 在晶体薄膜内部各个方向上, 均有与电子入射线夹角为 $\theta$ 的而且符合布拉格公式的反射晶面. 因此, 反射电子束是一个以入射线为轴线, 其半顶角为 $2\theta$ 的衍射圆锥. 衍射圆锥与入射轴线垂直的照相底片或荧光屏相遇时形成衍射圆环, 这时衍射的电子方向与入射电子方向夹角为 $2\theta$, 如图 5-6-2 所示.

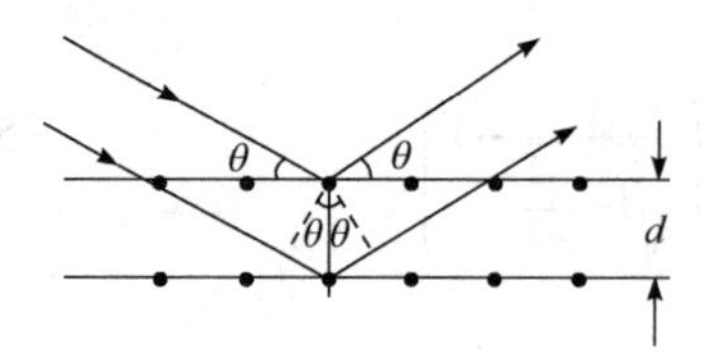


图 5-6-1 布拉格衍射示意图

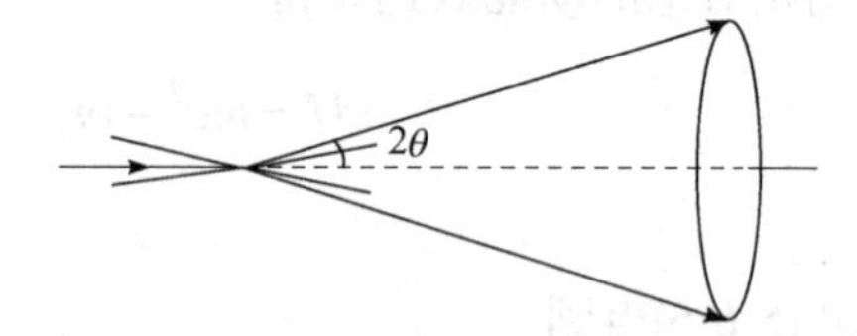


图 5-6-2 多晶体的衍射圆锥

在多晶薄膜中, 有一些晶面(它们的面间距为 $d_1$, $d_2$, $d_3$, …)都满足布拉格方程, 它们的反射角分别为 $\theta_1$, $\theta_2$, $\theta_3$, …, 因而, 在荧光屏上形成许多同心衍射环. 而对于单晶薄膜得到的是衍射斑点.

可以证明, 对于立方晶系, 晶面间距为

$$d = \frac{a}{\sqrt{h^2 + k^2 + l^2}} \tag{5-6-12}$$

式中 $a$ 为晶格常数, $(h\ k\ l)$为晶面的米勒指数.

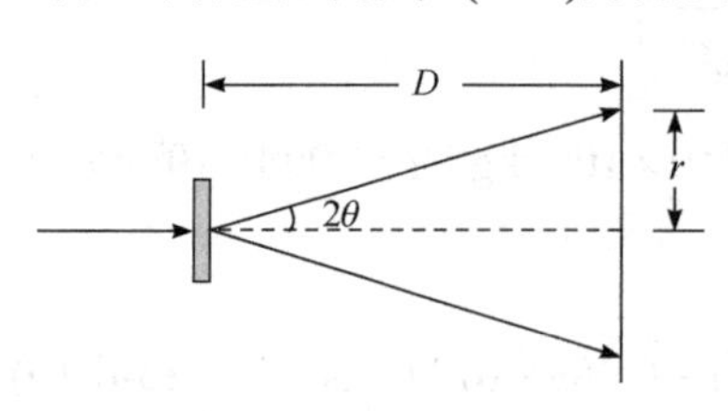


图 5-6-3 电子衍射的示意图

图 5-6-3 为电子衍射的示意图, 设样品到屏的距离为 $D$, 某一衍射环的半径为 $r$, 对应的掠射角为 $\theta$. 实验中因 $\theta$ 很小, 由图可得

$$\sin\theta \approx r/(2D) \tag{5-6-13}$$

将式(5-6-12)和式(5-6-13)代入布拉格公式, 得

$$\lambda = \frac{r}{D} \times \frac{a}{\sqrt{h^2+k^2+l^2}} = \frac{r}{D} \times \frac{a}{\sqrt{M}} \tag{5-6-14}$$

式中$(hkl)$为与半径$r$的衍射环对应的晶面族的晶面指数，$M = h^2+k^2+l^2$. 对于同一底片上的不同衍射环，式(5-6-14)又可写成

$$\lambda = \frac{r_n}{D} \times \frac{a}{\sqrt{M_n}} \tag{5-6-15}$$

式中$r_n$为第$n$个衍射环半径，$M_n$为与第$n$个衍射环对应晶面的米勒指数平方和. 在实验中只要测出$r_n$，并确定$M_n$的值，就能测出电子波的波长.

3. 电子衍射圆环对应晶面的指数标定

根据晶体学理论可知，在立方晶系中，对于简单立方晶体，任何晶面族都可以产生衍射；对于体心立方晶体，只有$h+k+l$为偶数的晶面族才能产生衍射；而对于面心立方晶体，只有$h$、$k$、$l$同为奇数或同为偶数的晶面族，才能产生衍射. 如表5-6-1所示，表中空白格表示不存在该晶面组的衍射.

**表5-6-1　三类立方晶体可能产生衍射环的晶面族**

| 米勒指数($hkl$) | | 100 | 110 | 111 | 200 | 210 | 211 | 220 | 221<br>300 | 310 |
|---|---|---|---|---|---|---|---|---|---|---|
| $M_n$ | 简单立方 | 1 | 2 | 3 | 4 | 5 | 6 | 8 | 9 | 10 |
| | 体心立方 | | 2 | | 4 | | 6 | 8 | | 10 |
| | 面心立方 | | | 3 | 4 | | | 8 | | |

| 米勒指数($hkl$) | | 311 | 222 | 320 | 321 | 400 | 410<br>322 | 411<br>330 | 331 | 420 |
|---|---|---|---|---|---|---|---|---|---|---|
| $M_n$ | 简单立方 | 11 | 12 | 13 | 14 | 16 | 17 | 18 | 19 | 20 |
| | 体心立方 | | 12 | | 14 | 16 | | 18 | | 20 |
| | 面心立方 | 11 | 12 | | | 16 | | | 19 | 20 |

按照表5-6-1的规律，对于面心立方晶体可能出现的衍射，按照$M_n$由小到大的顺序列出，如表5-6-2所示.

**表5-6-2　面心立方晶体各衍射环对应的$M_n/M_1$**

| $N$ | 1 | 2 | 3 | 4 | 5 | 6 | 7 | 8 | 9 | 10 |
|---|---|---|---|---|---|---|---|---|---|---|
| $h\ k\ l$ | 111 | 200 | 220 | 311 | 222 | 400 | 331 | 420 | 422 | 333<br>511 |
| $M_n$ | 3 | 4 | 8 | 11 | 12 | 16 | 19 | 20 | 24 | 27 |
| $M_n/M_1$ | 1.000 | 1.333 | 2.667 | 3.667 | 4.000 | 5.333 | 6.333 | 6.667 | 8.000 | 9.000 |

因为在同一张电子衍射图像中，$\lambda$、$a$ 和 $D$ 均为定值，由式(5-6-15)可以得出

$$\left(\frac{r_n}{r_1}\right)^2=\frac{M_n}{M_1} \tag{5-6-16}$$

利用式(5-6-16)，对照表 5-6-2 可标定各衍射环对应晶面的米勒指数($hkl$).

## 实验装置

DF-8 型电子衍射仪，主要由三部分组成：机箱、电子衍射管和高压电源部分.

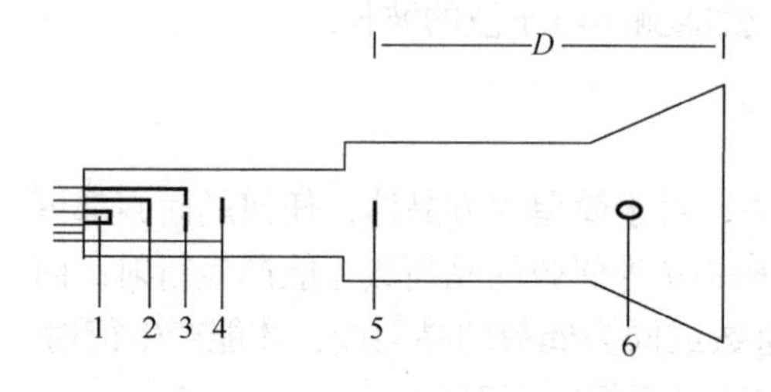


图 5-6-4　电子衍射管结构示意图

1. 电子衍射管

电子衍射管的外形类似阴极射线管，如图 5-6-4 所示，包括 1 灯丝、2 阴极、3 加速极、4 聚焦极、5 样品(晶体薄膜靶)、6 高压帽，其中 $D$ 表示样品到荧光屏的距离(衍射管出厂时会标明距离及误差).

2. 高压电源部分

加在晶体薄膜靶与阴极之间的高压 0～20kV 连续可调，面板上有数显高压表可直接显示晶体薄膜靶与阴极之间电压、阴极、灯丝和各组阳极均由另几组电源供电.

主要技术数据：

(1) 输入电压：交流 220V，50/60Hz.

(2) 输出电压：直流高压 0～20kV 连续可调.

(3) 灯丝电压：6.5V.

(4) 电流：0.8mA.

(5) 衍射样品：多晶体金(Au)(直径 15mm).

(6) 荧光屏直径：130mm.

(7) 外形尺寸：360mm × 200mm × 520mm.

## 实验内容

1. 求运动电子的波长，验证德布罗意关系式

用刻度尺对不同的加速电压直接测量衍射环的半径 $r$. 将相关数据代入公式计算对应的德布罗意波长，并将理论预期与实验结果进行比较，验证德布罗意关系式.

(实验中 $D$=25.2cm，金的晶格常数 $a$=4.0786Å)

2. 电子衍射圆环对应晶面的指数标定

根据实验原理自行设计方案标定各衍射环对应晶面的米勒指数($hkl$).

3. 测量晶体的晶格常数

根据实验原理自行设计方案测量金晶体的晶格常数.

## 问题思考

(1) 本实验证实了电子具有波动性，这个波动性是单个电子还是大量电子所具有的行为表现?

(2) 随着加速电压的增大，衍射圆环如何变化?

(3) 根据衍射环半径计算电子波的波长时，为什么首先要指标化?

## 参考文献

[1] 高学颜, 沈承杭. 近代物理实验. 济南: 山东大学出版社, 1989.
[2] 高铁军, 孟祥省, 王书运. 近代物理实验. 济南: 山东大学出版社, 2000.

# 第六单元　真空与低温技术

## 6-0　真空技术基础知识

“真空”是指气体分子密度低于一个大气压的分子密度稀薄气体状态. 真空的发现始于1643年，那年托里拆利(E. Torricelli)做了有名的大气压力实验，将一端密封的长管注满水银倒放在盛有水银的槽里时，发现了水银柱顶端产生了真空，确认了真空的存在. 此后，人们不断致力于提高真空度，随着科学技术的发展，现在已经能够获得低于$10^{-10}$Pa的极高真空.

在真空状态下，气体稀薄，分子之间或分子与其他质点之间的碰撞次数减小，分子在一定时间内碰撞于表面上的次数亦相对减小，这导致其有一系列新的物化特性，诸如热传导与对流减小、氧化作用小、气体污染小、气化点降低、高真空的绝缘性能好等，这些特征使得真空特别是高真空技术已发展成为先进技术之一，目前，在高能粒子加速器、大规模集成电路、表面科学、薄膜技术、材料工艺和空间技术等科学研究的领域中占有重要地位，被广泛应用于工业生产，尤其是在电子工业的生产中起着关键的作用. 下面就真空技术方面的基础知识作一介绍.

1. 真空物理基础

1) 真空的表征

表征真空状态下气体稀薄程度的物理量称为真空度. 单位体积内的分子数越少，气体压强越低，真空度越高，习惯上采用气体压强高低来表征真空度.

在SI单位制中，压强单位为牛顿/米$^2$($N/m^2$)

$$1\ 牛顿/米^2 = 1\ 帕斯卡 \tag{6-0-1}$$

帕斯卡简称为帕(Pa)，由于历史原因，物理实验中常用单位还有托(Torr).

$$1\ 标准大气压(atm) = 1.0135\times10^5\ 帕斯卡$$

$$1\ 托 = 1/760\ 标准大气压 \tag{6-0-2}$$

$$1\ 托 = 133.3\ 帕斯卡$$

习惯采用的毫米汞柱(mmHg)压强单位与托近似相等(1mmHg = 1.00000014 Torr).

2) 真空的划分

真空度的划分(不同程度的低气压空间的划分)与真空技术的发展历史密不可分. 通常可分为: 低真空($10^3$～$10^{-1}$Pa)、高真空($10^{-1}$～$10^{-6}$Pa)、超高真空($10^{-6}$～$10^{-10}$Pa)和极高真空(低于$10^{-10}$Pa).

3) 描述真空物理性质的主要物理参数

(1) 分子密度: 用于表示单位体积内的平均分子数. 气体压强与密度的关系为

$$p = nkT \tag{6-0-3}$$

其中$n$为分子密度，$k$为玻尔兹曼常量，$T$为气体温度.

(2) 气体分子平均自由程：平均自由程是指气体分子在连续两次碰撞的间隔时间里所通过的平均距离. 对同一种气体分子的平均自由程为

$$\lambda = \frac{kT}{\sqrt{2}\pi\sigma^2 p} \tag{6-0-4}$$

其中$\sigma$为分子直径. 由式(6-0-4)可知, 气体分子的平均自由程与气体的密度$n$成反比，因而它将随着气体压力的下降而增加. 在气体压强低于0.01Pa的情况下，气体分子间的碰撞概率已很小，气体分子的碰撞主要是其与容器器壁之间的碰撞.

(3) 单分子层形成时间: 指在新鲜表面上覆盖一个分子厚度的气体层所需要的时间. 一般真空度越高，干净表面吸附一层分子的时间越长，从而可较长时间地维持一个干净的表面. 单位表面积上气体分子的吸附频率$\nu$与压强$p$的关系为

$$\nu = \frac{3.5\times10^{22}}{\sqrt{MT}}p(\text{分子}/(\text{cm}^2\cdot\text{s})) \tag{6-0-5}$$

式中$M$和$T$分别为气体分子的分子量(单位：g)和温度(单位：K)，在高真空下，例如$p=10^{-6}$Torr时，对于室温下的氮气，$\nu = 4.5\times10^{14}$分子/(cm$^2\cdot$s)，如果每次碰撞均被表面吸附，按每平方厘米单分子层可吸附$5\times10^{14}$个分子计算，一个干净的表面只要 1s 多就被覆盖满了一个单分子层的气体分子；若在超高真空$p=10^{-10}$Torr或$10^{-11}$Torr下，由同样的估算可知干净表面吸附单分子层的时间将达几小时到几十小时之久. 所以超高真空技术经常应用于集成电路的生产工艺和科学研究等方面.

2. 真空的获得

用来获得、改善和维持真空环境的装置简称为真空泵. 按照真空泵的工作原理可分为两类. 一类是“排气”型或称“压缩”型真空泵. 这类真空泵是利用其内部的各种压缩机构将被抽容器中的气体压缩到排气口方向，排入大气中. 例如，

旋片式机械泵、增压泵、油扩散泵以及涡轮分子泵等. 另一类称为“吸附”型真空泵. 这类真空泵是在封闭的真空系统中利用各种物理或化学表面(吸气剂)吸气的方法将被抽空间的气体分子吸附在固体表面上. 例如吸附泵、溅射离子泵、钛升华泵及低温泵. 真空泵若按应用范围分，则有低真空泵(包括中真空)，例如旋片式机械泵、增压泵及吸附泵等；高真空泵(包括超高、极高真空)，例如油扩散泵、涡轮分子泵、离子泵及低温泵等.

真空泵常用的两个重要参量是：①极限真空，在被抽容器的漏气及容器内壁放气可忽略的情况下，真空泵能抽得的最高真空称为极限真空；②抽气速率，在给定压强下，单位时间内从泵的进气口抽入泵内的气体体积，称为泵在该压强下的抽气速率，单位为 L/s.

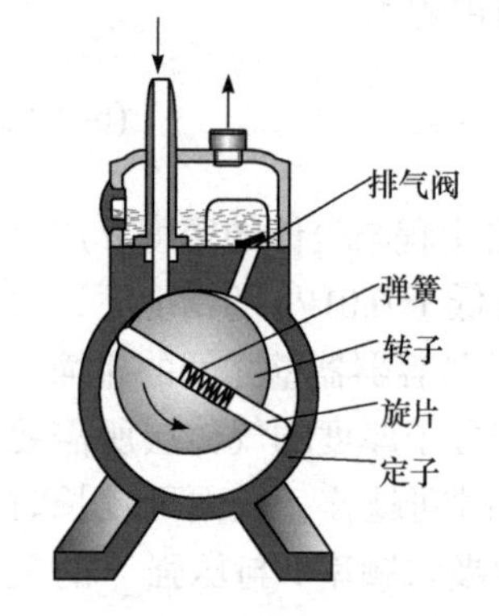

图 6-0-1　旋片式机械真空泵

1) 机械真空泵

机械真空泵按改变空腔容积方式分，有活塞往复式、定片式和旋片式等. 它的工作原理是建立在理想气体的玻意耳-马里奥特定律的基础之上，即 $pV=RT$($p$ 为压强，$V$ 为容器体积，$T$ 为绝对温度，$R$ 为常数)，在等温过程中，一个容器内的体积和压强的乘积等于常数. 这样，只要使容器的体积在等温条件下不断扩大，就可不断降低容器的压强.

图 6-0-1 是常用的旋片式机械真空泵的结构图，其工作过程如图 6-0-2 所示.

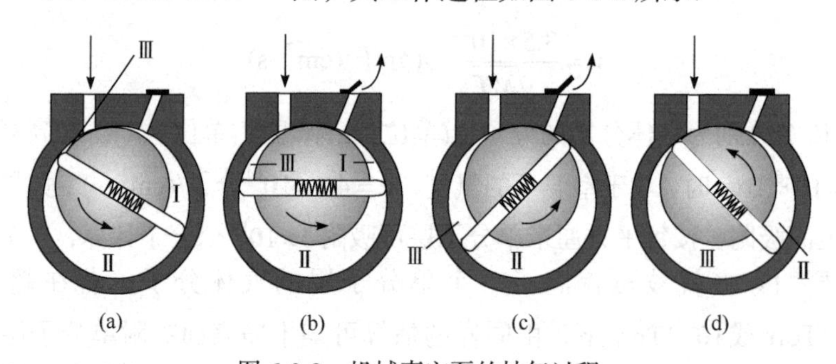

图 6-0-2　机械真空泵的抽气过程

当转子逆时针转动时，开始处于图 6-0-2(a)的位置，由进气口进入转子与定子之间部分空腔Ⅲ的体积不断扩大，而出气口与转子、定子间的部分空腔Ⅰ体积不断缩小，如图 6-0-2(b)所示；空腔Ⅰ内的体积继续被压缩，当压强大到足以推开排气阀时，气体被排出泵外；空腔Ⅱ继续传送被隔离气体，空腔Ⅲ继续抽气. 转子转到图 6-0-2(c)时，空腔Ⅰ排气即将结束，空腔Ⅱ即将与排气口相通，开始压缩排气过程；空腔Ⅲ继续抽气. 转子到图 6-0-2(d)的位置时，又开始重复上述过程. 机械泵具有结构简单，工作可靠的优点，机械泵可以从大气压开始进行工作，不仅可单独使用，常用来获得高真空系统的前级泵，以获得更高的真空度. 机械泵一般所能达到的极限真空约为$10^{-2}$Pa，但在一般实验室情况下只能达到$10^{0}$～$10^{-1}$Pa.

2) 油扩散泵

油扩散泵是常用的获得高真空的设备，扩散泵不能直接在大气压下工作，需要在机械泵产生的低真空条件下工作，图 6-0-3 为常用的油扩散泵的工作原理图. 泵的上部为进气口，泵的底部为蒸发器，用来储存硅树脂类扩散泵油(简称硅油)或其他专用的扩散泵油. 当加热炉加热槽中的硅油，油蒸气流沿管筒上升，从伞形喷嘴(三个或四个)向下高速喷出，带动气体分子，使它自上而下做定向流动，气体被迫向排气口方向运动，而被排气口的机械泵抽走，扩散泵的名称也由此而来. 油蒸气碰到有冷却水管冷却的泵壁上冷凝，油分子被冷凝为液态，沿着泵壁流回蒸发器继续循环使用，这样周而复始，从而达到连续抽气.

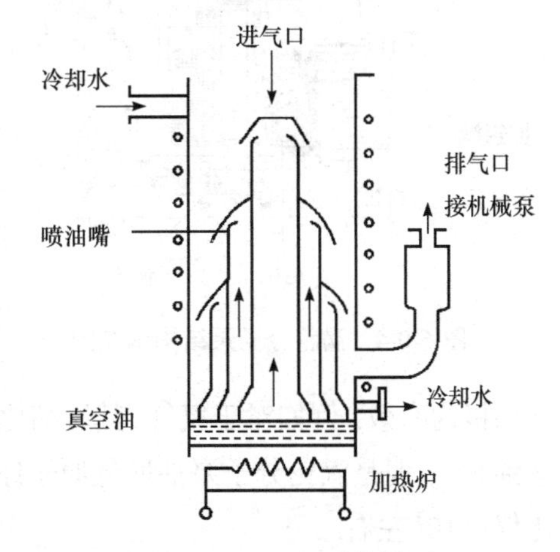


图 6-0-3 三级油扩散泵

为了提高扩散泵的极限真空，扩散泵内通常有 3～4 个串联的喷嘴，如图 6-0-3 所示的是由铝合金材料制成的 3 个喷嘴的三级扩散泵的结构示意图. 一般油扩散泵的极限真空为$10^{-4}$～$10^{-5}$Pa.

油扩散泵的一个缺点是泵内的油蒸气的回流容易造成真空系统的污染. 由于这个原因，在材料表面分析仪器和其他超高真空系统中一般不采用油扩散泵.

使用油扩散泵时应注意几点：

(1) 不能在断水时使用. 油扩散泵工作时冷却水的作用很大，若水冷作用不够，就会使泵油的循环作用减弱、油蒸气压提高而妨碍其工作.

(2) 应选择适当的加热功率. 加热功率过低，油蒸气无法形成，泵不能工作；加热功率过高，使油蒸气过热甚至分解，大大降低其性能.

(3) 要保证其预备真空和前级真空，尽量避免大气冲入油扩散泵.

(4) 油扩散泵停止使用时，须待工作油液冷却后才能关闭前级泵和冷却水，如有可能，将扩散泵始终保持在真空下为好，以免工作油液氧化、裂解，使得蒸气压提高，泵的极限真空降低. 如发现泵的极限真空达不到要求，可将泵拆去，倒去旧油，严格清洗并烘干，再换以新的工作油液.

3) 涡轮分子泵

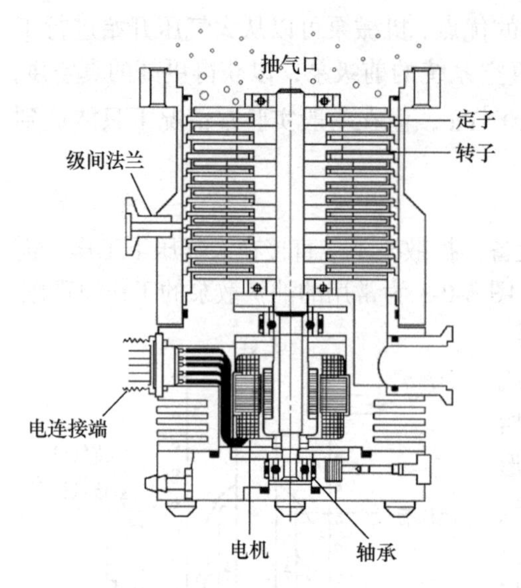


图 6-0-4　涡轮分子泵结构示意图

涡轮分子泵是适应现代真空技术对于无油高真空环境的要求而产生的一种高真空泵. 与油扩散泵一样，涡轮分子泵也是对气体分子施加作用力，并使气体分子向特定的方向运动的原理来工作的. 如图 6-0-4 所示，涡轮分子泵的转子叶片具有特定的形状，在它以 20000～30000r/min 的转速高速旋转时，叶片将动量传给气体分子. 同时，涡轮分子泵中装有多级叶片，上一级叶片输送过来的气体分子又会受到下一级叶片的作用而被进一步压缩至更下一级. 因此，涡轮分子泵的一个特点是其对一般气体分子的抽除极为有效. 例如对于氮气，其压缩比(即泵出口的压力与入口的压力之比)可以达到$10^9$，但是涡轮分子泵抽取低原子序数气体的能力较差，例如对氢气，其压缩比仅有$10^3$左右.

由于涡轮分子泵对于气体的压缩比很高，因而其油蒸气的回流可以完全忽略. 涡轮分子泵的极限真空可以达到$10^{-8}$Pa 数量级，抽速可达 1000L/s，而适用的压力范围在$1 \sim 10^{-8}$Pa 之间. 因而，在使用中多用旋片式机械泵作为前级泵.

使用涡轮分子泵应注意的几点：

(1) 涡轮分子泵不能先于前级泵启动，停机后应立即放气，以防机械泵返油；

(2) 及时加注和更新润滑油，分子泵被污染时，要及时清洗；

(3) 涡轮分子泵使用时，应避免剧烈振动，要求防止电磁干扰和强放射性辐射.

3. 真空的测量

测量真空度的仪器称为真空计. 能直接测得真空度的称为绝对真空计，如以水银柱面的高度差来测真空度的麦克劳真空计属此类. 绝对真空计操作复杂，一般不易连续测量，常用作计量的基准. 通常使用的是相对真空计，即通过测量与真空度有关的物理量来间接地测量真空度，这种测量真空度的压强传感器称为真空规，与各种真空规相配套的真空仪都属于相对真空计，他们使用比较方便，但准确度较低而且各自的测量范围有限，并需要用绝对真空计校准.

由于真空度覆盖了十几个数量级的范围，一种真空计难以测量如此宽范围的真空度，因此，常用不同的相对真空计来测量不同的真空度. 每一种真空计都只能测量一定范围的真空度，各种真空计结合起来完成全范围内的真空度的测量.

1) 热偶真空计

热偶真空计是常用的测量低真空的相对真空计，它由热偶规管和与之配套的测量电路构成，图 6-0-5 是热偶规管的结构图. 规管上端与要测的低真空相通，*ao* 和 *ob* 分别为康铜和镍铬丝组成的热电偶，*cod* 为由铂丝制成的加热用灯丝，加热电流由与 *c* 和 *d* 相连的导线从管脚通入，热电偶的热端 *o* 与灯丝的中部相焊接，灯丝通过加热电流时，使热端温度达到 100℃以上，热偶的冷端 *a*、*b* 所处的温度基本相同，并由导线从管脚引出，与测量温差电动势的测量仪器相连，测量仪器还提供稳定的灯丝加热电流(丝流). 在灯丝加热电流保持一定的条件下，灯丝(即热电偶的热端)的热平衡温度取决于规管所处的真空度：真空度越高，规管内单位体积的气体分子数越少，气体导热性能越差，灯丝和热电偶热端的热平衡温度越高，热电偶冷热两端的温度差越大，温差电动势也就越大，这样由热电偶的温差电动势的大小可间接测出真空度，因为两者的关系很难通过理论计算得到，因此一般要将热偶真空计用绝对真空计校准. 热偶真空计的量程一般为$10^{-1}$～$10^{-2}$Pa，其优点是结构简单、使用方便；缺点是稳定性差、精度不高.

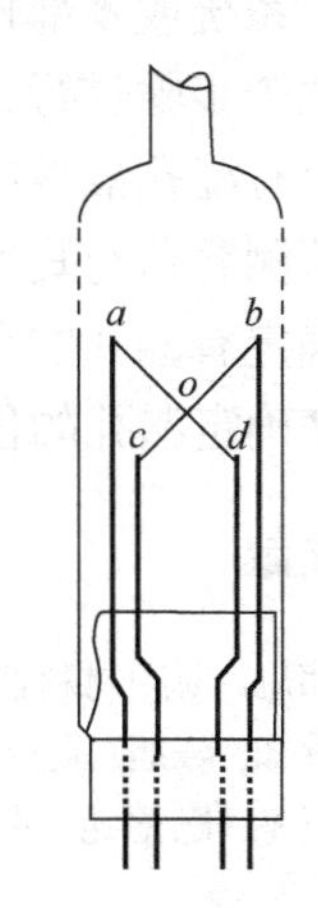

图 6-0-5　热偶规管结构示意图

2) 电离真空计

电离真空计是目前测量高真空的主要仪器，它由电离规管和测量仪器两部分构成，图 6-0-6 为电离规管的结构图，它由 *I* 形的灯丝(阴极)*A*、螺旋状的加速极(栅极)*B*、圆筒状的收集极(板极)*C* 组成. 测量时，将规管上部与欲测的真空相通，加上灯丝电流，灯丝被加热而在灯丝表面形成一个“热电子气层”，加速极的电势比灯丝高，于是，热电子在加速电场的作用下飞向加速极. 螺旋状的加速极绕得很疏，大部分电子穿过加速极的间隙飞向收集极，收集极的电势比灯丝低，因此，当电子靠近收集极时，减速电场可使电子反向折回，这样，电子在灯丝与收集极之间可产生次数不同的往返运动，往返中与气体分子可发生碰撞，而使气体分子电离，由一个中性分子分离为正离子和电子，正离子被处于负电势(相对于灯丝)的收集极收集形成离子电流，电子(包含由于碰撞而损失了动能的热电子)被处于正电势的加速极收

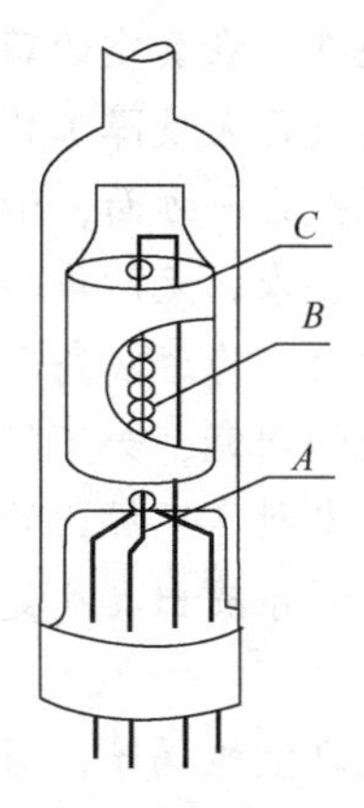

图 6-0-6　电离规管结构示意图

集形成发射电流. 实验证明，如果保持发射电流恒定，则离子电流与真空度成反比，即离子电流与待测气体的压强成正比，经过用绝对真空计的校准和定标，就可由离子电流的大小来决定真空度. 一般常用的电离真空计的测量范围在 $10^{-2}$～$10^{-5}$ Pa .

4. 真空系统的检漏

对于一个真空容器或一个真空系统，首先应检查是否漏气. 检漏的目的是确定真空系统或零部件是否漏气，找出漏孔位置以便修补. 真空系统的检漏一般按下列两个步骤进行：①确定是否有漏孔；②确定漏孔的位置及大小. 确定真空系统是否有漏孔最常用的办法是“关闭试验”，即先将真空系统抽到一定的压强，然后把待测容器与真空泵分隔开. 如果系统有漏孔，压强会随时间而线性增长，由此可确定有漏孔的存在. 确定漏孔的位置，对于金属真空系统常用乙醚作为探测气体来确定漏孔的位置.

**参考文献**

[1] 唐伟忠. 薄膜材料制备原理、技术及应用. 北京: 冶金工业出版社, 2003.
[2] 王欲知, 陈旭. 真空技术. 北京: 北京航空航天大学出版社, 2007.
[3] 王晓冬, 巴德纯, 张世伟, 等. 真空技术. 北京: 冶金工业出版社, 2006.

## 6-1 真空的获得与测量

在 21 世纪，随着电子信息、纳米科技、生物工程以及航天航空等高科技产业的发展，为真空技术的应用提供了更广阔的环境与机遇. 同时对真空科学本身的发展也提出了更高的要求，不断向更高的目标前进，主要表现在：在真空的获取设备方面，尽可能地提高真空获取设备的极限真空能力，提高设备无故障工作时间. 例如，一些性能和质量有明显提高的新型分子泵不断涌现；另一方面，由于微电子及纳米级电子材料和元件产业的超净、耐蚀及耐粉尘等要求，无污染的各式新型干式真空泵、耐腐蚀泵也不断涌现. 在真空计量设备方面，为适应高新技术领域对极高真空环境的要求，国内外都在发展对极高真空规的研究，如下限达 $3\times10^{-12}$Pa 的具有贝塞尔盒离子能量过滤器的 A-T 电离规，日本科学家提出的极高真空弯注规、新型静电透镜电离规等，我国清华大学电子工程系提出具有更高灵敏度的极高真空鞍场规等.

真空技术的主要环节和基础是真空的获得，真空的测量及真空检漏等，通过本实验我们将对这些实验的方法和手段进行初步的学习和了解.

## 实验预习

(1) 学习旋片式机械真空泵、油扩散泵的工作原理.

(2) 了解真空的获得与测量实验系统及实验注意事项.

## 实验目的

(1) 通过低真空的获得，学习使用旋片式机械真空泵和测量低真空的热偶计. 掌握测量容器的体积比.

(2) 通过高真空的获得，学习使用油扩散真空泵和测量高真空的电离真空计.

(3) 了解玻璃管和金属在高真空中的放气现象和去气方法.

(4) 通过制作放电管，掌握对放电管充气的方法，观察放电管放电现象，并计算最佳放电时放电管内的气压差.

(5) 测量氦(或氖)放电管光谱，并进行光谱分析(选做).

## 实验原理

### 1. 真空的获得

#### 1) 真空泵

真空的获得主要是利用气体分子的运动特性，借助真空泵把封闭在真空系统中运动的气体分子排出泵外或者吸收(气体分子永远或暂时留在泵内)，同时阻止外部的气体分子通过真空泵进入真空系统. 真空系统内部泵口分子被排出导致系统内部的气体浓度不均匀，气体分子会持续不断地向泵口运动，从而形成了“抽”气过程，使得真空系统内部压强低于外部空间，即获得了真空. 对于前一种将气体分子排出泵外的系统，称为开放式抽真空系统，利用真空泵吸收气体分子的系统称为封闭式抽真空系统.

真空系统所能达到的真空程度与真空系统的封闭性，真空泵的工作机理和结构，被抽气体的种类以及真空泵与被抽系统的连接方式有很大的关系. 不同的真空泵适用于不同的真空范围，在实验中开放式系统常用的真空泵有：旋片式机械泵、油扩散泵、罗茨泵、涡轮分子泵等. 封闭式系统常用的真空有：吸附泵、锆铝(钛)泵、离子泵和钛升华泵等. 开放式系统常用的真空泵的工作原理和使用方法可参见“6-0 真空技术基础知识”.

#### 2) 玻璃及金属的表面加热去气

玻璃及金属的表面往往会吸附大量的气体，当玻璃及金属在大气中时，这些气体和周围气体达到平衡，但当周围成为真空时，平衡被破坏，吸附在表面的气体会逐渐释放出来，当被抽的容器内压强达到$10^{-3}$Pa 时，这种现象变得愈加明显. 一般表现为真空度长时间难以提高，或一旦停止抽气被抽系统的真空度会慢慢降低，这种现象很像系统漏气.

因此，为了获得高真空，或在停止抽气后仍能维持原真空系统的真空度，就需要设法除去吸附在容器表面的气体. 实验中常用的方法是在抽到高真空的同时加热整个金属或玻璃，以提高气体分子的热运动速度，使吸附的气体更快地从表面和体内释放出来，以达到提高系统的真空度的目的. 温度越高去气过程越快，但温度不能高于被加热材料的熔点，如玻璃一般限于350℃，加热的方法可以用加热电炉、高频加热法或火焰. 高频加热法是把金属部件置于高频电磁场中，利用金属的感应电流(涡流)将金属加热至高温来达到去气的目的.

在去气过程中，如加热太快，真空度很可能会严重下降，而且容易在高温下损坏玻璃或金属器件，应控制加热并随时用电离真空计观察真空度的变化，使其不低于$10^{-2}$ Pa，随着放气量的减少，逐步提高温度以加速去气.

### 2. 真空的测量

与真空获得密切相关的是真空的测量技术. 根据真空度或气体压力范围的不同，其测量方法也大不相同. 真空计是测量系统真空度的器件，其基本原理是通过测量与气体压强或密度有某种已知确定规律的物理量来表征所测量的气体压强. 真空计的种类很多，不同的真空计测量范围不同，只有通过把多种真空计组合起来使用，即可完成大范围的测量.

1) 复合真空计

复合真空计一般是由 1～2 个热偶真空计和一个电离真空计组合起来的真空测量设备. 有关热偶真空计和电离真空计的工作原理，可参见“6-0 真空技术基础知识”.

2) 扩散硅压阻式压差传感器

压差传感器是压力传感器的一种. 压力传感器是利用半导体材料(如单晶硅)的压阻效应制成的器件. 半导体材料因受力而产生应变时，载流子的浓度和迁移率的变化而导致电阻率发生变化的现象称为压阻效应. 压差传感器的原理结构示意图和外形图如图 6-1-1 所示.

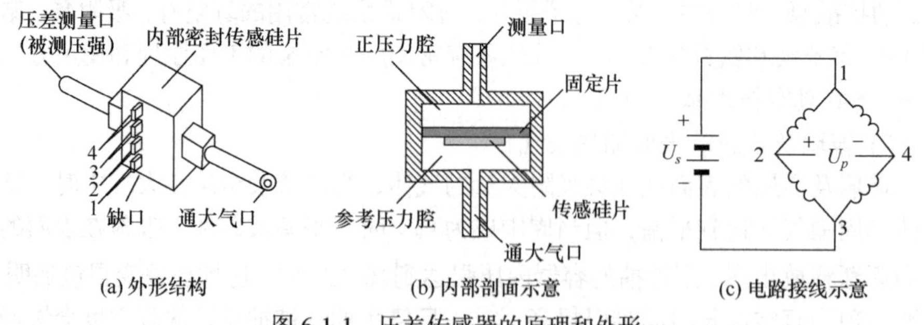


图 6-1-1 压差传感器的原理和外形

当在压差传感器的2、4两端加上一恒定电压$U_s$后，在其1、3两端会输出一与压差$\Delta p$呈线性关系的电压$U_p$

$$U_p = U_0 + k_p \Delta p \tag{6-1-1}$$

$U_0$为压差为零时的输出电压，系数$k_p$一般为一常数. 压差传感器在使用时要先通过定标确定$U_0$和$k_p$的数值，再利用上述公式进行测量.

本实验中使用的24PCC型压差传感器压力范围为15Psi($1\text{Psi} = 6.895 \times 10^3 \text{Pa}$，其工作电源采用2mA恒流源，电压量程为225mV，灵敏度为15mV/Psi，线性度为±1.0%. 一只24PCC用于放电管内气压测量，另一只24PCC用于低真空实验测量.

3. 辉光放电及放电管光谱

1) 辉光放电现象

气体的辉光放电意味着部分气体分子开始分解为可以导电的离子与电子，即形成了等离子体. 在如图6-1-2所示的与待抽真空容器相通的玻璃管内封入两个金属电极，就构成了气体放电管，在放电管的两电极上加上数千伏特的直流高电压时，电子就会从阴极逸出并在电场中加速，运动的电子与管中气体原子发生非弹性碰撞时，气体原子就会电离，也会从基态跃迁到激发态，气体原子从激发态返回基态时就有光辐射产生. 当真空度为$10^2$Pa左右时，气体或蒸气在电压较高(2000V左右)、电流较小(约几毫安)的条件下，放电管中出现的瑰丽的发光现象称为辉光放电. 由于电子从阴极向阳极运动过程中，与气体原子非弹性碰撞失去能量后，要经过一段距离加速，才能发生下一次非弹性碰撞，因此，辉光放电的特征是在放电管中交替地出现亮区和暗区，如图6-1-2所示，从阴极到阳极依次出现：阿斯顿暗区(1)、阴极辉光区(2)、阴极暗区(克鲁克斯暗区)(3)、负辉光区(4)、法拉第暗区(5)、正辉光区(6)、阳极暗区(7)、阳极辉光区(8)等八个发光强度不同的区域. 不同区域内辉光的波长、亮度除了与电极材料、放电管的长度、放电电流强度、气体的种类有关外，还与真空度有关，真空度太低时，例如1atm时，电子的平均自由程很短而达不到阳极，就看不到辉光现象，真空度约为$10^3$Pa时，辉光开始出现. 随着真空度的提高，辉光带越来越宽，达到$10^?$Pa左右时，正辉光区范围最大，负辉区最亮. 当真空度达到10Pa左右时，正辉光区范围缩短，颜色也发生变化，当真空度达到1Pa左右时，辉光只见于两极，管壁由于电子轰击而

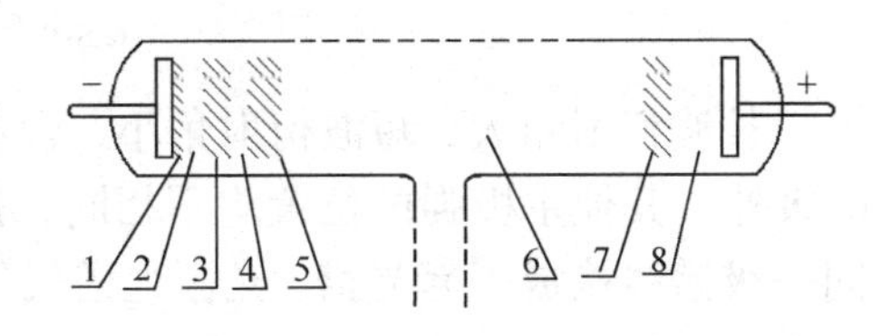

图6-1-2　辉光放电示意图

出现与玻璃材料有关的荧光．当真空度超过 0.1Pa 时，放电和辉光都消失．因此，通过对辉光放电现象的观察可以粗略地估计真空度．

2) 放电管光谱测量

放电管两端加上电压后，在电场的作用下，管中气体的原子、分子受到加速电子的碰撞发生激发和电离，气体原子获得能量由基态跃迁到高能的激发态，而处于高能激发态的原子一般是不稳定的，将发生自发辐射或受激辐射由高能激发态跃迁到低能态，能量以光子的形式放出，形成放电．原子由高能态 $E_n$ 向低能态 $E_m$ 跃迁时，辐射光的频率为

$$\nu = \frac{E_n - E_m}{h} \tag{6-1-2}$$

其中，$h$ 为普朗克常量．

原子的能级跃迁满足一定的规律，即跃迁的选择定则，因此原子发光的频率是一定的，即原子光谱是线状光谱．对于分子发光，由于分子内的电子跃迁时，分子振动及转动能也发生变化，频率展宽，形成带状光谱．此外气体放电辐射中，还会出现连续光谱．气体的电导率为

$$\sigma = ne^2 \frac{\overline{\lambda}_e}{m_e \overline{c}_e} \tag{6-1-3}$$

其中，$n$ 为电子密度，$\overline{c}_e$ 为气体分子热运动速率，$\overline{\lambda}_e$ 为气体分子平均自由程．一定温度下，$e^2$、$m_e$ 和 $\overline{c}_e$ 为常数．可以看到，当外界条件发生变化时，明显会影响到 $n$ 的变化，同时，当外加电压不同时，场强发生变化，载流子运动状态发生变化时，由于产生次级电子的条件变化，电导率数值也要发生变化．此外，气体压强的变化，会使得气体分子平均自由程也要跟着发生变化．因此，气体的放电与外界条件，如放电管管径、所加电压、气体压强都有密切关系．

光谱测量有多种方法，比较常用的是使用光栅光谱仪．目前，比较常用的是平面反射光栅，是在金属板或镀金属膜的玻璃上刻划齿状槽面(图 6-1-3)，当光入射到光栅平面上时，由于光的衍射原理，不同波长的光的主极强将出现在不同方位，光栅公式为

$$d\sin\theta = k\lambda \tag{6-1-4}$$

长波衍射角大，短波衍射角小，含不同波长的复合光照射到光栅表面，除 0 级外，其他主极强的位置均不相同，这些主极强亮线就是谱线．各种波长的同一级谱线构成一套光谱．光栅光谱仪的显著特点是有许多级，每一级为一套光谱．

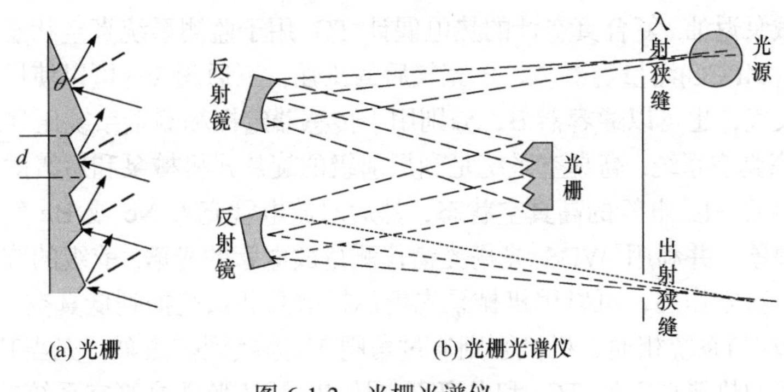


图 6-1-3　光栅光谱仪

## 实验装置

真空获得与测量实验装置由被抽真空的容器、获得真空的设备(真空泵)、测量真空度的真空计、连接系统的管道和阀门构成，一般可分为金属真空系统和玻璃系统. 本实验装置由金属真空系统构成，真空泵采用旋片式机械真空泵和油扩散真空泵，测量真空度的真空计使用热电偶真空计、电离真空计，由不锈波纹钢管道和真空阀门连成的真空获得与测量系统，系统结构如图 6-1-4 所示.

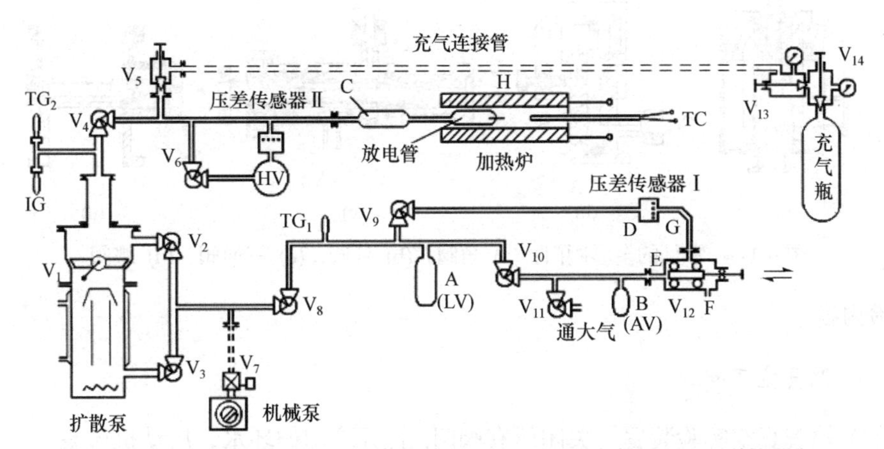


$TG_1$、$TG_2$：热偶真空计；IG：电离真空计；A、B、C：真空容器；$V_1$：油扩散泵蝶阀；$V_2$、$V_3$、$V_4$、$V_6$、$V_8$、$V_9$、$V_{10}$、$V_{11}$：角阀；$V_5$：针阀；$V_7$：电磁真空压差阀；$V_{12}$：三通阀；$V_{13}$、$V_{14}$：两级压力调节器；H：电加热炉；TC：加热炉温度计

图 6-1-4　真空获得与测量实验系统结构图

(1) 低真空系统. 低真空部分实验利用理想气体玻意耳定律测量容器 A 和容器 B 的容积比. 低真空通过旋片机械泵获取，连接在机械泵上的电磁阀在接通电源时将抽气口与被抽系统接通，停泵时，割断泵与被抽系统的连接，而与大气相通，

防止机械泵返油. 复合真空计的热电偶计 $TG_1$ 用于监测系统真空状态，利用压差传感器 I(24PCC)测量容器 A、B 充气后的压强，三通阀 $V_{12}$ 可以使压差传感器的 G 口通大气，也可以通容器 B，分别用于传感器定标和测量系统压强.

(2) 高真空系统. 高真空系统是利用前级的旋片式机械泵和后级的油扩散泵来获得容器 C 和放电管的高真空状态，然后对放电管充入 Ne 或 He 气，可观察辉光放电现象，并利用 WDS 光栅光谱仪测量放电管的光谱. 前级的旋片真空泵起前置抽低真空作用，可以用机械泵先把油扩散泵和系统抽到低真空. 油扩散泵通过蝶阀 $V_1$ 与系统相通，机械泵则通过角阀 $V_3$ 连接到扩散泵，充当其前级泵. 复合真空计的热偶真空计 $TG_2$ 和电离真空计 IG 用于监测高真空系统的真空度. 电加热炉 H 可以对放电管加热去气. 充气系统的气瓶中储存高纯 Ne 或 He，$V_{13}$ 为气瓶总阀，利用减压阀 $V_{14}$ 可以控制充到储气管中的气体压强和容量，再通过微调针阀 $V_5$ 的控制把气体充入到放电管中. 充气后放电管中的气压可以通过传感器 II(24PCC)测量. 用计算机自动控制的 WDS 光栅光谱仪可以测量放电管的光谱.

(3) 真空阀门. 真空阀门在真空系统中起着改变气流方向或气体流量大小的作用. 在本实验中采用的是金属不锈钢真空阀门，主要有手动角阀、手动针阀、三通阀和蝶阀几种(图 6-1-5).

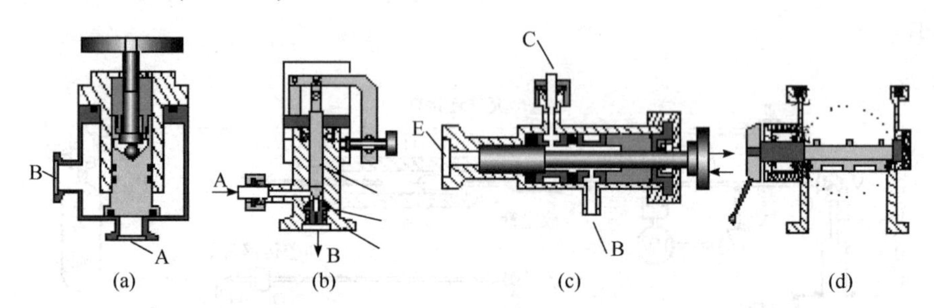


图 6-1-5　常见的金属阀门：(a) 角阀；(b) 针阀；(c) 三通阀；(d) 蝶阀

## 实验内容

### 1. 低真空实验

(1) 检查真空实验装置，关闭所有阀门. 打开冷却循环水，启动机械泵.

(2) 压差传感器定标：自己设计定标方法和步骤，利用低真空系统定标压差传感器的 $U_0$ 和 $K_p$.

(3) 测量容器 A 和容器 B 的容积比：自己设计实验方法和步骤. 根据理想气体玻意耳定律计算出容器 A、B 的容积比(请自己推算出计算公式). 注意，近似取处于低真空状态时气压为 0. 重复测量 3 次.

(4) 实验完毕，关闭角阀 $V_8$，停机械泵，打开充大气阀 $V_7$，让机械泵与大气接通. 打开 $V_9$、$V_{10}$、$V_{11}$，三通阀 $V_{12}$ 阀杆向里推到终点，使压差传感器 24PCC 的 G 口与 $V_{12}$ 的 F 口相通.

2. 高真空实验

(1) 系统预抽低真空.

打开冷却循环水，启动机械泵，打开角阀 $V_3$，先对油扩散泵抽低真空，打开真空计，当热偶真空计 $TG_1$ 测得前级真空度达到 10Pa 以下，扩散泵加热(注意已通冷却水). 半小时后，关 $V_3$，开 $V_2$(预抽阀)，开 $V_4$、$V_6$；预抽容器 C 和放电管系统低真空(注：在扩散泵升温启动过程，$V_1$ 是关闭的).

(2) 系统抽高真空.

用热偶真空计 $TG_2$ 监测系统真空度. 当真空度低于 10Pa 时，关闭预抽阀 $V_2$，打开前级阀 $V_3$，打开高真空蝶阀 $V_1$. 整个真空系统抽高真空. 当电离真空计 IG 测得系统真空度优于 $5\times10^{3}$ Pa 后，再进行下面操作.

(3) 系统去气及金属放气和吸气现象观察.

当系统真空度低于 $1\times10^{-3}$ Pa 时，将放电管加热，观察玻璃内壁和金属电极的放气现象，同时注意真空度的变化，即气体解吸(放气)现象. (注：为了更加明显地观察解吸与吸附，还可借助一个电热吹风机加热其他高真空表面来观察. 注意烘烤结束后，不要马上将加热炉推开，以免玻璃放电管急冷而开裂. 待达到极限真空后再推开).

(4) 观察放电管辉光放电现象及计算最佳放电时的压差.

当系统真空度达到要求时，可向放电管内充入工作气体(实验中一般用 He 气)，注意充气时，必须关闭角阀 $V_4$、$V_6$，气瓶总阀 $V_{13}$、减压阀 $V_{14}$ 及微调针阀 $V_5$ 不能同时开启. 微调针阀 $V_5$ 要逐渐开启，向放电管充 He 气. 当见到放电管闪亮后又灭了，这是由于开通 $V_5$ 时，进入放电管的 He 气太多，处于过饱和，以致超过放电气压电离范围. 为此需要打开 $V_4$，将放电管内 He 气抽走一些. 见到放电管最佳放电状态时，马上迅速关闭 $V_4$(此过程可反复进行几次).

当观察到放电管最佳辉光放电时，记录此时 24PCA 压差传感器Ⅱ输出电压 $U_p$，根据公式(6-1-1)计算最佳放电时放电管内的气压差$\Delta p$(一般为 4～5mmHg).

(5) 放电及光谱测量(选做). 在放电管两端加电压，观察放电管的放电现象. 打开 WDS 光栅光谱仪及计算机，测量放电管的放电光谱.

(6) 关机.

实验结束，关 $V_1$，开 $V_6$(使$\Delta p = 0$)，关扩散泵电源，半小时后关 $V_3$ 和机械泵，关冷却水和所有电源.

**问题思考**

(1) 简述机械泵和扩散泵的工作原理，扩散泵如何与机械泵配合使用？使用时应注意什么？

(2) 抽高真空，为什么要先用机械泵抽低真空？

(3) 测量低、高真空的真空计有哪些？它们的工作原理、使用条件、测量范围各是什么？使用时各需要注意什么？

(4) 压差传感器的原理是什么？压差传感器如何定标？

(5) 容器 A 中压强何时可为 0，何时又不可忽略？本实验的计算公式有哪些条件？

(6) 实验测得的容器 A 和 B 的体积比，包含着各自的管道等体积. 如果要准确测定容器 A 和 B 的体积比，该如何测量？

**参考文献**

[1] 王欲知, 陈旭. 真空技术. 北京: 北京航空航天大学出版社, 2007.
[2] 杨乃恒. 真空获得设备. 北京: 冶金工业出版社, 2001.
[3] 何元金, 马兴坤. 近代物理实验. 北京: 清华大学出版社, 2003.

## 6-2 真空蒸发镀膜

随着材料科学的发展，近年来薄膜材料作为其中的一个重要分支从过去体材料一统天下的局面中脱颖而出. 如过去需要众多材料组合才能实现的功能，现在仅需几个器件或一块集成电路板就能完成，薄膜技术正是实现器件和系统微型化的最有效的技术手段. 薄膜技术还可以将各种不同的材料灵活地复合在一起，构成具有优异特性的复杂材料体系，发挥每种材料各自的优势，避免单一材料的局限性. 薄膜的应用范围越来越宽，按其用途可分为光学薄膜、微电子学薄膜、光电子学薄膜、集成光学薄膜、信息存储薄膜、防护功能薄膜等. 目前，薄膜材料在科学技术和社会经济各个领域发挥着越来越重要的作用. 因此薄膜材料的制备和研究就显得非常重要.

薄膜的制备方法可分为物理法、化学法和物理化学综合法三大类. 物理法主要指物理气相沉积技术(physical vapor deposition，PVD)，即在真空条件下，采用各种物理方法将固态的镀膜材料转化为原子、分子或离子态的气相物质后再沉积于基体表面，从而形成固体薄膜的一类薄膜制备方法. 由于粒子发射可以采用不同的方式，因而物理气相沉积技术呈现出各种不同形式，主要有 20 世纪 40 年代开始的真空蒸发镀膜、溅射镀膜和 20 世纪 70 年代发展起来的离子镀膜、束流沉积等几种主要形式. 在 PVD 基本镀膜方法中，气相原子、分子和离子所产生的方式和具有的能量各不相同，由此衍生出种类繁多的薄膜制备技术. 本实验主要介绍了真空蒸发镀膜技术. 在薄膜生长过程中，膜的质量与真空度、基片温度、基片清洁度、蒸发器的清洁度、蒸发材料的纯度、蒸发速度等有关. 通过改变镀膜条件，可得到性质迥异的薄膜材料.

## 实验预习

(1) 复习真空技术基本知识，熟悉机械泵、分子泵、真空计的原理.

(2) 掌握真空蒸发镀膜的原理.

(3) 熟悉金属元件和玻璃的清洗技术.

## 实验目的

(1) 掌握分子平均自由程与气体压强的关系.

(2) 掌握真空镀膜原理和方法.

(3) 熟悉金属和玻璃片的一般清洗技术.

(4) 了解真空度、基片温度、基片清洁度、蒸发器的清洁度、蒸发材料的纯度、蒸发速度等因素在薄膜生长过程中对形成薄膜性质的影响.

## 实验原理

### 1. 真空蒸发镀膜原理

任何物质在一定温度下，总有一些分子从凝聚态(固态、液态)变成气态离开物质表面，但固体在常温常压下，这种蒸发量是极微小的. 将固体材料置于真空中加热达到此材料蒸发温度时，在气化热作用下，材料的分子或原子具有足够的热振动能量去克服固体表面原子间的吸引力，并以一定速度逸出变成气态分子或原子向四周迅速蒸发散射. 当真空度高、分子平均自由程 $\overline{\lambda}$ 远大于蒸发器到被镀物的距离 $d$ 时(一般要求 $\overline{\lambda}=(2\sim3)d$ )，材料的蒸气分子在散射途中才能无阻挡地直线达到被镀物和真空室表面. 在化学吸附(化学键力引起的吸附)和物理吸附(靠分子间范德瓦耳斯力产生的吸附)作用下，蒸气分子就吸附在基片表面上. 当基片表面温度低于某一临界温度，则蒸气分子在其表面发生凝结，即核化过程，形成“晶核”. 当蒸气分子入射到基片上的密度大时，晶核形成容易，相应成核数目也就增多. 在成膜过程继续进行中，晶核逐渐长大，而成核数目却并不显著增多. ①后续分子直接入射到晶核上；②已吸收分子和小晶核移到一起形成晶粒；③两个晶核长大到互相接触，合并成晶粒等三个因素，使晶粒不断长大结合. 构成一层网膜. 当它的平均厚度增加到一定厚度后，在基片表面紧密结合而沉积成一层连续性薄膜.

在平衡状态下，若物质克分子蒸发热$\Delta H$与温度无关，则饱和蒸气压$p_S$和绝对温度$T$有如下关系

$$p_S = K \cdot e^{-\frac{\Delta H}{RT}} \tag{6-2-1}$$

式中$R$为普适气体常量，$K$为积分常数.

在真空环境下，若物质表面静压强为$p$，则单位时间内从单位凝聚相表面蒸发出的质量，即蒸发率为

$$\Gamma = 5.833 \times 10^{-2} \alpha \sqrt{\frac{M}{T}}(p_S - p) \tag{6-2-2}$$

式中$\alpha$为蒸发系数，$M$为克分子量，$T$为凝聚相物质的温度.

若真空度很高$(p \approx 0)$，蒸发的分子全部被凝结而无返回蒸发源，并且蒸发出向外飞行的分子也没有因相互碰撞而返回，此时蒸发率为

$$\Gamma = 5.833 \times 10^{-2} \alpha \sqrt{\frac{M}{T}} p_S = 5.833 \times 10^{-2} \alpha \sqrt{\frac{M}{T}} \cdot K \cdot e^{-\frac{\Delta H}{RT}} \tag{6-2-3}$$

根据数学知识从式(6-2-3)可知，提高蒸发率$\Gamma$主要决定于上式指数因式，因而温度$T$的升高将使蒸发率迅速增加.

在室温$T = 293\text{K}$、气体分子直径$\sigma = 3.5 \times 10^{-8}\text{cm}$时，由气体分子动力学可知气体分子平均自由程$\bar{\lambda}$可表示为

$$\bar{\lambda} = \frac{1}{\sqrt{2}\pi\sigma^2 n} = \frac{kT}{\sqrt{2}\pi\sigma^2 p} \approx \frac{5 \times 10^{-3}}{p} \tag{6-2-4}$$

式中$k$为玻尔兹曼常量，$n$为气体分子密度. 气体压强$p$的单位为帕时，$\bar{\lambda}$的单位为米. 根据式(6-2-4)可列出表 6-2-1.

**表 6-2-1　真空度与分子平均自由程关系表**

| $p$/Pa | 1000 | 100 | 10 | 1 | $1\times10^{-1}$ | $1\times10^{-2}$ | $1\times10^{-3}$ |
|---|---|---|---|---|---|---|---|
| $\bar{\lambda}$/m | $5\times10^{-6}$ | $5\times10^{-5}$ | $5\times10^{-4}$ | $5\times10^{-3}$ | $5\times10^{-2}$ | $5\times10^{-1}$ | 5 |

从表 6-2-1 中看出，当真空度高于$1 \times 10^{-2}$Pa 时，$\bar{\lambda}$大于 50cm；在蒸发源到被镀物距离为 15～20cm 的情况下，满足$\bar{\lambda} = (2\sim3)d$. 因此将真空镀膜室抽至$1\times10^{-2}$Pa 以上真空度是必须的，方可得到牢固纯净的薄膜.

2. 材料的清洗

清洗一般意味着除去物质表面不需要的不干净物质. 如物理污染物(油脂、灰尘等). 被镀玻璃基片、钨蒸发器、铝条、玻璃钟罩等材料、配件的清洁程度，直接影响薄膜的牢固性和均匀性，玻璃片和蒸发器、铝条表面的任何微量的灰尘、油斑杂质及植物纤维等都会大大降低薄膜附着力，并使薄膜出现花斑和过多过大的针孔，不久会自然脱落. 因此会使铝镜减少反射，增加吸收. 所以加强清洗是非常必要的. 清洗上述污染物的方法很多，如机械清洗、溶剂浸渍冲洗、电化学清洗、离子轰击清洗、超声波清洗等. 不同材料，不同污染物，清洗的方法不同.

(1) 钨蒸发器和铝条的清洗方法. 先用自来水冲去尘埃，放入浓度为20%的氢氧化钠溶液中煮10min(铝条煮半分钟)，除去表面氧化物和油迹，达到钨蒸发器发亮为止；然后用自来水冲洗，浸在去离子水(或蒸馏水)中冲洗，取出用无水乙醇脱水烘干便可.

(2) 玻璃片的清洗方法. 用去污粉擦洗除去一般油污和尘埃，用清水洗净，然后放在重铬酸钾和硫酸混合溶液中浸 10～30min，取出后先后用自来水、蒸馏水冲洗，最后用无水乙醇脱水，烘干后便可使用. 清洗过程中手指不能直接与被镀物表面和酸碱接触.

(3) 玻璃钟罩的清洗. 用浓度约为30%的氢氧化钠溶液擦洗掉镀上的铝膜，然后用自来水、蒸馏水冲洗，无水乙醇脱水烘干便可.

近年来，化学清洗剂比较多，也可以根据不同材料，选用化学试剂清洗.

3. 蒸发器与薄膜质量

蒸发器是由热稳定性良好、化学性质稳定、出气量少、纯度高的耐高温材料制成. 对于丝状和片状蒸发物，一般采用钨和铂丝做成的螺旋式或波浪式丝状蒸发器，如图 6-2-1 所示；对粉末状蒸发物则采用钽、钼、铂等材料做成舟状蒸发器，如图 6-2-2 所示.

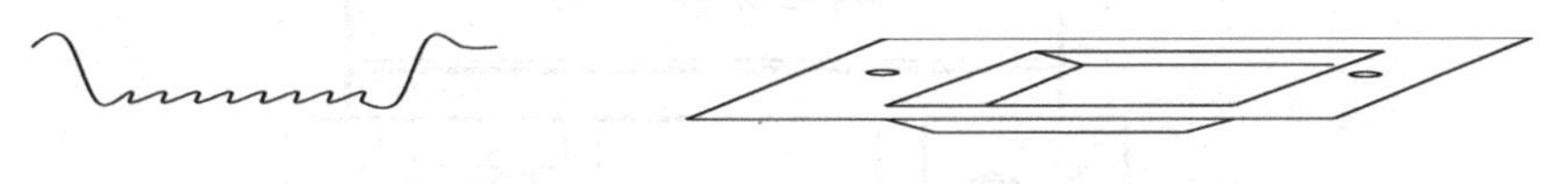

图 6-2-1　丝状蒸发器　　　　图 6-2-2　舟状蒸发器

本实验蒸发物为铝薄片，采用舟状蒸发器和丝状蒸发器均可. 实验中经常采用直径为 0.5mm 的单股钨丝制成螺旋式或波浪式蒸发器，它可使蒸发铝条放置稳定，接触面大，受热均匀. 实验时先将铝条变成 V 字形，悬挂在钨蒸发器上；当系统真空度达到 $10^{-2}$Pa 以上时，通电加热钨蒸发器至白炽状态，使铝熔化蒸发(铝在真空中蒸发温度为 990℃)，铝蒸发前要先液化，因钨在液化铝中有一定溶解度，以及液化铝表面的张力作用，液态铝一般不会掉下来，而很好地附着于钨蒸发器上，如图 6-2-3 所示.

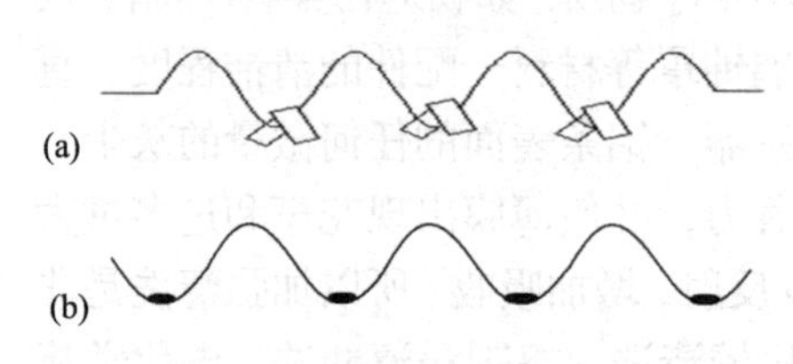


图 6-2-3 铝条加热前后的状态
(a) 加热前；(b) 加热后

本实验采用舟状蒸发器.

铝膜的质量除上面谈到的与真空度、玻璃片清洁度有关外，还与蒸发物(铝)、蒸发器(钨)的纯度、蒸发速度有关. 蒸发物的纯度直接影响着薄膜的结构和光学性质. 为了得到较高纯度的铝膜，要求选择纯度高的铝，实际上，绝对纯的铝不存在，所以我们采用预熔的办法让杂质蒸发到挡板上，而不要使杂质蒸发到玻璃片上. 预熔时蒸发物和蒸发器要放出大量气体，使真空度降低，待真空度恢复到要求的真空度时，才可以进行蒸发镀膜.

蒸发速度也影响膜的结构和均匀性，蒸发温度愈高，蒸发时间愈短，膜的结构愈致密、均匀性愈好；蒸发温度低，蒸镀时间拉长，会使真空度降低，因此会产生软膜. 但蒸发温度不宜过高，以免使蒸发物和蒸发器中比铝熔点高的杂质蒸发出来.

**实验装置**

实验所用仪器为 FZJ-Z289A 型多功能镀膜机，结构原理图如图 6-2-4 所示.

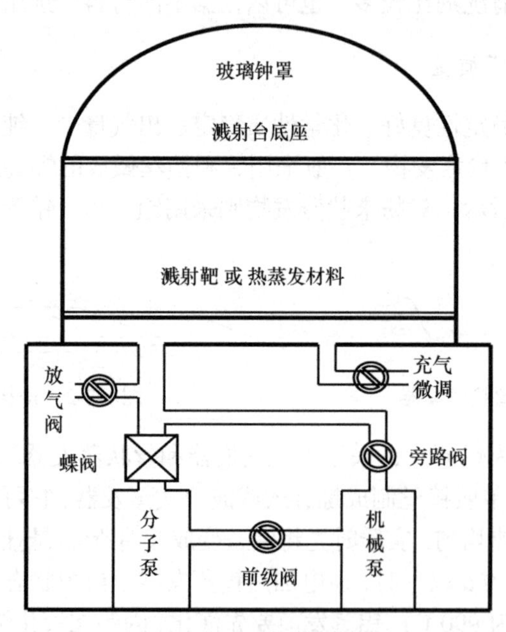


图 6-2-4 FZJ-Z289A 型多功能镀膜机的原理图

## 实验内容

制备薄膜的衬底材料的准备，首先将基片用玻璃刀切割成实验用尺寸，然后用超声波清洗机分别在酒精溶液和去离子水中依次超声清洗，清洗干净后取出烘干，并放入 99.99%酒精中保存待用. 然后使用多功能镀膜仪进行镀膜. 实验步骤如下.

1. 首先打开冷却循环水

2. 安装薄膜基片和蒸发材料

开总电源—开放气阀—约 2min 后轻轻取下玻璃钟罩，安装薄膜基片和放置蒸发材料，然后重新盖好玻璃钟罩.

3. 抽真空

(1) 依次开循环水—电源—机械泵—旁路阀，抽真空至$\leqslant 10\mathrm{Pa}$.
(2) 关旁路阀，开前级阀—分子泵—蝶阀，然后按下工作键，抽真空至$\leqslant 5\times10^{-3}\mathrm{Pa}$.

4. 蒸发镀膜

(1) 开真空蒸发电源 A(或 B)，将挡板位置旋转至对应的 A(或 B).
(2) 缓缓调节电流调节旋钮，至样品舟发红、熔融及至样品蒸发(注意：电流调节一定要缓慢增加，并密切观察样品舟及样品的变化情况).
(3) 蒸发完毕后，将电流调节调至最小，关真空喷镀电源 A(或 B).
(4) 等待样品舟温度降到接近室温.

5. 取出薄膜，更换基片

(1) 关蝶阀—关前级阀—开放气阀.
(2) 约 2min 后，打开玻璃钟罩并轻轻取下，取出制备薄膜并更换新基片.

6. 清洁玻璃钟罩

对于真空蒸发镀膜，每次蒸发完毕后需对玻璃钟罩进行清洗.

7. 抽真空并关机

(1) 依次关放气阀—开旁路阀，抽真空至$\leqslant 10\mathrm{Pa}$.
(2) 关旁路阀—开前级阀—开蝶阀—抽真空至$10^{-3}\mathrm{Pa}$.
(3) 关蝶阀—关工作键—至分子泵转速为零.

(4) 依次关闭前级阀—分子泵—机械泵.

(5) 关总电源—关循环水.

**问题思考**

(1) 薄膜的物理制备方法主要有哪几种?

(2) 掌握分子平均自由程与气体压强的关系.

(3) 简述真空蒸发镀膜的原理.

(4) 对薄膜的分析测试，有哪些主要方法? 各测试方法的目的是什么?

**参考文献**

[1] 张仲礼, 周辉, 钟海明. 近代物理实验. 长春: 东北师范大学出版社, 2000.
[2] 唐伟忠. 薄膜材料制备原理、技术及应用. 北京: 冶金工业出版社, 2003.
[3] 王欲知, 陈旭. 真空技术. 北京: 北京航空航天大学出版社, 2007.
[4] 王晓冬, 巴德纯, 张世伟, 等. 真空技术. 北京: 冶金工业出版社, 2006.
[5] 高铁军, 孟祥省, 王书运. 近代物理实验. 北京: 科学出版社, 2009.
[6] 韩炜, 杜晓波. 近代物理实验. 北京: 高等教育出版社, 2017.

# 6-3　离子溅射镀膜

薄膜物理气相沉积的第二大类方法就是溅射法. 这种方法利用带有电荷的离子在电场中加速后具有一定动能的特点，将离子引向欲被溅射的物质构成的靶电极. 在离子能量合适的情况下，入射离子在与靶表面原子的碰撞过程中将后者溅射出来. 这些被溅射出来的原子带有一定动能，沿着一定方向射向衬底，从而实现薄膜沉积. 离子溅射法主要有直流溅射、磁控溅射、射频溅射、合金溅射以及反应溅射(物理化学综合法)等. 在溅射薄膜的生长过程中，基片温度、工作气体压力、气体流量、溅射时间，以及溅射成膜后的处理等都会对成膜的性质产生影响. 通过改变溅射条件，即可得到性质不同的薄膜材料.

**实验预习**

(1) 熟悉溅射的概念.

(2) 熟悉离子溅射法制备薄膜的原理和方法.

(3) 知道常用离子溅射种类及各方法的优点和不足，知道根据不同类样品要求选用对应溅射方法.

(4) 了解薄膜溅射过程中各因素对成膜质量的影响.

## 实验目的

(1) 掌握溅射的基本概念，了解直流辉光放电的产生过程和原理.

(2) 掌握直流溅射、磁控溅射、射频溅射等主要溅射镀膜的基本原理和特点；并初步掌握溅射镀膜的基本方法；知道根据不同类样品要求选用对应溅射方法.

(3) 了解基片温度、工作气体压力、气体流量、溅射时间，溅射功率等因素对成膜质量及性质的影响.

## 实验原理

### 1. 溅射

溅射是指具有足够高能量的粒子轰击固体(称为靶)表面使其中的原子发射出来. 实际过程是入射粒子(通常为离子)通过与靶材碰撞，把部分动量传给靶原子，此原子又和其他靶原子碰撞，形成级联过程. 在这种级联过程中，某些表面附近的靶原子获得向外运动的足够动量，离开靶被溅射出来. 而入射粒子能量的 95%用于激励靶中的晶格热振动，只有 5%左右的能量传递给溅射原子. 下面以最简单的直流辉光放电等离子体构成的离子源为例，说明入射离子的产生过程.

### 2. 直流辉光放电

考虑一个两极系统(参考下文图 6-3-7)，系统的电流和电压的关系曲线如图 6-3-1 所示，系统压强为几十帕. 在两电极间加上电压，系统中的气体因宇宙射线辐射产生一些游离离子和电子，但其数量非常有限，因此所形成的电流非常微弱，这一区域 *AB* 称为无光放电区. 随着两极间电压的升高，带电离子和电子获得足够高的能量，与系统中的中性气体分子发生碰撞并产生电离，进而使电流持续增加，此时电路中的电源有高输出阻抗限制，致使电压呈一恒定值，这一区域 *BC* 称为汤森放电区. 当电流增加到一定值时(*C* 点)，会产生“雪崩”现象. 这时离子轰击阴极，产生二次电子，二次电子与中性气体分子碰撞，产生更多的离子，离子再轰击阴极，阴极又产生出更多的二次电子，大量的离子和电子产生后，放电达到自持. 气体开始起辉，两极间电流剧增，电压迅速下降，这一区域 *CD* 叫做过渡

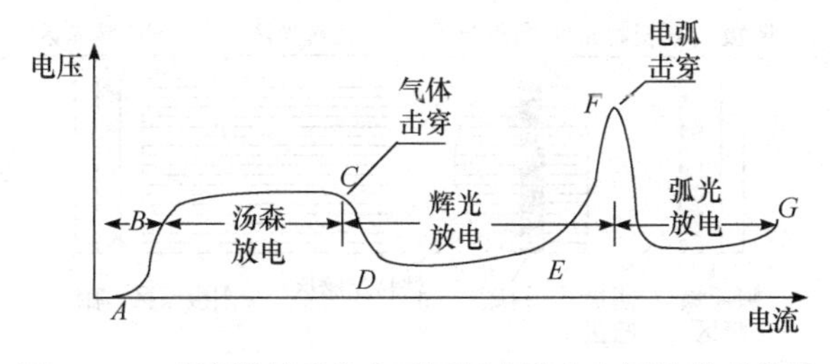


图 6-3-1　直流溅射系统中两极间电流和电压的关系曲线

区，通常称为气体击穿. 在 $D$ 点以后，电流平稳增加，电压维持不变，这一区域 $DE$ 称为正常辉光放电区，这时，阴极表面并未全部布满辉光. 随着电流的增加，轰击阴极的区域逐渐扩大，达到 $E$ 点后，离子轰击已覆盖整个阴极表面. 此时增加电源功率，则使两极间的电流随着电压的增大而增大，这一区域 $EF$ 称作"异常辉光放电区". 在这一区域，电流可以通过电压来控制，从而使这一区域成为溅射所选择的工作区域. 在 $F$ 点之后，继续增加电源功率，两极间电压迅速下降，电流则几乎由外电阻所控制，电流越大，电压越小，这一区域 $FG$ 称为"弧光放电区".

众多电子、原子碰撞，导致原子中的轨道电子受激跃迁到高能态，而后又衰变到基态并发射光子，大量光子形成辉光. 辉光放电时明暗光区的分布情况如图 6-3-2 所示. 从阴极发射出来的电子能量较低，很难与气体分子发生电离碰撞，这样在阴极附近形成阿斯顿暗区. 电子一旦通过阿斯顿暗区，在电场的作用下会获得足够多的能量与气体分子发生碰撞并使之电离，离化后的离子和电子复合湮灭产生光子，形成阴极辉光区. 从阴极辉光区出来的电子，由于碰撞损失了能量，已无法与气体分子碰撞使之电离，从而形成另一个暗区，叫做阴极暗区，又叫克鲁克斯暗区. 通过克鲁克斯暗区以后，电子又会获得足够的能量与气体分子碰撞并使之电离，离化后的离子和电子复合后又产生光子，从而形成了负辉光区. 负辉光区是辉光最强的区域，它是已获加速的电子与气体分子发生碰撞而产生电离的主要区域. 在此区域，正离子因质量较大，向阴极运动的速度较慢，形成高浓度的正离子区，使该区域的电势升高，与阴极形成很大的电势差，此电势差称为阴极辉光放电的阴极压降. 此压降区域又称为阴极鞘层，即阴极辉光区和负辉光区之间的区域，主要对应克鲁克斯暗区，如图 6-3-3 所示. 这个区域的压降占了整个放电电压的绝大部分，因此也可近似认为，仅仅在阴极鞘层中才有电势梯度存在，其形成的电压降约等于靶电压. 也正因为这个原因，阳极所处位置虽会影响气体击穿电压，但对放电后的靶电压影响不大，即阳极位置具有很大的自由度. 在实际溅射镀膜过程中，基片(衬底)通常置于负辉光区，且作为阳极使用. 经过负辉光区后，多数电子已丧失从电场中获得的能量，只有少数电子穿过负辉光区，在负辉光区与阳极之间是法拉第暗区和辉光放电区，其作用是连接负辉光区和阳极.

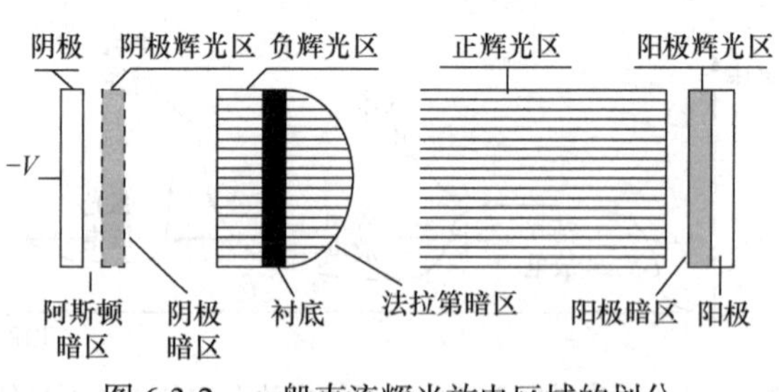


图 6-3-2　一般直流辉光放电区域的划分

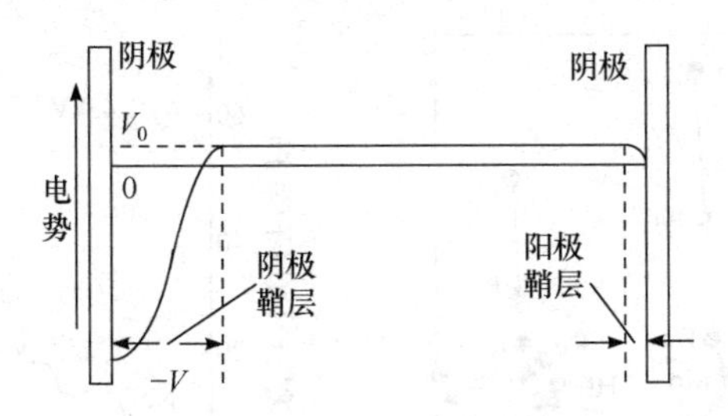


图 6-3-3　直流辉光放电过程的电势分布和等离子体鞘层

3. 溅射的特点

(1) 溅射粒子(主要是原子，还有少量离子等)的平均能量达几个电子伏，比蒸发粒子的平均动能 $kT$ 高得多(3000K 蒸发时平均动能仅 0.26eV)，溅射所获得的薄膜与基片结合较好.

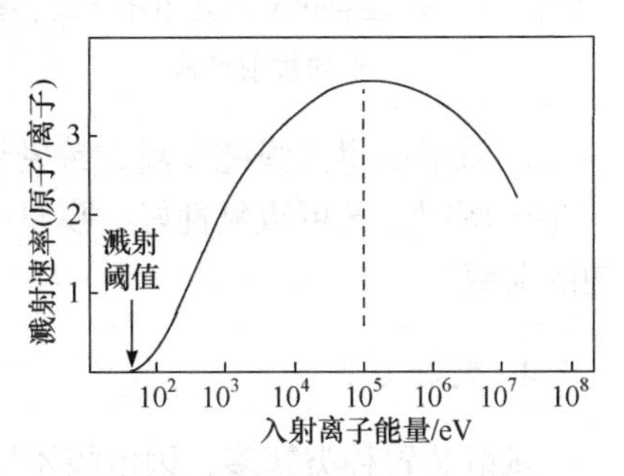


图 6-3-4　溅射速率与入射离子能量的关系

(2) 入射离子能量增大(在几千电子伏范围内)，溅射率(溅射出来的粒子数与入射离子数之比)增大. 入射离子能量再增大，溅射率达到极值；能量增大到几万电子伏，离子注入效应增强，溅射率下降，如图 6-3-4 所示.

(3) 入射离子质量增大，溅射率增大.

(4) 入射离子方向与靶面法线方向的夹角增大,溅射率增大(倾斜入射比垂直入射时溅射率大).

(5) 单晶靶由于焦距碰撞(级联过程中传递的动量愈来愈接近原子列方向)，在密排方向上发生优先溅射.

(6) 不同靶材的溅射率很不相同. 图 6-3-5 为在 400kV 加速电压下对各种元素靶材的溅射产额的变化情况. 由图中数据可以看出，元素的溅射产额呈现明显的周期性，即随着元素外层 d 电子数的增加，其溅射产额提高，因而，Cu、Ag、Au 等元素的溅射产额明显高于 Ti、Zr、Nb、Mo、W 等元素的溅射产额.

(7) 不同溅射气体的溅射率也不相同. 图 6-3-6 是 45kV 加速电压下各种入射离子轰击 Ag 靶表面时得到的溅射率随入射离子的原子序数的变化. 由图中结果可以看出，使用惰性气体作为入射离子时，溅射产额较高. 而且重离子的溅射率额明显高于轻离子. 但是出于经济等方面的考虑，多数情况下均采用 Ar 离子作为薄膜溅射沉积时的入射离子.

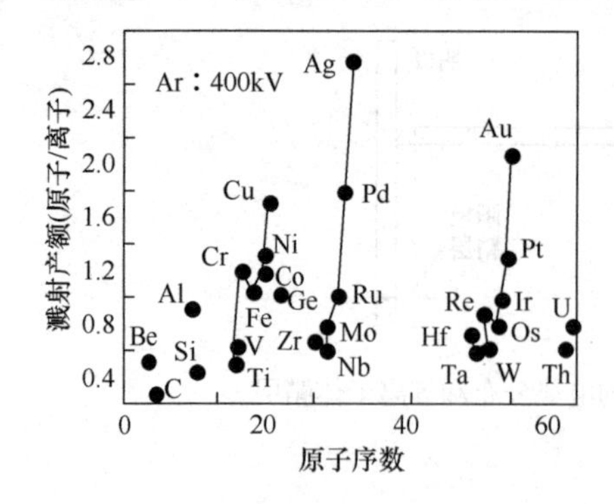


图 6-3-5　$Ar^+$在 400kV 加速电压下对各种元素的溅射产额

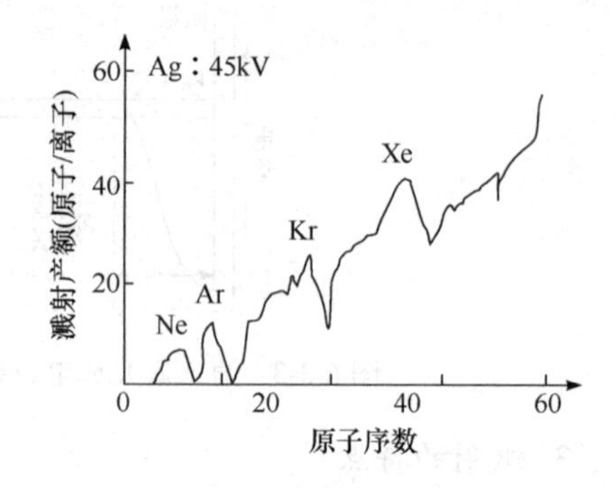


图 6-3-6　不同入射离子在 45kV 加速电压下对 Ag 靶的溅射产额

(8) 溅射所得薄膜纯度高，致密性好.

(9) 溅射工艺可重复性好，膜厚可控制，同时可以在大面积基片上获得厚度均匀的薄膜.

4. 溅射类型

溅射装置种类繁多，因电极不同可分为二极、三极、四极直流溅射，磁控溅射，射频溅射，合金溅射，反应溅射等等. 直流溅射系统一般只用于靶材为良导体的溅射；而射频溅射则适用于绝缘体、导体、半导体等任何靶材的溅射；磁控溅射是通过施加磁场改变电子的运动方向，并束缚和延长电子的运动轨迹，进而提高电子对工作气体的电离效率和溅射沉积率. 磁控溅射具有沉积温度低、沉积速率高两大特点.

一般通过溅射方法获得的薄膜材料与靶材相同，但也有一种溅射方法，在溅射镀膜的过程中，引入一种放电气体与溅射出来的靶原子发生化学反应而形成新物质，这种方法称为反应溅射. 如在 $O_2$ 中溅射反应可获得氧化物薄膜；在 $N_2$ 或 $NH_3$ 中溅射反应可获得氮化物等.

1) 直流溅射

直流溅射是最简单的一种溅射系统，其示意图如图 6-3-7 所示. 盘状的待镀靶材连接到电源的阴极，与阴极靶相对的基片则连接到电源的阳极. 首先将真空室内真空抽至 $10^{-3}$～$10^{-4}$Pa，然后通过气体入口充入流动的工作气体如氩气，并使压力维持在1.3～13Pa范围,通过电极加上1～5kV的直流电压(电流密度1～10mA/cm$^2$)，两极间便会产生辉光放电. 当辉光放电开始，正离子就会轰击阴极靶，使靶材表面的中性原子逸出，这些中性原子最终在基片上聚集形成薄膜. 在离子轰击靶材产生出中性原子的同时，也有大量二次电子产生，它们在电场作用下向基片阳极方向加速. 在这一过程中，电子和气体分子碰撞又产生更多的离子，更多的离子轰击阴极靶材，又产生更多的二次电子和靶材原子，从而使辉光放电达到自持.

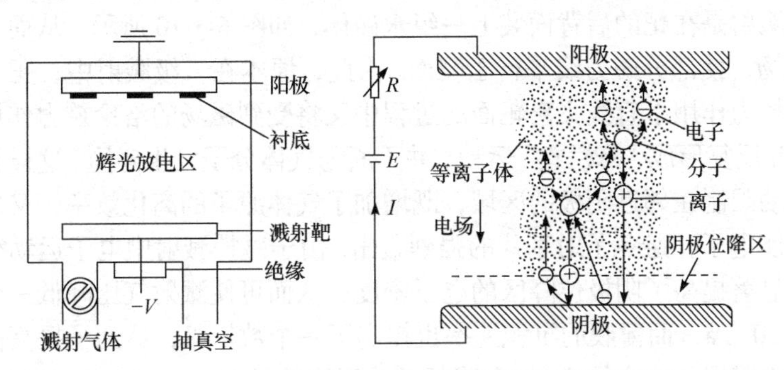


图 6-3-7　直流溅射装置及两极间气体放电体系模型

直流溅射镀膜法的优点是装置简单，操作方便，可以在大面积的基片上制取均匀的薄膜，并可溅射难熔材料等. 但这种方法存在镀膜沉积速率低、只能溅射导电材料等缺点. 因而未经改进的二级直流溅射仅在实验室使用，很少用于生产. 而且二级直流溅射要达到辉光放电自持，必须满足两个条件：①真空室内充入的气体压强要适度；②阴极与阳极间距要适度. 因为如果气压太低或阴阳极间距太短，在二次电子打到阳极之前不会有足够多的离化碰撞出现；相反，如果气压太高或阴阳极间距太长，则会使产生的离子因非弹性碰撞而减速，当它们打击靶材时没有足够的能量来产生二次电子. 图 6-3-8 显示了溅射沉积速率与工作气体压力之间的关系曲线.

直流溅射系统为了实现足够的离化碰撞，要求气压不能低于1.3Pa，但是这种自持辉光放电最严重的缺陷是用于产生放电的惰性气体对所沉积形成的薄膜构成污染. 而在低气压下要想自持辉光放电和足够的离化碰撞，就需要提供额外的电子源，而不是靠阴极发射出来的二次电子，或者提高已有电子的离化效率. 三极溅射系统就是通过一个另加的热阴极(加热的钨丝)产生的电子注入到系统中，以满足自持辉光放电所需要的电子量，达到高效率的直流溅射的目的，如图 6-3-9 所示. 提高电子的离化效率则可通过施加磁场的方式来实现，磁场的作用是通过改变电子的运动方向，使电子的运动路径增加，从而提高电子和气体分子的碰撞机会，提高离化效率，这就是磁控溅射.

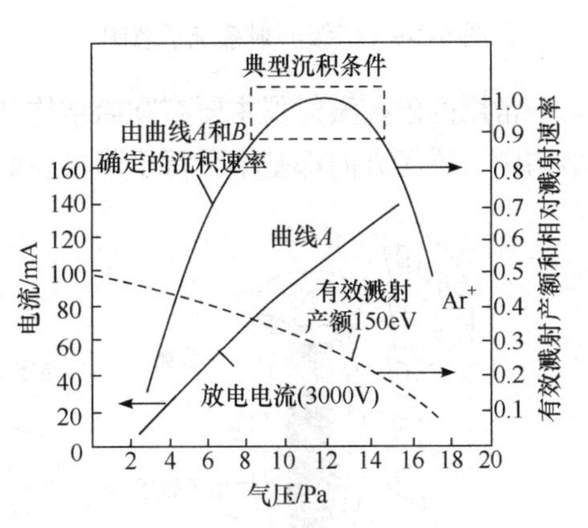


图 6-3-8　溅射沉积速率与工作气压的关系

2) 磁控溅射

磁控溅射是在靶的后背面装上一组永磁体，如图 6-3-10 所示，从而在靶的表面形成磁场，使部分磁力线平行于靶面. 由此，原本在二级溅射中，靶面发射的电子在电场力作用下直线飞离靶面的过程中又将受到磁场的洛伦兹力作用而返回靶面，由此反复形成“跨栏式”运动，并不断与气体分子发生碰撞. 这样就将初始电子的运动限制在邻近阴极的区域，既增加了气体原子的离化效率，又使电子本身变为低能电子，避免了对基片的强烈轰击. 由于磁控溅射中电子运动行程的大大延长，显著提高了阴极位降区的电子密度，从而可使溅射气压降低一个数量级为 $10^{-1}\sim10^{-2}$Pa，而薄膜的沉积速率也提高了一个数量级，达到了提高薄膜沉积速率、减少膜层气体含量(污染)和降低基片温度的目的.

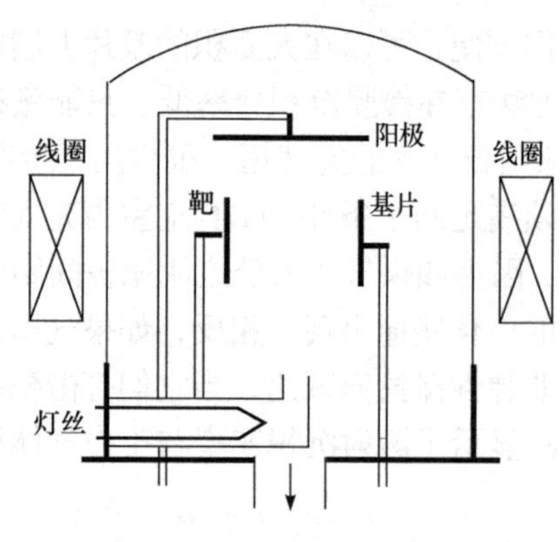


图 6-3-9 三级溅射系统示意图

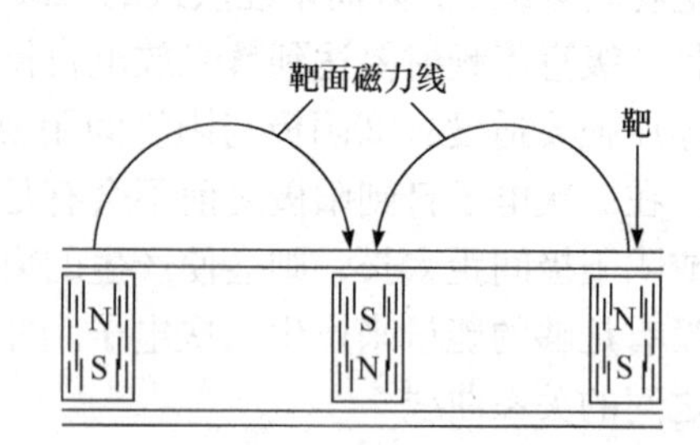


图 6-3-10 平面磁控靶的结构

常用的磁控溅射仪主要有圆筒结构和平面结构两种，如图 6-3-11 所示. 这两种结构中，磁场方向都基本平行于阴极表面，并将电子运动有效地限制在阴极附近.

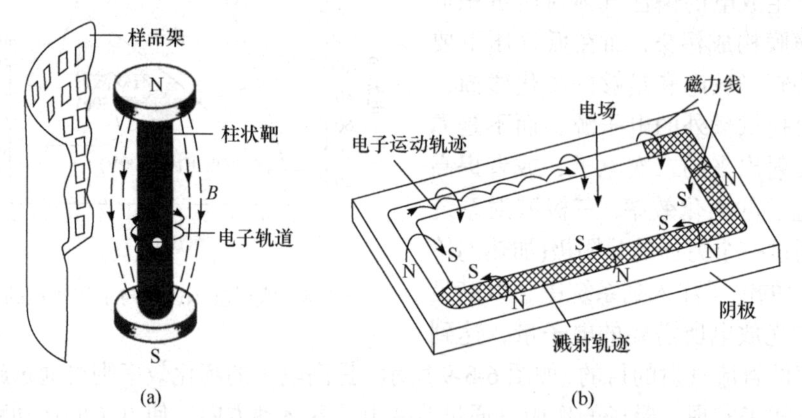


图 6-3-11 磁控溅射仪溅射靶的圆筒结构和平面结构：(a) 圆柱靶磁控溅射示意图；(b) 平面靶磁控溅射靶材表面磁场和电子运动轨迹

在 20 世纪 70 年代磁控溅射技术出现以前，真空蒸发喷镀技术由于其高沉积速率而成为气相沉积技术的主要方法，而目前由于磁控溅射法的薄膜沉积速率已达到与蒸镀相当的水平，从而使具有制膜种类多、工艺简便的磁控溅射技术成为了目前工业中最常用的物理气相沉积技术. 磁控溅射又分为直流(DC)磁控溅射和射频(RF)磁控溅射.

3) 射频溅射

无论是二级直流溅射还是磁控直流溅射，所面对的另一个困难是绝缘介质材料，其原因在于轰击于介质靶材表面上的离子无法中和而造成靶面电势升高. 外加电压几乎都加在了靶上，极间电势降低，离子的加速和电离迅速减小，直到放电停止. 为此，发展了可以溅射绝缘介质材料的射频溅射法.

射频溅射是采用高频电磁辐射来维持低压气体辉光放电的一种镀膜法. 射频溅射的原理如图 6-3-12 所示. 图中阴极的表面安装上介质靶材，这样，加上高频交流电压后，在一个频率周期内正离子和电子可以交替地轰击靶面，从而保持气体放电的维持，实现溅射介质材料的目的. 当靶电极为高频电压负半周期时，正离子对靶面进行轰击引起溅射，并在靶面产生正电荷积累，当靶处于高频电压正半周期时，由于电子对靶的轰击中和了积累于介质靶表面上的正电荷，就为下一周期的溅射创造了条件. 这样一个周期内介质靶面既有溅射，又能对积累的电荷进行中和，故能使介质靶的溅射得以进行.

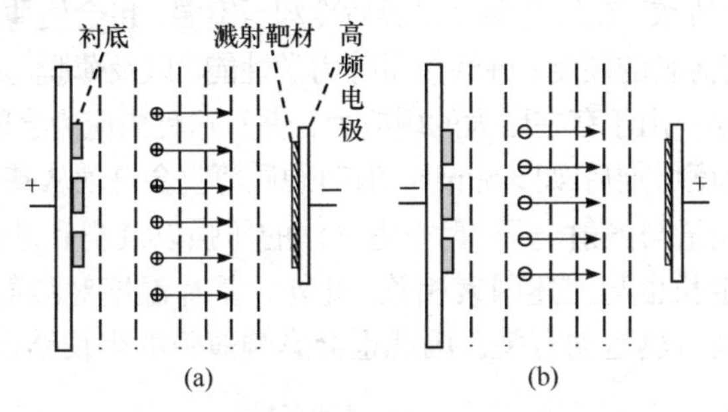


图 6-3-12 射频溅射原理图：(a) 负半周；(b) 正半周

然而，在两个电极上加上高频电压产生辉光放电时，两个电极都会产生阴极暗区，在一个频率周期内，两个电极将交替成为阴极和阳极，并受到正离子轰击而产生溅射. 显然，这时无法在基片上沉积薄膜. 因此，实用的溅射镀膜系统常采用两个金属电极面积大小不等，形成非对称平板结构. 把高频电源接在小电极上，而将大电极和屏蔽板等相连后接地作为另一极，这样，在小电极表面产生的阴极压降就比大电极的阴极压降大得多. 由于阴极压降的大小决定轰击电极离子的能量，当大电极的面积足够大，使轰击它的离子能量小于溅射阈能时，则在大电极上就不会溅射. 因而，只在小电极上装上靶材，而将基片置于大电极上，就可实现高频溅射镀膜，其国际采用的通用频率为 13.56MHz.

理论上利用射频磁控溅射可以溅射沉积任何材料. 由于磁性材料对磁场的屏蔽作用，溅射沉积时它们会减弱或改变靶表面的磁场分布，影响溅射效率. 因此，磁性材料的靶材需要特别加工成薄片，尽量减少对磁场的影响.

5. 溅射薄膜的生长特点

不管薄膜的制备采用什么方法，但薄膜的形成大致都要经过以下几个阶段：①最初阶段，外来原子在基底表面相遇结合在一起形成原子团，当原子团达到一定数量即形成“核”，然后再逐渐形成“岛”；②随着原子的不断增多，很多岛逐渐结合起来形成“通道网络结构”；③后续原子再不断填补网络结构中的空隙，逐渐形成连续的薄膜.

溅射法制取薄膜时，由于到达基片的溅射粒子(原子、分子及其团簇)的能量比蒸发镀膜大得多，因而会给薄膜的生长和性质带来一系列影响. 首先，高能量溅射粒子的轰击会造成基片温度的上升和内应力的增加. 溅射薄膜的内应力主要来自两个方面：一方面是本征应力，因溅射粒子沉积于正在生长的薄膜表面的同时，其带有的能量也对薄膜的生长表面带来冲击，造成薄膜表面晶格的畸变. 如果基片温度不够高，晶格中的热运动不能消除这种晶格畸变，就在薄膜中产生内应力. 对于反应溅射的化合物薄膜，这种本征应力可高达几 GPa，甚至超过 10GPa. 另一方面由于薄膜与基片热膨胀系数的差异所致，在较高温度镀膜后冷却至室温，也会使薄膜产生热应力. 内应力的存在会改变薄膜的硬度、弹性模量等力学性能，以及薄膜与基片的结合力. 对于 TiN 等硬质薄膜，由于存在巨大的内应力，并且这种内应力会随薄膜厚度的增加而增加，因而在厚度增加后(如 $>5\mu m$)，有时硬质薄膜会自动从基片上剥落.

溅射薄膜的能量与溅射电压、真空室气体的压强以及靶和基片的距离等有关，因而溅射薄膜的生长也与上述因素相关. 此外，基片温度对溅射粒子的能量释放和生长中薄膜的晶格热运动有关，因此也会影响薄膜的生长结构. 图 6-3-13 形象

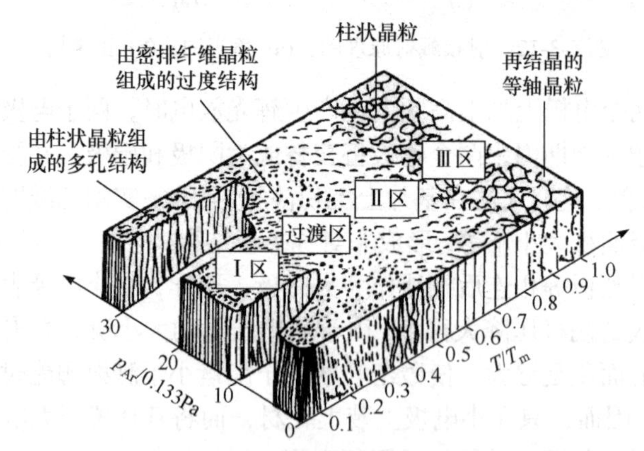


图 6-3-13　溅射薄膜结构示意图($T$ 为基片温度，$T_m$ 为薄膜熔点)

地表示了溅射气体压力和基片温度与薄膜生长结构之间的关系. 由图 6-3-13 可见, 随基片温度的增加, 溅射薄膜经历了从多孔结构、致密纤维组织(非晶态)、柱状晶粒, 到再结晶等轴晶粒的变化. 还应指出, 溅射的晶体薄膜经常产生强烈的织构, 织构的择优取向通常为晶体的密排面平行于薄膜的生长表面.

## 实验装置

实验所用仪器为 FZJ-Z289A 型多功能镀膜机, 如图 6-2-4 所示(见实验 6-2 真空蒸发镀膜).

## 实验内容

### 1. 制备薄膜的衬底材料——玻璃(或其他)

基片的准备. 要包括切割和清洗. 首先将基片用玻璃刀切割成实验用尺寸, 然后按正确的方法和步骤, 用超声波清洗机分别在基片清洗剂、酒精溶液及去离子水中反复超声清洗, 然后取出烘干, 并放入 99.99%酒精中保存待用.

### 2. 用多功能溅射仪进行镀膜实验

主要实验步骤如下:

(1) 首先开循环水;
(2) 安装薄膜基片;
(3) 抽真空;
(4) 溅射镀膜;
(5) 取出薄膜, 更换基片;
(6) 抽真空并关机.

## 问题思考

(1) 薄膜的物理制备方法主要有哪几种?
(2) 溅射镀膜有哪几种主要类型? 其原理和主要特点是什么?
(3) 为什么磁控溅射能够增加气体的离化程度?
(4) 二级直流溅射要达到辉光放电自持, 需要满足哪两个条件? 为什么?
(5) 为什么射频溅射的沉淀速率比较高?
(6) 对真空蒸发镀膜和离子溅射镀膜方法进行比较.

## 参考文献

[1] 唐伟忠. 薄膜材料制备原理、技术及应用. 北京: 冶金工业出版社, 2003.
[2] 郑伟涛. 薄膜材料与薄膜技术. 北京: 化学工业出版社, 2004.

[3] 张仲礼, 周辉, 钟海明. 近代物理实验. 长春: 东北师范大学出版社, 2000.
[4] 高铁军, 孟祥省, 王书运. 近代物理实验. 北京: 科学出版社, 2009.
[5] 韩炜, 杜晓波. 近代物理实验. 北京: 高等教育出版社, 2017.

# 6-4 高温超导材料特性测试和低温温度计

1908年，荷兰莱顿大学的卡末林-昂内斯(H. Kamerlingh Onnes)等成功地使氦气液化，达到了4.2K的低温，三年后，1911年4月，他们发现汞电阻在温度达到4.15K时，陡降为零，这就是所谓的零电阻现象或超导电现象. 通常把具有这种超导电性的物体，称为超导体，这一发现标志人类对超导研究的开始，1913年昂内斯也因此发现获得了诺贝尔物理学奖. 1933年，荷兰的迈斯纳(Meissner)和奥克森菲尔德(Ochsenfeld)共同发现了超导体的另一个极为重要的性质，当金属处在超导状态时，具有完全抗磁性，超导体内的磁感应强度为零，人们将这种现象称之为“迈斯纳效应”.

自从超导现象被发现以来，科学家们在超导物理及材料方面进行了大量的研究工作，为提高超导的临界温度而努力. 然而在数十年中进展缓慢，常规超导体临界温度只能提高到23.22K. 1986年高温超导研究取得了突破性的进展，瑞士物理学家缪勒(Mueller)和德国物理学家贝德罗兹(Bednorz)发现了高温钡镧铜(La-Ba-Cu-O)系氧化物超导体，超导临界温度达到40K. 这个发现意义重大，他们因此获得了1987年的诺贝尔物理学奖. 目前，已发现具有超导性的材料数以千计，超导临界温度也在持续提高，1993年高温超导临界温度已达到136K，实现了在液氮温区超导的重大突破，人们将临界温度在液氮温度(77K)以上的超导体称为高温超导体.

随着高温超导研究的进展，超导电性的应用十分广泛，例如发电、输电和储能；超导重力仪、超导计算机、超导微波器件、超导磁悬浮列车和超导热核聚变反应堆等. 测量超导体的基本性能是超导研究工作的重要环节，因此高温超导材料特性测量是超导研究工作者的必备手段.

## 实验预习

(1) 超导体的基本性质是什么?

(2) 了解实验中低温的获得、控制及测量方法.

## 实验目的

(1) 了解高临界温度超导材料的基本特性及其测试方法.

(2) 掌握几种低温温度计的比对和使用方法，以及液氮低温温度控制的简便方法.

## 实验原理

1. 超导电性及临界参数

1) 零电阻现象

金属的电阻是由晶格上原子的热振动(声子)以及杂质原子对电子的散射造成的. 在低温时，一般的金属总具有一定的电阻，如图 6-4-1 所示，其电阻率$\rho$与温度$T$的关系可表示为

$$\rho = \rho_0 + AT^5 \tag{6-4-1}$$

其中，$\rho_0$是$T$=0K时的电阻率，称剩余电阻，它与金属的纯度和晶格的完整性有关，由于一般的金属，其内部总是存在杂质和缺陷，因此，即使温度趋于绝对零度时，也总存在$\rho_0$.

1911年，昂内斯发现汞电阻在4.2K附近急剧下降几千倍，即在这个转变温度下电阻突然跌落到零，这就是所谓的零电阻现象或超导电现象. 通常把具有这种超导电性的物体，称为超导体；而把超导体电阻突然变为零的温度，称为超导临界温度，用$T_c$表示. 在一般的实际测量中，地磁场并没有被屏蔽，样品中通过的电流也并不太小，而且超导转变往往发生在并不很窄的温度范围内，因此通常引进起始转变温度$T_{c,onset}$、零电阻温度$T_{co}$和超导转变(1/2处)温度$T_{cm}$等来描写高温超导体的特性，如图6-4-1所示. 通常所说的超导转变温度$T_c$是指$T_{cm}$.

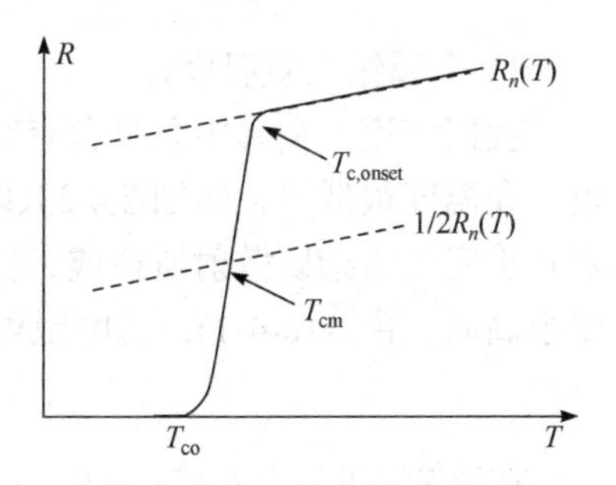

图 6-4-1　超导体的电阻转变曲线

2) 迈斯纳效应

1933年，迈斯纳和奥克森菲尔德把锡和铅样品放在外磁场中冷却到其转变温度以下，测量了样品外部的磁场分布. 他们发现，不论是在没有外加磁场或有外加磁场的情况下使样品从正常态转变为超导态，只要$T<T_c$，在超导体内部的磁感应强度$B_i$总是等于零，这个效应称为迈斯纳效应，表明超导体具有完全抗磁性. 这是超导体所具有的独立于零电阻现象的另一个最基本的性质. 迈斯纳效应可用磁悬浮实验来演示. 当我们将永久磁铁慢慢落向超导体时，磁铁会被悬浮在一定的高度上而不触及超导体. 其原因是，磁感应线无法穿过具有完全抗磁性的超导体，因而磁场受到畸变而产生向上的浮力.

迈斯纳效应的独立性虽然并不意味着它可以单独存在，但是它表明，超导体同时具有完全导电性(零电阻)和完全抗磁性，这是超导体的两个最基本的性质. 它们既相互独立又有紧密联系，完全抗磁性不能由零电阻特性派生出来，但是零

电阻特性却是完全抗磁性的必要条件. 超导体的完全抗磁性是由导体表面屏蔽电流产生的磁通密度在导体内部完全抵消了由外场引起的磁通密度，使其净磁通密度为零(图6-4-2)，它的状态是唯一确定的，从超导态到正常态的转变过程是可逆的.

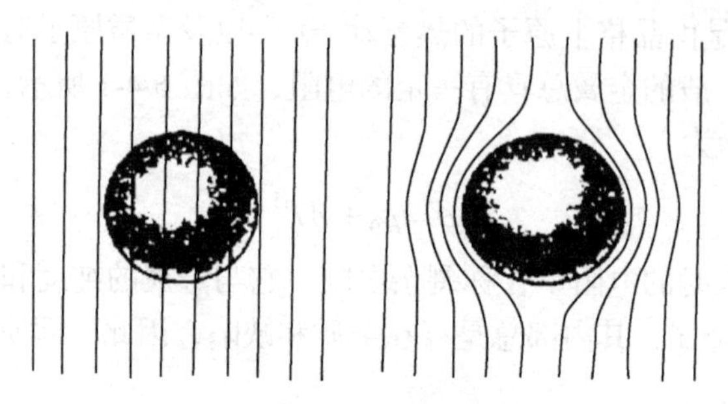

图 6-4-2　迈斯纳效应

2. 低温温度计

1) 金属铂电阻温度计

我们知道，金属中总是含有杂质的，杂质原子对电子的散射会造成附加的电阻. 在温度很低时，例如在4.2 K以下，晶格散射对电阻的贡献趋于零，这时的电阻几乎完全由杂质散射所造成，称为剩余电阻$R_0$，它近似与温度无关. 当金属纯度很高时，由式(6-4-1)，总电阻可以近似表达成

$$R = R_0 + R_i(T) \tag{6-4-2}$$

在液氮温度以上$R_i(T) \gg R_0$，因此有$R \approx R_i(T)$. 例如，铂的德拜温度$\Theta_D$为225 K，在63 K到室温的温度范围内，它的电阻$R \approx R_i(T)$近似地正比于温度$T$. 然而，稍许精确地测量就会发现它们偏离线性关系，在较宽的温度范围内铂的电阻温度关系如图6-4-3所示.

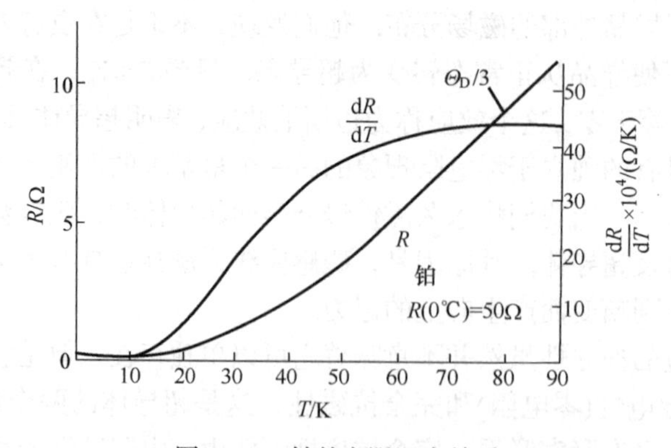


图 6-4-3　铂的电阻温度关系

在液氮正常沸点到室温温度范围内，铂电阻温度计具有良好的线性电阻温度关系，可表示为

$$T(R)=aR+b \tag{6-4-3}$$

其中$A$、$B$和$a$、$b$是不随温度变化的常量. 因此，根据我们给出的铂电阻温度计在液氮正常沸点和冰点的电阻值，可以确定所用的铂电阻温度计的$A$、$B$或$a$、$b$的值，并由此可得到用铂电阻温度计测温时任一电阻所相应的温度值.

2) 半导体电阻温度计

半导体具有与金属很不相同的电阻温度关系. 一般而言，在较大的温度范围内，半导体具有负的电阻-温度关系. 例如，在恒定电流下，硅和砷化镓二极管PN结的正向电压随着温度的降低而升高，如图6-4-4所示. 由图可见，用一支二极管温度计就能测量很宽范围的温度，且灵敏度很高. 由于二极管温度计的发热量较大，常把它用作为控温敏感元件.

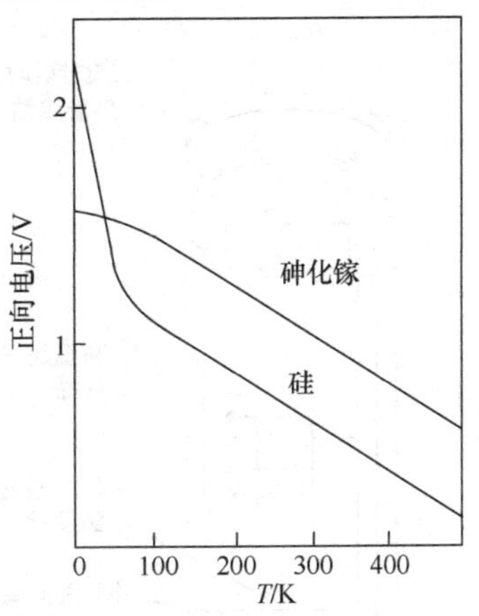


图 6-4-4 二极管的正向电压-温度关系

此外，碳电阻温度计、渗碳玻璃电阻温度计和热敏电阻温度计等也都是常用的低温半导体温度计. 显然，在大部分温区中，半导体具有负的电阻温度系数，这是与金属完全不同的.

3) 温差电偶温度计

当两种金属所做成的导线连成回路，并使其两个接触点维持在不同的温度时，该闭合回路中就会有温差电动势存在. 如果将回路的一个接触点固定在一个已知的温度，例如液氮的正常沸点77.4K，则可以由所测量得到的温差电动势确定回路的另一接触点的温度. 温差热电偶就是根据这个原理用铜-康铜做成的，也可作为温度计. 实验中就是用温差热电偶来预示(参考)样品与液氮之间的距离.

应该注意到，硅二极管PN结的正向电压$U$和温差电动势$E$随温度$T$的变化都不是线性的，因此在用内插方法计算中间温度时，必须采用相应温度范围内的灵敏度值.

## 实验装置

### 1. 实验装置介绍

本实验装置采用北京大学物理学院提供的 BW2 型高温超导材料特性测试装置，由以下四部分组成.

(1) 低温恒温器(俗称探头)，其核心部件是安装有高临界温度超导样品(本实

验采用的超导样品为$YBa_2Cu_3O_{7-x}$)、铂电阻温度计、硅二极管温度计、铜-康铜温差电偶及25Ω锰铜加热器线圈的紫铜恒温块，如图 6-4-5 所示.

(2) 低温恒温器和杜瓦容器结构，如图 6-4-6 所示.

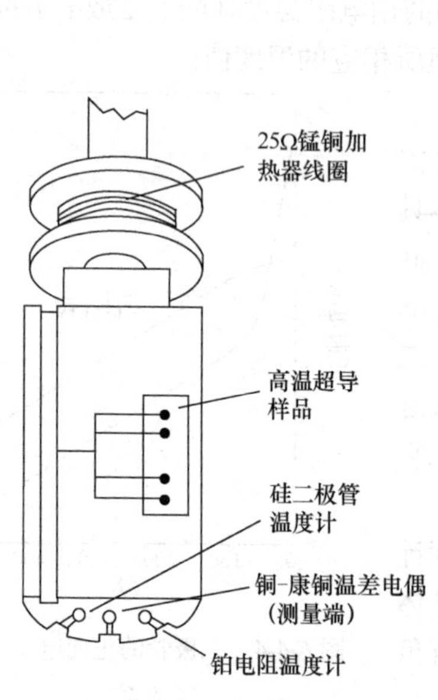


图 6-4-5　紫铜恒温块(探头)结构

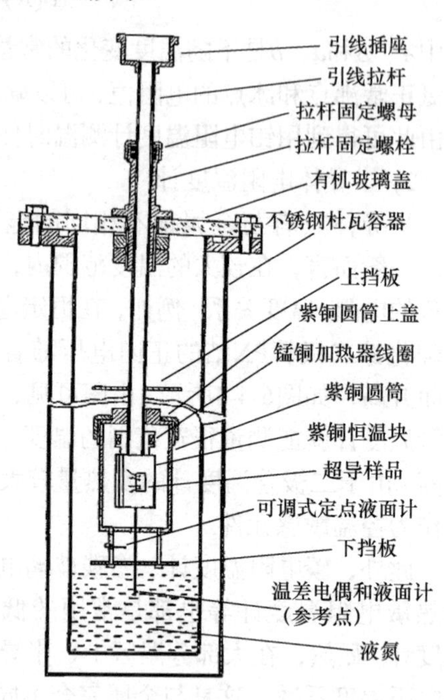


图 6-4-6　低温恒温器和杜瓦容器结构

(3) 直流数字电压表(5 1/2 位，1μV).

(4) BW2 型高温超导材料特性测试装置(俗称电源盒)，以及一根两头带有 19 芯插头的装置连接电缆和若干根两头带有香蕉插头的面板连接导线.

2. 测量线路

1) 低温物理实验的特点

(1) 使用低温液体(如液氮、液氦等)作为冷源时，必须了解其基本性质，并注意安全.

(2) 进行低温物理实验时，离不开温度的测量. 对于各个温区和各种不同的实验条件，要求使用不同类型和不同规格的温度计. 例如，在13.8～630.7 K的温度范围内，常使用铂电阻温度计. 又如，与具有正的电阻温度系数的铂电阻温度计不同，锗和硅等半导体电阻温度计具有负的电阻温度系数，在30K以下的低温具有很高的灵敏度；利用正向电压随温度变化的PN结制成的半导体二极管温度计，在很宽的温度范围内有很高的灵敏度，常用作控温仪的温度传感器；温差电偶温度计测温结点小，制作简单，常用来测量小样品的温度变化；渗碳玻璃电阻温度计的磁效应很弱，可用于测量在强磁场条件下工作的部件的温度，等等. 因此，我们必须了解各类温度传感器的特性和适用范围，学会标定温度计的基本方法.

(3) 在液氮正常沸点到室温的温度范围，一般材料的热导较差，比热较大，使低温装置的各个部件具有明显的热惰性，温度计与样品之间的温度一致性较差.

(4) 样品的电测量引线又细又长，引线电阻的大小往往可与样品电阻相比. 对于超导样品，引线电阻可比样品电阻大得多，四引线测量法具有特殊的重要性.

(5) 在直流低电势的测量中，克服乱真电动势的影响是十分重要的. 特别是，为了判定超导样品是否达到了零电阻的超导态，必须使用反向开关.

2) 低温恒温器和不锈钢杜瓦容器

为了得到从液氮的正常沸点77.4K到室温范围内的任意温度，我们采用如图 6-4-6所示的低温恒温器和杜瓦容器. 液氮盛在不锈钢真空夹层杜瓦容器中，借助于手电筒我们可通过有机玻璃盖看到杜瓦容器的内部，拉杆固定螺母(以及与之配套的固定在有机玻璃盖上的螺栓)可用来调节和固定引线拉杆及其下端的低温恒温器的位置. 低温恒温器的核心部件是安装有超导样品和温度计的紫铜恒温块，此外还包括紫铜圆筒及其上盖、上下挡板、引线拉杆和19芯引线插座等部件.

为了得到远高于液氮温度的稳定的中间温度，需将低温恒温器放在容器中远离液氮面的上方，调节通过电加热器的电流以保持稳定的温度. 电加热器线圈由温度稳定性较好的锰铜线无感地双线并绕而成. 这时，紫铜圆筒起均温的作用，上、下挡板分别起阻挡来自室温和液氮的辐射的作用.

一般而言，本实验的主要工作是测量超导转变曲线，并在液氮正常沸点附近的温度范围内(例如 77～140 K)标定温度计. 为了使低温恒温器在该温度范围内降温速率足够缓慢，又能保证整个实验在 3h 内顺利完成，我们安装了可调式定点液面指示计，学生在整个实验过程中可以用它来简便而精确地使液氮面维持在紫铜圆筒底和下挡板之间距离的 1/2 处. 在超导样品的超导转变曲线附近，如果需要，还可以利用加热器线圈进行细调. 由于金属在液氮温度下具有较大的热容，因此当我们在降温过程中使用电加热器时，一定要注意紫铜恒温块温度变化的滞后效应.

为使温度计和超导样品具有较好的温度一致性，我们将铂电阻温度计、硅二极管和温差电偶的测温端塞入紫铜恒温块的小孔中，并用低温胶或真空脂将待测超导样品粘贴在紫铜恒温块平台上的长方形凹槽内. 超导样品与四根电引线的连接是通过金属铟的压接而成的. 此外，温差电偶的参考端从低温恒温器底部的小孔中伸出(见图6-4-5和图6-4-6)，使其在整个实验过程中都浸没在液氮内.

3) 电测量原理及测量设备

电测量设备的核心是一台称为“BW2型高温超导材料特性测试装置”的电源盒和一台灵敏度为1μV的PZ158型直流数字电压表. BW2型高温超导材料特性测

试装置主要由铂电阻、硅二极管和超导样品等三个电阻测量电路构成，每一电路均包含恒流源、标准电阻、待测电阻、数字电压表和转换开关等五个主要部件.

(1) 四引线测量法.

电阻测量的原理性电路如图6-4-7所示. 测量电流由恒流源提供，其大小可由标准电阻$R_n$上的电压$U_n$的测量值得出，即$I=U_n/R_n$. 如果测量得到了待测样品上的电压$U_x$则待测样品的电阻$R_x$为

$$R_x = \frac{U_x}{I} = \frac{U_x}{U_n} R_n \tag{6-4-4}$$

由于低温物理实验装置的原则之一是必须尽可能减小室温漏热，因此测量引线通常是又细又长，其阻值有可能远远超过待测样品(如超导样品)的阻值. 为了减小引线和接触电阻对测量的影响，通常采用所谓的"四引线测量法"，即每个电阻元件都采用四根引线，其中两根为电流引线，两根为电压引线. 四引线测量法的基本原理是：恒流源通过两根电流引线将测量电流$I$提供给待测样品，而数字电压表则是通过两根电压引线来测量电流$I$在样品上所形成的电势差$U$. 由于两根电压引线与样品的接点处在两根电流引线的接点之间，因此排除了电流引线与样品之间的接触电阻对测量的影响；又由于数字电压表的输入阻抗很高，电压引线的引线电阻以及它们与样品之间的接触电阻对测量的影响可以忽略不计. 因此，四引线测量法减小甚至排除了引线和接触电阻对测量的影响，是国际上通用的标准测量方法.

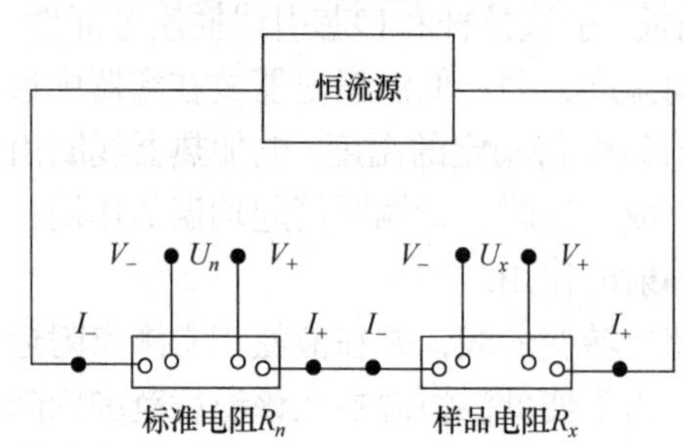


图 6-4-7　四引线法测量电阻

(2) 铂电阻和硅二极管测量电路.

在铂电阻和硅二极管测量电路中，提供电流的都是只有单一输出的恒流源，它们输出电流的标称值分别为1mA 和100μA . 在实际测量中，通过微调我们可以分别在100 Ω和10kΩ 的标准电阻上得到100.00 mV 和1.0000 V 的电压.

在铂电阻和硅二极管测量电路中，使用两个内置的灵敏度分别为10μV 和100μV 的$4^{1/2}$ 位数字电压表，通过转换开关分别测量铂电阻、硅二极管以及相应的标准电阻上的电压，由此可确定紫铜恒温块的温度.

(3) 超导样品测量电路.

由于超导样品的正常电阻受到多种因素的影响，因此每次测量所使用的超导样品的正常电阻可能有较大的差别. 为此，在超导样品测量电路中，采用多挡输出式的恒流源来提供电流. 在本装置中，该内置恒流源共设标称为100μA、1mA、

5mA、10mA、50mA、100mA 的六挡电流输出，其实际值由串接在电路中的10Ω标准电阻上的电压值确定.

为了提高测量精度，使用一台外接的灵敏度为1μV 的5位半的PZ158型直流数字电压表，来测量标准电阻和超导样品上的电压，由此可确定超导样品的电阻. 为了消除直流测量电路中固有的乱真电动势的影响，我们在采用四引线测量法的基础上还增设了电流反向开关，用以进一步确定超导体的电阻确已为零. 当然，这种确定受到了测量仪器灵敏度的限制. 然而，利用超导环所做的持久电流实验表明，超导态即使有电阻也小于$10^{-27}\Omega\cdot m$.

(4) 温差电偶及定点液面计的测量电路.

利用转换开关和PZ158型直流数字电压表可以监测铜、康铜温差电偶的电动势，以及可调式定点液面计的指示.

(5) 电加热器电路.

BW2 型高温超导材料特性测试装置中，一个内置的直流稳压电源和一个指针式电压表构成了一个为安装在探头中的25Ω锰铜加热器线圈供电的电路. 利用电压调节旋钮可提供0.5V 的输出电压，从而使低温恒温器获得所需要的加热功率.

4) 实验电路图

本实验的测量线路图如图6-4-8所示.

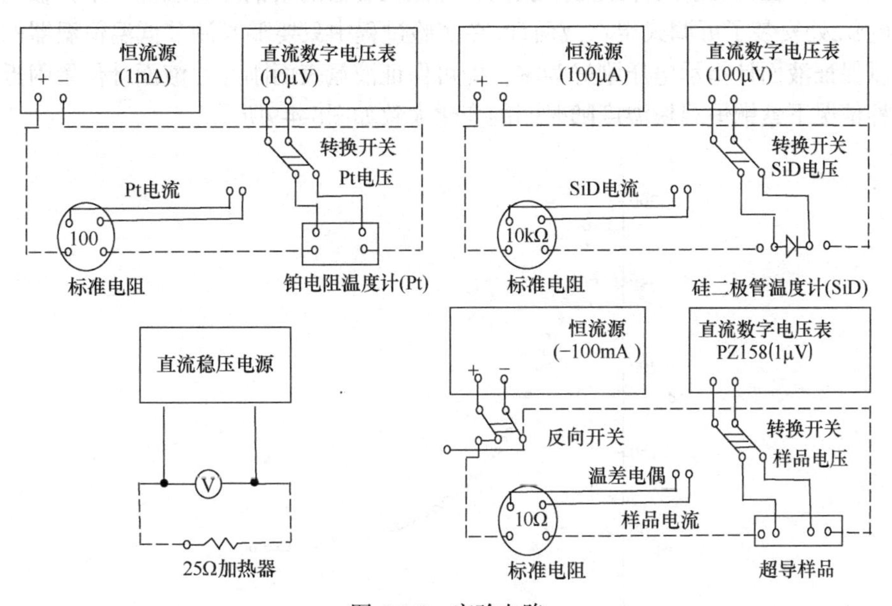


图 6-4-8　实验电路

## 实验内容

1. 液氮的灌注

首先检查不锈钢杜瓦容器中是否有剩余液氮或其他杂物，清理干净后，缓慢倒入液氮，使液氮平静下来时的液面位置在距离容器底部约30 cm的地方.

2. 电路的连接

按照图 6-4-8 连接电路.

3. 室温检测

打开158 PZ型直流数字电压表的电源开关以及“电源盒”的总电源开关，并依次打开铂电阻、硅二极管和超导样品等三个分电源开关，调节两支温度计的工作电流，测量并记录其室温的电流和电压数据.

4. 低温恒温器降温速率的控制及低温温度计的比对

1) 低温恒温器降温速率的控制

低温测量是否能够在规定的时间内顺利完成，关键在于是否能够调节好低温恒温器的下挡板浸入液氮的深度，使紫铜恒温块以适当速率降温. 为了确保整个实验工作可在3 h以内顺利完成，我们在低温恒温器的紫铜圆筒底部与下挡板间距离的1/2处安装了可调式定点液面计. 在实验过程中只要随时调节低温恒温器的位置以保证液面计指示电压刚好为零，即可保证液氮表面刚好在液面计位置附近，这种情况下紫铜恒温块温度随时间的变化大致如图6-4-9所示.

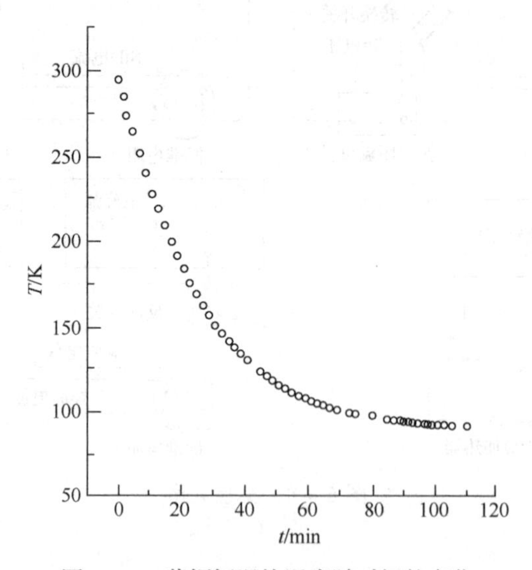


图 6-4-9　紫铜恒温块温度随时间的变化

2) 低温温度计的比对

当紫铜恒温块的温度开始降低时，观察和测量各种温度计及超导样品电阻随温度的变化，大约每隔 5min 测量一次各温度计的测温参量(如铂电阻温度计的电阻、硅二极管温度计的正向电压、温差电偶的电动势)，即进行温度计的比对.

具体而言，由于铂电阻温度计已经标定，性能稳定，且有较好的线性电阻温度关系，因此可以利用所给出的本装置铂电阻温度计的电阻温度关系简化公式，由相应温度下铂电阻温度计的电阻值确定紫铜恒温块的温度，再以此温度为横坐标,分别以所测得的硅二极管的正向电压值和温差电偶的温差电动势值为纵坐标，画出它们随温度变化的曲线.

如果要在较高的温度范围进行较精确的温度计比对工作，则应将低温恒温器置于距液面尽可能远的地方，并启用电加热器，以使紫铜恒温块能够稳定在中间温度. 即使在以测量超导转变为主要目的的实验过程中，尽管紫铜恒温块从室温到150 K附近的降温过程进行得很快(见图6-4-9)，仍可以通过测量对具有正和负的温度系数的两类物质的低温物性有深刻的印象，并可以利用这段时间熟悉实验装置和方法，例如利用液面计示值来控制低温恒温器降温速率的方法、装置的各种显示、转换开关的功能、三种温度计的温度和超导样品电阻的测量方法等.

5. 超导转变曲线的测量

当紫铜恒温块的温度降低到130 K附近时，开始测量超导体的电阻以及这时铂电阻温度计所给出的温度，测量点的选取可视电阻变化的快慢而定，例如在超导转变发生之前可以每隔5min测量一次，在超导转变过程中大约每半分钟测量一次. 在这些测量点，应同时测量各温度计的测温参量，进行低温温度计的比对.

由于电路中的乱真电动势并不随电流方向的反向而改变，因此当样品电阻接近于零时，可利用电流反向后的电压是否改变来判定该超导样品的零电阻温度. 具体做法是，先在正向电流下测量超导体的电压，然后按下电流反向开关按钮，重复上述测量，若这两次测量所得到的数据相同，则表明超导样品达到了零电阻状态.

在上述测量过程中，低温恒温器降温速率的控制依然是十分重要的. 在发生超导转变之前，即在$T > T_{c,onset}$温区，每测完一点都要把转换开关旋至“液面计”挡，用158 PZ型直流数字电压表监测液面的变化. 在发生超导转变的过程中，即在$T_{co} < T < T_{c,onset}$温区，由于在液面变化不大的情况下，超导样品的电阻随着温度的降低而迅速减小，因此不必每次再把转换开关旋至“液面计”挡，而是应该**密切监测超导样品电阻的变化**. 当超导样品的电阻接近零值时，如果低温恒温器的降温已经非常缓慢甚至停止，这时可以逐渐下移拉杆，使低温恒温器进一步降温，以促使超导转变的完成. 最后，在超导样品已达到零电阻之后，可将低温恒温器

紫铜圆筒的底部接触(不要深入)液氮表面，使紫铜恒温块的温度尽快降至液氮温度. 在此过程中，转换开关应放在“温差电偶”挡，以监视温度的变化.

6. 数据处理

(1) 用坐标纸分别绘出测得的超导样品、铂电阻、硅二极管、温差电偶随温度变化的曲线.

(2) 根据测得超导体电阻随温度变化曲线，确定其起始转变温度 $T_{c,onset}$、转变温度 $T_{cm}$ 和零电阻温度 $T_{co}$.

(3) 计算铂电阻在85～130K温度时线性方程的$a$、$b$值.

## 问题思考

(1) 如何判断低温恒温器的下挡板或紫铜圆筒底部碰到了液氮面?

(2) 为什么采用四引线法可以避免引线电阻的影响? 在“四引线法测量”中，电流引线和电压引线能否互换? 为什么?

(3) 确定超导样品的零电阻时，测量电流为何必须反向? 该方法所判定的“零电阻”与实验装置的灵敏度和精度有何关系?

## 参考文献

[1] 高铁军, 孟祥省, 王书运. 近代物理实验. 北京: 科学出版社, 2009.
[2] 韩炜, 杜晓波. 近代物理实验. 北京: 高等教育出版社, 2017.
[3] 金建勋. 高温超导技术与应用原理. 成都: 电子科技大学出版社, 2015.
[4] 韩汝珊. 高温超导物理. 北京: 北京大学出版社, 2014.

# 第七单元　现代技术实验

## 7-1　太阳能电池特性研究实验

太阳能电池(solar cell)，也称为光伏电池，是将太阳光辐射能直接转换为电能的器件. 由这种器件封装成太阳能电池组件，再按需要将一块以上的组件组合成一定功率的太阳能电池方阵，与储能装置、测量控制装置及直流-交流变换装置等相配套，即构成太阳能电池发电系统，也称为光伏发电系统. 它具有不消耗常规能源、寿命长、维护简单、使用方便、功率大小可任意组合、无噪声、无污染等优点. 世界上第一块实用型半导体太阳能电池是美国贝尔实验室于 1954 年研制的. 目前，太阳能电池已成为空间卫星的基本电源和地面无电、少电地区及某些特殊领域的重要电源. 随着太阳能电池制造成本的不断降低，太阳能光伏发电将逐步替代部分常规发电. 目前，中国已成为全球主要的太阳能电池生产国，生产基地主要分布在长三角、环渤海、珠三角、中西部地区，且已经形成了各具特色的太阳能产业集群.

### 实验预习

(1) 什么是光伏效应?

(2) 太阳能电池的工作原理与应用.

### 实验目的

(1) 熟悉太阳能电池的工作原理，初步了解光伏效应.

(2) 掌握太阳能电池光电特性测量方法，了解和掌握太阳能电池的特性.

### 实验原理

当光照射在距太阳能电池表面很近的 PN 结时，只要入射光子的能量大于半导体材料的禁带宽度 $E_g$，则在 P 区、N 区和 PN 结区光子被吸收会产生电子-空穴对，如图 7-1-1 所示. 那些在 PN 结附近 N 区中产生的少数载流子由于存在浓度梯度而要扩散. 只要少数载流子离 PN 结的距离小于它的扩散长度，总有一定概率的载流子扩散到结界面处. 在 P 区与 N 区交界面的两侧即结区，存在空间电荷区，也称为耗尽区. 在耗尽区中，正负电荷间形成电场，电场方向由 N 区指向 P 区，这个电场称为内建电场. 这些扩散到结界面处的少数载流子(空穴)在内电场的作用下被拉向 P 区. 同样, 在 PN 结附近 P 区中产生的少数载流子(电子)扩散到结界面处，也会被内建电场迅速拉向 N 区. 结区内产生的电子-空穴对在内电场的作用下分别移向 N 区和 P 区, 这导致在 N 区边界附近有光生电子积累, 在 P 区边界附近有光生空穴积累. 它们产生一个与 PN 结的内建电场方向相反的光生电场，在 PN 结上产生一个光生电动势，其方向由 P 区指向 N 区. 这一现象称为光伏效应(photovoltaic effect).

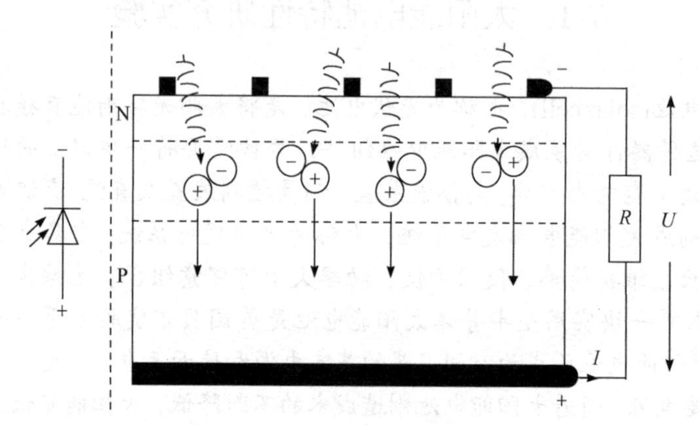


图 7-1-1　太阳能电池的工作原理

太阳能电池的工作原理是基于光伏效应的. 当光照射太阳能电池时，将产生一个由 N 区到 P 区的光生电流 $I_s$. 同时，由于 PN 结二极管的特性，存在正向二极管电流 $I_D$，此电流方向从 P 区到 N 区，与光生电流相反. 因此，实际获得的电流 $I$ 为两个电流之差

$$I = I_s(\phi) - I_D \tag{7-1-1}$$

如果连接一个负载电阻 $R$，电流 $I$ 可以被认为是两个电流之差，既取决于辐照强度$\phi$的负方向电流 $I_s$，也取决于端电压 $U$ 的正方向电流 $I_D$.

由此可以得到太阳能电池伏安特性的典型曲线,见图 7-1-2. 在负载电阻小的情

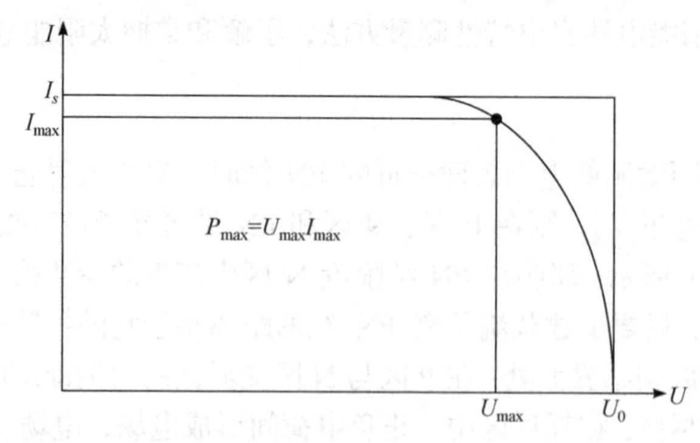


图 7-1-2　在一定光照强度下太阳能电池的伏安特性($U_{max}I_{max}$ 最大功率点)

况下，太阳能电池可以看成一个恒流源，因为正向电流 $I_D$ 可以被忽略. 在负载电阻大的情况下，太阳能电池相当于一个恒压源，因为如果电压变化略有下降，那么电流 $I_D$ 迅速增加.

当太阳能电池的输出端短路时，可以得到短路电流，它等于光生电流 $I_s$. 当太阳能电池的输出端开路时，可以得到开路电压 $U_0$.

在固定的光照强度下，光电池的输出功率取决于负载电阻 $R$. 太阳能电池的输出功率在负载电阻为 $R_{max}$ 时达到一个最大功率 $P_{max}$，$R_{max}$ 近似等于太阳能电池的内阻 $R_i$.

$$R_i = \frac{U_0}{I_s} \tag{7-1-2}$$

这个最大的功率比开路电压和短路电流的乘积小，见图 7-1-2，它们之比为

$$F = \frac{P_{max}}{U_0 \times I_s} \tag{7-1-3}$$

$F$ 称为填充因数.

此外，太阳能电池的输出功率 $P = U \times I$ 是负载电阻 $R = \dfrac{U}{I}$ 的函数.

我们经常用几个太阳能电池组合成一个太阳能电池. 串联会产生更大的开路电压 $U_0$，而并联会产生更大的短路电流 $I_s$. 在本实验中，把两个太阳能电池串联，分别记录在四个不同的光照强度时电流和电压特性. 光照强度通过改变光源的距离和电源的功率来实现.

## 实验装置

太阳能电池实验装置如图 7-1-3 所示，主要包括：太阳能电池四块、插件板

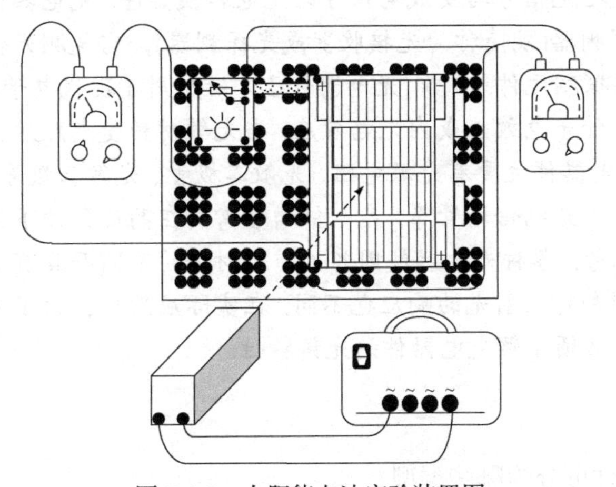

图 7-1-3　太阳能电池实验装置图

(A4 大小)、万用表两块(附带表笔)、太阳能模拟器、可调电阻器、电压范围为 2～12V 的稳压源等.

**实验内容**

(1) 按照图 7-1-3 连接线路并调整好仪器.

(2) 测量不同辐照强度下太阳能电池的伏安特性、开路电压 $U_0$ 和短路电流 $I_s$.

(3) 在不同辐照强度下，测定太阳能电池的输出功率 $P$ 和负载电阻 $R$ 的函数关系.

(4) 数据处理. 依据每一组测得的实验数据，利用短路电流和开路电压计算出电池板内阻值 $I_i$；找到每一组数据中最大功率值，该电池板处于最大功率时对应的电阻值即为 $R_{max}$. 利用公式计算每一组的填充因数，并求出填充因数平均值.

**问题思考**

(1) 温度会对太阳能电池带来什么影响?

(2) 太阳能电池特性测试需要注意哪些问题?

(3) 设计一个实验测量光生电流 $I_s$.

**参考文献**

[1] 杨之昌, 马秀芳. 物理光学实验. 上海: 复旦大学出版社, 1993.
[2] 陆廷济, 胡德敬, 陈铭南. 物理实验教程. 上海: 同济大学出版社, 2000.

## 7-2 光电器件光谱灵敏度的测定

光电器件是把光信号转变成电信号的光电转换器件. 光电器件又被称为光电接收器或光电探测器(或简称为光接收器或光探测器)，它是测光仪器和光电自动化设备中的主要探测元件. 目前，光电器件已广泛应用于现代电子技术中. 光电器件的工作原理是外光电效应或内光电效应. 当光敏材料受光照后，材料的电学性质发生变化. 光电器件主要有光敏电阻、光敏二极管、光敏三极管、硅光电池、硒光电池、光电管、光电倍增管等. 光电倍增管需要在高压条件下工作，适用于探测极微弱的光信号. 各种光电器件因其性质或材料的不同而具有不同的特性，所探测的波段范围和对入射光的响应也不同. 在实际应用中，为了安全、正确地使用光电器件，就必须了解光电器件的光谱特性.

**实验预习**

(1) 光电器件可分为哪些类型?

(2) 光电器件产生的光电流与哪些因素有关？什么是光谱灵敏度？
(3) 反射式单色仪的结构及工作原理是什么？

## 实验目的

(1) 掌握光电器件光谱灵敏度的基本原理及测量方法.
(2) 了解光电器件探测的波段范围和光谱灵敏度峰值所对应的波长值.

## 实验原理

### 1. 光谱灵敏度

本实验测量的光电器件是光电池. 某些半导体材料受光辐照后，在受光表面和背光面会产生电势差，若在两面间接入电流计，就有电流产生. 这是一种内光电效应，称为光生伏特效应，这类光电器件叫光电池(光敏二极管).

光电池所产生的光电流$i$不仅与被照表面吸收的光辐射功率$\Phi$有关，还与照射光的波长$\lambda$有关. 在正常条件下，对于单一波长的光，光电器件所产生的光电流$i$与被照表面的光辐射功率$\Phi$成正比，单位辐射功率引起的光电流的大小称为响应率或灵敏度$S$. 对于一定波长范围的情况，光电器件所产生的光电流是波长的函数$i(\lambda)$，单位辐射功率也是波长的函数$\Phi(\lambda)$，所以$S$也是波长的函数$S(\lambda)=\dfrac{i(\lambda)}{\Phi(\lambda)}$，称为光谱响应率或光谱灵敏度. 光谱灵敏度$S(\lambda)$是光电器件接收单位单色辐射功率所产生的光电流，它反映了光电器件对单色光的光电转换能力的大小，即光谱响应的大小. $S(\lambda)$-$\lambda$曲线被称为光谱灵敏度分布曲线，或叫做“光谱响应曲线”. 通常定义当光谱灵敏度$S(\lambda)$的数值下降至灵敏度最大值$S_m$的1/10处时所对应的波长为光电器件的探测极限波长，$S_m$所对应的波长值$\lambda_m$为光电器件的峰值波长. 因此，已知光电器件的$S(\lambda)$-$\lambda$曲线，就可确定该光电器件能够探测光波的范围，即该器件可进行光电转换的波段.

### 2. 光电器件光谱特性的测量方法

实验中，利用反射式单色仪，将白炽灯发出的光分成单色光，来测定光电器件的光谱灵敏度分布，测定光谱响应的光路如图 7-2-1 所示.

由标准光源发出的白光经透镜会聚到单色仪的入射狭缝$S_1$上，经单色仪分光后，在出射狭缝$S_2$处得到波长为$\lambda$的单色光. 单色光照射到被测元件上，电流表检测出光电器件的输出电流$i$，输出电流与照射到光电器件表面的光辐射功率$\Phi$的比值即为灵敏度$S=\dfrac{i}{\Phi}$，旋转单色仪鼓轮，调节单色仪出射狭缝处出射光的波长$\lambda$，

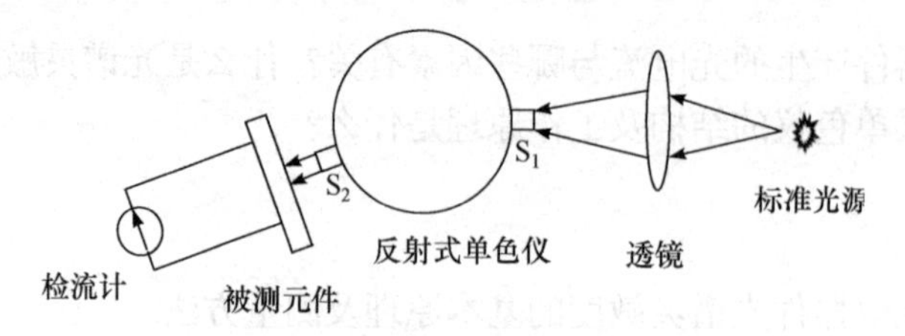


图 7-2-1　光谱响应测量光路示意图

记录相应的光电流 $i(\lambda)$，根据光辐射功率随波长的变化关系 $\Phi(\lambda)$，就可以计算光电器件的光谱灵敏度 $S(\lambda)=\dfrac{i(\lambda)}{\Phi(\lambda)}$.

**实验装置**

实验系统主要包括：次级标准光源——钨丝灯(6V，30W)、硅(硒)光电池、直流高压及低压稳压电源、直流微安表(0～10μA)、低压汞灯或高压汞灯、反射式单色仪光学系统.

**实验内容**

(1) 测量光电池不同波长 $\lambda$ 照射下所产生的光电流 $i(\lambda)$；

(2) 计算出相应波长 $\lambda$ 所对应的光谱灵敏度 $S(\lambda)$，并将所得数据归一化，绘出相应的 $S(\lambda)$-$\lambda$ 曲线，并在 $S(\lambda)$-$\lambda$ 曲线上标定出该光电器件的灵敏度峰值波长(即 $S_m$ 所对应的 $\lambda_m$ 值)，以及该光电器件所能探测的波长范围.

**问题思考**

(1) 什么是光电器件？常用的光电器件有哪些？其基本原理是什么？

(2) 光电器件的光谱灵敏度的物理意义是什么？

(3) 如何使用反射式单色仪？使用时要注意什么？

(4) 实验中，寻找合适的实验测试条件是本实验的关键，它的依据(或者说受到仪器或器件的那些限制)有哪些？当 $\lambda$ 一定时，光电器件的光电流 $i(\lambda)$ 与哪些因素有关？

**参考文献**

[1] 高铁军, 孟祥省, 王书运. 近代物理实验. 北京: 科学出版社, 2009.
[2] 高学颜, 沈承杭. 近代物理实验. 济南: 山东大学出版社, 1989.

## 7-3　热泵和热机的研究与应用

电冰箱、空调器等制冷设备都属于热泵. 提高电冰箱、空调器等制冷设备的制冷系数或能效比很有现实意义，提高制冷系数可使得制冷设备更节电，并延长其使用寿命. 本实验通过改变制冷设备的工况，研究如何提高制冷系数.

1821年，德国物理学家泽贝克发现两种不同金属的接触点一端被加热时，将产生电动势，该现象被称为泽贝克效应. 温差发电热电效应的发现虽然已有一个半世纪的历史，但是，由于金属的温差电动势很小，只是在用作测量温度的温差热电偶方面得到了应用. 只有近几十年半导体技术出现后，才得到比金属大得多的温差电动势，温差发电才进入实用阶段.

## 实验预习

(1) 生活中哪些常见的家用电器设备属于热泵？

(2) 电冰箱和空调器的基本结构是怎样的？

## 实验目的

(1) 研究热泵和热机及其应用.

(2) 掌握压缩式制冷、半导体制冷原理，测量各自的卡诺性能系数和实际性能系数.

(3) 了解电冰箱和空调器基本结构和原理.

## 实验原理

由热力学第二定律引出必须用热泵来实现热量从低温处流向高温处，此类设备有压缩式制冷循环、半导体制冷循环、吸收式制冷循环三大类.

### 1. 热泵原理

通常，热量只能自然地从高温处流向低温处，但是热泵通过外界做功，就可以从冷池(或称低温物体或低温热源)吸取热量泵浦到热池(或称高温物体或高温热源)，正如冰箱从低温内部吸取热量泵浦到较热的房间或者空调器在冬天里从较冷的室外吸取热量泵浦到较热的室内. 根据能量守恒定律有

$$W + Q_C = Q_H \tag{7-3-1}$$

式(7-3-1)也可以用功率形式表示. 热泵性能系数 $K$ 定义为单位时间热泵从冷池泵吸取的热量 $P_C$(对于制冷机而言就称为制冷功率)与单位时间热泵所做的功 $P_W$(对于制冷机而言就称为消耗的电功率)的比值，即

$$K = \frac{P_C}{P_W} \tag{7-3-2}$$

式中 $P_W$ 为实际输入热泵的功率，对于全封闭小型压缩机即输入电功率. 性能系数

$K$(由于应用于制冷机，便称为制冷系数)是衡量热泵循环经济性的指标，常被称为能效比(COP). 性能系数 $K$ 愈大，循环愈经济.

若假设图 7-3-1 所示的系统与外界没有各种热量交换和对外界做功，利用热力学原理可以推出，热泵的最大性能系数 $K_{\max}$ 仅取决于热池的温度 $T_H$ 和冷池的温度 $T_C$，即

$$K_{\max}=\frac{T_C}{T_H-T_C}=\frac{1}{T_H/T_C-1} \tag{7-3-3}$$

可见，降低热池(比如电冰箱冷凝器)温度 $T_H$，可提高 $K_{\max}$. 事实上，由于摩擦、热传导、热辐射和器件内阻焦耳热等引起的能量损失，实际性能系数 $K$ 小于最大性能系数 $K_{\max}$.

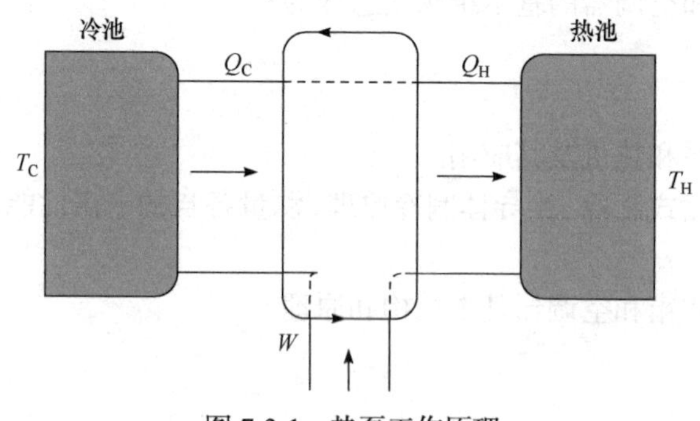


图 7-3-1　热泵工作原理

1) 压缩式制冷循环

(1) 原理.

图 7-3-2 是电冰箱(或空调器)制冷循环图. 来自冷凝器的略高于室温的液态制冷剂，经干燥过滤器滤去水分和有形杂质，再送入由毛细管组成的节流器进行减压节流，在毛细管的出口进入蒸发器. 由于蒸发器内的压强低(压缩机抽气引起的)，从毛细管出来的液态制冷剂就沸腾蒸发(当制冷剂到达毛细管出口时，部分制冷剂液体首先汽化吸热，使剩余制冷剂液体的温度降低，于是离开毛细管出口的制冷剂变成温度为 $t_0$ 的气液两相混合物. 混合物中的制冷剂液体在蒸发器中继续蒸发汽化吸热)，通过蒸发器管壁吸收大量的热量(潜热和显热)，实现了电冰箱冷冻室(或冷藏室)内的制冷. 沸腾蒸发后的气态制冷剂接着被低压回气管吸入压缩机，再压缩成高温高压的气态制冷剂，从压缩机的排气口排入气压较高的冷凝器. 高温高压的气态制冷剂在冷凝器中由于散热液化，而液化后的液态制冷剂再次进入干燥过滤器，进行下一次制冷循环.

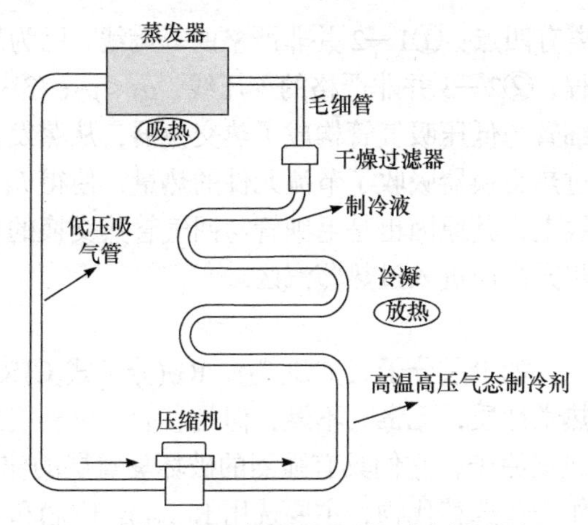

图 7-3-2　电冰箱(或空调器)制冷循环图

在上述的制冷循环中，毛细管由于很细且较长，对液态制冷剂的流动有较大的阻力，因而维持了冷凝器中的高气压，以便于气态制冷剂在冷凝器内液化；毛细管同时维持了蒸发器中的低气压，以便于液态制冷剂在蒸发器内气化. 毛细管也可以用膨胀节流阀代替，作用相同但可以控制节流阻力，常用在变频空调中. 为了提高性能系数，通常将电冰箱的毛细管与低压吸气管进行热交换.

(2) 压缩式制冷循环的压焓图.

图 7-3-3 为压缩式制冷循环简化了的压焓图. 离开蒸发器和进入压缩机的制冷剂蒸汽是处于蒸发压力下的饱和蒸汽，冷凝器后半部分、毛细管内的液体是处于冷凝压力下的饱和液体；由于压缩机的压缩过程极快，可近似认为与外界无热交换，为等熵压缩；制冷剂通过毛细管节流时其前、后焓值相等；制冷剂在蒸发和冷凝过程中没有压力损失，为等压过程；在各部件的连接处制冷剂不发生状态变化；制冷剂的冷凝温度等于外部热源温度，蒸汽温度等于被冷却物体的温度. 图 7-3-3 中点 1 表示制冷剂进入压缩机的状态，它对应于蒸发温度 $t_0$ 的饱和蒸汽. 点 2 为制冷剂出压缩机的状态，1—2 为等熵过程，压力由 $p_0$ 增大至冷凝压力 $p_K$. 2—2′—3 表示制冷剂在冷凝器内的冷却和冷凝过程，这是一个等压过程，等压线与饱和液体线的交点即为点 3 的状态. 点 4 表示制冷剂出毛细管的状态，亦即进入蒸发器时的状态. 3—4 表示等焓节流过程，制冷剂压力由 $p_K$ 降至 $p_0$ 相应的温度亦由 $t_k$ 降为 $t_0$. 过程线 4—1 表示制冷剂在蒸发器中的汽化过程，这是一个等压吸热过程，焓值增加，液态制冷剂吸收冷却物体的热量而不断汽化，最终又回到状态 1.

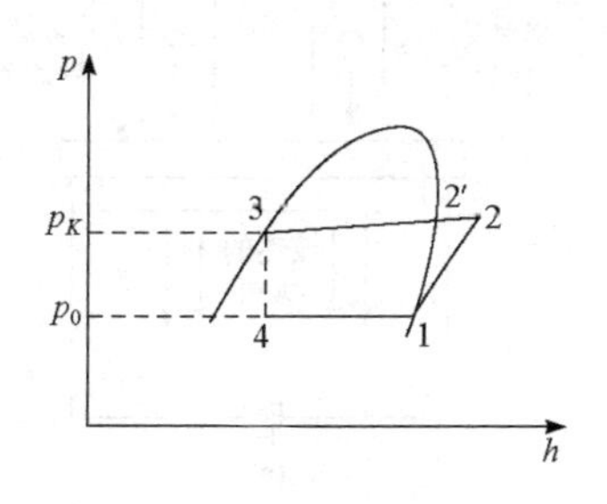

图 7-3-3　压缩制冷简化压焓图

但在实际循环中与这一简化循环存在一定的

偏离，最明显的偏离有四点：①1—2 并非严格的等熵线，因为压缩机的压缩过程只是近似的绝热过程；②2—3 并非严格的等压线，$p_3 < p_2$；③3—4 并非严格的等焓线，因为节流毛细管与低压吸气管构成了热交换器，从蒸发器回流压缩机的制冷剂温度较低，通过热交换器吸收了节流元件的热量，使得 $h_4 < h_3$；④状态 1 不一定处于饱和蒸汽线上，其原因也是毛细管与回气管热交换的存在，使得进气口的制冷剂温度进一步升高而进入过热蒸汽区.

(3) 制冷剂.

氟利昂是氯氟烃，如 $R_{12}$(分子式 $CCl_2F_2$)、$R_{22}$(分子式 $CHClF_2$)等，虽然这些制冷剂具有优良的热学性质，无毒、不燃，但是它们在紫外线光解照射下可以分裂成自由的氯原子或溴原子，它们具有强烈的破坏臭氧层的作用. 因此，目前各国都以碳氢化合物作为首选替代物，主要选用 $R_{600n}$(异丁烷)和 $R_{600a}$ 与 $R_{290}$(丙烷)的混合物替代.

(4) 制冷功率的测量.

它可以采用热补偿的原理来测量，即用电加热和制冷同时作用于保温箱，在忽略保温箱漏热的情况下，当保温箱内维持温度不变时，即可认为热泵的制冷功率等于电加热功率.

2) 半导体制冷循环

1834 年佩尔捷(Peltier)发现，即当电流流过不同金属的接点时，有吸热和放热现象，关键取决于电流流入接点的方向，称为佩尔捷效应.

半导体制冷的工作原理见图 7-3-4(a). 其中绝缘导热基板(陶瓷材料)在最外侧，再向内就是导电的金属导流条，最内侧是 P 型和 N 型的半导体材料(碲化铋)，工作电源用直流电源. 半导体制冷片的工作原理如下：电子由负极出发经过左下侧的导流条流向 P 区，从 P 区出来经过上端的导流条进入 N 区，从 N 区再进入

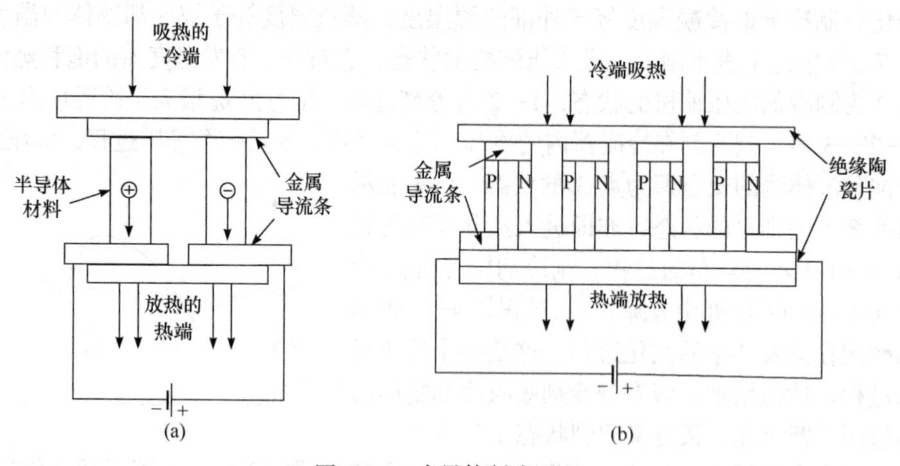


图 7-3-4　半导体制冷原理

右下侧的导流条最后到达电源正极，形成一个闭合回路. 正电荷从正极出发，流动方向与电子流动方向相反.

对于右侧的 N 型半导体与右上侧导流条连接处，金属中电子的势能低于 N 型半导体中载流电子的势能，右上侧导流条金属中的这部分电子必须获得额外的能量才能进入 N 型半导体，即这部分电子在金属中吸收热量后才能进入 N 型半导体，从而形成了制冷端. 当电子欲从 N 区进入右下侧的金属导流条时，由于电子是从势能高的地方流向势能低的地方，要释放能量的，因此在该处放出热量，从而形成了热端；对于左侧的 P 型半导体可仿上分析. P 型半导体与左上侧导流条连接处，金属中正电荷的势能低于 P 型半导体中载流空穴的势能，金属中的这部分正电荷必须获得额外的能量才能进入 P 型半导体，也即这部分正电荷在导流条吸收热量后才能进入 P 型半导体，也形成了制冷端. 当正电荷欲从 P 区进入左下侧的导流条时，由于正电荷是从势能高的地方流向势能低的地方，要释放能量，因此在该处放出热量，从而形成了热端. 因此整个上侧的导流条形成吸热端，下侧的导流条形成放热端，构成了半导体热泵. 但由于上述的一个半导体制冷单元制冷能力不高，实际半导体制冷片是由多个单元串联组合而成，如图 7-3-4(b)所示. 不难理解，其制冷能力取决于单元的个数和工作电流大小. 如果把电源的极性反过来，则冷端变为热端，热端变为冷端，可用上述原理分析.

2. 半导体热机原理

1821 年，德国物理学家泽贝克发现不同金属的接触点被加热时产生电流，这个现象称为泽贝克效应，这就是半导体热电的基础. 用 P 型半导体和 N 型半导体以及导体和负载电阻连接成图 7-3-5 所示的电路，来实现效果显著的泽贝克效应. 让半导体器件左边的温度比右边的温度高，则 N 区左端由于热运动产生了新的自由电子和空穴对，使得左端自由电子浓度高于右端自由电子浓度，自由电子往浓度低的右端扩散(这类似于清水内滴上一滴墨水扩散一样)；同理，P 区中的正电荷

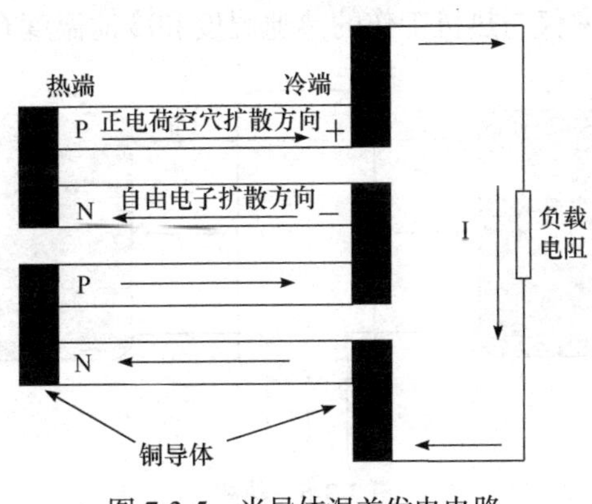


图 7-3-5　半导体温差发电电路

"空穴"也往右端扩散. 上述自由电子及空穴向各自的低浓度处扩散的结果又导致各自区域产生电场反向力最终达到"浓度扩散"与"电场力飘移"的动态平衡而输出稳定电动势. 温差电动势还包含了不同金属之间接触产生的内接触电动势，可仿上文分析.

半导体热机是利用热池和冷池之间的温差做功的. 本实验利用电热片为热端提供热量，将冷端暴露在空气中并用散热片及风扇给冷端散热来形成热端、冷端的温差. 半导体热机输出的能量，转化成负载电阻上的热能. 可以用图 7-3-6 表示热机工作原理. 根据能量守恒(热力学第一定律)得到

$$Q_H = W + Q_C \tag{7-3-4}$$

式中 $Q_H$ 和 $Q_C$ 分别表示进入热机的热量和排入冷池的热量，$W$ 表示热机对外所做的功. 热机效率定义为

$$\eta = \frac{W}{Q_H} \tag{7-3-5}$$

如果所有的热量全部都转化为有用功，那么热机的效率等于1，因此热机效率总小于1. 在实验中，习惯上一般用功率而不是用能量来计算效率，对方程(7-3-4)求导得到

$$P_H = P_W + P_C \tag{7-3-6}$$

式中 $P_H = \frac{dQ_H}{dt}$ 和 $P_C = \frac{dQ_C}{dt}$ 分别表示单位时间进入热机的热量和排入冷池的热量，$P_W = \frac{dW}{dt}$ 表示单位时间做的功. 热机效率可以写成

$$\eta = \frac{P_W}{P_H} \tag{7-3-7}$$

对于温差发电的半导体热机，$P_H$ 即为内部电加热器的电功率，$P_W = P_{RL}$ 即为发电电压在负载电阻上产生的电功率(即热机输出的功率)，上式的效率为实际的热机效率. 热机的最大效率仅与热机工作的热池温度和冷池温度有关，而与热机的类

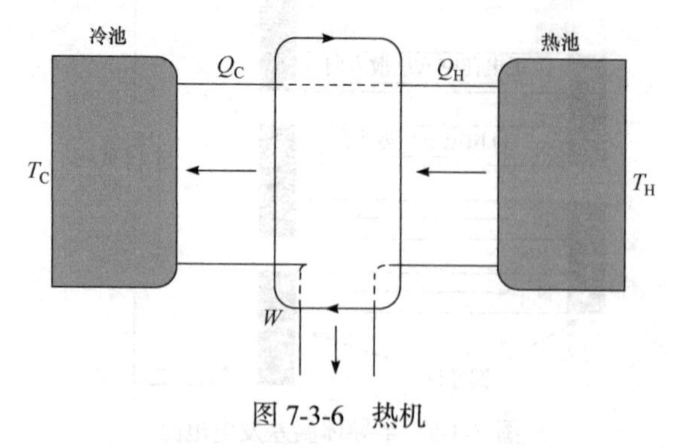


图 7-3-6　热机

型无关，卡诺效率为

$$\eta_{\text{Carnot}} = \frac{T_H - T_C}{T_H} \tag{7-3-8}$$

式中温度单位是 K(开尔文温度). 式(7-3-8)表明只有当冷池温度为绝对零度时，热机的最大效率为 100%；对于给定温度，假设由摩擦、热传导、热辐射和器件内阻焦耳加热等引起的能量损失可以省略不计时，热机做功效率最大，即卡诺效率.

## 实验装置

压缩式制冷实验仪、热泵热机综合实验仪一套.

## 实验内容

1. 热泵的卡诺性能系数和实际性能系数研究

1) 压缩式制冷循环

(1) 观察仪器，对照压缩式制冷循环图以及前述仪器装置图，搞清各部件的连接关系、布局及原理. 将实验仪上加热功率调节旋钮按逆时针旋至最小.

(2) 接通电源，记录蒸发器内温度，同时记录压缩机排气口、进气口及冷凝器末端的压强.

(3) 打开压缩机开关，再次记录蒸发器内温度和压缩机排气口、进气口及冷凝器末端的压强.

(4) 接着每隔 3min 记录一次蒸发器的温度，直至−30℃附近.

(5) 调节加热器输出功率为 20W，直至蒸发器内升温至某个稳定值附近，记录此加热功率下的蒸发器温度，压缩机排气口、进气口及冷凝器末端的压强和温度，压缩机的功率.

(6) 改变加热功率为 87W，重复步骤(5)的内容.

(7) 利用公式(7-3-2)、(7-3-3)分别计算上述不同加热功率条件下的实际制冷系数 $K$ 以及理想卡诺逆循环的最大制冷系数 $K_{\max}$；研究分析实验结果并得出结论.

2) 半导体制冷循环(下述参考数据是在室温 15℃条件下测出的)

(1) 将仪器功能置于半导体制冷功能：“制冷/制热”转换开关拨向“制冷”；其左侧转换开关拨向“热/冷泵”；胆外壳上的“加热方式”切换开关打在“加热片”位置；“电热通、电热断”开关打在“电热通”位置；“风扇电源”开关打在“风扇高速”位置. 打开机箱侧面的总电源开关，马上记录室温 $t_H$. 调节“热/冷泵恒流电源”旋钮，使热泵电流 $I_2$=3.00A.

(2) 调节“胆内加热恒流电源”的电流调节旋钮，使加热电流 $I_1$=1.03A，等待 7min 后记住此时胆内温度，再等 1～2min 看温度上升还是下降，如果温度下降要增加“加热电流”5%～10%，再等 1～2min 看温度变化并做相应调节，反之减小“加热电流”，使制冷与加热两者达到热平衡，热平衡后记录数据.

(3) 将“风扇电源”开关打在“风扇低速”位置，先观察 3min 内胆内温度升高，再将“加热电流” $I_1$ 减小(参考值 0.8A)，使胆内重新达到热平衡，把数据记入表 7-3-1 中.

**表 7-3-1　数据记录表一**

| 胆内热平衡温度/℃ | 胆内风扇转速 | 半导体制冷片输入功率 $P_W$/W | | | 电加热功率 $P_R$/W | | | 制冷功率 $P_C$/W |
|---|---|---|---|---|---|---|---|---|
| | | $V_2$ | $I_2$ | $P_W$ | $V_1$ | $I_1$ | $P_R$ | $P_C=P_R$ |
| | 风扇高速 | | 3.00A | | | | | |
| | 风扇低速 | | 3.00A | | | | | |

(4) 把“电热通、电热断”开关打在“电热断”位置，“风扇电源”开关打在“风扇高速”位置，测量半导体制冷循环 10min 的制冷温度.

(5) 利用公式(7-3-2)计算上述胆内外的不同风扇转速下的实际制冷系数 $K$，分析实验结果并得出结论.

2. 半导体热机的性能研究

1) 测量半导体热机的卡诺效率和实际效率

(1) 将仪器功能置于温差发电功能；面板最左侧开关打在“电热通”位置；散热风扇转速开关打在“风扇高速”位置. 保温箱下面开关拨向“加热片”. 开电源开关后马上记录环境温度和胆内温度. 然后调节加热电流 $I_1$=1.80A，等待保温箱内温度升高到 34℃左右时，再接通负载电阻 $R_L$=3Ω，再减小 $I_1$=1.00A，等待一段时间，直至保温箱内温度 $\theta_H$ 不再上升时把测量的数据逐一记录到表 7-3-2 中.

(2) 调节加热电流 $I_1$=1.35A，重复上述实验内容，记录数据于表 7-3-2 中.

**表 7-3-2　数据记录表二**

| 温差高低 | 温差发电的空载电压 $E$/V | 冷端(环境)温度 | 热端(保温箱胆内) | | | |
|---|---|---|---|---|---|---|
| | | $\theta_C$/℃ | $\theta_H$/℃ | $V_1$/V | $I_1$/A | $P_H$/W |
| 低温差 | | | | | 1.00 | |
| 高温差 | | | | | 1.35 | |

| 负载 $R_L = 3\Omega$ | | 实际效率/% | 卡诺效率/% |
|---|---|---|---|
| $V_2$/V | $P_W$/W | | |
| | | | |
| | | | |

(3) 由式(7-3-4)、(7-3-5)分别测量上述低温差和高温差两种情况下，半导体热机的实际效率$\eta=\dfrac{P_W}{P_H}$(参考值低温差 0.26%、高温差 0.33%)以及理想卡诺循环效率$\eta_{Carnot}=\dfrac{T_H-T_C}{T_H}$.

2) 测量半导体热机的内阻

利用上述实验数据，自拟实验方法及步骤，计算高温差时温差发电电源的内阻$r$. 要求画出规范的电路图及图上元器件的图标，写出公式推导过程，以及简要的实验步骤.

**问题思考**

(1) 在一定的环境温度下，随着蒸发器被冷却、稳定温度的降低，预计制冷机的制冷量和制冷系数将增加还是降低？为什么？

(2) 为什么测量时一定要使蒸发器(或内胆)温度稳定后才记录数据？

**参考文献**

[1] 赵杰. 大学普通物理实验. 北京: 北京航空航天大学出版社, 2019.

# 7-4　A类超声实验

超声波是指频率高于人耳听觉上限(20 kHz)的声波. 超声的研究和发展与介质中超声的产生和发射的研究密切相关. 1883 年，人类首次制作出超声气哨，被广泛应用于流体介质的超声应用中. 1917 年，法国朗之万利用天然石英晶体支撑了第一个夹心式超声换能器用来探查海底的潜艇，随着军事和国民经济各部门中超声应用的不断发展，出现了更大超声功率的超声换能器. 超声学是声学的一个分支，是声学领域中发展最迅速、应用最广泛的现代声学技术，它主要研究超声的产生方法和探测技术、超声在介质中的传播规律、超声与物质的相互作用，包括在微观尺度的相互作用以及超声的众多应用. 超声的用途可分为两大类：一类是利用它的能量来改变材料的某些状态，为此需要产生比较大能量的超声，这类用途的超声通常称为功率超声，如超声加湿、超声清洗、超声焊接、超声手术刀、超声马达等；另一类是利用它来采集信息，超声波测试分析包括对材料和工件进行检验和测量，由于检测的对象和目的不同，具体的技术和措施也是不同的，因而产生了名称各异的超声检测项目，如超声测厚、超声发射、超声测硬度、超声测应力、超声测金属材料的晶粒度及超声探伤等.

## 实验预习

(1) 什么是超声波？超声波的产生和发射方式有哪些？
(2) 超声波都有哪些用途？本实验涉及的超声应用有哪些？
(3) 超声实验仪器主要有哪几部分？

## 实验目的

(1) 了解超声波产生和发射的机理.
(2) 用 A 类超声实验仪测量水中声速或测量水层厚度.
(3) 用 A 类超声实验仪测量固体厚度及超声无损探伤.

## 实验原理

与电磁波不同，超声是弹性机械波，不论材料的导电性、导磁性、导热性、导光性如何，只要是弹性材料，它都可以传播进去，并且它的传播与材料的弹性有关，如果弹性材料发生变化，超声波的传播就会受到干扰，根据这个扰动就可了解材料的弹性或弹性变化的特征，这样超声就可以很好地检测到材料特别是材料内部的信息，对某些其他辐射能量不能穿透的材料，超声更显示出了这方面的实用性. 与 X 射线、γ 射线相比，超声的穿透本领并不优越，但由于它对人体的伤害较小，所以它的应用仍然很广泛.

产生超声波的方法有很多种，如热学法、力学法、静电法、电磁法、磁致伸缩法、激光法以及压电法等，但应用得最普遍的方法是压电法. 压电效应：某些介电体在机械压力的作用下会发生形变，使得介电体内部正负电荷的中心发生相对位移，导致介电体两端表面出现符号相反的束缚电荷，其电荷密度与压力成正比，这种由“压力”产生“电”的现象称为正压电效应；反之，如果将具有压电效应的介电体置于外电场中，外电场会导致介质内部的正负电荷中心产生位移，从而导致介电体发生形变，这种由“电”产生“机械形变”的现象称为逆压电效应，逆压电效应只存在于介电体，其符号随外电场的方向变化而转变，且介电体的形变与外电场的大小呈线性关系. 压电体的正压电效应与逆压电效应统称为压电效应. 如果对具有压电效应的材料施加交变电压，那么它在交变电场的作用下将发生交替的压缩和拉伸形变，由此而产生了振动，并且振动的频率与所施加的交变电压的频率相同，若所施加的电频率在超声波频率范围内，则所产生的振动是超声频的振动，我们把这种振动耦合到弹性介质中去，那么在弹性介质中传播的波即为超声波，这利用的是逆压电效应. 若利用正压电效应，可将超声能转变成电能，这样就可实现超声波的接收.

超声探头是把其他形式的能量转换为声能的器件，亦称为超声波换能器. 在超声波分析测试中常用的换能器既能发射声波，又能接收声波，我们称为可逆探头. 在实际应用中要根据需要使用不同类型的探头，主要有：直探头、斜探头、水浸式聚焦探头、轮式探头、微型表面波探头、双晶片探头及其他型式的组合探头等. 本实验装置采用的是直探头.

超声波的分类. 按振动质点与波传播方向的关系可分为纵波和横波：当介质中质点振动方向与超声波的传播方向平行时，称为纵波；当介质中质点振动方向与超声波传播方向垂直时，称为横波. 按波阵面的形状可分为球面波和平面波. 按发射超声的类型可分为连续波和脉冲波. 本实验装置直探头发出来的是纵波、平面波、脉冲波，脉冲频率为2.5MHz.

超声在介质中传播时，其声强将随着距离的增加而减弱. 衰减的原因主要有两类，一类是声束本身的扩散，使单位面积中的能量下降. 另一类是由于介质的吸收，将声能转化为热能，而使声能减少. 如果介质的声阻抗相差很大，比如说声波从固体传至固、气或从液体传至液、气界面时将产生全反射，因此可以认为声波难以从固体或液体进入气体.

超声回波信号的显示方式. 主要有幅度调制显示(A 型)和亮度调制显示及两者的综合显示，其中亮度调制显示按调制方式的不同又可分为 B 型、C 型、M 型、P 型等. A 型显示是以回波幅度的大小表示界面反射的强弱，即在荧光屏上以横坐标代表被测物体的深度，纵坐标代表回波脉冲的幅度，横坐标有时间或距离的标度，可借以确定产生回波的界面所处的深度. 本实验装置采用的显示方式即A 型.

超声的生物效应主要包括机械效应、温热效应、空化效应、化学效应等，以上几种效应对人体组织有一定的伤害，必须重视安全剂量. 一般认为超声对人体的安全阈值为100mW/cm$^2$. 本仪器小于10mW/cm$^2$，可安全使用.

## 实验装置

该实验主要由 FD-UDE-A 型 A 类超声实验仪主机、数字示波器(选配)、有机玻璃水箱、金属反射板、探头及接线两根、Q9 线一根、样品架(铝、铁、铜、有机玻璃、冕玻璃和带缺陷铝柱按高度不同各配有 2 个，总共 12 个样品)组成. 其中实验主机面板如图 7-4-1 所示.

1. 复位.
2. 减小：减小同步信号(扫描信号)的低电平持续时间.
3. 增加：增加同步信号(扫描信号)的低电平持续时间.
4. 选择：工作模式选择. a 为 A 路，b 为 B 路，c 为双路.
5. 示波器探头(A 路)：接示波器 CH1 或 CH2 通道.
6. 接示波器(A 路)：接示波器的 EXT 通道，同步性好的数字示波器可以不接此线.

7. 超声探头(A 路)：接超声探头.

8. 示波器探头(B 路)：接示波器 CH1 或 CH2 通道.

9. 接示波器(B 路)：接示波器的 EXT 通道，同步性好的数字示波器可以不接此线.

10. 超声探头(B 路)：接超声探头.

11. 电源开关.

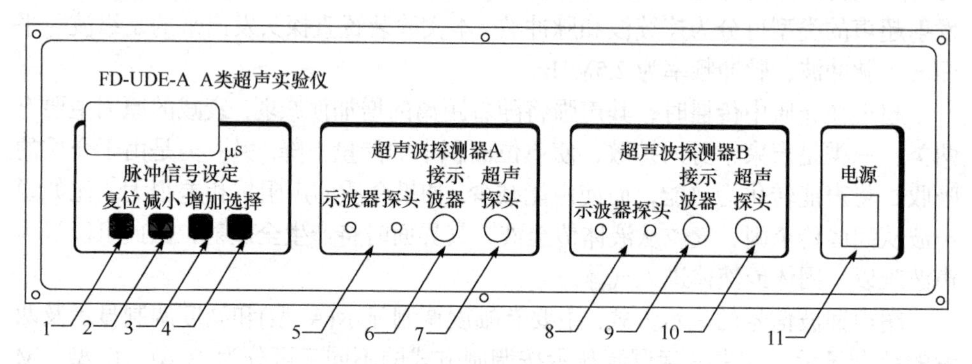


图 7-4-1　A 类超声实验仪主机面板示意图

图 7-4-2 给出了主机的工作原理框图. 本仪器做成了双路输出(A 路和 B 路)，两路信号一样，实验时可任选一路完成实验. 以 A 路信号为例解释仪器的工作原理：主机内由单片机控制同步脉冲信号与 A(或 B)路信号同步. 在同步脉冲信号的上升沿，电路发出一个高速高压脉冲 A 至换能器，这是一个幅度呈指数形式减小的脉冲. 此脉冲信号有两个用途：一是作为被取样的对象，在幅度尚未变化时被取样处理后输入示波器形成始波脉冲；二是作为超声振动的振动源，即当此脉冲幅度变化到一定程度时，压电晶体将产生谐振，激发出频率等于谐振频率的超声

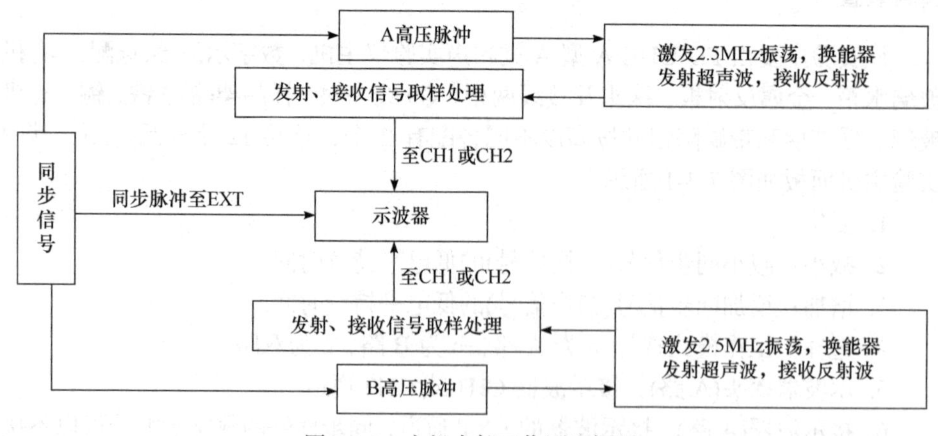


图 7-4-2　主机内部工作原理框图

波(本仪器采用的压电晶体的谐振频率点是 2.5MHz). 第一次反射回来的超声波又被同一探头接收，此信号经处理后送入示波器形成第一回波，根据不同材料中超声波的衰减程度、不同界面超声波的反射率，还可能形成第二回波等多次回波，如图 7-4-3 所示.

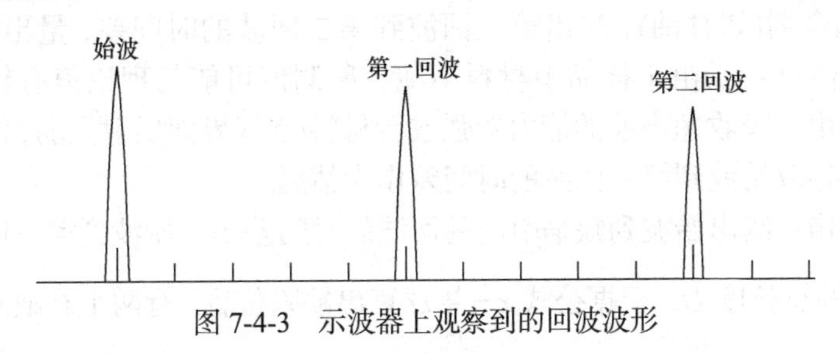


图 7-4-3　示波器上观察到的回波波形

由仪器工作原理可知，始波脉冲产生的时刻并非超声波发出的时刻，超声波发出的时刻要延迟约 0.5ms，所以实验时应该尽可能取第一回波到第二回波这个时间差作为测量结果，以减小实验误差.

## 实验内容

### 1. 用 A 类超声实验仪测量水中声速或测量水层厚度

准备工作：在有机玻璃水箱侧面装上超声波探头后注入清水，至超过探头位置 1cm 左右即可. 探头另一端与仪器 A 路(或 B 路，以下同)“超声探头”相接. “示波器探头”左边搭口与 Q9 线的输出端相连，右边搭口与 Q9 线的地端相连. 这根 Q9 线的另一端与示波器的 CH1 或 CH2 相连. 如果示波器的同步性能不稳，可以再拿一根 Q9 线将仪器的“接示波器”头与示波器的“EXT”相连，以此同步信号作为示波器的外接扫描信号.

打开机箱电源，按“选择”键选择合适的工作状态，a 为 A 路工作，b 为 B 路工作，c 为两路一起同步工作(很少用). “脉冲信号设定”中的“增加”和“减少”按钮是设定同步脉冲信号(也即外部扫描信号)的低电平持续时间，出厂设置已满足一般的实验要求.

将金属挡板放在水箱中的不同位置，测出每个位置下超声波的传播时间，可每隔 5cm 测一个点，将结果作 $X$-$\frac{t}{2}$ 的线性拟合(具体步骤参考附录 1)，根据拟合系数求出水中的声速，与理论值比较. 注意实验时有时能看到水箱壁反射引起的回波，应该分辨出来并舍弃. 线性拟合出的公式为 $X=1501.2\left(\frac{t}{2}\right)-0.0194$，斜率就是水中超声波的传播速度，为 1501.2m/s. 水在 25℃时超声波声速约 1500 m/s，实测值与理论值误差小于 3%.

2. 用 A 类超声实验仪测量固体厚度及超声无损探伤(选做)

测定样品架上不同材料，不同高度的样品中超声波传播的速度(选做). 在样品表面涂上耦合剂(如甘油)，测出第一回波到第二回波的时间差，量出样品高度，算出速度. 注意：①由于样品中材料不纯，所测值可能与理论值有较大偏差；②有些材料由于吸收超声波的能力较强或者材料/空气界面反射太弱，没有第二回波，此时只好取始波到第一回波的时间差作为估测.

超声探伤：测出始波到缺陷引起的回波的时间差 $t_1$，始波到第一回波的时间差 $t_2$，样品的总长度 $D$，根据公式 $x=\frac{t_1}{t_2}D$ 算出缺陷位置. 有两个有缺陷的铝样品可供实验.

### 问题思考

(1) 何为压电效应?

(2) 什么是声阻抗，与哪些因素有关?

(3) 简述 A 型超声波诊断仪的基本原理.

### 参考文献

[1] 应崇福. 超声学. 北京：科学出版社, 1990.

[2] 郑中兴. 激光超声检测技术在材料评价上的应用与发展. 无损探伤, 2002, 26(1): 5.

[3] 陈泽民. 近代物理与高新技术物理基础. 北京：清华大学出版社, 2001.

## 7-5 声悬浮实验

在空气中传播的声波是经典物理学长期研究的对象，并由此揭示了一般纵波的各种振荡、波动、传输特征，为其他各种波的研究和各领域的应用打了扎实的理论基础. 而作为声波的研究对象之一，声悬浮的应用，也为诸如金属无接触悬浮熔炼，晶体悬浮生长开辟了新的技术手段. 声波特性的测量(如频率、波速、波长、声压衰减和相位等)是声学应用技术中的一个重要内容，特别是声波波速(简称声速)的测量，在声波定位、探伤、测距等应用中具有重要的意义.

### 实验预习

(1) 实验时怎样找到换能器的谐振频率?

(2) 什么是逐差法? 它的优点是什么? 在什么情况下使用?

## 实验目的

(1) 学会用共振干涉法、相位比较法以及时差法测量介质中的声速.

(2) 学会运用声悬浮现象测量声速.

(3) 学会用逐差法进行数据处理.

(4) 了解声速与介质参数的关系.

## 实验原理

超声波具有波长短、易于定向发射、易被反射等优点. 在超声波段进行声速测量的优点还在于超声波的波长短，可以在短距离较精确地测出声速.

超声波的发射和接收一般通过电磁振动与机械振动的相互转换来实现，最常见的方法是利用压电效应和磁致伸缩效应来实现. 本实验采用的是压电陶瓷制成的换能器(探头)，这种压电陶瓷可以在机械振动与交流电压之间双向换能.

声波的传播速度与其频率和波长的关系为

$$v = \lambda \cdot f \tag{7-5-1}$$

由式(7-5-1)可知，测得声波的频率和波长就可得到声速. 同样，传播速度亦可用

$$v = L / t \tag{7-5-2}$$

表示，若测得声波传播所经过的距离 $L$ 和传播时间 $t$，也可获得声速.

### 1. 共振干涉法

实验装置如图 7-5-1 所示，图中 $S_1$ 和 $S_2$ 为压电晶体换能器，$S_1$ 作为声波源，被低频信号发生器输出的交流电信号激励后，由于逆压电效应发生受迫振动，向空气中定向发出一近似的平面声波；$S_2$ 为超声波接收器，声波传至它的接收面上时，再被反射. 当 $S_1$ 和 $S_2$ 的表面互相平行时，声波就在两个平面间来回反射，当两个平面间距 $L$ 为半波长的整倍数，即

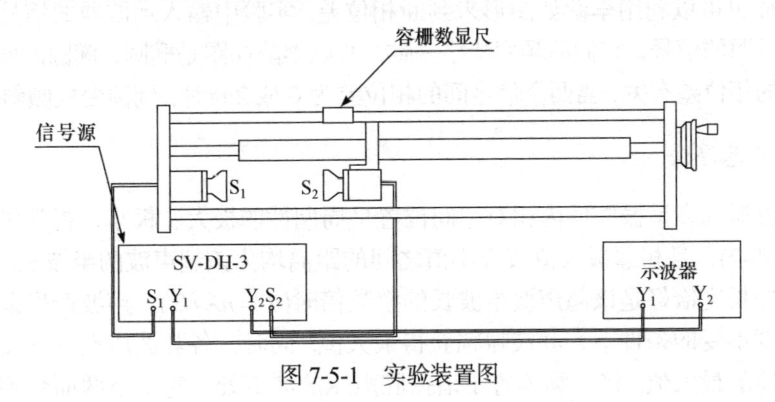


图 7-5-1　实验装置图

$$L = n\frac{\lambda}{2}, \quad n = 0, 1, 2, \cdots \tag{7-5-3}$$

时，形成共振.

因为接收器 $S_2$ 的表面振动位移可以忽略，所以对位移来说是波节，对声压来说是波腹. 本实验测量的是声压，所以当形成共振时，接收器的输出会出现明显增大，从示波器上观察到的电压信号幅值也是极大值(图 7-5-2).

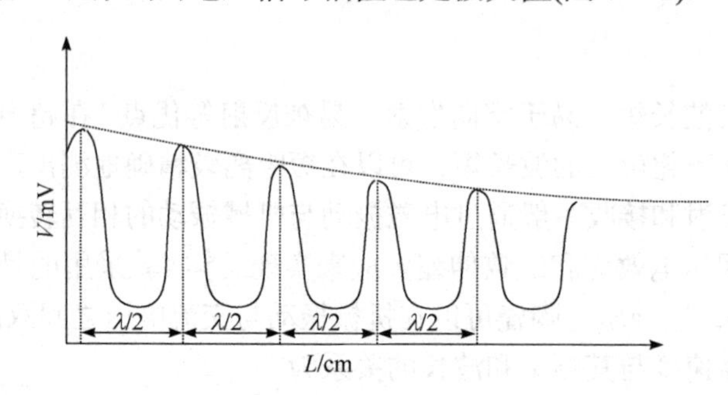


图 7-5-2　接收器表面声压随距离的变化

图 7-5-2 中各极大值之间的距离均为 $\lambda/2$，由于散射和其他损耗，各极大值幅值随距离增大而逐渐减小. 我们只要测出各极大值对应的接收器的位置，就可测出波长. 由信号源读出超声波的频率值后，即可由公式(7-5-1)求得声速.

2. 相位比较法

波是振动状态的传播，也可以说是相位的传播. 沿波传播方向的任何两点同相位时，这两点间的距离就是波长的整数倍，利用这个原理，可以精确地测量波长. 实验装置如图 7-5-1 所示，沿波的传播方向移动接收器 $S_2$ 总可以找到一点，使接收到的信号与发射器的相位相同；继续移动接收器 $S_2$，接收到的信号再次与发射器的相位相同时，移过的距离等于声波的波长.

同样也可以利用李萨如图形来判断相位差. 实验中输入示波器的信号是来自同一信号源的信号，它们的频率严格一致，所以李萨如图是椭圆，椭圆的倾斜与两信号间的相位差有关，当两个信号间的相位差为 0 或 $2n\pi$时，椭圆变成倾斜的直线.

3. 声悬浮法

驻波振幅在谐振腔体内相对空间位置呈周期性的极大、极小、再到极大的分布(图 7-5-2)，且相邻极大值或极小值之间的距离均为该超声波的半波长. 当声波谐振腔的长度恰好是该超声波半波长的整数倍时($L = n\lambda/2$)，声波产生谐振；在波源强度不变的条件下，驻波振幅获得最大值. 同时，各驻波质点位移波节处将获得声压的最大值. 将一物体置于谐振腔声压的波节处，它上下两面受到的压力之差足以克服其自身重力时，该物体被悬浮起来. 当改变谐振腔 $L$ 的长度，共振效果遭到破坏，有效声压差不足以支撑物体自身重力，物体落下. 若再次改变 $L(L=(n\pm1)\lambda/2)$，物体再次被悬浮起来. 在谐振时，将多个物体置于相邻的波节处，多个物体被悬浮并两两相邻. 两相邻物体间的间距为半波长.

4. 时差法

实验中超声波的发射是个单脉冲，可确定精确的发射时点，但在接收端由于被接收到的单脉冲激发出余震，单脉冲引起的是衰减震荡，其余震可以在两个探头间产生共振，对接收时点的测定产生了干扰，故测量中必须避免将探头停在共振的位置上，是否出现共振可通过示波器看出.

## 实验装置

信号源、压电换能器(安装在大游标卡尺上)、示波器、温度计.

## 实验内容

1. 共振干涉法测量空气中的声速

(1) 熟悉信号源面板上的各项功能以及示波器的使用方法. 按图 7-5-1 接好线路，并将两换能器 $S_1$、$S_2$ 之间的距离调至 1cm 左右.

(2) 打开信号源与示波器的电源，将信号源面板上的“测试方法”确定为连续波；“传播介质”确定为空气. 然后调节“发射强度”(从示波器上观察电压峰-峰值为 10 V)，调节“信号频率”观察频率调整时接收波的电压幅度变化，在某一频率点处(34.5～37.5kHz 之间)电压幅度最大，此频率即为换能器 $S_1$、$S_2$ 相匹配频率点，记下该频率值.

(3) 转动 $S_2$ 的移动螺柄，逐步增加 $L$，观察示波器上 $S_2$ 电压的输出变化，当电压达到极大值时，记下 $S_2$ 的位置 $L_1$.

(4) 继续增加 $L$，达到下一个极大值点，记下 $L_2$，需测 20 个点.

2. 用相位法测量空气中的声速

(1) 利用李萨如图形比较发射信号与接收信号间的相位差，移动接收器，依次记下图形为斜直线时游标尺上的读数，连续两次观察到倾角相同的斜直线时，相应的相位改变量为 2π，即对应接收器改变了一个波长的距离.

(2) 测量出现同方向斜线的连续 20 个点的位置，用逐差法处理数据.

3. 用声悬浮测量空气中的声速

(1) 保持谐振频率不变，将 $L$ 调至约 0.5cm.

(2) 将物体(小纸片或薄膜)置于 $S_1$ 上，并转动 $S_2$ 的移动螺柄，逐步增加 $L$，观察物体的变化，当物体突然悬浮起来时，记下 $S_2$ 的位置 $L_1$.

(3) 继续增加 $L$，到物体再次悬浮起来，记下 $L_2$，需测 6～8 个点，用逐差法处理数据.

(4) 当物体能被悬浮 5～6 次时，保持 $L$ 不变，在被悬浮物体上面约 $\lambda/2$ 处，再次放置另一物体，直至离 $S_2$ 有 $\lambda/4$ 后不再放置物体，两相邻悬浮物体间的间距为半波长.

4. 用时差法测量空气中的声速

(1) 将面板上“测试方法”确定为脉冲波，“传播介质”确定为空气.

(2) 观察共振与非共振状态下示波器信号的不同表现.

(3) 调节“接收增益”，在接收增益尽量小的前提下做到时间读数约在 400μs(注意：$S_1$ 和 $S_2$ 间距约大于 10 cm)且读数稳定.

(4) 记录此时的距离值 $L_1$ 和显示时间 $t_1$. 移动 $S_2$ 到另一点($L_2$)并调节接收增益，保持信号幅度不变，记录 $L_2$ 和 $t_2$.

(5) 重复(3)，约测量 8 个点，记录下各次的 $L_i$、$t_i$，可用下式计算 $v = (L_i – L_1) / (t_i – t_1)$.

5. 数据处理

根据共振干涉法、相位比较法、声悬浮法和时差法测量空气中的声速，用逐差法求出声波波长，并与声速的理论值比较．声速的理论值为 $\mu_0 = 331.45\sqrt{1+\dfrac{t}{273.15}}$，其中 $t$ 表示实际室温.

## 问题思考

(1) 为什么换能器要在谐振频率条件下进行声速测定?

(2) 要让声波在两个换能器之间产生共振必须满足哪些条件?

(3) 试举三个超声波应用的例子，它们都是利用了超声波的哪些特性?

(4) 当用位移来描述声波时，位移为波节处，声压为多少?

## 参考文献

[1] 王嘉翌, 张赫, 李军刚, 等. 二维声悬浮演示仪的实验设计. 大学物理实验, 2020, 33(6): 77-81.

[2] 丁辰禧, 罗译俊, 刘科, 等. 声悬浮演示仪的研制与优化. 四川师范大学: 大学物理实验, 2020, 33(4): 4.

# 7-6 光 通 信

光通信以其频带宽、信息容量大等优点，在许多领域已经逐步取代无线电通信、电缆通信，成为现代通信干线的主流和信息社会中信息传输和交换的主要手段. 光通信可分为空间光通信与光纤通信. 空间光通信是光在大气或真空中传播的通信方式，在大气中传播时容易受到空气的吸收、散射、折射、尘埃和雨雾的影响而使光信号衰减或不稳定，但空间光通信设备简单，实现容易，不占用无线电频率资源，还可用于人造卫星或宇宙飞船之间的信息传输；光纤通信是利用光在光纤中传播来传输信息的，通信容量大、损耗小、保密性好.

## 实验预习

(1) 了解光通信中主要元器件的工作原理和特性.
(2) 了解液晶显示器基本结构原理.

## 实验目的

(1) 理解空间光通信和光纤通信的基本工作原理.
(2) 研究光通信中信号的传输质量与器件工作性质和状态的规律.

## 实验原理

### 1. 光通信基本原理

光通信是用光作为载波来传输信息的，就像无线电通信是用无线电波作为载波来传输信息. 要传递信息，首先要把光进行调制，即把要传递的信息加在光上. 光调制有光强度调制、频率调制等. 光直接强度调制是指把要传递的交流电信号与直流电源电压同时加在发射光源上，使发射光源光的强弱变化与信号强弱变化规律一致，特点是结构简单；频率调制则是用要传输的频率相对较低的信号去调制一个高频载波信号的频率，在接收端再通过解调器(鉴频器)把要传输的信号解调还原出来. 在模拟传输光通信模式中，频率调制的传输失真度最小. 光通信示意图如图 7-6-1 所示.

现在针对图 7-6-1，用一个最简单的直接强度调制光通信模式加以说明：

“光发射机”就是一个发光二极管(LED)或其他电致发光器件，用“静态偏置电源”给它提供直流工作电流几十毫安，再把经过放大的要传输的音频信号也叠加在发光二极管上，这样发光二极管的发光强度就随着要传输的音频信号的变化规律而变化，这个携带着音频信号变化规律的变化的光信号，通过“光纤或空间”

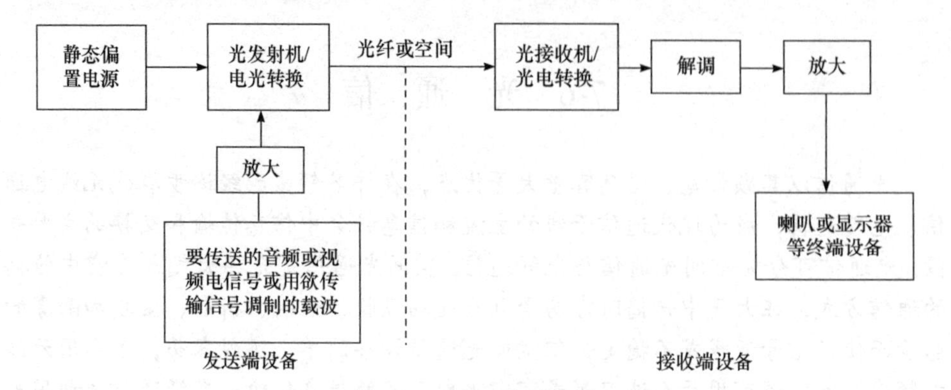


图 7-6-1　光通信示意图

传输到“光接收机”.“光接收机”可以是一个最简单的光电二极管，光电二极管把变化的光信号再转化成变化的电信号，该变化的电信号的变化规律与发送端的要传输的音频信号的变化规律相同或相似. 再把该电信号送入“解调器”，此时的“解调器”可用一个最简单的隔直流的电容代替，这就会把直流信号去掉，只有我们需要的音频电信号了. 音频电信号再经过放大器放大，送入喇叭发音，就实现了音频信号的光通信. 如果“静态偏置电源”给发光二极管或其他电致发光器件提供的直流工作电流过小或过高，都会引起信号的传输失真.

一种直接强度调制的光发射具体电路见图 7-6-2，调 W 可以改变高亮度 LED 的静态直流工作电流，从功率音频电信号输入端输入幅度较大的音频信号(比如信号源输出)，就可以用音频信号调制 LED 发光的强度.

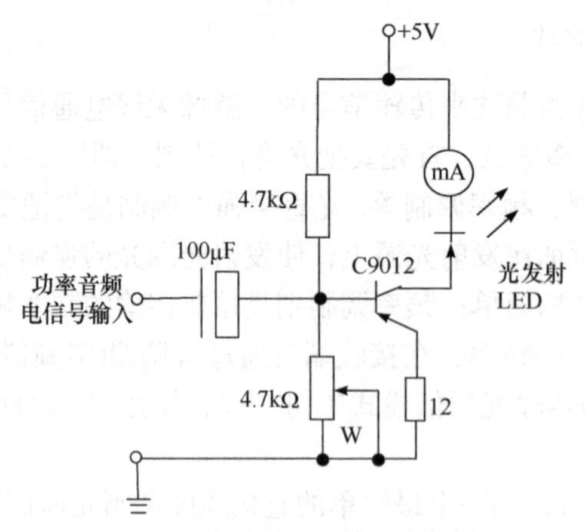


图 7-6-2　简易强度调制光电发射器

脉冲频率调制(PFM)方式(图 7-6-3)是目前模拟信号传输中传输质量较高的一种方式. 信号经过脉冲频率调制以后，可以有效避免光源非线性带来的影响，并以此换取传输质量的提高.

脉冲频率调制有两种方式：一种是调制脉冲的重复频率随信号幅度大小呈线性变化，而脉冲持续期(脉宽)固定不变；另一种则是脉冲占空比为 1∶1，而调制脉冲的重复频率仍然与信号的幅度呈比例变化，也称为方波频率调制. 在这里我们着重讨论后一种方式.

脉冲宽度调制(PWM)方式. 该方式的频率和幅度不变，但脉冲宽度受要传输信号的调制，由于通信质量较差，一般不采用，但开关稳压电源、直流电机调速等领域应用较多.

2. 光发射和接收器件及传输器件原理

(1) 发光二极管. LED 光源是一种固态 PN 结发光器件，属于冷光源. LED 是由 P 型和 N 型两种半导体相连而形成的一个 PN 结，如图 7-6-4 所示，在平衡条件下，PN 结交界面附近形成了从 N 区指向 P 区的内电场区域(或称耗尽层)，从而阻止了 N 区的电子和 P 区的空穴向对方扩散. 当 LED 的 PN 结上加上正向电压时，外加电场将削弱内电场区域，使得内电场区域变薄，载流子向对方扩散运动又可以继续进行，在内电场区域有大量的电子与空穴持续地复合. 当电子与空穴相遇而复合时，电子由高能级向低能级跃迁，同时将能量以光子的形式释放出来，因而可以持续地发光. 不同材料的 LED 因其材料的能级宽度不同，发出的光的波长也就不同. LED 的这种正负电荷结合(复合)而发光，非热发光性质，使得它的频率响应和寿命都很好，而且在相当宽的工作电流范围内，其发光强度与工作电流呈线性关系，因此 LED 很适宜做光通信的发光器件.

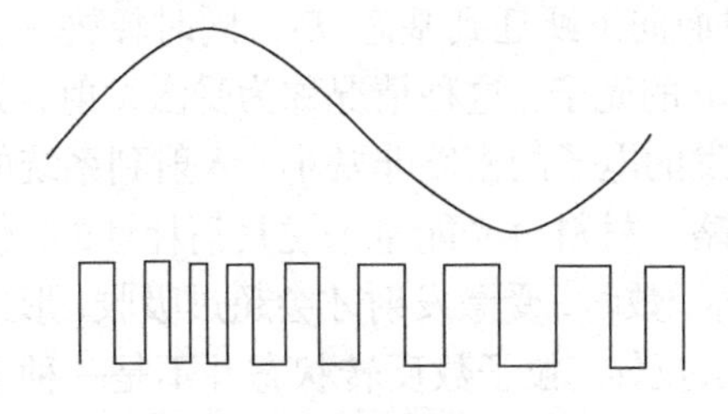
图 7-6-3　脉冲频率调制示意图

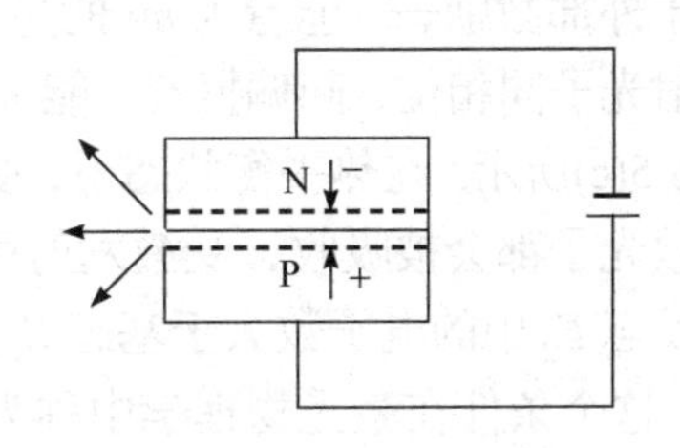

图 7-6-4　LED 发光图

(2) 光电二极管. 光电二极管和 LED 相似，核心也是 PN 结，但在管壳上有一个能让光照射到光敏区的窗口. 光电二极管工作在反向电压或无偏压状态. 在反向偏压时，PN 结耗尽层变厚，结电阻增加，结电容减小，有利于提高光电二极管的高频性能. 无光照时，反向偏置的 PN 结中只有微弱的反向漏电流通过. 当以光子能量大于 PN 结半导体材料能级宽度的光波照射时，PN 结各区域中的某个价电子吸收光子能量后，将挣脱价键的束缚而成为一个自由电子，同时产生一个空穴，这些由光照产生的自由电子和空穴称为光生载流子，从而激发出很多光电子-空穴对. 因 P 区的多数载流子空穴极多，光子激发出来的那些光子空穴微不足道，空穴浓度无变化，不会因其浓度不均而扩散. 但 P 区的少数载流子电子原来浓度低，由光子激发出的光电子浓度相对原来急剧增加，要向浓度低的 PN 结方向扩散，而 N 区靠近 PN 结的面带有正电荷，就把光电子吸引过来，使 N 区的电子增加，带负电；同理，N 区受光照射后也有少数载流子空穴流向 P 区，使 P 区的空穴-正电荷增加，带正电. 这样，就在 PN 结两端形成了光生电动势(光伏效应). 现在常用的 PIN 管就是在 P 区和 N 区间加一层浓度很低，以致可近似看作是本征半导体的 I 层，形成具有 P-I-N 结构的光电二极管. 这种管子由于有较宽的耗尽层，结电阻很大，结电容很小，从而在光电转换效率和高频特性方面优于普通的光电二极管. 光电流随入射光的强度变化而变化，这种变化特性在入射光强度很大的范围内保持线性关系，因此光电二极管很适宜做光通信的光电转换接收器件.

(3) 半导体激光器. 半导体激光器(LD)中半导体材料的光子吸收、自发发射和受激发射一般可以用图 7-6-5 能级图来表示. 图 7-6-5 中 $E_1$ 表示基态能量，$E_2$ 表示激发态能量. 按照普朗克定律，这两个能态之间的辐射跃迁涉及发射或吸收一个能量 $h\nu = E_2 - E_1$ 的光子. 通常状况下电子处于基态 $E_1$；当能量为 $h\nu = E_2 - E_1$ 的光子射入时，能态 $E_1$ 中的某个电子能够吸收光子能量，被激发到能态 $E_2$，如图 7-6-5(a)所示. 由于 $E_2$ 是一种不稳定的状态，电子很快就返回到基态 $E_1$，从而发射出一个能量为 $h\nu = E_2 - E_1$ 的光子. 这个过程由于是在无外部激励的情况下发生的，因此称为自发发射，如图 7-6-5(b)这种发射是各向同性的，并且其相位、偏振态是随机的，表现为非相干光特性. 另外一种情况是，暂时停留在 $E_2$ 上的电子，是由于外部激励——能量为 $h\nu$ 的光子入射而向下跃迁到基态 $E_1$，同时释放一个与入射光子同相位、同偏振态、能量同为 $h\nu$ 的光子，这种情况称为受激发射，如图 7-6-5(c)所示. 在热平衡状态下，受到激发的电子的密度非常小，入射到系统的大多数光子都会被吸收，受激发射可以忽略，材料对光能量来说是消耗性的. 仅当激发态 $E_2$ 中的电子数大于基态 $E_1$ 中的电子数时，受激发射才会超过吸收，形成激光. 这个条件在激光物理学中称为粒子数反转. 粒子数反转状态并不是一种平衡状态，必须利用各种“泵浦”方法将材料中的电子抽运到这种状态. 给半导体激光器提供的工作电流就是“泵浦”能源.

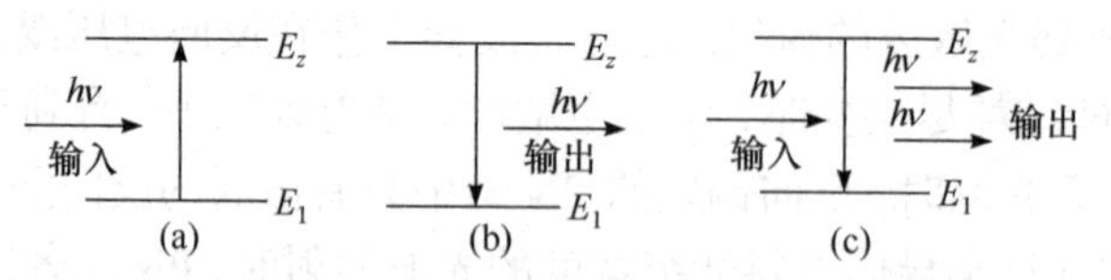


图 7-6-5 半导体激光器光子吸收发射图

半导体激光器就由自发发射状态转入激光发射状态，此时对应的工作电流称为阈值电流.

(4) 光纤. 光纤是光导纤维的简称，它是一种能够约束并引导光波在其内部或表面附近沿轴线方向传输的传输介质. 常用光纤是由各种导光材料做成的纤维丝，有石英光纤、玻璃光纤和塑料光纤等多种. 其结构分两层：内层为纤芯，直径为几微米到几十微米；外层称为包层，其材料折射率 $n_2$ 小于纤芯材料的折射率 $n_1$；包层外面是塑料护套. 由于 $n_1 > n_2$，只要入射于光纤端头上的光满足一定角度要求，就能在光纤的纤芯和包层的接触界面上产生全反射，通过连续不断的全反射，光就可从光纤的一端传输到另一端.

光纤通信的优点：①频带(即波段)宽，通信容量大. 频带宽，可利用的频率就宽，如同公路越宽，可并行行驶的汽车就越多一样. ②光损耗极小. 现在已能做到200余千米不要中继站，远低于电缆传输. ③线径细，重量轻. 一根光纤只相当于一根头发丝粗细，而重量与做成相同容量的电缆相比，只有电缆的几百分之一或更小. ④价格低廉. 因光纤主要成分是二氧化硅，是地球上最丰富的元素. ⑤抗强干扰、保密性好. 这是因光的频率远远超过人类使用的各种电磁波以及各种干扰电磁波，各种干扰进不去，也无法泄露和窃听.

(5) 视频信号的波形. 要在各类显示器上显示稳定的视频图像，必须在视频信号上叠加行同步和行消隐信号. 在示波器上看行同步和行消隐信号是不随视频图像信号而变的. 视频信号的频率高达6.5MHz，频带很宽，在0～6.5MHz范围. 复合图像信号的波形见图7-6-6.

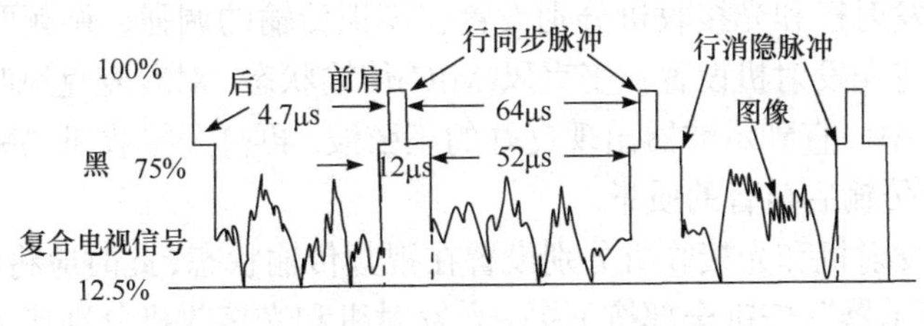


图 7-6-6　复合图像信号的波形

## 实验装置

光通信实验系统、液晶显示器、示波器等.

## 实验内容

(1) 将光纤两端的插头分别与光发射机的输出端和光接收机的输入端相插接，摄像头和麦克风的插头也插入光发射机的相应部位.

(2) 光发射机和光接收机全置于“模拟通信”“音频工作”方式，此时应将相应的“视频输出”和“显示器”按键全部抬起来. 光发射机和光接收机分别置于

“LED”和“PET”. 光发射机和光接收机的工作状态全部设置在调强(DIM)的方式. 发射机的信号“输入”选择内部正弦波工作模式, 并调节其输出幅度“AM”旋钮, 使输出幅度适中.

(3) 调节光发射机上的偏置电流调节按键, 测量出光发射机中发光二极管的驱动电流与光接收机中光探测器件测出的发光二极管的光功率之间的特性曲线.

(4) 将光发射机置于内置信号源的正弦波状态, 两个机器全部选强度调制(DIM), 从接收机的 TP2(或者 TP1)接入示波器的探头, 调节示波器使之出现两个周期的波形, 记下发光二极管静态工作点与接收机解调出的波形的若干组对应值和曲线图, 并且由这些数据优选出“调强”模式下发光二极管的最佳静态工作电流.

(5) 将光发射机和光接收机全选在“PFM”指示灯亮的状态. 将示波器的探头接在光接收机的 TP3 端子上, 调节示波器使之显示传输后的正弦波. 调节发光二极管的静态工作点, 观察示波器的波形质量和有无变化, 对比强度调制模式, 得出结论.

(6) 将光发射机和光接收机全选在“PWM”指示灯亮的状态. 将示波器的探头接在光接收机的 TP4 端子上, 调节示波器使之显示传输后的正弦波. 调节发光二极管的静态工作点, 观察示波器的波形质量和有无变化, 并按照实验内容(4)的实验方法和表格记录波形及数据, 对比强度调制模式以及频率调制模式, 得出结论.

(7) 将光发射机和光接收机分别设置在模拟传输的调强、调频两种不同的通信模式下, 并将光发射机设置在麦克风(MIC)传输状态, 对着麦克风吹口哨并且改变口哨声的频率, 直到示波器出现良好的正弦波. 再打开接收机的喇叭开关, 听经过光纤通信传输后声音的质量.

(8) 将光发射机和光接收机分别设置在视频传输状态, 此时应将相应的“视频输出”和“显示器”按键全部按下去. 光发射机和光接收机分别接上摄像头和液晶显示器. 先预置光发射 LED 的静态偏置工作电流在 38mA, 观察液晶显示器经过光纤传输以后的图像信号质量, 此过程要配合调节摄像头的聚焦以及光发射机上的“VIDEO”旋钮, 使图像最清晰, 色彩最好. 然后从低到高调节光发射 LED 的静态偏置工作电流, 观察图像的颜色和传输质量, 找出最佳的静态偏置工作电流, 与音频传输的最佳工作电流加以比较. 判断视频传输光通信模式用的是强度调制还是频率调制. 将示波器接在光接收机的 TP1 输出端子上, 调节示波器扫描时间变短, 直至出现复合图像信号的波形 2～4 个周期, 在摄像头接收区域变换被摄物体位置, 仔细观察视频信号波形的变化区段.

(9) 将光纤拔下, 把光发射机和光接收机分别设置在激光空间通信状态. 把半导体激光器 LD 和 PIN 光电接收器分别接入光发射机和光接收机, 将半导体激光器 LD 和 PIN 光电接收器对准，调节 LD 的工作电流，直至示波器出现传输的波形，重复上述光纤通信实验内容. 找出 LD 的阈值电流. 对比不同通信模式下与光纤通信传输质量的区别. 对比 LED 和 LD 哪种器件的线性发光性能好.

(10) 观察液晶显示器内部结构，了解其基本原理.

**问题思考**

(1) 如何针对空间光通信进行窃听？条件是不得干扰或中断对方的光通信.

(2) 可以做更简单的、不用三极管的光发射通信实验吗？简述你的设计方案.

**参考文献**

[1] 高铁军, 孟祥省, 王书运. 近代物理实验. 北京: 科学出版社, 2009.
[2] 邱琪, 史双瑾, 苏君. 光纤通信技术实验. 北京: 科学出版社, 2017.

## 7-7　飞秒激光微加工虚拟仿真实验

飞秒激光是一种周期可以用 fs($10^{-15}$s)计算的超强超短脉冲激光，能以较低的脉冲能量获得极高的峰值光强，它使人们获得了飞秒级的时间分辨，是一项能协助多种学科在更深层次上认识客观世界的技术，极具渗透性、带动性，在军事、医学、核物理、光谱学、生物学、激光通信、卫星研制、精细加工等诸多领域均有着不可替代的作用.

激光对任何材料加工的效果通常表现为材料结构得到一定的修复、调整或去除，这个过程的第一步起始于一定能量激光向材料中的沉积，光能沉积的方式包括能量的空间、时间分布，其总量值将决定最终的加工结果. 飞秒激光微加工主要是通过紧聚焦超短脉冲激光得到具有超高能量密度的焦点，在微尺度情况下与材料发生非线性作用，从而诱导材料的“改性”和“成型”. 由于飞秒激光脉冲短、峰值功率高等特点，飞秒激光在微加工方面有独特的优势，如加工区域热影响小、加工精度高、加工材料范围广、分辨率高、能实现复杂结构的三维加工.

光波导是波导器件和集成光路的基本元件，其结构包括折射率相对较高的波导层和折射率相对较低的衬底与覆盖层，它能将光波束缚在光波长量级尺寸的介质中长距离传输. 随着飞秒激光微加工技术的发展，1996 年，K. M. Davis 等首次将飞秒激光脉冲聚焦在透明玻璃中，成功写入光波导结构，开启了飞秒激光微加工制备光波导的大门. 随后，飞秒激光加工技术被广泛应用于玻璃、晶体、陶瓷、高分子聚合物等透明光学材料中，制备性能优异的光波导及其他光学元件. 该光波导制作技术非常简单，制作过程一步到位，无需在真空环境中进行，也无需掩模，对衬底材料的选择有很大的自由度，并且制作出来的光波导结构可以位于材料内部三维空间的任意位置，极大地增加了波导回路的集成度.

## 实验预习

(1) 激光是怎样产生的？激光产生的必要条件有什么？激光器的主要组成部分是什么？

(2) 什么是飞秒激光？飞秒激光微加工技术的原理？飞秒激光微加工技术的优点？

(3) 什么是光波导？光波导的类型？飞秒激光微加工制备光波导的影响因素？

## 实验目的

(1) 深入理解掌握激光原理、飞秒激光原理、光波导原理、激光与物质相互作用原理等工作原理以及物理机制，具备扎实的理论基础.

(2) 通过虚拟在线操作，结合实验室现有飞秒激光微加工装置，熟练掌握飞秒激光器、微加工平台等大型装置的操作技术以及透明介质中光波导的制备和性能观察实验技术，获得理论联系实际的能力，培养探索精神.

(3) 掌握各种条件下飞秒激光与物质相互作用的机理，提高归纳总结和深度分析的能力.

(4) 全面系统地了解飞秒激光微加工这一高新技术，了解飞秒激光微加工技术在各个领域的应用实例.

## 实验原理

### 1. 飞秒激光微加工基本原理

飞秒激光是指脉冲持续时间在飞秒量级的激光，应运而生的飞秒激光微加工技术是指通过聚焦飞秒脉冲激光得到具有超高能量密度的焦点，在微尺度情况下与材料发生非线性作用，从而诱导材料的“改性”和“成型”. 飞秒激光与物质相互作用并诱导透明材料内部结构改变的主要过程如图 7-7-1 所示：利用显微物镜将飞秒激光光束紧聚焦到透明材料内部，高功率密度的激光场在焦点附近区域产生；在强激光场的作用下，焦点附近材料非线性吸收并引发多光子电离和雪崩电离，产生等离子体；等离子体的能量传递给晶格，焦点附近材料结构发生永久的改变. 根据激光能量的不同，材料内部结构的改变也有所不同，通常情况下，低能量仅会引起各向同性的折射率变化，中等能量下会诱发各向异性的折射率改变，而高能量下会导致微空洞的形成.

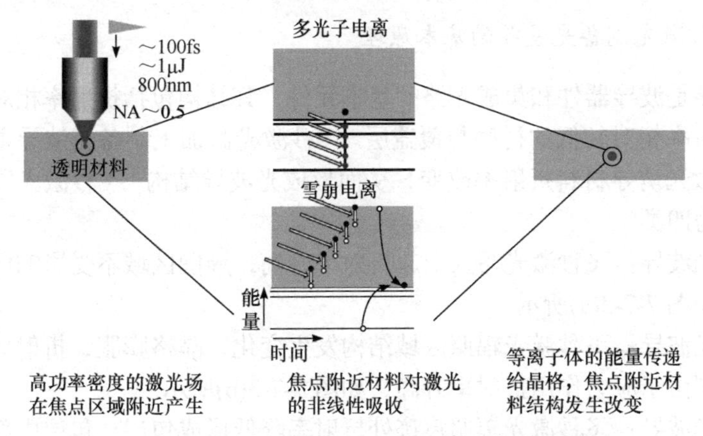


图 7-7-1　飞秒激光诱导材料内部结构改变的主要过程

典型的飞秒激光直写加工系统如图 7-7-2 所示，飞秒激光经过半波片、格兰泰勒棱镜等光学元件后被显微物镜聚焦在透明光学材料的表面或内部，透明材料被固定在三维电动平台上，当平台移动时，焦点处高能量的激光脉冲与样品发生相互作用，进而诱导材料发生变化，加工出所需结构.

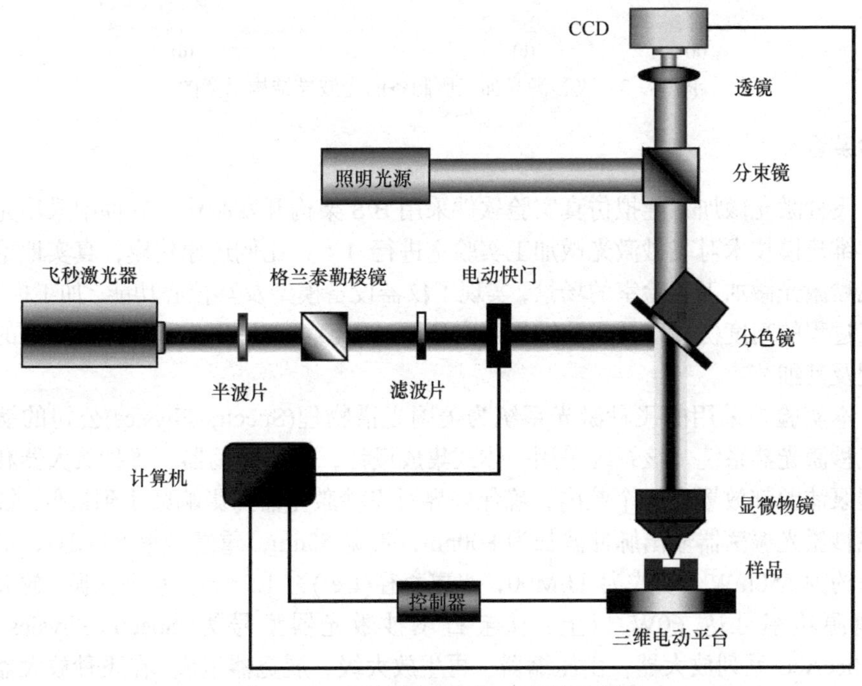


图 7-7-2　飞秒激光直写加工装置示意图

2. 飞秒激光制备光波导的基本原理

光波导是波导器件和集成光路的基本元件，其结构包括折射率相对较高的波导层和折射率相对较低的衬底与覆盖层. 飞秒激光微加工制备光波导主要是利用飞秒脉冲激光诱导材料折射率改变，从而形成光波导结构. 飞秒激光所制备的光波导可分为四类.

一类光波导：飞秒激光写入引起折射率升高，周围区域不受影响而折射率保持不变，如图 7-7-3(a)所示.

二类光波导：飞秒激光辐照区域结构发生变化，晶格膨胀，折射率降低，写入位置周围由于应力作用折射率升高，如图 7-7-3(b)所示.

三类光波导：飞秒激光辐照痕迹处折射率降低形成包层，包层内部材料性质未发生变化，成为波导区，如图 7-7-3(c)所示.

四类光波导：在平面波导上运用飞秒激光烧蚀的方法制备具有一定距离(即波导宽度)的两条烧蚀痕迹，中间区域形成通道光波导，如图 7-7-3(d)所示.

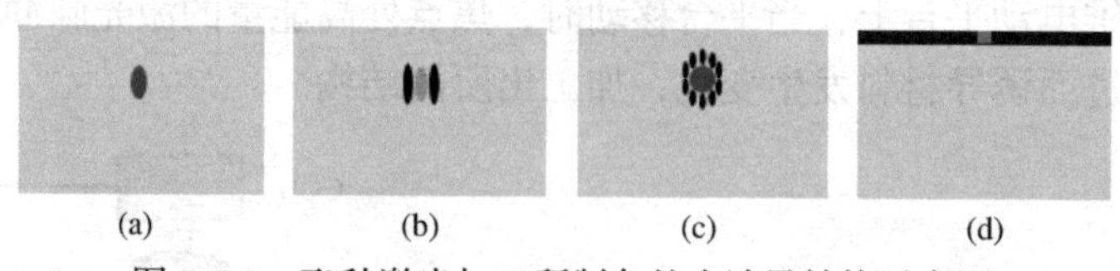


图 7-7-3 飞秒激光加工所制备的光波导结构示意图

## 实验装置

飞秒激光微加工虚拟仿真实验软件采用 B/S 架构开发制作，软件中采用先进的三维建模技术对飞秒激光微加工实验室进行 1 : 1 比例还原建模，真实地重现了飞秒激光微加工实验室的场景，实现了仪器设备模型及其核心功能、加工模型、加工过程的高度仿真以及实验结果真实还原，能够真实呈现飞秒激光微加工的全流程及其细节.

本实验中采用的飞秒激光系统为美国光谱物理(Spectra-Physics)公司的钛宝石飞秒激光器系统，该系统采用一体式集成设计，飞秒振荡器、飞秒放大器和放大器泵浦源都放置在一个腔内，确保外界对飞秒激光器的影响减小到最低. 钛宝石飞秒激光振荡器输出脉冲波长为 800nm，带宽 50nm，重复频率 84MHz，平均功率约为 450mW，模式为 TEM00，光斑直径($1/e^2$)为 1.5mm，水平偏振. 放大器泵浦源功率可达 60W 以上. 钛宝石飞秒激光器型号为 Spectra-Physics 的 SolaticeAce 系列放大器，由压缩器、再生放大级、展宽器组成. 在飞秒放大器中还设置由采用定时和延时发生器(timingand delay generator，TDG)，带宽探测器(bandwidth detector，BWD)以及温度控制单元(temperature control unit，TCU). 其中，TDG 用来控制普克尔盒电压信号的重复频率、时间延时和脉冲宽度，以确保

MaiTaiSP 输出的飞秒种子光与 Ascend 泵浦源输出的泵浦光同步，BWD 用来探测经过展宽器的激光脉冲是否被充分地展宽，也就是其能量是否充分降低，进而保护再生放大腔内的光学元件，TCU 使再生放大腔内采用高功率泵浦的钛宝石晶体处于稳定的温度和湿度环境中.

本实验采用的飞秒激光器微加工平台为美国光谱物理(Spectra-Physics)公司的 μFAB-G 型号高精度三维微加工平台，如图 7-7-4 所示，该平台的机械架构为一体式花岗岩架构，集光参量控制光路、CCD 相机、LED 照明以及加工位移台等元器件于一体，结构紧凑，加工性能优异.

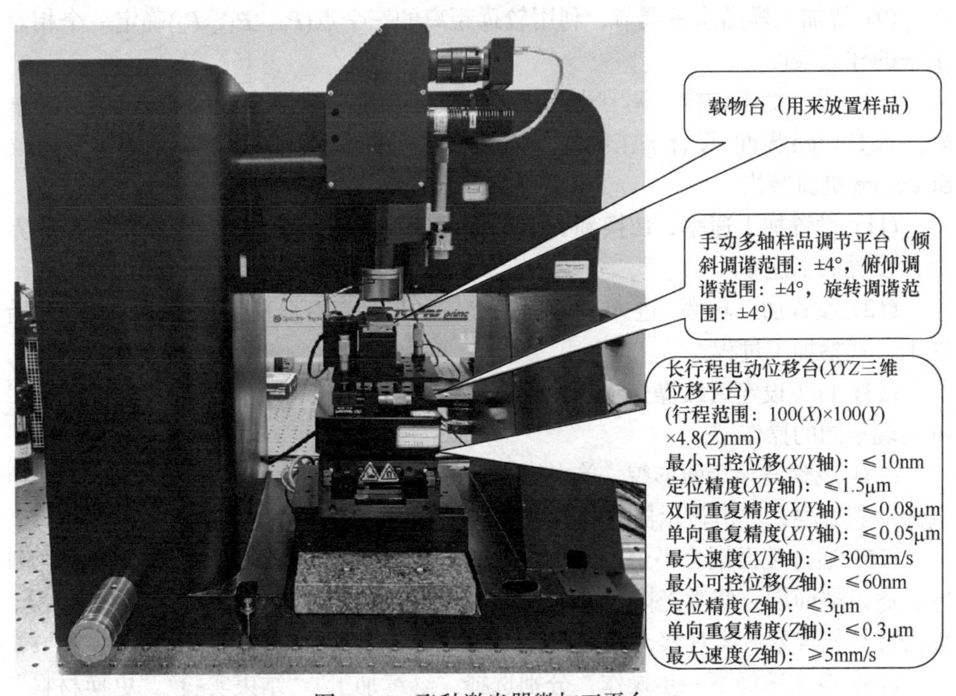


图 7-7-4 飞秒激光器微加工平台

## 实验内容

(1) 实验前防护与实验室观察，进入教学实操模块，依次完成实验前防护，进入实验室. 观察实验室布局，完成后单击“开始实验”按钮进入实验.

(2) 飞秒激光微加工系统开机，查看 Solstice 箱体的输出窗口处的功率，若功率在 2.9～3W 左右，说明激光稳定输出. 打开微加工平台控制器与微加工平台开关，完成微加工平台开机.

(3) 检查光路并安装物镜，进入微加工软件的 Move 界面，打开 Shutter(开关)，检查微加工平台物镜孔处的激光光斑是否被遮挡或切割，以便后续检查调整光路. 在微加工平台上安装低倍物镜.

(4) 选择加工样品，根据提供的两种极具代表性的加工样品，选择所要加工的样品材料加载固定样品，并手动调节物镜聚焦至可清晰看见样品表面斑点以及边沿线.

(5) 进入光路展示视频，观察学习实验全光路.

(6) 选择合适的加工物镜并安装，选择 40 × 物镜，可实现高精度的波导加工，若选择 5 × 物镜，加工精度不满足本实验要求.

(7) 物镜聚焦调节，手动调节物镜聚焦至材料边界清晰可见.

(8) 待加工样品旋转调节，通过计算机操作与手动旋转千分尺，进行样品的旋转反复调节.

(9) 待加工样品水平调节，利用较远距离的三个点($P_0$，$P_1$，$P_2$)确定一个相对水平的样品表面.

(10) 设计加工结构，调节光路中的半波片，使功率计读数为 5mW 左右. 进软件入 Design 界面,设计加工结构. 同时将加工方向设定为横向加工,单击 Update Structure 更新结构.

(11) 设置加工速率，切换到 Move 界面，设置加工起始点位置，进入 Run 界面，设置加工速率.

(12) 设置加工功率，进入 Run 界面设置加工功率百分比. 单击 Run 按钮开始加工，观察加工过程.

(13) 自主设定后续操作步骤，分别选择“继续加工”“波导观测”“更换材料”可实现不同的操作.

(14) 观察波导端面形貌，单击加工后的样品将其移动到显微镜下，进行波导端面形貌观察，单击显示器可放大观察波导端面，保存实验结果.

(15) 通过端面耦合平台观察波导传输模式，单击样品将其移至波导模式观测区，通过端面耦合使激光耦合进入光波导，放置 CCD，观察加工结构出光情况，单击计算机屏幕放大观察，保存实验结果.

(16) 自主选择下一步操作，分别选择“继续加工”“结束实验”“更换材料”可实现不同操作.

(17) 观察学习飞秒激光加工在高科技领域的应用实例，依次对相关的制备模型进行全方位的旋转观察，仔细观察并与加工结果进行比较分析.

(18) 飞秒激光微加工系统关机，根据提示依次关闭 Ascend、Mai Tai 、TCU 和 TDG，依次关闭软件、计算机和操作平台.

(19) 探究提升，深入探究激光功率和加工宽度对晶体光波导的影响，激光功率和加工速率对玻璃光波导的影响.

**问题思考**

(1) 在晶体中加工二类波导时，减小两刻线的间距，限制光的能力大大降低，不容易形成波导，这是由什么原因引起的？

(2) 在晶体中加工二类波导时，改变激光功率的大小对写入痕迹有什么影响？

(3) 在玻璃中加工一类波导时，写入速度的大小对写入痕迹有什么影响？

## 参考文献

[1] 邱建荣. 飞秒激光加工技术——基础与应用. 北京: 科学出版社, 2018.

[2] 周炳坤, 高心智, 霍力, 等. 激光原理. 北京: 国防工业出版社, 2014.

[3] 程亚, 等. 超快激光微纳加工: 原理、技术与应用. 北京: 科学出版社, 2016.

# 附录 1　Origin 软件简介与应用

Origin 系列软件是美国 OriginLab 公司推出的数据分析和制图软件，它支持在 Microsoft Windows 下运行，既可以满足一般用户的制图需要，也可以满足高级用户数据分析、函数拟合的需要，是公认的简单易学、操作灵活、功能强大的绘图及数据处理软件. Origin 最初是一个专门为微型热量计设计的软件工具，是由 MicroCal 公司开发的，主要用来对仪器采集到的数据作图，进行线性拟合以及各种参数计算. 1992 年，MicroCal 软件公司正式公开发布 Origin，公司后来改名为 OriginLab，本书所使用的版本为 OriginPro2021b. 该软件有以下优点：①界面简洁，友善；②操作简便；③功能强大(数值的计算、处理及分析)；④图形输出格式多样，例如 JPEG、GIF、EPS、TIFF 等. 因此，Origin 已经成为了众多科研工作者，高校学生、教师，企业工作人员进行数据操作和绘图常用的软件之一.

与 Microsoft Word Excel 类似，Origin 是一个多界面的应用软件，用户在软件里进行的所有操作都会被保存在工程文件(Object)中，这些工程文件有一个最显著的特点：后缀名为“obj”. 一般，一个工程文件会包含多个子窗口，如工作表窗口、绘图窗口、函数图窗口、版面设计窗口、矩阵窗口等. 不过，相比 Excel，Origin 的功能更加全面、专业，数据处理能力更加强大，它不仅可以根据数据绘制出相应的图形，甚至可以在图形之间进行比较，使数据处理结果更加形象直观，同时，Origin 对数据输入行数无限制，且可以进行数据拟合、积分、微分等运算，这些功能是 Excel 所不具备的. 因为篇幅有限，我们不可能对 Origin 所有的功能进行一一论述，在此只是抛砖引玉地简单介绍一下二维作图、三维作图和数据拟合几个常用功能.

## 二维作图

Origin 软件不仅有很强的数据运算能力，还有很强的 2D/3D 绘图功能. 在 Origin 里， 可以通过多种方法实现二维图像的绘制，这一部分将会选取具有代表性的方法简要介绍，旨在让读者了解 Origin 的二维画图功能.

要进行绘图首先需要导入实验测量数据，Origin 数据输入方式比较灵活，支持多种文件格式的导入，包括 Excel、Text、CSV、HDF、JSON、MATLAB、NetCDF、HTML 表格等多种文件.

这里我们将以绘制弗兰克-赫兹实验的 $I_A$-$U_{GK2}$ 曲线为例介绍如何绘制二维

点线图，具体操作过程如下：

(1) 利用 Office Excel 新建一个空白的 Excel 文档，将实验数据逐个输入，这里需要注意，数据尽量按列输入，这样方便接下来导入到 Origin，然后将 Excel 文档保存即可. 当然，也可以直接在 Origin 中输入数据，两种方法可根据实际情况选择.

(2) 打开 Origin 2021，打开“File”菜单，选择“Blank Workbook”子菜单新建一个空的数据表格，或者直接利用快捷键“Ctrl+N”来新建一个 Workbook.

(3) 打开“DATA”菜单，选择“Connect to File”子菜单，选择 Excel 格式，将刚刚保存的 Excel 文档导入即可.

(4) 打开“Plot”菜单，选择“Basic 2D”子菜单，便会出现如图 1 所示的界面. 这里以线型图为例介绍 Origin 的绘图功能，主要对应图 1 中第二行的图标. 此外，我们可以利用主界面左下侧的工具按钮实现线性图的绘制，从左到右依次为线型图、散点图、线型图+散点图、柱状图、饼状图等.

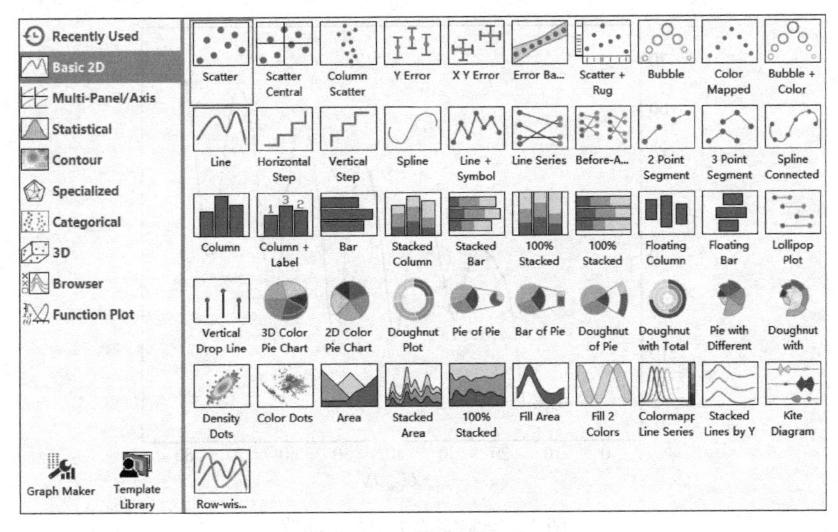


图 1　二维绘图类型

(5) 选择线型图，便会出现图 2 所示界面，界面中的 A、B 分别对应表格中的第一列与第二列. 绘制二维图像，最为常用的坐标系是平面直角坐标系，下面以平面直角坐标系为例来说明.平面直角坐标系包含 $x$ 轴和 $y$ 轴两条坐标轴，每条坐标系都有属于自己的数据，根据表格中的两列数，分别将它们勾选为 $x$ 轴与 $y$ 轴的数据，如图 2 所示，选择完成后单击“OK”键确认即可，绘制完成的最终效果如图 3 所示. 需要注意的是，当绘图完成后，可以再次单击图 2 中的图片类型选项来转换图片类型，且无需再次重复上述操作.

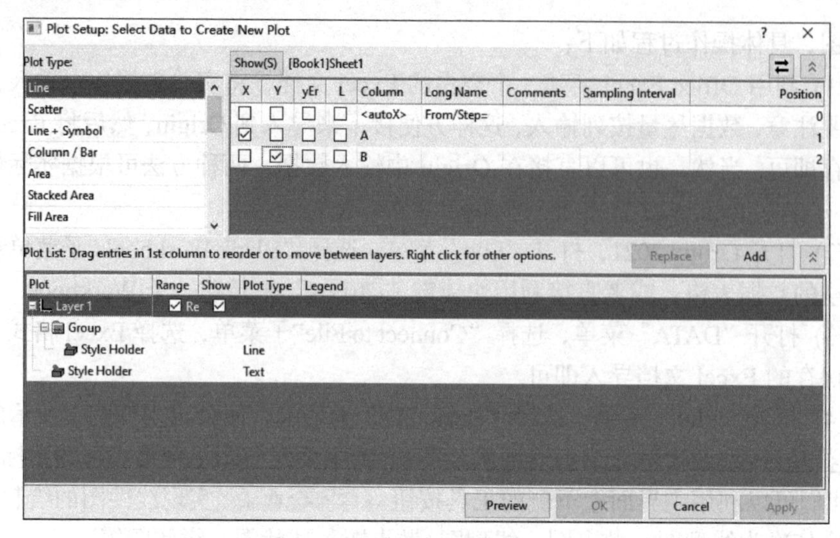


图 2 坐标轴选择窗口

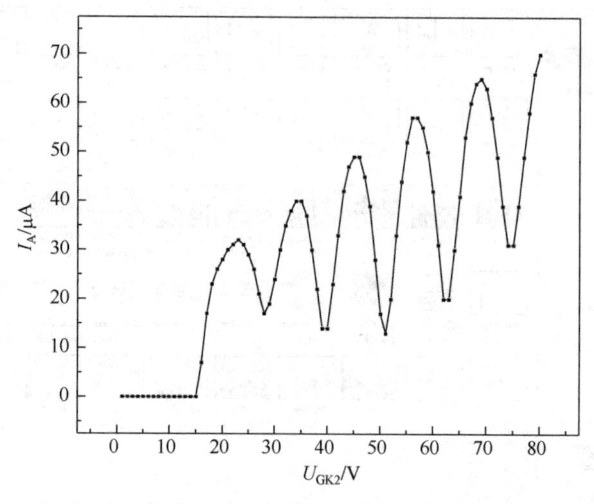


图 3 绘制完成 $I_A$-$U_{GK2}$ 曲线

(6) 接下来，在绘制的图片上单击鼠标右键，选择“Properties”按钮，就可以对图片的细节进行处理，如线条的粗细、颜色以及坐标轴的间距、起始数值等. 操作方式像 Word 一样简单，并且内容比较多，在此就不一一赘述了.

(7) 最后打开“File”菜单，选择“Export”子菜单导出图片即可. Origin 支持 JPEG、GIF、EPS、TIFF 等多种格式的图片输出，根据绘图要求，大家可以选择合适的格式导出即可.

## 三维作图

除二维绘图功能外，Origin 也预设了很多三维绘图功能. 同样，打开“Plot”菜单，选择“3D”子菜单，便会出现预设的三维绘图功能图标，如图 4 所示.

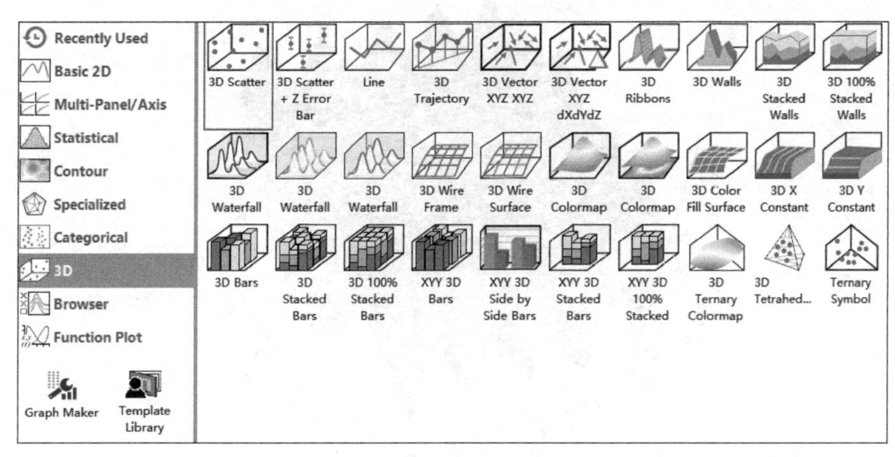


图 4　三维绘图类型

3D 绘图的过程与 2D 图类似，这一部分我们将利用 Origin 把原子力显微镜采集到的光栅高度分布的实验数据绘制成三维表面图. 具体步骤如下：

(1) 首先，将采集到的实验数据保存成 txt 格式.

(2) 打开 Origin 2021，打开“File”菜单，新建 Matrix.

(3) 打开“DATA”菜单，选择“Connect to File”子菜单，选择 MATLAB 格式，将所需数据导入到 Origin 中.

(4) 打开“Plot”菜单，在下拉菜单中选择“3D”，单击“3D Colormap Surface”，绘制完成，如图 5 所示.

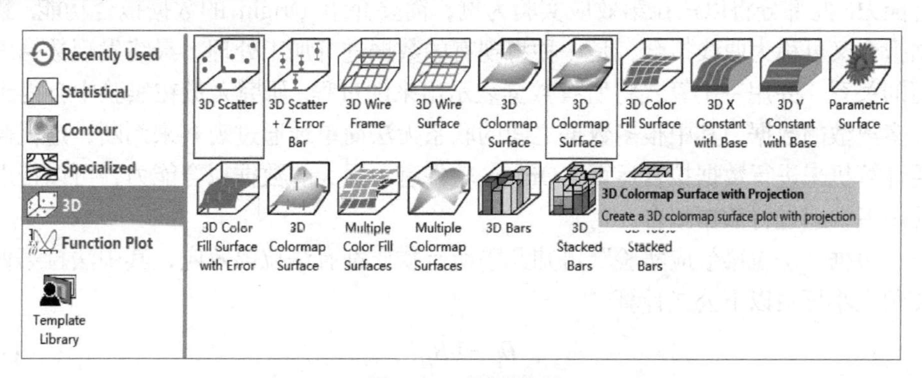


图 5　3D 绘图类型

(5) 绘制完成的图如图 6 所示，最后打开“File”菜单，选择“Export”子菜单导出图片即可. Origin 支持 JPEG、GIF、EPS、TIFF 等多种格式的图片输出，根据绘图要求，大家可以选择合适的格式导出即可.

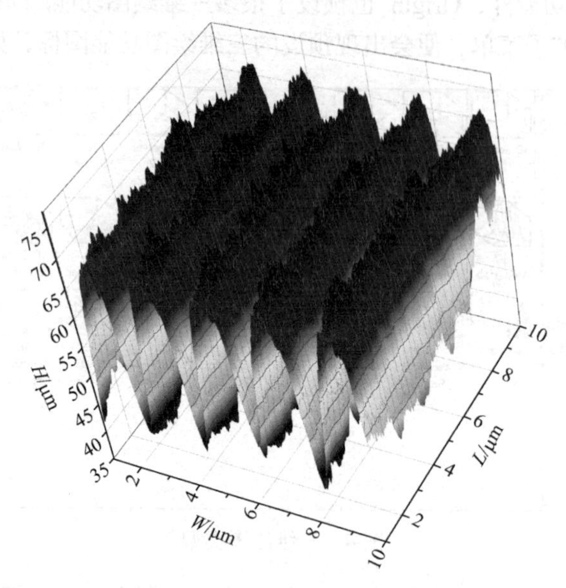


图 6　完成效果图

除了上述介绍的 Origin 预设二维/三维绘图功能外，Origin 软件还根据不同使用人群的不同需求设置了不同的绘图类型，如图 1 所示，其中包括专业图、函数图等，可供读者根据自身工作需求进行选择.

**数据拟合**

Origin 的强大快捷不仅体现在其完善的绘图功能，还体现在其强大的数据拟合能力. 此部分将以法拉第效应实验为例，简要介绍 Origin 的数据拟合功能. 数据拟合又可称为曲线拟合，是一种将现有的数据进行加工处理，最终发现数据之间的关系，并用一个算式将所有数据表示出来的过程. 研究人员在实验中会得到许多离散的数据，其中很多数据之间的联系无法简单地通过观察来判断，这就需要计算机来进行数据拟合运算，Origin 软件有着强大的数据拟合能力，可以帮助使用者快速进行数据拟合.

根据“法拉第效应实验”可知几乎所有物质都有法拉第效应，其中法拉第偏转角大小可由以下公式计算

$$\theta_{\mathrm{F}} = VB_H l \tag{1}$$

$V$ 表示威尔德常数，它与介质特性和波长有关，用以表示介质法拉第效应的强弱，$B_H$ 表示磁感应强度在光传播方向上的分量，$l$ 表示光波在介质中走过的路程. 通

过前面的实验，我们可以得到一系列的磁场强度、法拉第偏转角以及光在介质中走过的路程的数据，将任意两组数据拟合，就可以得到它们之间的关系. 下面我们就以求磁场强度与法拉第偏转角的关系为例，简单介绍一下 Origin 的数据拟合功能. 在介质厚度 $l = 7.76\text{mm}$，波长 $\lambda = 550\text{nm}$ 的情况下，测得实验数据如表 1 所示.

**表 1　磁场强度与法拉第偏转角数据**

| 磁场强度 $B$/mT | 0 | 100 | 200 | 300 | 400 | 500 | 600 |
|---|---|---|---|---|---|---|---|
| 法拉第偏转角 $\theta_{\text{F}}$/(°) | 0 | 3.4 | 7.7 | 11.4 | 15.9 | 20.7 | 24.4 |

具体拟合步骤如下：

(1) 新建 Excel 表格，并将表 1 中的数据按列输入，然后再导入 Origin，当然也可以通过在 Origin 里新建一个空白的 Workbook 直接键入数据.

(2) 按照 2D 绘图的步骤生成散点图. 由法拉第-威尔德定律可知，$\theta_{\text{F}} = VB_H l$，法拉第偏转角与磁场强度呈线性关系，因此选择“线性拟合”功能来进行拟合.

(3) 打开菜单“Analysis”，在下拉菜单中找到子菜单“Fitting”，选择“Linear Fitting”，如图 7 所示，然后单击“OK”按钮确认即可.

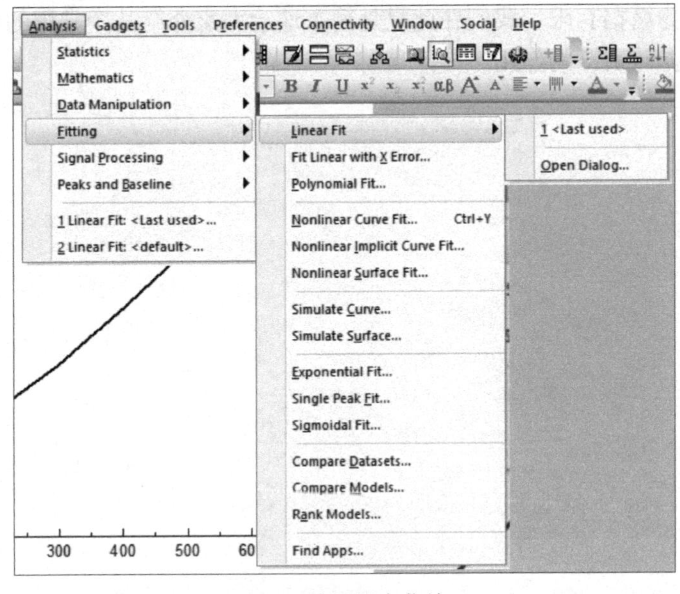


图 7　线性拟合菜单

(4) 拟合后的图像如图 8 中的虚线所示. 同时我们还会得到拟合曲线 $y = a + bx$ 的截距(Intercept)和斜率(Slope)，利用斜率可以进一步计算出威尔德常数 $V$.

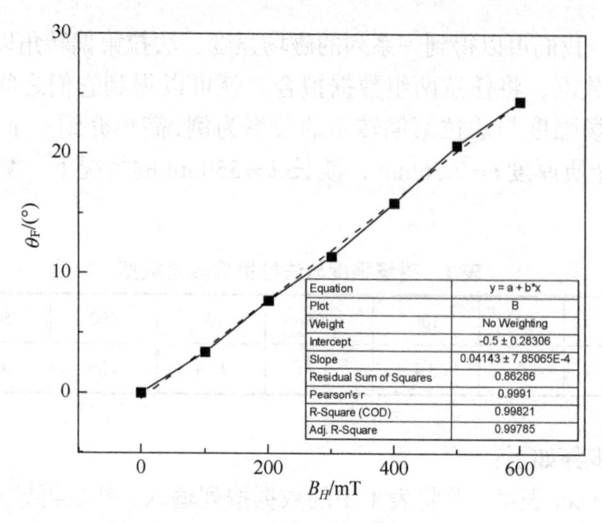


图 8　拟合后的图像

在法拉第效应实验中，我们还可以利用相同的方法拟合出偏转角与其他物理量的关系，比如波长、介质性质等，最终通过计算可以确定不同条件下的威尔德常数，从而验证法拉第效应. 当然，除了线性拟合功能，Origin 还提供了多项式拟合、非线性拟合等功能. Origin 作为一个专业的绘图软件，具有更多更专业的绘图功能，因为篇幅有限，我们在此只是简单地给大家介绍几个常用的功能，希望能起到一个抛砖引玉的作用.

# 附录2 基本物理常量表

| 物理名称 | 符号 | 最佳实验值 |
|---|---|---|
| 真空中光速 | $c$ | $299792458\pm1.2 \mathrm{m\cdot s^{-1}}$ |
| 引力常数 | $G_0$ | $(6.6720\pm0.0041)\times10^{-11} \mathrm{m^3\cdot kg^{-1}s^{-2}}$ |
| 阿伏伽德罗(Avogadro)常量 | $N_0$ | $(6.022045\pm0.000031)\times10^{23} \mathrm{mol^{-1}}$ |
| 普适气体常数 | $R$ | $(8.31441\pm0.00026) \mathrm{J\cdot mol^{-1}\cdot K^{-1}}$ |
| 玻尔兹曼(Boltzmann)常量 | $k$ | $(1.380662\pm0.000041)\times10^{-23} \mathrm{J\cdot K^{-1}}$ |
| 理想气体摩尔体积 | $V_\mathrm{m}$ | $(22.41383\pm0.00070)\times10^{-3}$ L/mol |
| 基本电荷(元电荷) | $e$ | $(1.6021892\pm0.0000046)\times10^{-19}$ C |
| 原子质量单位 | $u$ | $(1.6605655\pm0.0000086)\times10^{-27}$ kg |
| 电子静止质量 | $m_\mathrm{e}$ | $(9.109534\pm0.000047)\times10^{-31}$kg |
| 电子荷质比 | $e/m_\mathrm{e}$ | $(1.7588047\pm0.0000049)\times10^{-11} \mathrm{C\cdot kg^{-2}}$ |
| 质子静止质量 | $m_\mathrm{p}$ | $(1.6726485\pm0.0000086)\times10^{-27}$ kg |
| 中子静止质量 | $m_\mathrm{n}$ | $(1.6749543\pm0.0000086)\times10^{-27}$ kg |
| 法拉第常数 | $F$ | $(9.648456\pm0.000027) \mathrm{C\cdot mol^{-1}}$ |
| 真空电容率 | $\varepsilon_0$ | $(8.854187818\pm0.000000071)\times10^{-12} \mathrm{F\cdot m^{-2}}$ |
| 真空磁导率 | $\mu_0$ | $12.5663706144\pm10^{-7} \mathrm{H\cdot m^{-1}}$ |
| 电子磁矩 | $\mu_\mathrm{e}$ | $(9.284832\pm0.000036)\times10^{-24} \mathrm{J\cdot T^{-1}}$ |
| 质子磁矩 | $\mu_\mathrm{p}$ | $(1.4106171\pm0.0000055)\times10^{-23} \mathrm{J\cdot T^{-1}}$ |
| 玻尔(Bohr)半径 | $\alpha_0$ | $(5.2917706\pm0.0000044)\times10^{-11}$ m |
| 玻尔(Bohr)磁子 | $\mu_\mathrm{B}$ | $(9.274078\pm0.000036)\times10^{-24} \mathrm{J\cdot T^{-1}}$ |
| 经典电子半径 | $R_\mathrm{e}$ | $2.81794092(38)\times10^{-15}$ m |
| 核磁子 | $\mu_\mathrm{N}$ | $(5.059824\pm0.000020)\times10^{-27} \mathrm{J\cdot T^{-1}}$ |
| 普朗克( Planck)常量 | $h$ | $(6.626176\pm0.000036)\times10^{-34} \mathrm{J\cdot s}$ |
| 精细结构常数 | $\alpha$ | $7.2973506(60)\times10^{-3}$ |
| 里德伯(Rydberg)常量 | $R_\infty$ | $1.09737316\times10^{7} \mathrm{m^{-1}}$ |
| | $R_\mathrm{H}$ | $1.09677576\times10^{7} \mathrm{m^{-1}}$ |
| 电子康普顿波长 | | $2.4263089(40)\times10^{-12}$m |
| 质子康普顿波长 | | $1.3214099(22)\times10^{-15}$m |

# 附录 3　里德伯表 $109737.31/(m+a)^2$

(第一部分)

| 1 | 12 | 2 | 23 | 3 | 34 | 4 | 45 | 5 | 56 | $a$ |
|---|---|---|---|---|---|---|---|---|---|---|
| 109737.31 | 82302.98 | 27434.33 | 15241.30 | 12193.03 | 5334.45 | 6858.58 | 2469.09 | 4389.49 | 1341.23 | 0.00 |
| 105476.08 | 78582.32 | 26893.76 | 14861.69 | 12032.07 | 5241.56 | 6790.51 | 2435.92 | 4354.59 | 1326.55 | 0.02 |
| 101458.31 | 75089.29 | 26369.02 | 14494.74 | 11874.28 | 5150.84 | 6723.44 | 2403.35 | 4320.09 | 1312.07 | 0.04 |
| 97665.81 | 71806.33 | 25859.48 | 14139.92 | 11719.56 | 5062.20 | 6657.36 | 2371.35 | 4286.01 | 1297.81 | 0.06 |
| 94082.06 | 68717.48 | 25364.58 | 13796.72 | 11567.86 | 4975.61 | 6592.25 | 2339.92 | 4252.33 | 1283.76 | 0.08 |
| 90691.99 | 65808.25 | 24883.74 | 13464.67 | 11419.07 | 4890.97 | 6528.10 | 2309.06 | 4219.04 | 1269.91 | 0.10 |
| 87481.91 | 63065.46 | 24416.45 | 13143.31 | 11273.14 | 4808.27 | 6464.87 | 2278.72 | 4186.15 | 1256.26 | 0.12 |
| 84439.30 | 60477.10 | 23962.20 | 12832.20 | 11130.00 | 4727.44 | 6402.56 | 2248.93 | 4153.63 | 1242.80 | 0.14 |
| 81552.70 | 58032.19 | 23520.51 | 12530.96 | 10989.55 | 4648.41 | 6341.14 | 2219.64 | 4121.50 | 1229.54 | 0.16 |
| 78811.63 | 55720.71 | 23090.92 | 12239.16 | 10851.76 | 4571.15 | 6280.61 | 2190.88 | 4089.73 | 1216.45 | 0.18 |
| 76206.46 | 53533.46 | 22673.00 | 11956.47 | 10716.53 | 4495.59 | 6220.94 | 2162.61 | 4058.33 | 1203.56 | 0.20 |
| 73728.37 | 51462.06 | 22266.31 | 11682.49 | 10583.82 | 4421.71 | 6162.11 | 2134.82 | 4027.29 | 1190.85 | 0.22 |
| 71369.22 | 49498.74 | 21870.48 | 11416.92 | 10453.56 | 4349.45 | 6104.11 | 2107.50 | 3996.61 | 1178.32 | 0.24 |
| 69121.51 | 47636.41 | 21485.10 | 11159.41 | 10325.69 | 4278.76 | 6046.93 | 2080.66 | 3966.27 | 1165.96 | 0.26 |
| 66978.34 | 45868.52 | 21109.82 | 10909.67 | 10200.15 | 4209.60 | 5990.55 | 2054.27 | 3936.28 | 1153.78 | 0.28 |
| 64933.32 | 44189.03 | 20744.29 | 10667.40 | 10076.89 | 4141.94 | 5934.95 | 2028.32 | 3906.63 | 1141.77 | 0.30 |
| 62980.55 | 42592.38 | 20388.17 | 10432.32 | 9955.85 | 4075.72 | 5880.13 | 2002.82 | 3877.31 | 1129.92 | 0.32 |
| 61114.56 | 41073.41 | 20041.15 | 10204.18 | 9836.97 | 4010.91 | 5826.06 | 1977.73 | 3848.33 | 1118.25 | 0.34 |
| 59330.29 | 39627.38 | 19702.91 | 9982.70 | 9720.21 | 3947.48 | 5772.73 | 1953.07 | 3819.66 | 1106.72 | 0.36 |
| 57623.04 | 38249.88 | 19373.16 | 9767.64 | 9605.52 | 3885.39 | 5720.13 | 1928.82 | 3791.31 | 1095.35 | 0.38 |
| 55988.42 | 36936.80 | 19051.62 | 9558.77 | 9492.85 | 3824.60 | 5668.25 | 1904.97 | 3763.28 | 1084.15 | 0.40 |
| 54422.39 | 35684.38 | 18738.01 | 9355.87 | 9382.14 | 3765.07 | 5617.07 | 1881.51 | 3735.56 | 1073.09 | 0.42 |
| 52921.16 | 34489.07 | 18432.09 | 9158.72 | 9273.37 | 3706.79 | 5566.58 | 1858.44 | 3708.14 | 1062.18 | 0.44 |
| 51481.19 | 33347.59 | 18133.60 | 8967.13 | 9166.47 | 3649.70 | 5516.77 | 1835.74 | 3681.03 | 1051.43 | 0.46 |
| 50099.21 | 32256.91 | 17842.30 | 8780.89 | 9061.41 | 3593.79 | 5467.62 | 1813.41 | 3654.21 | 1040.82 | 0.48 |
| 48772.14 | 31214.17 | 17557.97 | 8599.82 | 8958.15 | 3539.02 | 5419.13 | 1791.45 | 3627.68 | 1030.35 | 0.50 |
| 47497.10 | 30216.72 | 17280.38 | 8423.74 | 8856.64 | 3485.36 | 5371.28 | 1769.84 | 3601.44 | 1020.02 | 0.52 |
| 46271.42 | 29262.10 | 17009.32 | 8252.47 | 8756.85 | 3432.79 | 5324.06 | 1748.58 | 3575.48 | 1009.82 | 0.54 |

续表

| 1 | 12 | 2 | 23 | 3 | 34 | 4 | 45 | 5 | 56 | $a$ |
|---|---|---|---|---|---|---|---|---|---|---|
| 45092.58 | 28348.00 | 16744.58 | 8085.85 | 8658.73 | 3381.27 | 5277.46 | 1727.65 | 3549.81 | 999.77 | 0.56 |
| 43958.22 | 27472.24 | 16485.98 | 7923.72 | 8562.26 | 3330.79 | 5231.47 | 1707.06 | 3524.41 | 989.85 | 0.58 |
| 42866.14 | 26632.81 | 16233.33 | 7765.94 | 8467.39 | 3281.32 | 5186.07 | 1686.79 | 3499.28 | 980.06 | 0.60 |
| 41814.25 | 25827.81 | 15986.44 | 7612.36 | 8374.08 | 3232.81 | 5141.27 | 1666.86 | 3474.41 | 970.39 | 0.62 |
| 40800.61 | 25055.47 | 15745.14 | 7462.83 | 8282.31 | 3185.27 | 5097.04 | 1647.22 | 3449.82 | 960.86 | 0.64 |
| 39823.38 | 24314.12 | 15509.26 | 7317.21 | 8192.05 | 3138.66 | 5053.39 | 1627.91 | 3425.48 | 951.44 | 0.66 |
| 38880.85 | 23602.21 | 15278.64 | 7175.40 | 8103.24 | 3092.95 | 5010.29 | 1608.89 | 3401.40 | 942.16 | 0.68 |
| 37971.39 | 22918.30 | 15053.09 | 7037.22 | 8015.87 | 3048.13 | 4967.74 | 1590.17 | 3377.57 | 932.99 | 0.70 |
| 37093.47 | 22260.90 | 14832.57 | 6902.66 | 7929.91 | 3004.18 | 4925.73 | 1571.74 | 3353.99 | 923.94 | 0.72 |
| 36245.64 | 21628.81 | 14616.83 | 6771.50 | 7845.33 | 2961.08 | 4884.25 | 1553.59 | 3330.66 | 915.01 | 0.74 |
| 35426.56 | 21020.80 | 14405.76 | 6643.67 | 7762.09 | 2918.80 | 4843.29 | 1535.72 | 3307.57 | 906.19 | 0.76 |
| 34634.93 | 20435.70 | 14199.23 | 6519.06 | 7680.17 | 2877.33 | 4802.84 | 1518.12 | 3284.72 | 897.49 | 0.78 |
| 33869.54 | 19872.43 | 13997.11 | 6397.57 | 7599.54 | 2836.64 | 4762.90 | 1500.79 | 3262.11 | 888.90 | 0.80 |
| 33129.24 | 19329.97 | 13799.27 | 6279.10 | 7520.17 | 2796.71 | 4723.46 | 1483.73 | 3239.73 | 880.42 | 0.82 |
| 32412.96 | 18807.36 | 13605.60 | 6163.56 | 7442.04 | 2757.54 | 4684.50 | 1466.93 | 3217.57 | 872.03 | 0.84 |
| 31719.65 | 18303.68 | 13415.97 | 6050.85 | 7365.12 | 2719.09 | 4646.03 | 1450.38 | 3195.65 | 863.77 | 0.86 |
| 31048.36 | 17818.07 | 13230.29 | 5940.91 | 7289.38 | 2681.36 | 4608.02 | 1434.07 | 3173.95 | 855.61 | 0.88 |
| 30398.15 | 17349.72 | 13048.43 | 5833.62 | 7214.81 | 2644.33 | 4570.48 | 1418.02 | 3152.46 | 847.54 | 0.90 |
| 29768.15 | 16897.85 | 12870.30 | 5728.92 | 7141.38 | 2607.98 | 4533.40 | 1402.20 | 3131.20 | 839.58 | 0.92 |
| 29157.54 | 16461.75 | 12695.79 | 5626.73 | 7069.06 | 2572.29 | 4496.77 | 1386.62 | 3110.15 | 831.72 | 0.94 |
| 28565.52 | 16040.72 | 12524.80 | 5526.96 | 6997.84 | 2537.26 | 4460.58 | 1371.27 | 3089.31 | 823.96 | 0.96 |
| 27991.35 | 15634.10 | 12357.25 | 5429.56 | 6927.69 | 2502.87 | 4424.82 | 1356.14 | 3068.68 | 816.29 | 0.98 |

**(第二部分)**

| 6 | 67 | 7 | 78 | 8 | 89 | 9 | 910 | 10 | $a$ |
|---|---|---|---|---|---|---|---|---|---|
| 3048.26 | 808.72 | 2239.54 | 524.89 | 1714.65 | 359.87 | 1354.78 | 257.41 | 1097.37 | 0.00 |
| 3028.04 | 801.25 | 2226.79 | 520.69 | 1706.10 | 357.32 | 1348.78 | 255.78 | 1093.00 | 0.02 |
| 3008.02 | 793.86 | 2214.16 | 516.53 | 1697.63 | 354.81 | 1342.82 | 254.17 | 1088.65 | 0.04 |
| 2988.20 | 786.57 | 2201.63 | 512.42 | 1689.21 | 352.31 | 1336.90 | 252.58 | 1084.32 | 0.06 |
| 2968.57 | 779.36 | 2189.21 | 508.35 | 1680.86 | 349.85 | 1331.01 | 250.89 | 1080.02 | 0.08 |
| 2949.13 | 772.23 | 2176.90 | 504.33 | 1672.57 | 347.40 | 1325.17 | 249.42 | 1075.75 | 0.10 |
| 2929.89 | 765.21 | 2164.68 | 500.34 | 1664.34 | 344.98 | 1319.36 | 247.86 | 1071.50 | 0.12 |
| 2910.83 | 758.26 | 2152.57 | 496.40 | 1656.17 | 342.57 | 1313.60 | 246.32 | 1067.28 | 0.14 |
| 2891.96 | 751.40 | 2140.56 | 492.59 | 1648.06 | 840.19 | 1307.87 | 244.79 | 1063.08 | 0.16 |
| 2873.28 | 744.62 | 2128.66 | 488.65 | 1640.01 | 337.84 | 1302.17 | 243.26 | 1058.91 | 0.18 |

续表

| 6 | 67 | 7 | 78 | 8 | 89 | 9 | 910 | 10 | $a$ |
|---|---|---|---|---|---|---|---|---|---|
| 2854.77 | 737.92 | 2116.85 | 484.83 | 1632.02 | 335.50 | 1296.52 | 241.76 | 1054.76 | 0.20 |
| 2836.44 | 731.31 | 2105.13 | 481.04 | 1624.09 | 333.19 | 1290.90 | 240.26 | 1050.64 | 0.22 |
| 2818.29 | 724.77 | 2093.52 | 477.30 | 1616.22 | 330.90 | 1285.32 | 238.78 | 1046.54 | 0.24 |
| 2800.31 | 718.31 | 2082.00 | 473.60 | 1608.40 | 328.63 | 1279.77 | 237.31 | 1042.46 | 0.26 |
| 2782.50 | 711.92 | 2070.58 | 469.94 | 1600.64 | 326.38 | 1274.26 | 235.85 | 1038.41 | 0.28 |
| 2764.86 | 705.61 | 2050.25 | 466.31 | 1592.94 | 324.15 | 1268.79 | 234.41 | 1034.38 | 0.30 |
| 2747.39 | 699.33 | 2048.01 | 462.72 | 1585.29 | 321.94 | 1263.35 | 232.98 | 1030.37 | 0.32 |
| 2730.08 | 693.22 | 2036.86 | 459.17 | 1577.60 | 319.75 | 1257.94 | 231.55 | 1026.39 | 0.31 |
| 2712.94 | 687.13 | 2025.81 | 455.66 | 1570.15 | 317.58 | 1252.57 | 230.14 | 1022.43 | 0.36 |
| 2695.96 | 681.12 | 2014.84 | 452.17 | 1562.67 | 315.43 | 1247.24 | 228.74 | 1018.50 | 0.38 |
| 2679.13 | 675.16 | 2003.97 | 448.74 | 1555.23 | 313.30 | 1241.93 | 227.35 | 1014.58 | 0.40 |
| 2662.47 | 669.29 | 1993.18 | 445.33 | 1547.85 | 311.18 | 1236.67 | 225.98 | 1010.69 | 0.42 |
| 2645.96 | 663.48 | 1982.48 | 441.95 | 1540.53 | 309.10 | 1231.46 | 224.61 | 1006.82 | 0.44 |
| 2629.60 | 657.74 | 1971.86 | 438.61 | 1533.25 | 307.02 | 1226.23 | 223.25 | 1002.98 | 0.46 |
| 2613.39 | 652.16 | 1961.33 | 435.30 | 1526.03 | 304.97 | 1221.06 | 221.91 | 999.15 | 0.48 |
| 2597.33 | 646.44 | 1950.89 | 432.03 | 1518.86 | 302.93 | 1215.93 | 220.58 | 995.35 | 0.50 |
| 2581.42 | 640.90 | 1940.52 | 428.79 | 1511.73 | 300.91 | 1210.82 | 219.25 | 991.57 | 0.52 |
| 2565.66 | 635.42 | 1930.24 | 425.58 | 1504.66 | 298.91 | 1205.75 | 217.94 | 987.81 | 0.54 |
| 2550.04 | 630.00 | 1920.04 | 422.40 | 1497.64 | 206.93 | 1200.71 | 216.64 | 984.07 | 0.56 |
| 2534.56 | 624.64 | 1909.92 | 419.26 | 1490.66 | 294.96 | 1195.70 | 215.35 | 980.35 | 0.58 |
| 2519.22 | 619.34 | 1899.88 | 416.14 | 1483.74 | 293.01 | 1190.73 | 214.07 | 976.66 | 0.60 |
| 2504.02 | 614.10 | 1889.99 | 413.06 | 1476.86 | 291.08 | 1185.78 | 212.80 | 972.98 | 0.62 |
| 2488.96 | 608.92 | 1880.04 | 410.01 | 1470.03 | 289.17 | 1180.86 | 211.53 | 969.33 | 0.64 |
| 2474.04 | 603.80 | 1870.24 | 406.99 | 1463.25 | 287.27 | 1175.98 | 210.29 | 965.69 | 0.66 |
| 2459.21 | 598.73 | 1860.51 | 404.00 | 1456.51 | 285.38 | 1171.13 | 209.05 | 962.08 | 0.68 |
| 2444.58 | 593.72 | 1850.86 | 401.03 | 1449.83 | 283.53 | 1166.30 | 207.81 | 958.49 | 0.70 |
| 2430.05 | 588.77 | 1841.28 | 398.10 | 1443.18 | 281.67 | 1161.51 | 206.59 | 954.92 | 0.72 |
| 2415.65 | 583.87 | 1831.78 | 395.19 | 1436.59 | 279.85 | 1156.74 | 205.38 | 951.36 | 0.74 |
| 2401.38 | 579.03 | 1822.35 | 392.32 | 1430.03 | 278.02 | 1152.01 | 204.18 | 947.83 | 0.76 |
| 2387.23 | 574.24 | 1812.99 | 389.46 | 1423.53 | 276.23 | 1147.30 | 202.99 | 944.31 | 0.78 |
| 2373.21 | 569.51 | 1803.70 | 386.64 | 1417.06 | 274.44 | 1142.62 | 201.80 | 940.82 | 0.80 |
| 2359.31 | 564.82 | 1794.49 | 383.85 | 1410.64 | 272.67 | 1137.97 | 200.62 | 937.35 | 0.82 |
| 2345.54 | 560.19 | 1785.35 | 381.08 | 1404.27 | 270.92 | 1133.35 | 199.46 | 933.89 | 0.84 |
| 2331.88 | 555.61 | 1776.27 | 378.34 | 1397.93 | 269.17 | 1128.76 | 198.31 | 930.45 | 0.86 |
| 2318.34 | 551.07 | 1767.27 | 375.63 | 1391.64 | 267.45 | 1124.19 | 197.15 | 927.04 | 0.88 |
| 2304.92 | 546.59 | 1758.33 | 372.93 | 1385.40 | 265.75 | 1119.65 | 196.01 | 923.64 | 0.90 |
| 2291.62 | 542.16 | 1749.46 | 370.27 | 1379.19 | 264.05 | 1115.14 | 194.88 | 920.26 | 0.92 |
| 2278.43 | 537.77 | 1740.66 | 367.63 | 1373.03 | 262.37 | 1110.66 | 193.76 | 916.90 | 0.94 |
| 2265.35 | 533.43 | 1731.92 | 365.02 | 1366.90 | 260.69 | 1106.21 | 192.66 | 913.55 | 0.96 |
| 2252.39 | 529.14 | 1723.25 | 362.43 | 1360.82 | 259.04 | 1101.78 | 191.55 | 910.23 | 0.98 |